가스공학개론

김철영·이충영 공저

도서출판 동화기술

Preface

국내의 에너지(energy)원은 고체(목재, 석탄)에서 액체(석유)로 변천되어 왔으나 세계 1, 2차 오일쇼크 때, 우리나라의 석유 의존도로 인해 겪은 충격은 실로 엄청난 것이었다. 이로 인한 국가에너지 다원화와 안정적 공급이라는 목표와 국민 생활의 선진화를 도모하고자 세계 7번째로 천연가스를 도입 사용하게 되었다.

현재 LNG(액화천연가스)와 LPG(액화석유가스)는 가정용, 상업용, 업무용, 산업용 및 발전용으로 전국적으로 계속 확대 공급되고 있으며, 도입공급선도 국내외로 다변화 되었고, 향후 러시아에서 중국을 거쳐 서해를 거쳐 공급되는 천연가스(NG)프로젝트도 곧 착수될 전망이다. 그러나 우리 현실은 가스의 사용이 일반화 된 기간이 20여년으로 일천하여(일본의 경우 120년 이상) 가스의 제조, 취급, 관리 및 사용에 대한 기술이 선진국에 비해 아직은 부족한 것이 사실이며, 더욱이 취급 및 사용자의 인식 부족은 더욱 크다고 할 수 있다. 이로 인한 크고 작은 가스 사고는 다량으로 계속 발생되고 있다.

저자의 기억으로도 LPG사고로 서울 대연각호텔 폭발사고(1971년 165명 사망)와 대구 지하철 폭발사고(1995년 101명 사망), LNG사고로 서울 아현동 아현기지 폭발사고(1994년 12명 사망)는 기억에 생생하게 남아 있다.

현재 LNG공급만 연간 2000여만 톤에 이르고 있으며 앞으로도 수요확대는 급격히 증가될 전망이다. 따라서 제반 기술, 즉 생산, 공급, 취급, 관리 및 사용과 사고 예방을 위한 안전관리는 필수적인 사항으로 가스기술자의 양성은 필연적인 것이라 할 수 있다. 이에 미력하나마 가스기술에 관한 이론 및 실제의 기초를 배우고자 하는 사람들에게 도움을 주고자 저자는 한국가스공사와 한국가스안전공사에서 20년간 근무한 경험과 대학에서 10여 년간 가스분야 교육을 담당한 경험을 살려 가스기술 교육 및 현장적용기초자료에 적합하도록 출간하게 되었다. 모쪼록 가스기술에 대한 기초지식 습득과 현장적용에 기초자료가 될 수 있도록 활용되었으면 하는 바램이나 미비한 점이 많을 것으루 사료되어 앞으로 계속 보완하여 나가겠으며 많은 지도와 편달을 바랍니다.

저자

Contents

Chapter 1. 도시가스의 원료 / 1

Chapter 2. 일반가스의 분류와 제성질 / 27

Chapter 6. 가스기기의 연소와 급배기 / 119

Chapter 7. 가스기기의 조정 / 139

Chapter 8. 가스의 공급 / 147

Chapter 9. 가스 압송기와 Holder / 161

Chapter 1 0. 압력조정과 관리/ 183

Chapter1 1. Gas meter / 209

Chapter 1 2. 배관의 설계 / 217

Chapter 1 3. 배관공사 / 243

Chapter 1 5 방식설계와 방식관리 / 287

Chapter 1 6. 폭발과 방호 / 311

CHAPTER 1 도시가스의 원료

CHAPTER

1 도시가스의 원료

1.1 원료의 종류

도시가스용 원료
- 고체원료······석탄, 코크스
- 액체원료······Naphtha, LPG, LNG
- 기체원료······천연가스, Off gas

1.2 NG(천연가스)

천연가스(Natural Gas)는 지하에서 발생하는 탄화수소를 주성분으로 한 가연성가스의 총칭으로서 지하에 저장된 상태에 따라 구조성가스, 탄광가스로 나누어지고 또 구조성가스 중에는 원유와 함께 산출되는 습성가스와 액화성분을 함유하는 건성가스 등이 있다.

주성분은 [표 1.1]에서와 같이 메탄(CH_4)이다.

1.2.1 성 상

천연가스는 산지에 따라 조성의 차이가 있지만 CH_4, C_2H_6, C_3H_8, C_4H_{10} 등의 저급탄화수소를 주성분으로 하고 그 외 소량이지만 N_2, CO_2 등의 Inert 가스와 불순물로서 H_2S를 함유하고 있다. 그리고 유전, 가스전에서 산출하는 천연가스는 반드시 수분을 포함하고 있다. H_2S는 그 자체가 독성이 있고 부식성이 강하며 연소에 의해 유독한 SO_2를 생성하기 때문에 탈황할 필요가 있다. CO_2는 물과 공존할 경우 배관을 부식하기 때문에 탈산공정으로 동시에 제거시킨다. 또 천연가스를 고압수송할 경우 수분이 장애를 일으키거나 천연가스와 결합한 설상의 고체물질(gas hydrate)인 메탄하이드레이트($CH_4 \cdot xH_2O$)를 생성하기 때문에 수분의 제거도 중요하다.

1.2.2 도시가스 원료로서의 특징

(1) 도시가스로서 사용할 경우

① 천연가스를 그대로 공급한다(9,000 ~ 11,000 kcal/Nm^3).

② 천연가스를 공기 또는 질소로 희석시켜 공급한다(4,500 ~ 6,000 kcal/Nm^3).

③ 천연가스에 LPG를 첨가하여 공급한다(증열시).

표 1.1 천연가스의 조성

		케나이 (알래스카)	알제리아	브르네이	락 크 (프랑스)	브로우닝켄 (네덜란드)	텍사스	이탈리아	나이키타
조성 (vol%)	CH_4	99.34	79.5	90.7	69.3	81.50	71.50	74.6	96.4
	C_2H_6	0.11	7.5	4.8	3.1	–	7.00	8.3	2.4
	C_3H_8	–	2.5	2.5	1.1	3.15	4.40	4.7	0.4
	i-C_4H_{10}	–	–	1.4	–	–	0.30	2.8	0.2
	n-C_4H_{10}	–	5.0	–	1.3	–	0.70		0.1
	C_5H_{12}	–	–	0.1	–	–	0.02	1.4	0.1
	C_6H_{14}	–	–	–	–	–	–	7.6	–
	CO_2	0.02	–	0.5	9.6	0.80	–	0.6	0.4
	N_2	0.52	5.5	–	0.4	14.50	15.50	–	–
	O_2	0.01	–	–	–	0.02	–	–	–
	He	–	–	–	–	0.03	0.58	–	–
	H_2S	ppm	–	–	15.2	–	–	–	–
	합	100.00	100.0	100.0	100.0	100.00	100.00	100.0	100.0
비중(공기=1)		0.556	0.709	0.628	0.778	0.637	0.707	0.897	0.579
발열량 (kcal/Nm^3)		9.456	10.923	10.476	7.758	8.267	9.315	14.404	9.785

1.3 LNG(액화천연가스)

LNG는 Liquefied Natural Gas의 약자이다.

1.3.1 성 상

LNG는 천연에서 산출한 천연가스를 −162℃까지 냉각시켜 액화한 것이다. 액화전에 CO_2, H_2S, 중질탄화수소 등이 정제 제거되어져 있기 때문에 기화한 LNG는 모든 불순물을 함유하지 않은 Gas이다. 그 성상은 [표 1.2]에 표시된 것처럼 천연가스와 거의 동일하다.

표 1.2 LNG 성상

	CH_4	C_2H_8	C_3H_8	$i-C_4H_{10}$	$n-C_4H_{10}$	$i-C_5H_{12}$	N_2	발열량	비 중	액밀도
알레스카 LNG	(mol%) 99.80	0.01	0	0	0	0	0.1	($kcal/Nm^3$) 9,500	(공기=1) 0.554	(kg/L) 0.415
브르네이 인도네시아 LNG	(mol%) 89.83	5.89	2.92	0.56	0.74	0.04	0.02	($kcal/Nm^3$) 10,600	(공기=1) 0.647	(kg/L) 0.465

참 고 LNG의 제조

LNG는 산출한 천연가스를 액화하기 전에 먼지제거, 탈황, 탈탄산, 탈수, 탈습 등의 전처리를 한다.

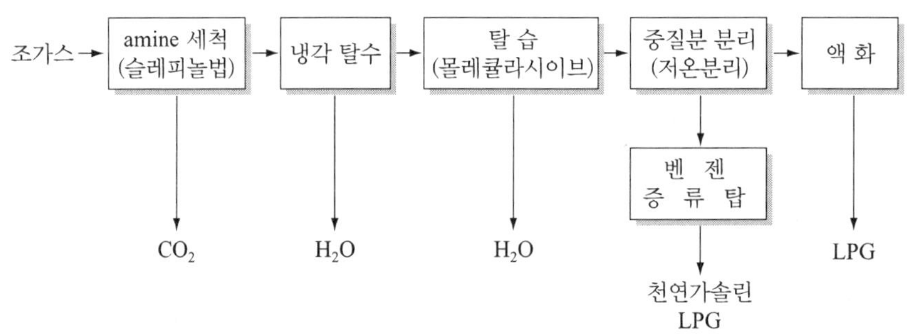

그림 1.1 천연가스의 전처리

1.3.2 도시가스 원료로서의 특징

① LNG를 기화시킨 다음에는 도시가스 원료로서의 사용법, 정제설비가 필요치 않으며 환경문제가 없는 등 천연가스와 동일하다.

② LNG의 수입기지로서 저온저장설비 등 일련의 수입설비로 기화시키기 때문에 기화장치가 필요하다.

③ 초저온의 액체이기 때문에 설비재료의 선택 및 그 취급, 조업면의 주의(기화 특성, Roll over현상, 수화물)이 중요하다.

더욱 LNG는 저장중에 외부에서의 입열에 의해서 Boil－off－gas(BOG)가 발생하기 때문에 LNG tank 내이고 약간이지만 시간이 흐름에 따라 농축한다.

④ 냉열이용을 할 수가 있다.

1.3.3 LNG 수입설비 및 저장설비

(1) LNG 수입설비

LNG 수입실비는 내형 tanker 접안가능한 LNG수입용부두, LNG tanker와 육상의 LNG tank와 연결한 Unloading arm 및 LNG tanker에 가스를 반송하기 위해서의 Return gas blower 등으로 되어 있다.

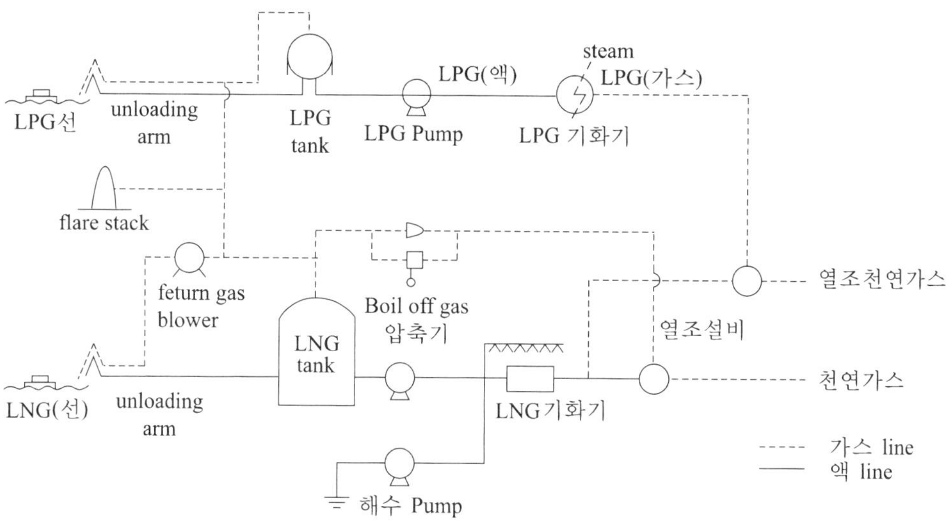

그림 1.2 LNG 수입기지의 Project

(2) LNG 저장설비

LNG 저장설비는 지상, 지하, 재질, 보냉방법 등의 조합에 따라 많은 종류의 형식이 있다.

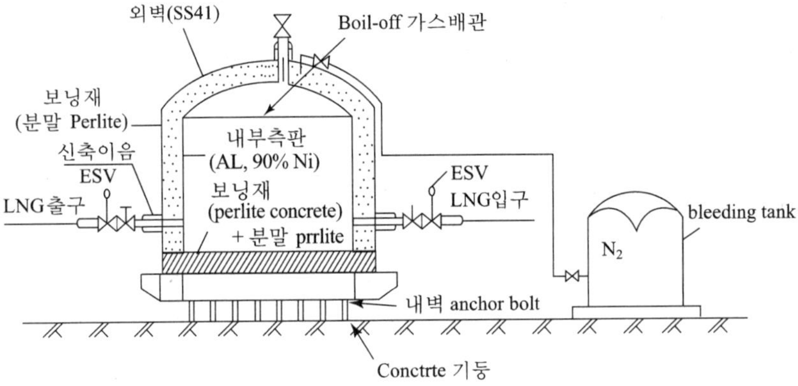

그림 1.3 지상식 저장 설비(금속 2중 탱크식)

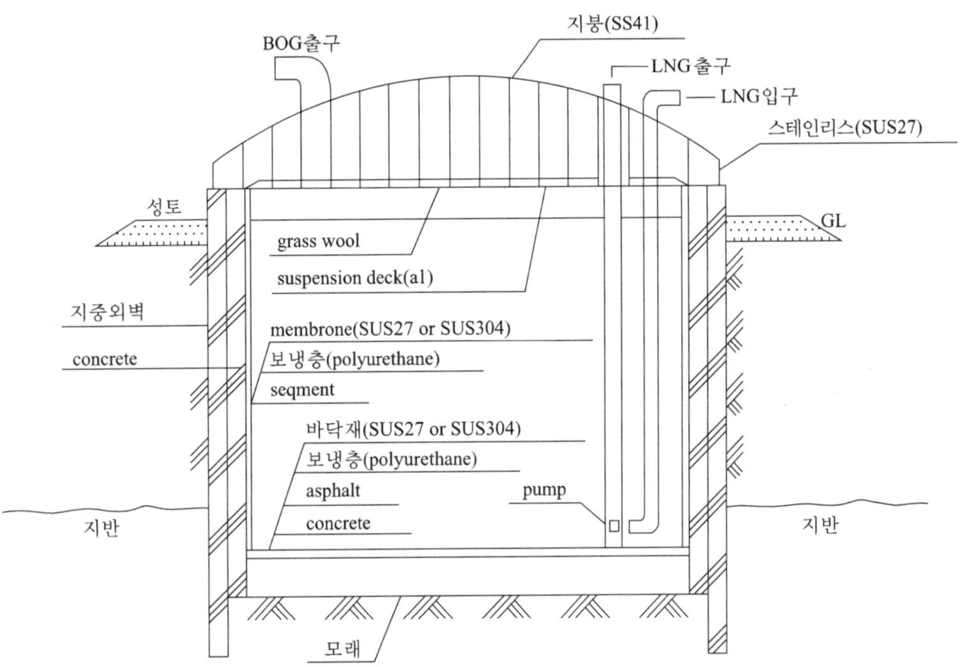

그림 1.4 지하식 저장설비(membrane)

대형저장설비의 실용적인 것으로서 다음의 형식이 있다.

① 지상식
- 금속이중탱크
- membrane + prestress conrete(PC)
- prestress concrete 이중탱크

② 지하식
- membrane + prestress concrete

상기의 지상식, 지하식 저장설비의 대표적인 구조도를 [그림 1.3], [그림 1.4]에 나타낸다.

참 고 1. LNG설비와 그 재료

① LNG설비의 특징은 −162 ℃의 초저온액체를 취급하는데 있고 설비의 단열방식과 사용재료가 중요한 문제이다. 그리고 팽창, 신축과 고압설비에 관한 세심한 설비가 필요하다.

② 통상의 강재는 저온영역에서 취성파괴를 일으키기 때문에 LNG설비에는 일반적으로 9% Nikcl강, Austenite계 Stainless상 및 Aluinum 합금강이 사용된다.

③ 단열재도 적당한 강도를 가지고 저온역에서의 열전도율이 적은 것과 흡수율의 적은 것, 난연성·내연성이 우수한 것이 요구된다.

참 고 2. LNG의 특성

(1) 기화특성

① Methane gas의 비중과 온도와의 관계

LNG(methane이 주성분)은 누설됐을 때, 주변에서의 입열에 의하여 급속히 증발하고 가스온도가 상승하는 것에 따라 비중이 적어지며 −110 ℃ 부근에서 공기와 동일, 다시 상온에서 공기의 약 1/2로 되고 대기중을 상승 확산한다.

Methane gas의 비중과 온도와의 관계를 [그림 1.5]에 나타낸다.

② 백운상태

LNG가 새어날 경우 그 기화열로 주위의 공기가 냉각되어 공기 중의 수분이 노점이하로 되어 하얗게 서리가 생기는 것 같은 상태로 되기 때문에 LNG의 누설을 육안으로 확인이 된다.

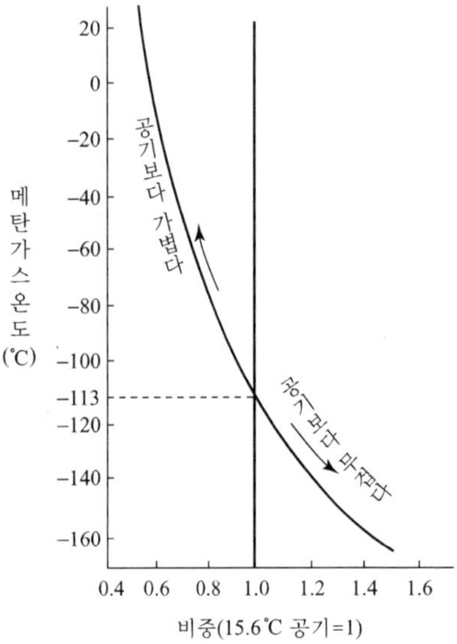

그림 1.5 methane gas의 비중과 온도와의 관계

(2) 수화물

일반적으로 가스는 물과 반응하고 얼음과 같은 수화물을 생성하지만 LNG중에 미량의 수분이 남아있는 경우도 수화물에 따른 Line의 폐쇄 Trouble을 일으킨다. 따라서 LNG설비는 사전에 충분하게 건조하는 것이 필요하다.

(3) Roll over 현상

Roll over란 반전이란 의미이고, LNG에 한하지 않고 호수나 연못 등 상층·하층의 밀도차의 역전에 따라서도 일어나는 현상이다.

LNG의 경우는 탱크에 액의 수입, 이송 등에 따라 하층에 중질액, 상층에 경질액간 다른 밀도의 층을 형성하는 일이 있다. 이러한 상태를 층상화라고 한다.

통상, 조성과 밀도에 있어서 거의 차가 없는 경우는 전체가 상층표면조건에의 기액평형조성으로 되고 탱크의 측벽 및 저부에 의한 입열은 BOG발생과 농축에 따른 액 전체의 비점상승에 사용되어 진다. 이러한 상태에서는 대류가 이루어지기 때문에 액 전체는 균질화 되어 진다.

그러나 상층은 측벽입열 및 하층액과의 계면보다 약간 입열에 따라 소량의 BOG가 발생, 서서히 농축되어 액밀도가 상승한다.

한편, 하층액은 계면에서의 가압조건하이고 측벽 및 저부입열에 따라 액온도상승이 일어나고 밀도가 저하한다. 이 밀도가 상층액과 같이 또는 역전할 경우 상하층이 반전하며 동시에 급변한 혼합이 일어난다. 이때 하층액 현열이 축열된 열량분의 BOG가 급속히 발생한다.

이와 같은 현상을 LNG의 Roll over라고 한다.

참 고 3. 가스수송 및 저장 설비

1. 용기(Bombe) : 가스를 저장 또는 운반에 사용되는 것으로 지면이나 운송장치에 고정되어 있지 않고 이동할 수 있는 것을 말하며 LPG의 경우 법정 용기는 20 kg용, 50 kg용이 있다.
2. 탱크(Tank) : 지하 또는 지표면에 고정된 저장용기를 말한다.
   가스 법에 허용되는 모든 저장용기가 해당되며 LNG의 경우 현재 5만톤급 저장 탱크이다.
3. 탱크 로리(Tank Lorry) : 차량에 운반 용기를 고정시켜 수송 및 운반하는 것을 말한다.
4. 탱크 카(Tank car) : 철도 차량(화차)에 운반 용기를 고정시켜 수송 및 운반하는 것을 말한다.
5. 탱커(Tanker) : 해상 수송을 위하여 선박에 운반용기를 고정시켜 수송 및 운반하는 것을 말한다.

1.4 오프 가스(Off gas)

일반적으로 Off gas라고 불리는 것에는 원유정제의 off gas와 석유화학의 off gas의 2 종류가 있고 H_2, CH_4 등의 탄화수소를 주성분으로 한 가스이다.

1.4.1 성 상

원유정제의 off gas [그림 1.5]에 표시된 것과 같이 상압증류, 감압증류 및 가솔린 생산 때문에 접촉개질공정 등에서 발생하고, 한편 석유화학의 off gas는 [그림 1.6]에 표시한 것과 같이 Naphtha 분해에 의해서 에칠렌 등을 제조한 공정에서 발생하는 것이고, 원유 정제 off gas의 성상은 [표 1.3]에 표시한 바와 같이 H_2도 CH_4의 함유량에 큰 차가 있다.

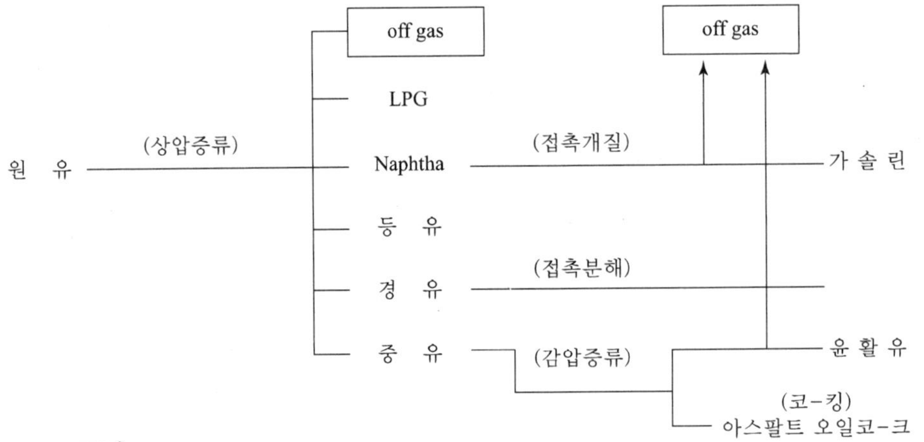

그림 1.5 원유 정제 공정

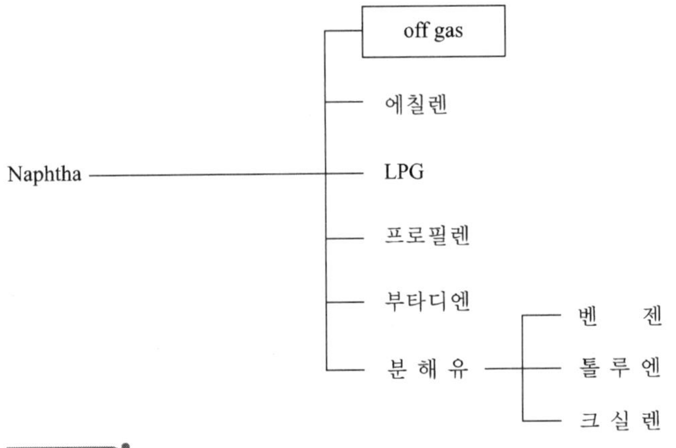

그림 1.6 석유화학 Naphtha 분해공정

표 1.3 Off gas 성상

		석유화학 off gas	원유정제 off gas
조성 (vol %)	H_2	13	66
	C_2H_4	3	0
	C_2, C_3	14	14
	C_4	0	1
	CH_4	70	19
발열량(kcal/Nm^3)		9,800	6,680
비 중(공기 = 1.0)		0.57	0.33

1.4.2 도시가스 원료로써의 특징

① off gas는 불순물이 적기 때문에 정제설비를 필요로 하지 않을 경우가 많고, 개질용 원료 또는 증열용 가스로서 사용된다.

② 가스의 성상, 압력, 유량 등에 대해서 석유화학공장 등과 결정하여 안정된 수급량을 정할 필요가 있다.

③ off gas는 비교적 양이 일정하게 되어 있으므로 Base gas로써 사용되는 경우가 많다.

④ 일반적으로는 Holder에 넣어 사용하지만 직접 공급하여 사용하는 경우도 있다.

1.5 Naphtha

Naphtha란 일반에 시판된 석유제품명은 아니고 도시가스, 석유화학, 합성비료의 원료 등으로 쓰여진 조 가솔린인 것이다.

[그림 1.7]에 표한 바와 같이 원유의 상압증류에 의해서 얻어진 비점이 200°C 이하의 유분이 Naphtha이고, Naphtha유분의 안에 경질의 것을 Light Naphtha, 중질의 것을 Heavy Naphtha, 양자를 포함한 것이 플랜지 나프타 또는 Hole Naphtha라 불리고 있다.

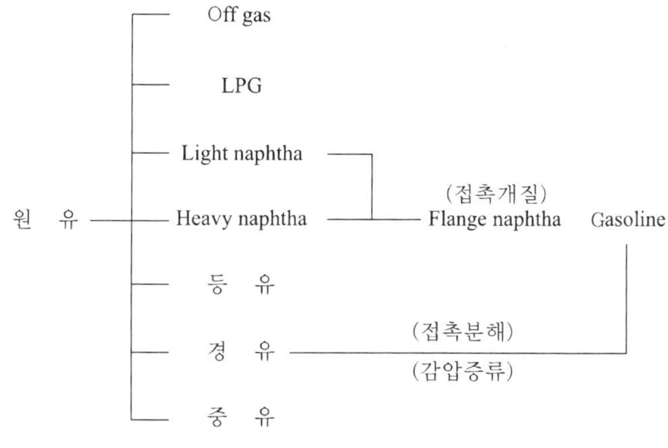

그림 1.7 Naphtha 제조공정

도시가스와 암모니아 제조용 원료로 한 Naphtha는 가스용 Naphtha라고 말하고 Light Naphtha가 사용되는 경우가 많으며, 석유화학에서의 Ethylene propylene 등의 제조용 원료로서의 Naphtha는 석유화 나프타(패트케이 나프타)라 말하고 Heavy Naphtha 또는 Flange Naphtha가 사용되어 지고 있다.

자동차용 가솔린은 옥탄가를 올리기 때문에 이것들이 naphtha를 접촉개질한 것이 주체로 되어 있다.

Naphtha의 수요량은 석화용이 많기 때문에 Light naphtha의 필요에 따라 필요량을 분류하고 있는 정유회사가 많다.

1.5.1 성 상

(1) 가스용 Naphtha

가스용 Naphtha로서의 필요성상을 용이하게 가스화 되고 또 탄화물생성경향이 작아지는 것이 중요하다.

따라서 가스용 Naphtha의 성상은

① 파라핀계 탄화수소가 많을 것
② 유황분이 적을 것
③ Carbon의 석출이 적을 것
④ 촉매의 활성에 악영향을 따르지 않을 것
⑤ E.P(유출온도종점)가 높아지지 않을 것

이와 같은 조건에 만족하는 것이 필요하다.

종래에서 일반적으로 Light naphtha의 비중 0.65 ~ 0.70, E.P 140°C 이하의 것 중에 다시 유황분 500 ppm 이하, 파라핀계 탄화수소 함유량 80% 이상 방향족탄화수소 함유량 5% 이하의 것이 사용되고 있지만 가스화장치며 사용촉매 또는 Naphtha의 수급상황에 따라 달라지기 때문에 당사자간에 의해서 성상규격을 결정하고 있는 경우가 많다.

Naphtha의 성상 예를 [표 1.4]에 표시한다.

종래 사용하고 있는 Naphtha에 비해 유황분이 많은 것 E.P가 높을 것, 방향족계 및 Naphtha계 탄화수소의 함유량이 많을 것(저품위 Naphtha)을 사용할 경우, 즉 Naphtha성상(품질)의 규격범위를 확대할 때는 가스설비에 있어서 제조가스성상, 촉매, 환경 등에 어떠한 영향을 미칠 것인가 충분히 검토할 필요가 있다.

표 1.4 Naphtha 성상

		Light naphtha	Heavy naphtha
비 중 15˚C/4˚C		0.6792	0.7562
발 열 량 kcal/kg		11,450	11,250
비 점 점 위˚C		43.5 ~ 138.0	120 ~ 192
옥 탄 가 (F_1)		60	32
유 황 분 %		0.015	0.066
증 기 압 kg/cm^2		0.56	0.03
PONA 분석치	Paraffine %	82.3	57.9
	Naphtha %	15.6	25.6
	Olefine %	0.1	0.2
	방 향 족 %	2.0	14.5

(2) Naphtha성상과 가스화에의 영향

Naphtha 성상에 관한 주된 항목과 그 각항목이 가스화에 미치는 영향에 대해서 기술함

① PONA치

P : 파라핀계 탄화수소, O : 올레핀계 탄화수소, N : 나프탄계 탄화수소, A : 방향족계 탄화수소를 나타내고 개질가스화용 원료로서 적합한가 적합지 않은가 하나의 지표로 된다. 즉, 분해하기 쉬운 가스화효율의 높은 파라핀계 탄화수소의 함유량이 많은 것이 바람직하고 올레핀계 또는 나프텐계, 방향족계의 많은 것은 카본의 석출, 나프탈린의 생성 등에 따른 가스화효율의 저하 및 촉매 열화, 거기에 기인한 가스화효율의 저하를 초래한다.

② 비 중

Light naphtha비중은 0.67 전후의 것이 많고 이 값이 크게 될 수록 중질분의 함유량이 증가하기 때문에 극단적으로 지나치게 크게 되면 개질가스화원료로서는 좋지 않다.

③ 증류시험결과

각비점유분의 구성을 아는 것이 중요하며 저비점유분의 많은 naphtha 쪽이 가스화원료로서는 좋지만 저장 등 취급에 한계가 있다. 증류온도도 나프타의 품질을 규정할 지표로서 중요하고 이것이 상승하면 비점의 높은 중질분이 많아지며 Tar, 나프탈린 등을 생성하기 쉽게 되고 가스화효율이 저하한다.

④ 유황함유량

Cyclic식 접촉분해 process의 개질촉매, CO 변성촉매를 손상시키기 때문에 유황분이 증가하면은 촉매의 활성을 저하시키고 분해반응 및 변성반응을 방해하면서 가스중의 함유량이 증가한다.

⑤ C/H

탄소와 수소의 중량비를 C/H로 나타내고 가스화원료의 가스화가 용이함을 평가한 지수의 하나로서 쓰여진다. C/H가 약 3에 가까운 원료쪽이 가스화가 용이하다. Naphtha의 C/H는 5 ~ 6이지만 나프텐계 및 방향족계 탄화수소는 이 값이 크기 때문에 이들의 함유량이 많은 Naphtha보다 C/H가 크게 되고 가스화 되기가 어렵게 된다.

표 1.5 연료의 C/H

연 료 명	분 자 식	C/H
수 소	H_2	0
메 탄	CH_4	3
에 탄	C_2H_6	4
에 칠 렌	C_2H_4	6
프 로 필 렌	C_3H_6	6
프 로 판	C_3H_8	4.5
부 탄	C_4H_{10}	4.8
light - 나 프 타	–	5.2 ~ 5.5
heavy - 나 프 타	–	5.5 ~ 5.9
원 유	–	6.5
벤 젠	C_6H_6	12
나프타린 - 안드라센 등	–	12 ~ 20
석 탄	–	15.5
카아본 - 코 - 크스	–	20 이상

1.5.2 도시가스 원료로서의 특징

① Naphtha의 C/H가 5 ~ 6이기 때문에 도시가스의 C/H가 약 3으로 되기 위해서는 개질장치가 필요로 하지만 가스화가 용이하기 때문에 높은 가스화효율이 얻어진다.

② Tar, Carbon 등의 부산물이 거의 생성되지 않는다.

③ 가스 중에는 불순물이 적음으로 정제설비를 필요로 하지 않은 경우가 많다.

④ 증열용 원료로서도 사용된다.

⑤ 대기오염, 수질오염 등의 환경문제가 적다.

⑥ 취급, 저장도 비교적 용이하다.

1.6 LPG

LPG란 Liquefied Petroleum Gas(액화석유가스)의 약칭이고, propane, propylene, butane 및 butylene를 주성분으로 한 탄화수소이고 ethane, ethylene, pentane 등도 소량 함유되어 있다.

LPG는 상온, 상압에는 기체이지만, 가압 또는 냉각에 따라 용이하게 액화하기 때문에 액체로서 수송, 저장이 되고 취급도 간단하다.

LPG는 운전에서 원유, 천연가스에 수반하여 산출되어진 천연 LPG의 석유정제와 식유화학공업에서 생산된 부생 LPG가 있다.

표 1.6 종류 및 품질

종류 \ 항목		조 성				유황분 (질량%)	증기압 (40℃) kg_f/cm^2	비 중 (15/4℃)	주 용 도
		ethane + ethylene	propane + propylene	butane + buthylene	buta-diene				
1종	1호	5 이하	80 이상	20 이하	0.5 이하	0.015 이하	15.6 이하	–	가정용연료 업무용연료
	2호		60 이상 80 미만	40 이하					
	3호		80 미만	30 이상					
2종	1호	–	90 이상	10 이하	–		15.8 이하 12.7 이하 5.3 이하	0.50 ~ 0.63	공업용연료 및 자동차용연료
	2호		50 이상 90 미만	50 이하					
	3호		50 미만	50 이상 90 미만					
	4호		10 이하	90 이상					

1.6.1 성 상

LPG는 통상 규격에 의하여 취급된다. 원료용 LPG로서 필요한 성상은 다음과 같다.

① LPG조성 중에 C_3 이하의 성분이 30 % 이상되면 증기압은 상온으로 7 kg/cm^{2}를 넘고, vaporlock의 문제가 일어나며, 또 LPG tank 설계압력이 상승한다. 따라서 C_3 이하의 성분은 이들의 문제에 유의하여 함유량을 억제할 필요가 있다.

② 올레핀계 탄화수소(propylene, buthylene 등)의 함유량이 많은 LPG는 개질할 때 촉매 온도를 상승시킬 필요가 있으므로 이것들의 성분은 될 수 있는 대로 적은 쪽이 바람직하다.

③ Butadiene은 이중결합을 가지고 개질할 때 Carbon trouble의 원인으로 된다. 증열용에 사용할 경우에는 기상에 있어서 NO_2와 반응하여 중합하고 gum상물질을 생성할 염려가 있으므로 포함하지 않는 것이 바람직하다.

④ LPG저장 tank의 재료로서 고장력강이 사용된 경우가 많고 용착금속부, 열영향부 등에 응력부식이 발생한 보고가 있다. 그 원인의 하나로서 LPG중의 H_2S 등 유황화합물의 영향이 올려져 있어 유황은 0.005wt % 이하가 바람직하다.

⑤ 수분 또는 침전물은 포함시키지 말 것

⑥ 공급가스의 온도, 압력 등의 송출조건에 따라 공급에 포함된 C_4 이상의 성분이 응축할 경우가 있다. 따라서 송출조건에 대한 노점을 배려하고 LPG의 성상(C_3, C_4의 비율)을 정하는 일이 필요하다.

LPG성분의 물성치를 [표 1.7]에 나타냈다.

표 1.7 LPG 성분의 물성치

		propane	propy－lene	n－butane	i－butane	i－butene
착화온도		481	458	441	544	443
연소범위(공기 중 vol%)	상한	9.5	11.1	8.4	8.4	9.0
	하한	2.4	2.0	1.9	1.8	1.7
최고화염속도	25 mm 관내 m/sec	0.81	1,077	0.825	1.82	－
	가스/공기(vol%)	4.8	－	－	－	－
최고화염온도 ℃		1,925	1,935	1,895	1,900	1,930
공기연소이론산소량(산소 m^3/가스 m^3)		5.0	4.5	6.5	6.5	6.0

	propane	propy-lene	n-butane	i-butane	i-butene
완전연소이론공기량(공기 m^3/가스 m^3)	23.86	21,48	31.03	31.03	28.58
증기압 kg/cm^2 0°C	4.7	5.9	1.03	1.60	1.3
증기압 kg/cm^2 20°C	8.0	9.8	2.00	2.95	2.5
비점°C, 1기압	−42.07	−47.7	−0.50	−11.73	−6.26
총발열량 kcal/kg, 25°C	12,034	11,692	11,832	11,797	11,577
진발열량 kcal/kg, 25°C	11,079	10,942	10,926	10,892	10,826

1.6.2 도시가스 원료로서의 특징

(1) LPG는 발열량이 높고 유황 기타 불순물을 거의 함유하지 않고 저가스화기 용이하는 등의 이점을 가지고 있다. 도시가스로서 이용할 경우 LPG의 저장설비와 기화설비를 설치하면 필요할 때에는 비교적 간단히 가스화 된다.

이러한 경우 다음 3종의 공급방식을 생각할 수 있다.

① LP가스를 직접 공급하는 방법

② 공기 또는 질소로 희석하여 공급하는 방법

③ 종래의 도시가스에 직접 혼입하여 공급하는 방법

이 방법은 특히 peak의 조정용으로서 이용되어지고 있고, 비교적 간편하지만 LPG의 비중, 연소성 등으로 혼입량 한계가 있다.

1.6.3 LPG저장설비

LPG는 상온으로 가압하지만 상압에서 저온으로 하면 용이하게 액화저장이 가능하다. 전자를 가압식 저장법, 후자를 저온식 저장법이라 부른다.

일반적으로 가압식 Tank는 강제(steel)량에 비에 용량이 크고 게다가 고유한 면적이 작은 구형Tank가 많이 쓰여지고 있다. 그러나 대용량으로 되면 건설비가 많아지므로 저온식 Tank쪽이 유리하다.

(1) 저장 Tank

① 가압식 Tank

동일압력에 대한 Tank의 두께는 원통형에 비해서 구형쪽이 얇고 좋다. 원통형도 구형도 그 두께는 변하지 않으나 고압으로 되어지면서 구형쪽의 재료비가 저렴하게 된다. 또 동일용적에 대한 표면적도 구형이 최소이기 때문에 주위에서의 수열면적이 적고 LPG와 같은 휘발성에 풍부한 액의 Tank로서는 구형이 유리하다. 구형은 단위 재료중량에 따라 공사비는 원통형에 비해 고가이므로 용량, 압력, 건설비, 주위의 상황을 감안하여 수립할 필요가 있다.

ⓐ 원통형 Tank

소용량(100 m^3 이하)의 Tank로서 더욱 경제적이므로 많이 사용되고 있다. 종형, 횡형별로 있지만 정지면적, 유지비, 외관 등을 고려하여 결정한다.

ⓑ 구형 Tank

석유화학의 발전에 따라서 석유계 가스와 액화가스의 용도가 넓어지고, 가압상태로 저장하면 저장량이 크고 점유면적이 작은 등 여러 가지 이점에서 직경수 10 m까지 구형 Tank가 사용되어지고 있다. 대형의 것도 15 kg/cm^2 이상의 압력에 충분히 가능하므로 액화가스 저장에 적합하다.

구조는 [그림 1.8]에 표시된 바와 같이 굵은 기둥으로 받쳐져 있다. Manhole, 액면계, 사다리, 액의 출입구, Drain, 온도계와 압력계가 붙여져 있다. 기타안전설비로서 안전 valve, 긴급차단 valve 및 냉각살수 장치 등이 설치되어 있다.

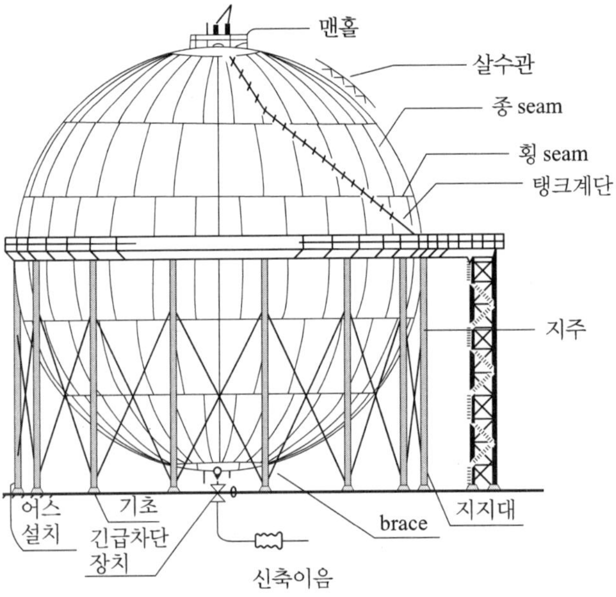

그림 1.8 가압식 Tank

② 저온식 Tank

외관, 구조는 LNG 지상식 Tank와 거의 같다. 내부재료는 Al－killed이 쓰여지고 있다. 이 저온 Tank는 0.1 kg/cm^2 정도에 설계되어져 있기 때문에 그 압력은 항상 이 이하의 범위에 있지 않으면 안된다. 그 때문에 Tank에서 기화한 증기를 냉각기로 재액화하고 액화시킨 것을 Tank 정상부에서 flash 시키는 등의 설비가 필요하다.

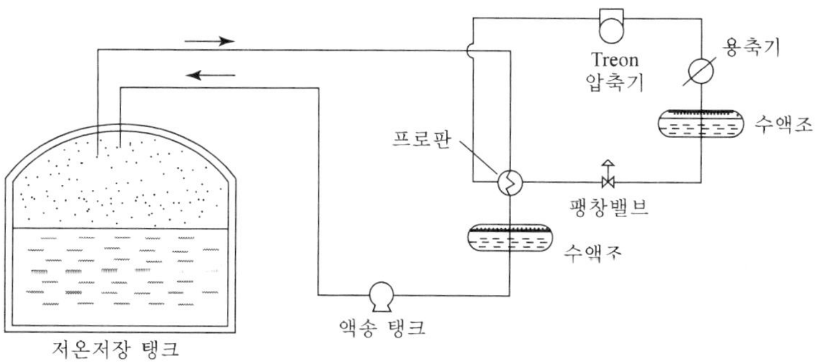

그림 1.9 저온 Tank

(2) Tank 취급상의 주의

Tank의 부속설비 등이 항상 바르게 작동하도록 감시하고, 충분한 손질을 하여야 하며, 작동 Test를 하는 일이 가장 중요하다.

① 안전관련설비의 작동 Test

이 관계의 기기는 상시 사용되어지는 것이 아니고, 긴급시에만 필요한 것이다. 따라서 만일의 경우에 쓰여질 수 있도록 충분히 손질을 하여 작동 Test를 하여 두지 않으면 안된다.

ⓐ 긴급차단장치(ESV), 살수장치 등의 작동 확인

ⓑ 압력계, 온도계, 액면계, 안전 valve 등의 정기 성능검사

② 누설 검사

저온식 및 고압식 Line 누설은 서리의 발생에 판명되지만 소량의 가스가 새는 것을 발견하기 어렵기 때문에 정기적인 점검에 의해서 가능한 조기발견을 하지 않으면 안된다.

1.7 원료가스의 특성비교

각종원료가스의 일반적인 가스제조·정제·환경·저장을 비교하면 다음과 같이 된다.

표 1.8 원료가스 특성 비교

	Naphtha	LPG
가스제조	C/H비가 5~6이고, 도시가스의 C/H비가 3으로 만들기 위해 가스제조 설비가 필요하지만 용이하게 가스화 된다.	C/H비가 약 5(butane)이고 도시가스의 C/H비 3으로 만들기 위해 가스 제조설비가 필요하다. 기화설비가 필요하여 일반적으로 증기가열에 따라 가스화 된다.
정제	H_2S 등의 불순물이 적음으로서 탈황 등의 정제장치가 간단화된다. 단, 품질 Naphtha가 사용할 경우에는 그 불순물 함유량에 따라서 정제설비의 배려가 필요로 할 경우도 있다.	H_2S 등의 불순물을 거의 포함되어 있지 않으므로 탈황 등의 정제 장치는 필요 없다.
환경	아황산가스, 매연등의 대기오염, 수질오염 등 환경문제가 적다.	천연가스의 경우와 같다.
저장	light naphtha 비점은 약 40~130°C이므로 상압저장설비에 용이하게 저장되고 관리도 용이하다.	butane의 비점은 −0.5°C이므로 상압저온 저장설비 또는 고압저장설비가 필요하고 LNG보다 관리가 용이하다.

	천연가스	LNG	Off Gas
가스제조	C/H비가 3이고, 도시가스의 C/H비와 같으므로 그대로 도시가스로 할 수가 있다. 일반적으로 가스제조장치는 불필요하다. 단지 천연가스의 발열량보다 저발열량의 도시가스를 공급할 경우에는 다른 휘석가스와 혼합 또는 개질장치로 감열 공급한다.	C/H비가 3이고, 도시가스의 C/H비와 같으므로 기화하여 그대로 도시가스로 할 수가 있다. 이 경우 기화설비가 필요하고, 대량의 해수가 사용된다. LNG 가스의 발열량보다 저발열량의 도시가스를 공급할 경우는 천연가스의 경우와 같다.	H_2 또는 CH_4를 주성분으로 한 가스이고 천연가스의 경우가 같다.
정제	천연가스 중에는 H_2S 등 불순물이 함유된 경우가 있으므로 탈황 등 불순물 제거 장치가 필요하다.	LNG제조장치로 LNG를 제조하기 전에 H_2S, CO_2 등의 불순물은 제거되기 때문에 정제장치는 필요없다.	정제장치를 필요로 하지 않는다.

	천연가스	LNG	Off Gas
환경	아황산가스매연 등 대기오염, 수질오염 등의 환경문제가 없다.	천연가스의 경우도 같다.	천연가스의 경우도 같다.
저장	천연가스는 상온에서 기체이므로 구형 Gas Holder 등에 용이하게 저장된다. 관리는 용이하다.	LNG는 비점 −162°C 초저온이므로 초저온저장설비가 필요하고 관리는 복잡하다.	Gas Holder에 용이하게 저장된다. Gas Holder를 필요로 하지 않고, 정유공장에서 공급하는 경우도 많다.

1.8 제조가스의 제조개요

1.8.1 가스제조 Process와 그 선정

일반적으로 가스는 가스의 제조, 열량조정 등 일련의 공정에 의해 제조된다. 단지 천연가스와 같이 제조 · 정제공정을 모두 필요로 하지 않은, LNG, LPG와 같이 정제공정이 필요 없고 증발기뿐인 제조공정의 것도 있나.

이와 같이 특수한 경우를 제외하고 일반적으로 제조공정에는 원유, Naphtha 등의 고급탄화수소에 수증기, 산소(공기), 수소 등의 가스화제를 가해 열 Energy에 의하고, 경우에 따라서는 촉매를 사용하거나 고압하이고, CH_4, C_2H_6 등의 저급탄화수소, CO, CO_2, H_2 등의 혼합가스가 제조되어 진다.

1.8.2 가스제조 Process의 개요

(1) 가스화 방식에 따른 분류

① 열분해(Thermal Cracking) Process

고온(800 ~ 900), 저압에서 탄화수소를 가열하여, H_2, CH_4, C_2H_6, C_3H_6 등의 가스상 탄화수소와 Benzene, Toluene 등의 조경유 및 Tar, Naphthaline 등에 분해하여, 10,000 kcal/Nm^3 정도의 고열량 가스를 제조하는 Process이다. 이 가스는 연소속도가 늦다(A).

② 접촉분해(Steam Reforming) Process

촉매를 사용하여 반응온도 400 ~ 800 °C에서 탄화수소와 수증기와 반응시켜 CH_4,

H_2, CO, CO_2로 전환하는 Process, 스팀개질 Process 등의 호칭이 있다. 이 가스는 연소속도가 중간(B)이거나 빠르다(C).

③ 부분연소(Parti Combustion) Process

탄화수소 분해에 요할 열을, 로내에 산소 또는 공기를 흡입시키는 일에 따라 원료의 일부를 연소시켜서 연속적으로 보충하여 2,000 ~ 3000 kcal/Nm^3 정도의 가스를 만드는 Process이다.

④ 수첨분해(Hydrogenation Craking) Process

고온(700 ~ 800°C), 고압하에서 탄화수소를 수소기류 중에 열분해 또는 접촉분해시켜, CH_4를 주성분으로 한 고열량의 가스를 제조하는 Process이다.

이중에서 [그림 1.10]에 표시한 G.R.H(Gas Recycle Hydrogenator)가 도시가스 Process로서 실용화 된 유일한 Process이고, 수첨분해용의 H_2원으로서 ICI 장치와 조합시킨 Process가 있다.

⑤ 대체천연가스(Substitute Natural Gas) Process

H_2O, O_2, H_2를 원료탄화수소와 반응시켜, 수증기 개질 부분연소, 수첨분해 등에 의해 가스화하여 Methane 합성(Methanation), 탈탄산 등의 Process와 병용하여, 천연가스의 성상과 거의 일치하는 가스를 제조하는 Process이다.

가스를 제조하는 Process별 특징을 [표 1.9]에 표시하였다.

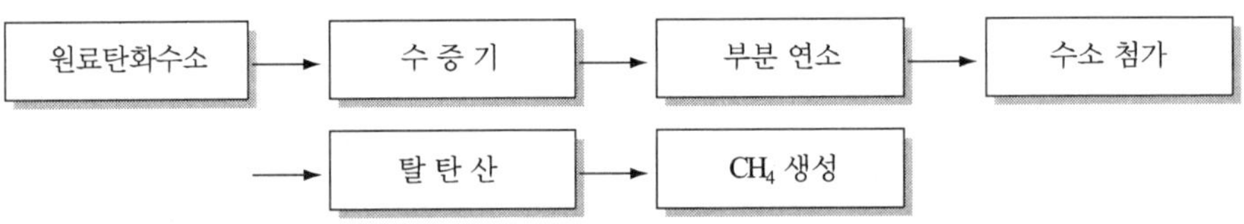

(2) 원료의 송입법의 따른 분류

① 연속식

원료는 연속으로 송입되며, 가스의 발생도 연속으로 된다. 가스의 조절은 원료의 송입량 조절에 따라 이루어지고, 일반적으로 장치능력에 대해 50 % ~ 100 % 사이에서 발생량이 조절된다.

② Batch식

석탄가스와 같이 원료를 일정량으로 가스화실에 넣어 가스화하여, 가스가 발생하지 않게 되면 잔사(코우크스)을 들어낸다. 이와 같은 조작을 반복하면서 원료를 가스화하는 것이고, 가스발생량의 조절은 원료송입량과 1일의 송입횟수로 이루어지므로 급격한 조정은 되지 않는다.

③ Cyclic식

위 두 방식의 중간인 방식이다. 일정시간 원료의 연속 송입에 따라 가스발생을 하고 장치의 온도가 내려간다. 어느 정도 온도가 내려가면 원료의 송입을 중단하고 승온시켜 다시원료를 송입하여 가스의 발생을 이룬다. 이러한 조작을 자동운전으로 이루어지고, 가스발생량의 조절은 장치의 운전, 정지로 한다.

(3) 가열방식에 따른 분류

① 외열식

원료가 들어있는 용기를 외부에서 가열한다.

② 축열식(내열식)

가스화용 용기(반응기) 내에서 연료를 태우고 충분히 가열하여, 그 후 이 용기 내에 원료를 송입시켜 가스화의 열원으로 한다.

③ 부분연소식

원료에 소량의 공기와 산수를 혼합하여 가스화용의 용기에 넣어, 원료의 일부를 연소시켜, 그 열을 남아 있는 원료의 가스화로 열원으로 한다.

④ 자열식(Auto Thermic)

가스화에 필요한 열을 산화반응과 수첨분해반응 등의 발열반응으로 조달한다.

표 1.9 각 Process의 특징

Process 명	열분해 Process	접촉분해 (수증기 개질) Process		
장치의 형식	Cyclic식	Cyclic식	연속식	연속식
압력	저압	저압	고압	고압
화제	수증기	수증기	수증기	수증기
원료	Naphtha ~ 원유	LPG · Naphtha ~ 원유	Methane – Naphtha	LPG · Naphtha
제조가스 발열량 (kcal/Nm^3)	9,000 ~ 10,000	3,000전후 원유의 경우, 5,000 전후	3,000 전후	6,500 전후
가스조성등	수소가 적고 중탄화 수소가 많기 때문에, 연소속도가 늦은 가스이다.	수소, CO가 많고, 연소속도가 빠른 가스이다.	좌와 동일	CH_4가 많고, 연소속도가 중간인 가스이다.
특 징	원유 등의 중질원료까지 사용된다.	좌와 동일	원유 등 중질원료는 사용 안된다.	좌와 동일
		촉매는 일시적으로 손상되지만 가열될 때 재생되므로 탈황설비가 불필요	촉매는 유황에 따라 손상되므로 원료의 탈황이 필요함	좌와 동일
	가스의 발생정지가 용이하다.	좌와 동일	가스의 발생, 정지에 시간이 걸린다.	좌와 동일
	고압이 되지 않아, 고압 압송을 위해 압송설비가 필요	좌와 동일	고압하에서 조업하기 때문에 고압압송하기위해서 압송설비가 불필요	좌와 동일
	가스 발생이 Cyclie이므로 순간유량이 많고, Pump, process, 배관 등 설비가 커지고 부지도 많이 필요	좌와 동일	고압, 연속식 때문에 장치가 Compact임	좌와 동일
	H_2, Tar 등 불순물 제거 장치 필요	Naphtha사용의 경우, 탈황장치만이 간단한 정제만으로 좋다.	정제장치가 필요치 않음	좌와 동일
	원유사용 경우 배기가스중의 SO_x, 매연발생으로 환경문제 발생	좌와 동일		

	부분 연소 Process	수첨분해 Process	대체 천연가스 Process
장치의 형식	연속식	연속식	연속식
압력	저압	고압	고압
화제	공기	수소	수증기, 수소, 산소
원료	Methane－Naphtha	LPG ~ 원유	LPG ~ 원유, 석탄
제조가스 발열량 (kcal/Nm^3)	2,000 전후	7,500 전후	9,000 전후
가스조성등	N_2가 대단히 많고, 연소속도가 늦은 가스다.	CH_4, C_2H_6가 상당히 많고, 연소속도가 늦은 가스이다.	CH_4가 상당히 많고 연소속도가 늦은 가스이다.
특 징	원유 등의 중질원유의 Process는 도시가스에 채용된 적이 없음	현재에 있어서, 원유 등의 중질원료의 Process는 미개발이다.	좌와 동일
	유황이 극히 많지 않은 한 원료의 탈황은 필요 없음	무촉매 Process는 유황이 있어도 지장 없음	저온수증기 Process를 기본으로 하는 경우 탈황이 필요
	가스의 발생, 정지에 시간이 걸린다.	좌와 동일	좌와 동일
	저압의 경우는, 열분해 Process에 같음 고압의 경우 좌와 같음	고압하에서 조업하기 때문에 고압압송하기 위해서 압송설비가 불필요	좌와 동일
	고압, 연속식 때문에 장치가 Compact임	고압, 연속식이기 때문에 장치가 Ccopact이고 부지면적이 적어도 좋다.	좌와 동일
	탈황장치만의 간단한 설비로 좋다.	무촉매식 Process의 경우, 탈황, Benjole 등의 제거설비를 필요로 한다.	저온수증기 Process를 기본으로 하는 것은 정제장치가 불필요

2 일반가스의 분류와 제성질

CHAPTER

CHAPTER 2 일반가스의 분류와 제성질

2.1 가스의 분류

2.1.1 법적인 분류

① 고압가스 안전관리법

이 법의 제정 목적은 고압가스로 인한 위해를 방지하고 공급의 안전을 확보하기 위함이다. 압력 10 kg/cm^2 이상인 고압가스 또는 2 kg/cm^2인 액화가스가 해당되며 공기, O_2, N_2, Ar, Ne, H_2, CO_2, NH_3, Cl_2, 포스겐($COCl_2$) 등 액화석유가스(LPG)와 도시가스(LNG 등)를 제외한 모든 가스가 이 법 범위에 해당된다. LPG, LNG 운반 및 용기와 특정설비(냉동기 등)제조도 이 법에 포함된다.

② 액화석유가스의 안전 및 사업관리법

이 법의 제정 목적은 액화석유가스의 취급 및 가스용품의 안전관리에 관한 사항을 정하고 액화석유가스를 적당히 공급사용하게 함이며 액화석유가스란 프로판(C_3H_8)과 부탄(C_4H_{10})을 주성분으로 하는 가스가 해당되며 모든 가스용품(LPG용, LNG용 등)도 이 법에 적용을 받는다.

③ 도시가스 사업법

이 법의 목적은 도시가스 사업을 합리적으로 조성육성하여 공공의 이익과 안전을 확보하기 위함이며 도시가스, 즉 LPG를 원료로 일정한 열량을 갖도록 제조한 가스 또는 천연가스 (NG, LNG)를 다수의 수요자에게 공급하는 가스가 이 법의 범위에 해당된다.

2.1.2 상태에 따른 분류

① 압축가스

H_2, O_2, N_2, CH_4, He, Ar, 공기, CO 등 용기내에 가스상태로 충전되어 취급되는 가스를 말한다. 예로 천연가스를 압축하여 사용할 경우 압축천연가스(Compressed Natural

Gas : CNG)라 한다.

ⓐ 일반적으로 비점이 낮은 가스로서 상온에서 압축하여도 액화하지 않는 가스를 용기에 최고충전압력(FP) 약 150 kg/cm^{2}으로 압축 충전한다.

ⓑ 가스의 비점

O_2 : −183°C, H_2 : −252.8°C, N_2 : −196°C, He : −268.9°C,

Ar : −185.8°C

② 액화가스

NH_3, Cl_2, CO_2, C_3H_8, C_4H_{10} 등 용기내에 액체상태로 충전되어 취급하는 고압가스를 말한다.

ⓐ 상온에서 비교적 낮은 압력(10 kg/cm^2 이하)으로 쉽게 액화할 수 있는 가스이다.

ⓑ 가스의 비점

C_3H_8 : −42.1°C, NH_3 : −33.3°C, Cl_2 : −33.4°C

③ 용해가스

C_2H_2 등 용제 속에 가스를 용해시켜 취급되는 고압가스를 말한다.

ⓐ 용제 : 아세톤($(CH_3)_2CO$), 디메틸포름아마이드(D.M.F)

2.1.3 연소성에 의한 분류

① 가연성가스

C_3H_8, C_4H_{10}, C_2H_2, H_2, C_2H_4, CH_4, NH_3 등 연소 및 폭발 범위가 작은 것과 상한과 하한의 차가 큰 가스를 말한다.

② 조연성 가스(지연성 가스)

가연물이 잘 타도록 도와주는 가스로서 O_2, 공기, Cl_2, N_2O 등이다.

③ 불연성 가스

N_2, CO_2, Ar, He 등과 같이 타지 않는 가스이다.

2.1.4 독성에 의한 분류

① 독성가스

$COCl_2$(포스겐), Cl_2, CO, HCN, C_2H_4O, NH_3, SO_2, CH_3Cl 등 허용농도가 200 ppm 이하의 것

② 비독성 가스

N_2, O_2, H_2 등의 독성이 없는 가스

참 고

염소(Cl_2) : 허용농도 1 ppm
아황산가스(SO_2) : 허용농도 5 ppm
포스겐($COCl_2$) : 허용농도 1 ppm
시안화수소(HCN) : 허용농도 10 ppm
암모니아(NH_3) : 허용농도 25 ppm
일산화탄소(CO) : 허용농도 50 ppm

표 2.1 각종가스 일람표

가스명	분자식	색 취	인체의 작용도	분자량	가스밀도 (g/L)	가스비중 (공기=1) (°C)	비 점 (°C)	임계온도 (°C)	임계압력 (kg/cm²)	폭발한도 (%)
공 기	(Air)	무색 무취		29	1.29	1	−191.5	−141	37.2	
산 소	O_2	〃	질식성 토기성	32	1.43	1.10	−183	−119	50.1	
질 소	N_2	〃	〃	28	1.25	0.97	−195.8	−147	33.5	
알 곤	Ar	〃	〃	40	1.78	1.38	−185.8	−122	48.0	
네 온	Ne	〃	〃	20	0.87	0.67	−245.9	−228	26.9	
수 소	H_2	〃	〃	2	0.09	0.07	−252.8	−240	13.2	4 ~ 75
헬 륨	He	〃	〃	4	0.18	0.14	−268.9	−268	2.26	
크세논	Xe	〃	〃	131	5.90	4.53	−108.1	−166	58.0	
크립톤	Kr	〃	〃	84	3.64	2.82	−152.9	−64	54.3	
수증기	H_2O	〃	〃	18	0.60 (100°C)	0.46 (100°C)	100	374	218.3	
탄산 가스	CO_2	〃	두 통 토기성	44	1.98	1.53	−78.5	31	72.9	
일산화 탄소	CO	〃	〃	28	1.25	0.97	−191.5	−140	34.5	12.5 ~ 74
오 존	O_3	무색 유취		48	2.14	1.66	−112	−5.0	67	

가스명	분자식	색 취	인체의 작용도	분자량	가스밀도 (g/L)	가스비중 (공기=1) (°C)	비 점 (°C)	임계온도 (°C)	임계압력 (kg/cm²)	폭발한도 (%)
암모니아	NH_3	무 색 자격취	자격성	17	0.89	0.60	−33.35	132	111.3	1.5 ~ 28
산 화 에틸렌	C_2H_4O	무 색 에테르	〃	44	1.20	1.49	10.73	196	72	3 ~ 100
아세틸렌	C_2H_2	〃	마취성	26	1.17	0.91	−75	36	61.6	2.5 ~ 100
에틸렌	C_2H_4	무 색 감미취	〃	28	1.26	0.98	−103.9	9.2	50.0	3.1 ~ 32
에 탄	C_2H_6	무색 무취	〃	30	1.36	1.05	−88.63	32	48.2	3.0 ~ 12.5
프로판	C_3H_8	〃	〃	44	2.02	1.55	−42.07	97	42.0	2.2 ~ 9.5

가스명	분자식	색 취	인체의 작용도	분자량	가스 밀도 (g/L)	가스비중 (공기 = 1) (°C)	비 점 (°C)	융 점 (°C)	임계 온도 (°C)	임계 압력 (kg/cm²)	폭발 한도 (%)
부 탄	C_4H_{10}	무색 착취	마취성	58	2.60	2.01	−0.5	−138	152	37.5	1.9 ~ 8.5
프로필렌	C_3H_6	무색 무취	〃	42	1.94	1.50	−47.7	−182	92	45.6	2.4 ~ 10.3
부타디엔	C_4H_6	무색 착취	〃	54	2.41	1.87	−4.4	−113	152	42.7	2.0 ~ 11.5
아산화 질 소	N_2O	무 색 미방향성	〃	44	2.60	2.01	−0.5	−138	152	37.5	
아황산 가 스	SO_2	무 색 자격취	자격성	64	3.36	2.60	−10.0	−75	157	77.8	
염 소	Cl_2	황록색 자격취	〃	71	3.22	2.49	−34.0	−100	144	76.1	(H_2중) 11 ~ 94.5
시안화 수 소	HCN	무 색 호도취	〃	27	1.24	0.96	25.0	−134	184	53	6.0 ~ 41
황화수소	H_2S	부 색 부런취	〃	34	1.3		−85	−112	51	81.5	4.3 ~ 45
포스겐	$COCl_2$	무 색 청초취	맹독성	99	4.02	3.5	8.2	−126	56	56	
염화메틸	CH_3Cl	무 색 에테르	마취성	50	3.58	1.74	−23.7	−97.6	65.8	65.8	8.1 ~ 17.2

가스명	분자식	색 취	인체의 작용도	분자량	가스 밀도 (g/L)	가스비중 (공기=1) (°C)	비 점 (°C)	융 점 (°C)	임계 온도 (°C)	임계 압력 (kg/cm^2)	폭발 한도 (%)
산화질소	NO	무 색 자격취	자격성	30	1.34	1.04	−151	−164	64	64	
염화수소	HCL	〃	〃	36	1.30		−85	−112	81.5	81.5	
브로메틸	CH_3Br	무색클로로포름취		94	4.42	3.27	4.4	−93	51.6	51.6	13.5 ~ 14.5
메 틸 에테르	C_2H_6O	무 색 에텔취		46	2.06	1.59	−24.9	−140	54.9	54.9	3.4 ~ 18
시클렌 프로판	$(CH_2)_2$	무색 무취		28	2.15	1.48	−34.4	−127	54.9	54.9	2.4 ~ 10.4
염화비닐	C_2H_2Cl	무 색 감미취		58	2.79	2.15	−13.9	−160	55.2	55.2	4 ~ 22

표 2.2 가연성 가스

구 분 \ 가스명	아세틸렌	프로판	에틸렌	메 탄	수 소
화학기호	C_2H_2	C_3H_8	C_2H_4	CH_4	H_2
압력(35°C)	15.5	7.7(15°C)	83	150	150
액화압축가스의 구분	압	액	액	압	압
용기 TP	46.5	31	225	250	250
비중(공기=1)	0.9	1.5	1.0	0.6	0.07
충진구나사	좌	좌	좌	좌	좌
폭발범위	2.5 ~ 81	2.2 ~ 9.5	3.2 ~ 32	5.3 ~ 14	4 ~ 74
특 성	가압하에서 자기분해	저소체류 고무열화	마취성	무색무취	폭발성
검지방법	비눗물	비눗물	비눗물	비눗물	비눗물
제 법	$CaC_2 + 2H_2O \rightarrow Ca(OH)_2 + C_2H_2$	석유정류 부 산	석유정류 납사분해	천연가스에서 $CO + 3H_2 \rightarrow CH_4 + H_2O$	석유분해 수성가스 에서

표 2.3 조연성 가스

구분 \ 가스명	산 소	아산화질소	압축공기	염 소
화학기호	O_2	N_2O	N_2, O_2, Ar 등	Cl_2 ※ 독성가스 일람표 참조
압력(35°C)	150	118	150	
액화압축구분	압	액	압	
용기 TP	250	200	250	
비중(공기=1)	1.1	1.5	1.0	
충진구나사	우	우	우	
검지방법	비눗물	비눗물	비눗물	
제 법	공기액화 분리물 전기분해	$NH_4NO_3 \rightarrow N_2O + 2H_2O$	공기압축	

표 2.4 불연성 가스

구분 \ 가스명	아르곤	질 소	탄소가스	후레온12
화학기호	Ar	N_2	CO_2	CCl_2F_2
압 력(35°C)	150	150	120	5
액화압축구분	압	압	액	액
용기 TP	250	250	200	15
비중(공기=1)	1.4	0.9	1.5	4.1
충진구나사	우	우	우	우
검지방법	비눗물	비눗물	비눗물	착색반응
제 법	공기액화 분 리	공기액화 분 리	$C + O_2 \rightarrow CO_2$	$RCCl_3 + HF \rightarrow$ $RCCl_2F + HCl$

표 2.5 독성가스

구분 \ 가스명	일산화탄소	산화에틸렌	염화메틸	암모니아
화학기호	CO	C_2H_4O	CH_3Cl	NH_3
가 연 성	연	연	연	연
압력(35°C)	150	1.5	6.6	13
액화압축가스의구분	압	액	액	액
용기TP(48°C)	250	10	16	30
비중(공기=1)	0.97	0.89	1.8	0.6
충진구나사	좌	좌	좌	우
폭발범위	12.5 ~ 74.2	3 ~ 80	10.7 ~ 17.4	16 ~ 25
허용농도PPM	50	100	100	25
중 화 제		물,암모니아수		물
특 성	질식성	마취성	자극성	자극성
검지방법	비눗물	비눗물	비눗물	리트머스시험지
보 호 구	(방독마스크, 산소호흡기, 고무장갑, 작업복 등)			
제 법	$CO+H_2$에서 CO분리	$C_2H_4+1/2O_2 \rightarrow C_2H_4O$	$CH_3OH+HCl \rightarrow CH_3Cl+H_2O$	$N_2+3H_2 \rightarrow 2NH_3$
화학기호	HCN	$COCl_2$	SO_2	Cl_2
성 질	가연성	독 성	독 성	조연성
압력(35°C)	0.5	1.7	4.4	8.9
액화압축구분	액	액	액	액
용기 TP	6	6	12	22
비중(공기=1)	0.9	3.4	2.4	2.5
충진구나사	좌	좌	우	우
허용농도PPM	10	1	5	1
중 화 제	(소석회 알칼리 용액)			
특 성	질식성	질식성	자극성	자극성
검지방법	검지지	검지지	암모니아수	암모니아수
보 호 구	(방독마스크, 산소호흡기, 고무장갑, 작업복 등)			
제 법	$2NaCN+H_2SO_4 \rightarrow 2HCN+Na_2SO_4$	$CO+Cl_2 \rightarrow COCl_2$	$S+O_2 \rightarrow SO_2$ $4FeS_3+11O_2 \rightarrow 2Fe_2O_3+8SO_2$	$NaCl \rightarrow Na^++Cl^-$

표 2.6 독성가스 제독조치

가 스 량	제 독 제	보 유 량
염 소	가성소다수용액	※ 제독제는 독성가스의 종류에 따라 적합한 흡수·중화제 1가지 이상의 것 또는 이와 동등 이상의 제독효과를 가지는 것으로서 우란의 수량(용기보관실에는 그의 1/2로 하고, 가성소다수용액 또는 탄산소다수용액은 가성소다 또는 탄산소다를 100%로 환산한 수량을 표시한다) 이상 보유할 것 [저장탱크 등이 2개 이상 있을 경우 저장탱크에 관계되는 저장탱크수의 제곱근의 수치, 그 밖의 제조설비와 관계되는 저장설비 및 처리시설(내용적이 $5m^3$ 이상의 것에 한한다)수의 제곱근에 수치를 곱하여 얻은 수량, 이하 염소에 있어서는 탄산소다수용액 및 소석회에 대하여도 같다.]
	탄산소다수용액	
	소 석 회	
포스겐	가성소다수용액	
	소 석 회	
황화수소	가성소다수용액	
	탄산소다수용액	
시안화수소	가성소다수용액	
아황산가스	소성소다수용액	
	탄산소다수용액	
	물	
암모니아 산화에틸렌 염화메탄	물	

2.2 일반가스(중요)의 종류와 성질

2.2.1 수소(H_2) : Hydrogen

- 연소성분류 : 가연성 가스
- 상태 : 기체(무색·무미·무취)
- 분자량 : $H_2 = 2$
- 비중 : 0.0695(공기의 1/14.5)
  가스 중에서 제일 가볍고 따라서 확산이 잘됨.
- 자연발화 온도 : 530°C
- 폭발범위 : 4.0 ~ 75(공기중)

2.2.1.1 수소의 성질

(1) 물리적 성질

① 수소는 원소 중에서 가장 가볍고 최소의 밀도를 갖는다.

② 확산속도가 가장 크다.

③ 열전도가 크다.

④ 열에 대하여 안정적이며 2000°C로 가열하여도 그 1.22×10^{-2}가 원자만 해리하며, 안전하게 해리 시키려면 5000°C를 필요로 한다.

(2) 화학적 성질

① 수소는 산소와 180°C에서 서서히 결합하여 수증기를 만들며, 550°C에서 두 기체는 폭발적으로 결합하므로 수소폭명기라 한다.

$$2H_2 + O_2 \longrightarrow 2H_2O + 136.6\ \text{Kcal}$$

※ 수소폭명기
수소와 산소 또는 공기와의 혼합기체에 점화하면 급격히 화합하여 폭발한다. 이 혼합기체를 수소폭명기라고 말한다.

② 수소는 염소나 산소 또는 산화물속의 산소 등과 고온에서 잘 반응하므로 환원제로 사용된다.

(3) 연소에 관한 성질

① 수소는 확산속도가 크고 공기 중에 확산되어 혼합되기 쉽다.

② 폭발한계내의 가스는 모두 폭발적으로 반응하나 수소와 산소가 체적비 2:1로 혼합된 기체를 폭명기라고 말하며, 그 조성이 폭명기에 가까울수록 심하게 반응한다.

③ 수소와 염소의 혼합가스의 빛에 의한 반응처럼 수소와 불소와의 불화수소 생 성 반응도 폭발반응이 된다.

④ 폭굉속도는 조건에 따라서는 1400 ~ 3500 m/sec에 달한다.

⑤ 공기 또는 산소와의 폭발 혼합물의 발화점은 530°C 이상의 고온이지만 백금, 파라듐, 또는 Fe 및 Ni 촉매하에서는 상온으로도 용이하게 발생된다.

2.2.2.2 수소의 제조

(1) 물의 전기분해

황산이나 수산화나트륨을 조금 가한 물을 전기분해한다. 또한, 소금물을 전기분해 할 때 부산물로서 음극에서 발생된다.

$$2H_2O \longrightarrow 2H_2 + O_2$$

$$2NaCl + 2H_2O \longrightarrow 2NaOH + H_2 + Cl_2$$

(2) 수성가스($CO + H_2$)에서 분리

적열된(1000 ~ 1400°C) 코우크스에 수증기를 작용시키면, 다음의 반응에 따라 수소와 일산화탄소의 혼합가스(수성가스)를 생성한다.

[코우크스의 완전가스화법 또는 수성가스법]

$$C + H_2O \longrightarrow CO + H_2 \quad -31.4\ Kcal$$

$$CO + H_2 + H_2O \longrightarrow 2H_2 + CO_2$$

(3) 천연가스의 분해

천연가스를 원료로 하여 합성원료가스를 제조하는 방법에는 수증기개질법과 부분 산화법이 있다.

① 수증기 개질법 : 메탄과 수증기와의 반응은 다음과 같이 흡열반응이 일어난다.

$$CH_4 + H_2O \longrightarrow CO + 3H_2 - 49.3\ Kcal$$

수증기가 과잉 존재하면

$$CH_4 + 2H_2O \longrightarrow CO_2 + 4H_2 - 39.5\ Kcal$$

② 부분 산화법 : 메탄올 가압(약 15 kg/cm^2)니켈촉매상에서 산소 또는 공기와 800 ~ 1,000°C로 반응시키면, 다음 식에 의해 합성가스를 얻을 수 있다(파우더법).

$$2CH_4 + O_2 \longrightarrow 2CO + 4H_2 + 17.0\ Kcal$$

(4) 석유의 분해

나프타, 중유 또는 원유를 분해하여 합성가스를 제조하는 방법도 천연가스의 경우와 같이 수증기 개질법과 부분산화법이 있다.

① 수증기 개질법 : 탄화수소로서 메탄에서 나프타 유분(비점 205°C 이하)까지 원료로서 사용할 수 있다. C_1 ~ C_4 탄화수소를 원료로 하는 토프소우법, 나프타를 원료로 하는 ICI법이 있다. 유황분이 3 ~ 5 ppm이 될 때까지 충분히 탈황된 나프타를 수증기와 혼합하여 니켈계의 촉매상을 통하게 함으로써 다음의 반응이 생성된다.

$$C_mH_n + mH_2O \rightleftharpoons mCO + \frac{(2m+n)}{2} H_2$$

이것과 동시에

$$CO + 3H_2 \rightleftarrows CH_4 + H_2O$$

$$CO + H_2O \rightleftarrows CO_2 + H_2$$

② **부분산화법** : 원유 또는 중유를 산소 및 수증기와 함께 노에 흡입하고, 불완전 연소시켜 가스화하는 방법이다.

가스화의 경우 주요한 반응식은 다음과 같이 표시한다.
이때 가스화 온도는 약 1400°C로서 텍스코법의 경우 압력은 30 kg/cm²이다.

$$C_mH_n + \text{—} O_2 \rightleftarrows mCO + \frac{n}{2} H_2$$

$$C_2H_2 + \frac{5}{2} O_2 \rightleftarrows 2CO_2 + H_2O$$

$$CO + H_2O \rightleftarrows CO_2 + H_2$$

2.2.1.3 수소취성(탈탄 및 용입)

고온·고압에서 탄소강에 접하면 탈탄작용 수소용입에 의하여 금속은 취화와 균열이 발생한다.

예를 들면 암모니아 합성공장의 폭발의 원인도 탈탄작용에 의한다.

① 상온에서는 문제가 되지 않는다.
예외로서 백금을 부수기 쉬워 Pt－Rd 열전대는 수소로에는 사용할 수 없다.

② 고온 고압에서는
탄소강중의 탄소가 수소와 작용하여 메탄을 만들고 이 메탄의 팽창에 의해 금속의 조직을 약하게 한다.
고온으로 되면 $Fe_3C + 2H_2$, $CH_4 + 3Fe$와 같은 화학변화에 의하여 탈탄되고 탄소강은 강도 저하와 함께 메탄의 팽창에 의하여 부서지기 쉽게 되고 H_2 가스가 용입되어 수소지연 크랙(Hydrogen delay crack)이 발생될 수 있다.
즉, 고압인 경우도 온도가 낮은 경우는 탈탄작용은 약하다.

예를 들면, 압력 250 atm에서도 온도가 170°C 이하라면 연강에서도 탈탄작용은 일어나기 어렵다.

2.2.1.4 수소의 금속재료에 대한 영향

(1) 니켈(Ni)

CH_4 화학반응은 촉매적인 일을 하여 촉진하므로 부적당하다.

(2) 크롬강(Cr강)

수소취성 방지에 제일 적합하다. 기타 내수성을 높이기 위해 크롬외에 바나듐(V)·텅스텐(W)을 첨가한다.

2.2.1.5 용도

수소는 공업적으로 널리 사용되는 가스이며 용도가 제일 많은 것은 암모니아 합성의 원료가스이다. 요즘은 수소기체와 수소액체가 로켓트 연료로서 중요시되고 있으며 또 제조연료가스의 원료로 주성분으로서 연료에 공급되는 양도 많다.

2.2.1.6 용기와 취급

(1) 용기

용접부가 없는 단조 강제용기에 의한다. 수소의 용기표시는 1/2 이상을 적색으로 칠하고 수소와 「연」의 글자를 백색으로 명시한다.

(2) 안전밸브

가용합금밸브(용융플러그)와 박판안전밸브(파열판)을 병용하고 있는 것이 많다.
이것은 내압시험압력의 8/10 이하에서 작동한다.

(3) 용기밸브

수소가스의 취입 취출구는 가연성 가스이므로 왼쪽 나사이다.

(4) 충전압력과 온도의 관계

※ 하계기온이 30°C를 넘으면 직사광선을 받은 용기는 표면온도가 60°C에 달하므로 주의할 것

온도(0°C)	0	20	35	40	60
압력(kg/cm^2)	133	143	150	153	163

2.2.2 아세틸렌(C_2H_2) : Acethylene

- 연소성 분류 : 가연성 가스
- 상 태 : 기체(용해가스), 무색으로 시판되는 것 중에는 특유한 냄새가 있으나 순수한 것은 냄새가 없다.
- 분자량 : $C_2H_2 = 26$
- 비 중 : 0.92
- 자연발화온도 : 235°C
- 폭발범위 : 2.5 ~ 81.0(공기중) 폭발범위가 넓기 때문에 가장 위험한 가스, 용기 중에서 분해 폭발할 수도 있다.

2.2.2.1 아세틸렌의 성질

(1) 물리적 성질

① 무색의 기체이며, 순수한 것은 에에텔과 같은 향기가 있으나 불순물로 인해 특유한 냄새가 난다.
(불순물 : H_2S, PH_3, NH_3, SiH_4 등)

② 비점과 융점이 가까우므로 고체 아세틸렌은 융해하지 않고 승화한다.

③ 액체 아세틸렌은 불안정하나 고체 아세틸렌은 비교적 안정하다.

④ 물 1부피에 1.5배(15°C), 아세톤 1부피에 25배(15°C) 녹는다.

(2) 화학적 성질

① 아세틸렌은 산소가스에 의해 연소시키면 3000°C를 넘는 온도의 불꽃을 얻는다.

$$C_2H_2 + \frac{5}{2}O_2 \longrightarrow 2CO_2 + H_2O$$

② 아세틸렌은 흡열화합물이므로 압축하면 분해폭발을 일으킬 염려가 있다.

$$C_2H_2 \longrightarrow 2C + H_2$$

아세틸렌은 압축하여 용기에 충전할 수 없으므로 고압용기에 석면, 목탄 등으로 된 규정의 다공도를 가진 다공성 물질을 삽입하고, 이것에 아세톤을 스며들게 한 후 아세틸렌을 용해 충전하여 운반한다.

③ 염화 제1동의 암모니아 용액의 아세틸렌을 통하게 되면 황색의 동아세틸드 (Cu_2C_2)가 침전한다.

④ 암모니아성 질산은 용액에 아세틸렌을 통하면 백색 침전하여 은아세틸드(Ag_2C_2)를 얻는다.

⑤ 동, 은 및 수은 등의 금속과도 직접 반응하여 폭발성의 아세틸드를 만들기 때문에 그들과의 접촉에는 주의를 하지 않으면 안된다.

⑥ 아세틸렌은 접촉적으로 수소화하면 에틸렌, 에탄이 된다.

⑦ 황산수은을 촉매로 하여 수화(水和)하면 아세트알데하이드가 된다.

$$C_2H_2 + H_2O \longrightarrow CH_3CHO$$

⑧ 염화철 등의 촉매를 사용하여 액상으로 반응을 제어하면서 아세틸렌과 염소를 반응시키면 사염화에탄을 얻는다.

$$C_2H_2 + 2Cl_2 \longrightarrow CHCl_2CHCl_2 \text{ (사염화에단)}$$

⑨ 염화 제2수은을 침착(沈着)시킨 활성탄을 촉매로 하여 염화수소와 반응시키면 염화비닐을 얻는다.

$$C_2H_2 + HCl \longrightarrow CH_2CHCl \text{ (염화비닐)}$$

⑩ 아세틸렌의 폭발성

- 분해폭발 : C_2H_2는 가압하에서 불안전하며 1기압 이상에서 산소 또는 공기와 혼합 없이 스파크, 가열, 충격 등의 원인으로 탄소화수소로 자기 분해한다.

$$C_2H_2 \longrightarrow 2C + H_2 + Q\text{ kcal}$$

- 화합폭발 : C_2H_2는 동, 은, 수은 또는 그 화합물과 화합하여 폭발하며 착화원으로 되어 분해, 연소, 폭발의 요인이 된다.

$$C_2H_2 + 2Cu \longrightarrow Cu_2C_2\text{(동 아세틸라이드)} + H_2 + Q\text{ kcal}$$

※ 동 아세틸레이트(Cu_2C_2)는 매우 민감한 폭발 물질이다.
동 합금 중 동 62% 이상 사용금지

- 산화폭발 : 산소와 혼합하여 점화하면 폭발을 일으킨다.

$$2C_2H_2 + 5O_2 \longrightarrow 4CO + 2H_2O + Q\text{ kcal}$$

발열량 : 13.900 kcal/m³
발열량 : 12.000 kcal/kg

2.2.2.2 제조 공정

(1) 가스 발생기

주수식, 침지식, 투입식의 3종류가 있으며 투입식이 공업적으로 널리 사용되며, 발생기 자체가 구비해야 할 조건은 다음과 같다.

① 구조 간단, 견고, 취급이 간단할 것
② 가스의 수요에 맞고 압력을 유지할 것
③ 안전기를 갖추고 산소 역류, 역화시 발생기에 위험이 미치지 말 것

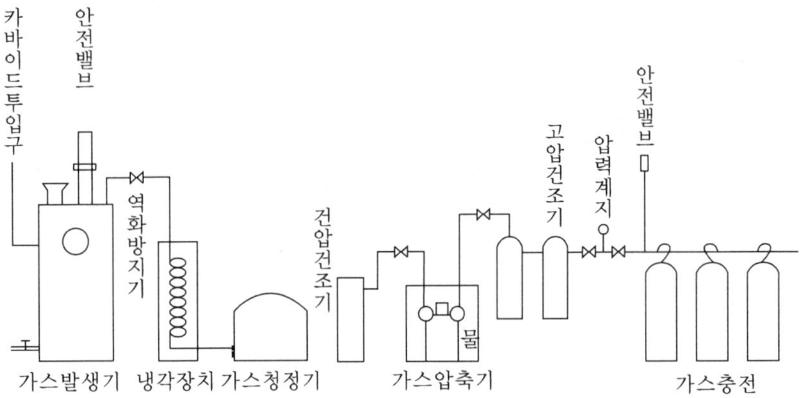

그림 2.1 아세틸렌 제조공정

• 카바이트(CaC_2)의 제조

$$CaCO_3 \xrightarrow[1000\,^\circ C]{} CaO + CO_2 \uparrow$$

$$CaO + 3C \xrightarrow[\text{전기로 } 2300 \sim 2600^\circ C]{\text{열분해}} CaC_2 + CO \uparrow$$

• 아세틸렌(C_2H_2)의 제조

$$CaC_2 + 2H_2O \longrightarrow Ca(OH)_2 + C_2H_2 \uparrow$$

(2) 아세틸렌 압축기

① 용량은 15 ~ 60 m^3/hr이며, 2 ~ 3단의 왕복식 압축기이다.
② 온도상승으로 인한 분해 폭발을 방지하기 위해 20°C 이하로 냉각운전 해야하며 압

력은 25 kg/cm^2 이하로 하여야 한다.

③ 압축기 윤활유는 양질을 사용하여야 한다.

(3) 유분리장치

압축된 가스에 함유된 오일을 제거하기 위해 압축기 토출측에 설치한다.

(4) 건조기

① 아세틸렌 제조 공정 중 압축기를 기준으로 고압측 및 저압측에 설치한다.

② 건조제로는 주로 염화칼슘($CaCl_2$)으로 아세틸렌 중의 수분을 제거한다.

(5) 역화방지장치

① 고압가스 안전관리법에 의거 아세틸렌의 고압건조기와 충전용 절체밸브 사이의 배관과 아세틸렌 충전용 지관에는 각각 역화 방지 장치를 설치해야 한다.

② 역화방지기 내부에는 보통 페로실리콘이나, 모래, 자갈 또는 물이 들어있다.

(6) 가스 정제 장치

① 아세틸렌 중의 불순물로는 인화수소(PH_3), 유화수소(H_2S), 질소(N_2), 산소(O_2), 암모니아(NH_3), 수소(H_2), 일산화탄소(CO), 메탄(CH_4) 등이 있다.

② 불순물이 존재하면 아세틸렌의 순도 저하 및 아세틸렌 충전시 아세틸렌이 아세톤에 용해되는 것이 저해되므로 제거해야 된다.

2.2.2.3 다공물질

(1) 다공도 측정방법

다공도를 측정하기 위해서는 다공물질을 실제로 충전할 경우와 동일한 밀도로 하여 일정한 용기에 충전한 후에 용기 내용적과 같은 용량의 아세톤을 침윤시킨 다음, 침윤되지 않은 아세톤의 잔량을 그 다공물질의 성질의 것으로 하여 다음 계산식에 의해 다공물질을 측정한다.

$$(V - E) \times \frac{100}{V} = \text{다공도}(\%)$$

V : 다공물질의 용적(m^3)
E : 아세톤 침윤 잔용적(m^3)

(2) 다공물질이 구비해야 할 조건

① 화학적으로 안정하고 기계적 강도가 있을 것

② 가스 충전이 쉬워야 하며 용제가 고루 침윤될 것

③ 고다공도이며 안전성이 있을 것

④ 가스방출이 쉬울 것

(3) 다공도에 따른 용제 충전량

① 아세톤

	내용적 10L	내용적 10L초과
90 이상~92% 이하	41.8% 이하	43.4% 이하
87 이상~90% 미만		42.0% 이하
83 이상~90% 미만	38.5% 이하	
80 이상~83% 미만	37.1% 이하	
75 이상~87% 미만		40.0% 이하
75 이상~80% 미만	34.8% 이하	

② 다이메틸 포름 아마이드

	내용적 10L	내용적 10L 초과
90 이상~92% 미만	43.5% 이하	43.7% 이하
85 이상~90% 미만	41.1% 이하	42.8% 이하
80 이상~85% 미만	38.7% 이하	41.3% 이하
75 이상~80% 미만	36.3% 이하	37.8% 이하

2.2.2.4 용기 재질 및 충전

① 용기 재질

$C = 0.25\%$, $Mn = 0.65\%$

$P = 0.04\%$, $S = 0.05\%$

인장강도 : 41 kg/mm^2 신장률 : 30% 이상

※ 용기 재질은 보통 탄소강이 사용되며, 밸브 재질은 단조강 또는 동합금 62% 미만의 황동, 청동이 사용된다.

② 최고 충전 압력은 15°C에서 15.5 kg/cm^{2}이다.

③ 용기 내압시험 압력은 46.5 kg/cm^2 [FP (15.5)×3배]이다.

④ 기밀시험 압력은 $FP \times 1.8 = 27.9$ kg/cm^{2}이다.

⑤ 안전밸브는 가용전식으로서 용융 온도는 110°C이다.

⑥ 충전작업

㉠ 충전 중의 압력은 온도하에 불구하고 압력 25 kg/cm^2 이하로 할 것

㉡ 충전 후의 압력은 15°C에서 15.5 kg/cm^2 이하로 할 것

㉢ 충전 후 24시간 정치할 것

㉣ 충전은 서서히 할 것이며 1회에 끝내지 말고 장치 시간을 두어 2~3회 걸쳐 충전할 것(최소한 충전 시간은 8시간 이상)

㉤ 다공물질의 침하 여부를 확인하기 위하여 음향검사를 할 것

㉥ 아세틸렌이 접촉하는 부분에는 동합금 62% 이상 사용치 말 것

㉦ 분해 폭발을 방지하기 위하여 N_2, CO, CH, C_2H_4 등의 안정제를 첨가할 것

2.2.3 산소(O_2) : Oxygen

- 연소성 분류 : 지연성가스, 조연성가스
- 상　태 : 기체(무색, 무미, 무취)
- 비　점 : －183°C
- 분자량 : 32
- 비　중 : 1.105

2.2.3.1 성질

(1) 물리적 성질

① 무색 무취의 기체이며 물에는 약간 녹는다.

② 산소는 기체, 액체, 고체에서 상자성이다.

③ 액화산소는 담청색을 나타낸다.

(2) 화학적 성질

① 기체는 공기보다 무겁고(약 1.1배) 액체산소는 물보다 무겁다(비중＝1.14, －183°C).

② 산소자체는 연소성이 없으나 다른 물질을 연소시키는 조연성 및 지언성 가스이다.

③ 화학적으로 활발한 원소이며, 희가스 할로겐원소, 백금, 금 등의 귀금속이외의 모든 원소와 직접 화합하여 산화물을 만든다.

④ 순산소 중에서는 공기 중에서 보다도 심하게 연소한다.

⑤ 유황, 인, 마금네슘 등은 공기 중에서 보다도 심하게 연소한다.

⑥ 알루미늄선, 철선, 동선 등도 적열하여 산소가스 중에 넣으면 눈부시게 빛을내어 연소한다.

⑦ 산소, 수소염은 2000 ~ 2500°C의 온도에 달하며, 산소-아세틸렌염은 3500 ~ 3800°C에 달한다.

⑧ 산소 또는 공기 중에서 무성방전(無聲放電)을 행하면 오존(O_3)이 생성된다.

⑨ 산소를 강열시키면 원자상 산소로 해리된다(3000°C에서 6%, 4000°C에서 60% 해리).

$$O_2 \xrightarrow{\text{고열}} 2O \ -117.3\text{kcal}$$

(3) 유해성

① 산소부족으로 생명의 위험을 초래할 사고예가 많다(실내 작업장의 산소농도는 18% 이상 유지할 것).

② 산소가 과잉 또는 순산소의 경우에는 생체로서 유해한 경우가 있다. 60% 이상의 고농도를 12시간 이상 흡수하면 폐에 충혈을 일으켜 소아나 동물에서는 실명, 사망한다.

(4) 부식성

① 산소는 물과의 공존하에서 용존산소 때문에 금속의 부식을 다소 촉진시키지만 용기의 경우 그 실용성에는 지장이 없다.

② 고온공기 중에서는 산화부식에 의해 금속표면에 산화물층이 성장하여 간다.

③ 고온의 순산소 중에서는 철재 등의 일부에 착화하면 연소를 계속할 위험이 있으므로 내산화성의 강재인 크롬강 등을 사용한다.

2.2.3.2 공기 액화분리법에 의한 산소제조

(1) 전저압식 공기분리 장치

① 장치의 조작압력은 5 kg/cm^2 이하의 저압이며 제품은 가스상으로 얻어진다.

② 한냉(寒冷)의 발생은 약 4.5 kg/cm^2에서 약 0.3 kg/cm^2로 단열팽창시키는 팽창터빈에만 의존하고 있다.

③ 산소발생량 500 Nm^3/h 이상의 대용량에 적합하다.

④ 원료공기 중의 수분, 이산화탄소는 축냉기 또는 알루미늄 플레이트식 가열식 열교환기로 저온 응결법에 의해 제거한다.

(2) 중압식 공기분리 장치

① 조작압력은 10 ~ 30 kg/cm^{2}의 중압이며, 비교적 소용량 또는 산소에 비하여 질소의 채취량이 많은 경우에 적합하다.

② 원료공기 중의 수분, 이산화탄소는 실리카겔 또는 몰레큘라시이브 의해 흡착법으로 제거된다.

③ 필요한 한냉은 중압공기를 약 5 kg/cm^{2}까지 단열팽창터빈에 의해 발생한다.

(3) 저압식 액산플랜트

전저압식 공기분리장치에 조작압력 25 kg/cm^2 이하의 중압 팽창터빈을 사용한 액화회로를 조합하여 액화산소와 액화질소를 얻을 수 있다. 이 장치에서는 액화아르곤도 회수된다.

2.4.3.3 정류장치[비점차이로 분리 : O_2(－183°C), N_2(－195°C)]

(1) 단식 정류장치

① 건조공기 계통도의 건조기에서 나오는 압축공기가 증류 드럼을 통과하면 저온 산소와 열 교환되어 －140°C 정도까지 예냉된다.

② 예냉된 압축공기는 다시 팽창 밸브를 통하면 액체 공기가 되어 질소와 산소로 분리된다.

(2) 복식 정류장치

① 복식 증류탑은 현재의 공기의 증류 분리 장치에 가장 많이 사용된다.

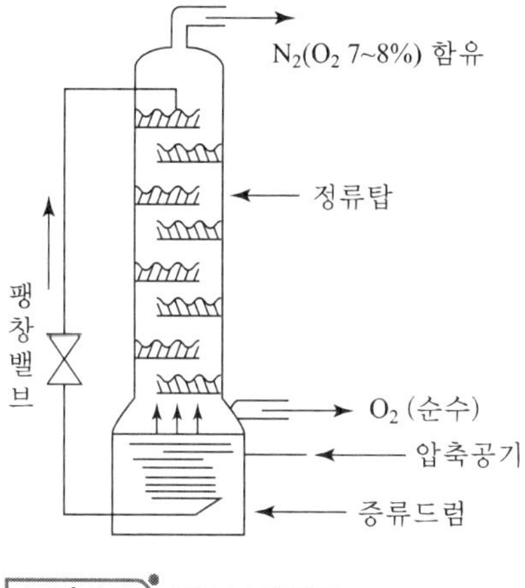

그림 2.5 단식 정류탑

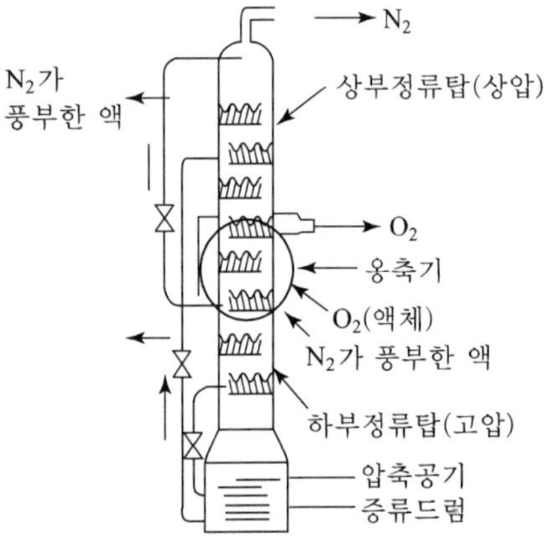

그림 2.6 복식 정류탑

② 하부 정류탑(고압)과 상부 정류탑(저압)으로 구성되어 있다.

③ 하부 정류탑에서 일차 정류를 행하고, 상부 정류탑에서 본 정류를 행한다.

(3) 클로우드식 정류장치

① 클로우드식 정류 장치는 공기를 약 15 kg/cm^{2}로 압축하여 이산화탄소와 수분을 제거한 다음 열교환기로 들어간다.

② 일부는 액화기에, 나머지는 팽창기에 들어가며 여기서 팽창한 공기는 약 3 ~ 4 kg/cm^{2}의 압력으로 하부 정류탑의 아래로 들어간다.

③ 액화기에서 액화된 액체 공기는 하부 정류탑의 중간단으로 들어간다.

④ 정류탑 저부에 고인 액체는 산소가 가득한 액체로 보통 60 ~ 50%의 산소를 함유하고 있다.

2.2.3.4 용도 : 용접, 금속 절단, 로켓연료, 폭약제조, 의료용

2.2.3.5 용기 및 취급

① 용기는 용접부가 없는 단조 탄소강재이고 공업용은 녹색(용기의 1/2 이상), 의료용은 백색(용기의 1/2 이상)

② 안전 Valve는 박판안전 밸브(Rupture Disc)이며 작동압력은 내압시험압력 × 8/10 이하

2.2.4 이산화탄소(CO_2) : Carbon dioxide

- 연소성 분류 : 불연성 가스
- 상　태 : 기체(무색 무취의 공기보다 무거운 가스)
- 분자량 : 44
- 비　중 : 공기 1.5배
- 임계온도 : 31°C
- 임계압력 : 72.9 atm abs

2.2.4.1 성질

(1) 대기중에서도 존재(평균 0.03%)한다.

(2) 불연성, 불활성 가스이다.

이 성질을 이용하여 소화제 및 퍼지(purge)용 가스로 사용된다.

(3) 탄산음료수

물에는 등용적 용해한다. 약산성의 탄산수로서 청량탄산음료로 사용된다.

(4) 드라이아이스(Dry ice)

이산화탄소를 압축액화하고 일부를 기화시키면서 남은 것을 냉각 고체화한 것으로 100atm, －25°C에서 감압 Valve을 통해 분출시켜 설상으로 하여 성형압축한다.

(5) 허용농도

인체에의 허용 농도는 5000 ppm이다. 대기중에 3% 정도의 존재로 두통, 15% 정도에서는 가사상태로 된다.

(6) 수분의 존재로서 금속재료를 부식한다.

건조상태에서는 부식성이 없으나 수분을 함유하면 강재, 기타 금속을 부식시키므로 라이닝을 하여 사용한다.

2.2.4.2 제법

(1) 실험실

석회석에 염산을 가하거나 탄산마그네슘을 열분해 시킨다.

$$CaCO_3 + 2HCl \longrightarrow CO_2\uparrow + H_2O + CaCl_2$$

(2) 공업적

화학공업의 합성용 원료가스 중에서 회수하거나 알코올 발효의 부산물이나 천연 의 광천등에서 채취한다. 석회석을 가열하거나 연소가스 중에서도 회수한다.

$$CaCO_3 \xrightarrow{\text{가열}} CaO + CO_2\uparrow,\ C + O_2 \longrightarrow CO_2,\ CO + H_2O \longrightarrow CO_2H_2$$

2.2.4.3 용 도

소화제, 청량음료용, 주물사의 응결제 드라이아이스로서 한냉제에 사용된다. 제일 큰 용도는 요소비료용으로 사용된다.

$$NaCl + NH_3 + CO_2 + H_2O \longrightarrow NaHCO_3 + NH_4Cl(\text{산성비료})$$
$$2NH_{3+}CO_2 \longrightarrow (NH_2)_2CO(\text{중성비료}) + H_2O$$

2.2.4.3 용기와 취급

(1) 용기

용접부가 없는 단조 용기에 충전된다. 52°C에서 전부 기체이며 내압 시험 압력의 200 kg/cm^2로 된다. 용기 표면적의 1/2 이상을 연색으로 도색하고 약화탄산가스라고 백색으로 명시한다.

(2) 안전밸브

파열판식 안전밸브로 용기 내압 시험압력의 8/10 이하에서 작동한다.

2.2.5 일산화탄소(CO) : Carbon oxide

- 연소성 분류 : 가연성 가스
- 상 태 : 기체(무색, 무취)
- 분 자 량 : 28
- 비 중 : 0.97(대공기 0°C, 1atm abs)공기와 거의 같은 질량임
- 폭발범위 : 12.5 ~ 74.2(공기중)

2.2.5.1 일반적 성질

① 일산화탄소는 극히 환원성이 강한 가스이며 금속의 산화물을 환원시켜 단체금속을 생성한다.

② 고온, 고압에서 철족의 금속과 반응하여 금속카보닐을 생성한다.
미분상(微分狀)의 니켈과는 100°C 이상에서 반응하여 니켈카보닐을 만든다.

$$Ni + 4CO \longrightarrow Ni(CO)_4$$

철과는 고압에서 반응하여 철카보닐($Fe(CO)_5$)을 생성한다.

$$Fe + 5CO \longrightarrow Fe(CO)_5$$

③ 공기 중에서 잘 연소한다.

$$2CO + O_2 \longrightarrow 2CO_2 + 135.4kcal$$

④ 상온에서도 염소와 반응하여 포스겐을 생성한다.

$$CO + Cl_2 \longrightarrow COCl_2$$

2.2.5.2 독성

① 일산화탄소는 극히 유독한 가스이며, 호흡하면 적혈구의 헤모글로빈과 결합하여 일산화탄소 헤모글로빈이 되고 적혈구의 기능을 파괴하여 죽음에 이른다.
② 0.1 %의 일산화탄소를 함유한 공기 중에서는 사람이 쉽게 사망한다.
③ 공장에서의 일산화탄소의 허용농도는 50 ppm이다.

2.2.5.3 부식성

① 고온의 일산화탄소가 철합금과 접촉하면 탄소를 생성하여 이것이 금속조직내의 확산침투한다(침탄하여 취화된다).
② 고 Cr강은 산화피막으로 인해 침탄하기 어렵다.
③ 철합금에서는 일산화탄소는 철과 반응하여 휘발성의 철카보닐($Fe(CO)_5$)을 생성하여 침식한다(200°C에서 가장 촉진된다).
④ 고온, 고압의 일산화탄소를 사용하는 경우에는 탄소강, 저합금강의 사용을 피하여 Ni－Cr계 스테인레스강을 사용하는 것이 좋다.

2.2.5.4 용기와 취급

용접부가 없는 단조 용기(가스150 kg/cm^2)에 충전되어 있으며 용기표면적의 1/2 이상을 쥐색으로 도색한다.

일산화탄소와 연소를 적색으로, 독을 흑색으로 표시한다.

2.2.6 암모니아(NH_3) : Ammonia

- 연소성 분류 : 가연성 가스
- 상　　태 : 기체 – 무색으로 강한 자극성 냄새가 있다.
- 액체 – 무색, 비점 −33.4 ℃, 융점 −77.7 ℃
- 액 1L 기체 800L
- 허용농도 : 독성가스로 50 ppm
- 분 자 량 : NH_3 = 17
- 비　　중 : 기체 0.6 (대공기 0℃ 1atm)
  액체 0.63(대수 0℃)
- 폭발범위 : 15 ~ 28% (공기중)

2.2.6.1 성 질

(1) 물리적 성질

① 강한 자극성 냄새를 가진 무색의 기체로서 물에 잘 녹는다.
상압에서의 용해도는 42.8 wt%(0℃), 33.1 wt%(20℃)이다.

② 상온에서 9기압에 액화되며, 기화할 때 많은 열을 흡수(−33℃까지)하므로 냉동제로 사용된다.

③ 물에 대한 용해량은 물 1 mL에 대해 질소기체 800 mL가 용해된다.

(2) 화학적 성질

① 암모니아는 산소 중에서 황색염을 내어 연소하고 질소와 물을 생성한다.

$$4NH_3 + 3O_2 \longrightarrow 2N_2 + 6H_2O$$

② 염화수소와 접촉하면 염화암모늄의 흰 연기를 낸다.

$$NH_3 + HCl \longrightarrow NH_4Cl(\text{백색})$$

③ 마그네슘과 고온에서 질화마그네슘을 만든다.

$$2NH_3 + 3Mg \longrightarrow Mg_3N_2 + 3H_2$$

④ 나트륨과는 나트륨아마이드를 만든다.

$$2NH_3 + 2Na \longrightarrow 2NH_2Na + H_2$$

⑤ 할로겐과 반응하면 질소를 유리시킨다.

$$8NH_3 + 3Cl_2 \longrightarrow N_2 + 6NH_4Cl$$

⑥ 염소가 과잉존재하면 황색유상 폭발성의 삼염화질소를 만든다.

$$NH_4Cl + 3Cl_2 \longrightarrow NCl_3 + 4HCl$$

⑦ **폭발성** : 암모니아 가스는 그 자신은 연소하기 어려우나 착화원에 계속적으로 접촉하고 있으면 연소하는 경우가 있다. 그러나 암모니아가스와 공기의 혼합물은 폭발하는 경우가 있으므로 장치내에서 공기와 암모니아 혼합물을 만들지 않도록 하지 않으면 안된다. 액체 암모니아는 할로겐, 강산과 접촉하면 심하게 반응하여 폭발, 비산하는 경우가 있다.

⑧ **부식성** : 동, 동합금, 알루미늄합금에 다해서는 심한 부식성을 나타내므로 철과 철합금을 사용한다.

2.2.6.2 제조법(Harber – Bosch process)

암모니아 합성공정은 반응압력에 따라 고압법, 중압법, 저압법이 있으며 반응 압력에 따라 구분하면 다음과 같다.

① 고압합성($600 \sim 1000\ kg/cm^2$)
② 중압합성($300\ kg/cm^2$ 전후)
③ 저압합성($150\ kg/cm^2$ 전후)

2.2.6.3 암모니아 검출방법

① 허용농도

독성이 있으며 인체에 대한 허용농도는 50 ppm이다. 5 ppm 정도로 공기 중에 있으면 코로 냄새를 맡을 수 있다.

② 동상

손이나 발에 닿으면 암모니아의 급격한 증발에 의해 주위로부터 많은 열을 빼앗기 때문에 동상을 일으키므로 주의해야 한다.

2.2.6.4 용기의 취급

① 암모니아 용기 재료는 일반적으로 탄소강이 사용된다.
② 암모니아 기체나 액체는 저온이나 상온에서 강재를 침식하는 일이 없다.

③ 고온, 고압하에서는 암모니아 가스를 취급할 때 강재에 대하여 질화 작용과 수소 취화 작용이 동시에 일어나므로 Ni－Cr(18～8)강과 같은 재료가 요구된다.

④ 암모니아 용기
- 모든 가연성 가스 충전구 나사는 왼 나사이며, 가연성 가스이면서도 오른 나사인 것은 암모니아(NH_3), 브롬화메틸(CH_3Br)이 있다.
- 내압 시험 압력(TP) : 37 kg/cm^2
- 최고 충전 압력(FP) : 22.2 kg/cm^2 (TP(37) $\times \frac{3}{5}$)
- 기밀 시험 압력(AP) : 22.2 kg/cm^2
- 용기 충전구 나사 방향 : 오른나사

2.2.7 염소(Cl_2) : Chlorine

- 연소성 분류 : 지연성 가스
- 상　　태 : 상온에서 기체(심한 자극취, 황록색, 공기보다 무거운 맹독성가스)
- 원 자 량 : 35.5
- 분 자 량 : 71
- 비 중 : (가스)2.5, (액체)1.44(10 ℃)

2.2.7.1 제 법

실험실 제법으로는 표백분에 염소를 작용시켜 만들며, 공업적 제법(전해소다법)으로는 소금물의 전기분해에 의하여 가성소다 수소와 함께 만들어진다.

2.2.7.2 액 화

① 상온에서 6～8 kg/cm^2으로 가압하면 쉽게 액화한다.

② 상압에서 －40～－50℃으로 냉각하면 액화한다.
즉, 염소는 액화하기 쉽기 때문에 저장이나 운반은 액체염소의 형태로 분배 또는 1～8톤 용기에 충전한다.

2.2.7.2 성 질

(1) 독성

인체에 대하여 극히 유독하다.

허용농도는 1 ppm이다. 5 ppm을 넘으면 눈물 콧물이 나며 60 ppm 정도면 호흡이 곤란하게 되고 위험 한계치가 된다.

(2) 조연성(지연성)

염소와 수소의 혼합가스는 연소폭명기라 불리며 점화하거나 일광을 받으면 격렬히 화합하여 염화수소로 된다.

$$H_2 + Cl_2 \xrightarrow[\text{폭발적화합}]{\text{일광}} 2HCl$$

(3) 활성이 강하다.

금속 무기화합물과 반응하여 여러 가지 화합물을 만든다.

단, 완전히 건조한 수분을 함유치 않는 염소는 상온에서는 강등의 금속과는 반응 하지 않는다. 강제 용기에 충전할 수 있다.

(4) 금속성

습기를 띠면 철강, 구리, 아연 등의 금속을 침식한다. 수분의 존재는 위험하다.

이것은 염소가 물에 녹아 염산으로 되며, 이 염산이 금속을 부식시키기 때문이다.

$$H_2O + Cl_2 \longrightarrow HClO + HCl,\ Fe + 2HCl \longrightarrow FeCl_2 + H_2$$

2.2.7.4 용 도

(1) 소독재

산소를 방출한다. 이 산소는 살균성을 가지므로 수돗물 하수의 소독용으로 쓰인다.

$$H_2O + Cl_2 \longrightarrow HClO + HCl(2HCl + \text{“O”})$$

(2) 표백제

가성소다용액이나 석탄유에 염소를 급수시킨 액을 만들고 종이나 면포 등의 섬유의 표백에 사용된다.

$$Ca(OH)_2 + Cl_2 \longrightarrow CaOCl_2 + H_2O(CaCl_2 + H_2O + \text{“O”})$$

$$2NaOH + Cl_2 \longrightarrow NaClO + NaCl + H_2O(2NaCl + H_2O + \text{“O”})$$

(3) 화학약품

염산, 염화비닐, 클로로벤졸, 클로로포름, 사염화탄소 등의 제조 등 화학약품의 기초 원료로서 널리 사용된다.

2.2.8 질소(N_2) : Nitrogen

- 연소성 분류 : 불연성 가스
- 상 태 : 기체(무색, 무미, 무취)
- 액체(−196 ℃의 비점을 가진 초저온 용기에 충전됨)
- 원 자 량 : 14
- 분 자 량 : 28
- 비 중 : 기체 0.97, 액체 0.8
- 공기 중에 78 % 존재한다.

2.2.8.1 제 법

실험실에서는 아질산나트륨($NaNO_3$)과 염화마그네슘($MgCl_2$)를 혼합가열하여 제조되며, 공업적 제법으로 액화공기를 비점차를 이용 증류하여 산소와 같이 얻는다.

2.2.8.2 질소의 일반적 특성

(1) 불활성 가스

질소는 상온에서는 불활성 가스이며 연소를 방제하는 역할을 한다. 설비 등의 Purge Gas(치환가스)로서 이 성질을 이용한다.

(2) 금속 재료의 환질

고온 고압하에서는 수소와 화합하여 암모니아를 만들고 산소와 화합하여 산화질 소를 만든다. 내산화성을 가진 Al, Cr, Si 등은 질화되기 쉬우므로 주의를 요한다.

2.9.8.3 질소의 용도

① 암모니아 비료용 및 금속공업에 대한 분위기 gas로 사용되고 있다.
② 불활성 가스로서 고압가스 장치의 퍼지용 식품공업에 있어서의 급속냉동제로 쓰인다.
③ 금속의 산화방지용으로 사용된다.

참 고

N₂ 가스 purge 절차 | 가연성가스 저장설비 보수시

① Purge Gas 주입 및 배출 장치 설치
- 주입구측 : 질소 Tank(용기), 공기압축기, 계량기, 온도계
- 배출구측 : 가스검지기(탄화수소), 산소측정기, 연소장치

② N_2가스 purge(치환)
- 저장설비내 잔존 가연성가스를 N_2가스 주입으로 완전 배출
- N_2가스를 난류로 주입(계량기 확인)
- 가연성가스 완전배출 확인(가스검지기)

③ 공기로 N_2가스 purge(치환)
- 저장설비내 N_2가스를 공기주입으로 완전배출
- 압축공기를 난류상태로 주입(계량기 확인)
- 산소측정기로 산소 18% 이상 존재 확인(산소측정기)

④ 설비내 보수작업
- 보수작업완료 확인

⑤ N_2 가스로 설비내 공기 purge 및 적정온도(Cool down) 유지
- 저장설비내 공기를 N_2가스 주입으로 완전배출 및 적정온도 유지
- N_2가스를 난류상태로 주입(계량기 확인)
- 공기 완전배출 확인(산소 측정기)
- 적정온도(Cool down)유지 (온도계로 확인)

⑥ 저장설비내 가연성가스 주입 완료

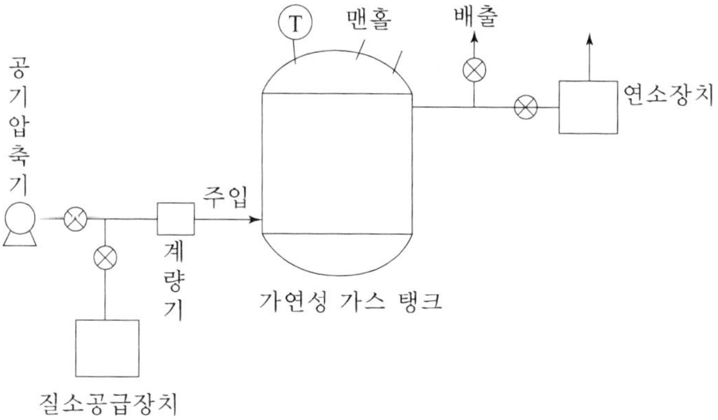

2.2.9 시안화 수소(HCN)

2.2.9.1 성질

① 특유의 복숭아 향이 나는 맹독성 기체(허용농도 10 ppm)로 쉽게 액화 또는 기화된다.

② 물에 잘 녹으며 약산성을 나타낸다.

③ 순수한 HCN 액체는 안정하나 소량의 수분이나 알카리성 물질을 함유하면 중합이 촉진되어 중합열에 의해 폭발한다.

2.2.9.2 제법

(1) 엔드류소우(Andrussow)법

$$2CH_4 + 2NH_3 + 3O_2 \longrightarrow 2HCN + 6H_2O + 11.3kcal$$

(2) 포름아마이드법

$$CO + NH_3 \longrightarrow HCONH_2 \longrightarrow HCN + H_2O$$

2.2.9.3 용 도

(1) 살충제로 이용

2.2.10 산화에틸렌(C_2H_4O)

2.2.10.1 성질

① 무색의 가연성 가스로 자극성의 냄새를 가지며 독성이 있다.

② 물, 알코올, 에테르, 아세톤 등에 잘 녹는다.

③ 산, 알칼리, 금속의 염화물, 산화철, 산화알루미늄 등에 의해 쉽게 중합을 일으키므로 폭발의 우려가 있다.

④ 산화에틸렌 증기는 자체산소로 열이나 충격에 의해 분해폭발을 일으킬 위험이 있다.

$$2C_2H_4O \longrightarrow 2C_2H_4 + O_2$$

2.2.11 황화수소(H_2S)

2.2.11.1 성질

① 무색, 특유한 계란 썩는 냄새를 가진 기체로서 유독하며 물에 녹아 산성을 나타낸다.

② 완전연소 : $2H_2S \longrightarrow 3O_2 \longrightarrow 2H_2O + 2SO_2$

불완전연소 : $2H_2S \longrightarrow O_2 \longrightarrow 2H_2O + 2S$

③ 환원제로 작용한다.

CHAPTER 3 가스의 기화와 정제

CHAPTER 3

가스의 기화와 정제

3.1 LNG 기화장치

3.1.1 개 요

LNG의 기화설비로서, 입지조건, 가스수요의 변화 등에 대응하여, 종류의 형식이 고려, 개발되고 있지만, 대별하면 LNG의 가열원으로서 해수, 하천수 등에 의한 해수가열방식과 LNG 등의 연소열에 의한 연소방식으로 분류된다.

LNG수입기지의 기화설비로서, 다음 조건이 공통적으로 요구된다.

① 수요에 대응할 수 있는 확실한 운전성
② 장기사용에 견디는 내구성
③ 안전성

해수를 열원으로 하는 Open Rack Vaporizer가 있고, Peak shaving용으로 가스를 열원으로 하는 Submerged Vaporizer가 있다.

3.1.2 Open Rack Vaporizer

이 형식의 Vaporizer는 현재의 국내에 있어서 LNG기화설비의 주류를 이루고 있다. 이것은 해수를 가열원으로 하는 이 형식이 대량의 해수를 용이하게 입수할 수 있는 입지조건, 즉 해상수송형의 LNG수입기지에 적합하기 때문이다.

이 기화기는 다수의 Fin Tube로 된 판넬과 판넬의 양측면에 해수를 Film상으로 유하시키는 것을 목적으로 한 것 등을 지지하는 가교, 해수취수장 및 LNG, 해수를 위한 필요배관으로 구성된다.

Panel을 형성하는 전열 엘러멘트인 Fin Tube의 형상은 [그림 3.1]에 나타내었다.

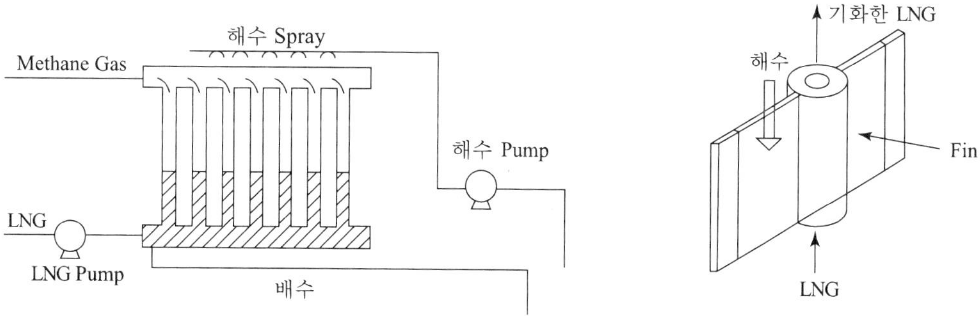

그림 3.1 Open Rack Vaporizer

이 형식의 기화기 특징은 해수의 자연유하에서 필요한 가열측경막 전열계수를 확보할 수 있는 것에 착안하였고, 운전시 빙결되지 않는 것이 있다. 또, 해수측을 Open으로 한 것은 기화기의 경제성을 높이고 보수와 점검의 용이성과 설비의 안전성을 높인다.

Fin Tube를 결합하는 Header Pipe에는 알루미늄재가 사용되고 있다.

3.1.3 Submerged(Combustion) Vaporizer

이 형식의 기화설비는 Peak Shaving·Plant의 대표적인 것으로서 다수 사용되고 있으며, 수중연소기술을 이용한 기화기이다.

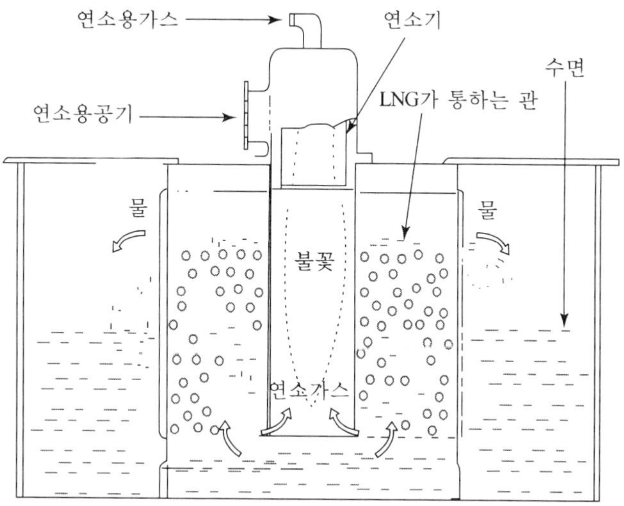

그림 3.2 Submerged Vaporizer

가스를 연료로 하는 수중연소 Burner의 연소가스는 수조내에 설치된 열교환기의 하부로 고속 분출된다. 이 분출된 연소가스는 물과 열교환되어 물에 연소에너지를 공급한다. 이 가열된 물이 LNG를 기화시키는 열원이 되며 사용된 물은 다시 재순환하여 사용한다.

Pump 등 다른 에너지원이 필요 없는 것이 특징이고 기화기 본체 등이 Compact하며 초기부하에 대응 능력이 뛰어나고, 부하변동에 대한 대응능력이 우수하므로 Peak Saving용으로 사용된다.

3.1.4 냉열이용

LNG는, 대기압에서 상온의 기체가 되기까지에 210 kral/kg의 냉열을 방출한다. 이 냉열을 회수하고, 다른 저온을 필요로 하는 용도에 유효하게 이용할 수 있다.

LNG의 냉열이용분야는 [표 1]과 같고, 외국에서는 공기분리에 의한 액체산소, 액체질소의 제조를 비롯 액화탄산, 냉열발전 및 액체질소를 사용한 냉동창고와 고무, 프라스틱 등의 저온파쇄처리 Plant 등을 가동하고 있다.

국내에도 액체산소, 액체질소 등 제조에 냉열이 이용되고 있다.

표 3.1 LNG 냉열이용 분야

LNG 냉열
- 공기분리에 의한 액체산소, 액체질소의 제조
- 액화 탄산, 드라이아이스의 제조
- 냉동식품의 제조 및 냉동 창고에 의한 저장
- 고무, 플라스틱 등의 처리
- 해수의 담수화
- 저온에 의한 매연제거 및 탈환
- 에칠렌분리, 크실렌분리 등 화학공업용
- 기 타

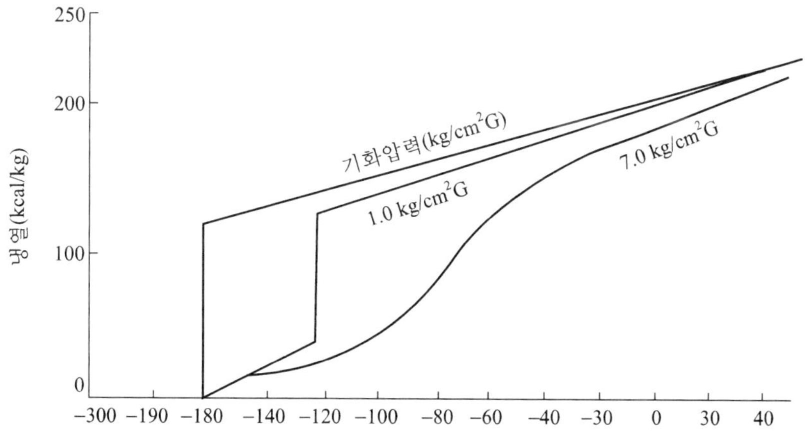

그림 3.3 LNG의 냉열

3.2 LPG 기화장치

3.2.1 개 요

「LPG(액)」를 가스화하고 공급하는 경우의 공급방식으로서, 일반적으로 Propane을 주성분으로 공급에 자연기화생가스 공급방식, 또는 Butane을 주성분으로 공급에는 강제기화방식이 주로 사용되고, 이것에는 Butane생가스 공급과 Butane에 공기를 혼합하여 공급하는 방식이 있다.

자연기화방식은 Bombe 및 조정기 만의 조합으로 발생할 수 있기 때문에 간단하지만, LPG의 조성이 혼합물(Propane, Butane등 혼합)일 때는 발생과 동시에 「LPG (가스)」의 조성이 서서히 변화해 간다. 강제기화방식은 Bombe 또는 Tank 및 조정기 이외에 가열장치, 액이송장치 등이 필요하지만, 발생가스의 조성이 LPG(액)의 조성과 같이 균일한 가스를 얻을 수가 있다.

대랑의 LPG(가스)를 연속적으로 사용하는 경우는 Bombe 병렬설치로는 많은 Bombe 수 설치 설비, 면적, 교체, 안전관리 등에서 문제가 발생한다.

따라서, 이런 경우 자연기화에 의한 방식이 아니라 강제기화방식을 택하여야 한다.

3.2.2 자연기화장치

자동절체장치, 조정기, 집합장치, Header, 연결관 등에 의해 구성되는 발생장치에 연결된 용기(주로 50 kg들이 Bombe) 내의 LPG(액) (주로 Propane)은 대기온도에서의 열전도에 의해 자연기화하고 연결관, 집합장치를 거쳐 조정기에서 감압되고, 일정압력으로 공급된다.

장치의 규모는 50 kg들이 용기가 양쪽으로 합계 약 50개까지가 일반적이다.

[그림 3.4]에 표전적인 자연기화에 의한 가스발생설비를 사용한 저압공급방식의 Flow Sheet를 나타낸다.

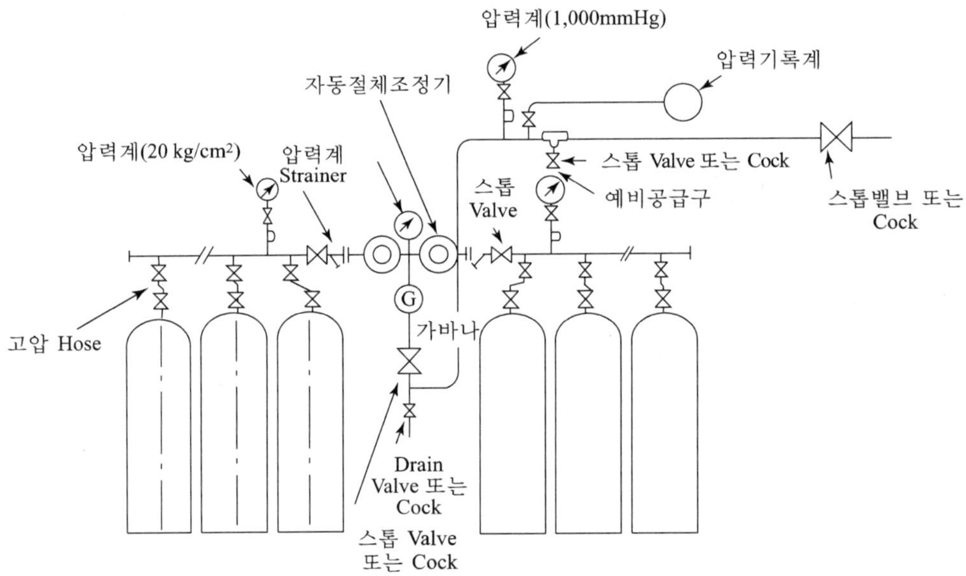

그림 3.4 자연기화방식에 의한 가스 발생설비

3.2.3 강제기화 장치

온수 또는 열매체액으로 LPG(액)를 가열하고, LPG(액)를 강제적으로 기화시키는 설비이고 여러 가지 형식, 구조의 것이 사용되고 있지만, 이것을 작동원리에 의해 분류하면, 가온감압방식과 감압가온방식으로 대별할 수 있다.

기화기내에 송입되는 제어방식으로는 LPG(액)와 압력제어, 기화기내의 LPG(액)의 액면제어, 가열매체의 온도제어 등이 있다.

액을 기화기에 송입하는 방법은 용기의 기체압력으로 액을 내보내는 Siphon 용기를 사용하는 경우와 액위차로 액을 보내주는 방식 및 펌프를 사용하고 압입하는 경우가 있다.

Siphon 용기의 경우는 프로판을 사용하는 소규모발생 설비로서 이용되고, 부탄처럼 겨울에 비점 이하의 대기온도가 될 때는 가스압으로는 액을 보낼 수가 없게 되기 때문에 액위차식 또는 펌프식을 사용한다. 규모가 커지면 일반적으로 거의 펌프식이 사용된다.

(1) 가온-감압방식

일반적으로 주로 사용되는 방식으로서 열교환기에 LPG(액)를 보내주고, 거기서 기화된 가스를 LPG(가스)용 조절기에 의하여 감압공급하는 방식이다.

열교환기의 형식, 가온방식 등에는 여러 가지의 것이 있지만, 일형으로서 온수순환식의 것에 대하여 그 작동원리를 설명한다([그림 3.5]).

열교환부는 LPG(액)가 기화하는 부분 A와, 이 주위에 열을 공급하기 위해 온수를 넣는 부분 B로 구성되고, 온수로부터 증발잠열을 얻고 기화가 행해진다.

기화장치가 정상인 경우 Tank 또는 용기의 자체압력에 의하여 A에 들어온 LPG(액)는 [그림 3.5]와 같이 적당한 액면을 유지하면서 맹열히 증발하여 가스가 되고 출구측에서 공급된다. 이 때는 Tank 내의 증기압과 A의 증기압이 알맞게 균형이 잡혀있기 때문에 이 액면을 유지하고 있다.

만일 이 때 수요량이 증가했다고 하면, A에서 증발하는 가스량 보다도 외부방출하는 가스량이 많아지고 A의 압력은 낮아지기 때문에 tank의 압력에 눌려 액은 A내를 상승하고, 그것에 수반하여 유효열교환면적이 많아지고 증발량도 증대하며, 수요량과 동등한 가스를 발생하는 액면에 달하고 중지된다.

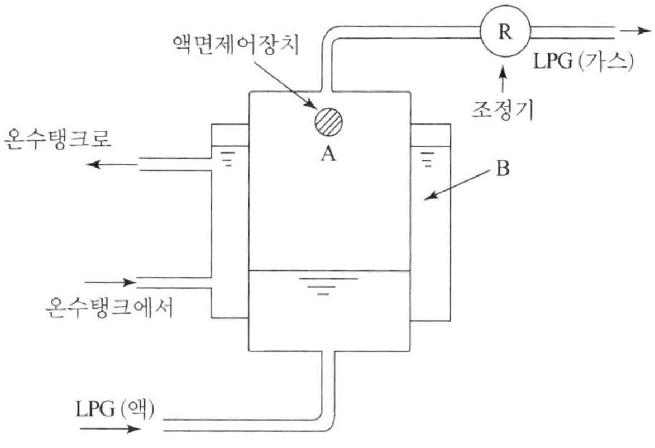

그림 3.5 가온-감악방식(온수순환식)

(2) 감압-가온방식

이 방식은 액상의 LP가스를 액체조정기 또는 팽창 valve를 통하여 감압분출되어 열교환기에 도입되며, 대기 또는 온수 등으로 가온하고 기화를 행하는 방식이다.

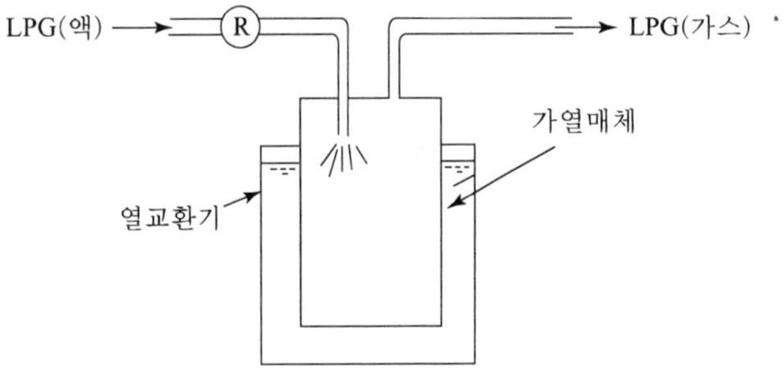

그림 3.6 감압-가온방식

참 고

강제기화장치는 가열방식에 의하여 다음과 같이 분류할 수 있다.

- 대기온이용방식-Fin-tube 열교환기
- 간접가열방식 (열매체이용방식)
  - 온수를 매체로 하는 것
    - 전기가열
    - 가스가열
    - 증기가열
  - 열풍을 매체로 하는 것
  - 증기를 매체로 하는 것
  - 기타를 매체로 하는 것

3.3 가스의 정제

가스 중의 불순물으로서는 naphthalene, dust 등의 고체상의 것, Tar, 물 등의 액체상의 것, 유황화합물(주로 H_2S), NO, NH_3 등의 기체상의 것이 있으며, 이들 불순물이 많은 경우에는 다음과 같은 문제를 일으킬 수 있다.

① 물

가스의 승압, 냉각에 의해 탄화수소와의 수화물설상이 생성되고, 배관 및 부속품을 부식시키며, 배관, valve 등을 폐쇄시킨다.

② naphthalene, Tar, dust

배관, 정압기, 계측기류에 부착하여 그 기능을 저하시키고 고장을 일으킨다.

③ 유황화합물, 질소화합물

연소에 의해 아황산가스·아질산, 질산가스를 생성하여 공해문제를 발생시키며 가스기구 등 공급설비(배관, 정압기, 계측기 등)를 부식시킨다.

④ 산화질소(NO), 껌

NO는 가스중의 O_2와 반응하여 NO_2가 되고, NO_2는 불포화탄화수소와 반응하여 껌을 생성한다. 껌은 배관·정압기 등의 공급설비에 부착하여 그 기능을 저하시킨다.

불순물의 함유량은 원료의 종류, 가스화방법 등에 의하여 다르지만, 최근의 도시가스 원료로서 사용되고 있는 나프타, LPG, LNG, 천연가스는 나프타를 제외하고 그대로 도시가스로서 사용할 수 있을 만큼 불순물이 없는 원료이다.

가스제조 Process가 계속 개발되어 불순물 생성이 최소화 되었으며, 최근에 불순물제거, 즉 가스정제의 주체는 냉각·탈수이다.

3.3.1 가스의 냉각세정

나프타, LPG 등을 원료로 하는 가스 중에는 불순물이 거의 함유되어 있지 않기 때문에 정제설비는 냉각, 탈수공정만의 경우가 많다.

가스의 냉각·세정에는 일반적으로 냉각탑이 사용된다. 냉각탑은 내부에 충진물을 여러 단으로 충진한 구조이며, 탑상부에는 살수 nozzle을 설치하여 냉각수를 균일하게 살수하고, 하부에는 상승해 오는 가스와 접촉시킨다.

냉각수로는 해수와 하천수 또는 냉수탑순화수 등이 사용되지만, 배수의 수질에는 주의할 필요가 있다. 충진물은 가스와 냉각수와 유효한 접촉을 하고 가스의 냉각, 세척효과를 높이는 작용을 한다. 더욱이 냉각수를 가늘고 균등하게 살포시키기 위하여 여러가지 spiral－nozzle이 고려되고 있다.

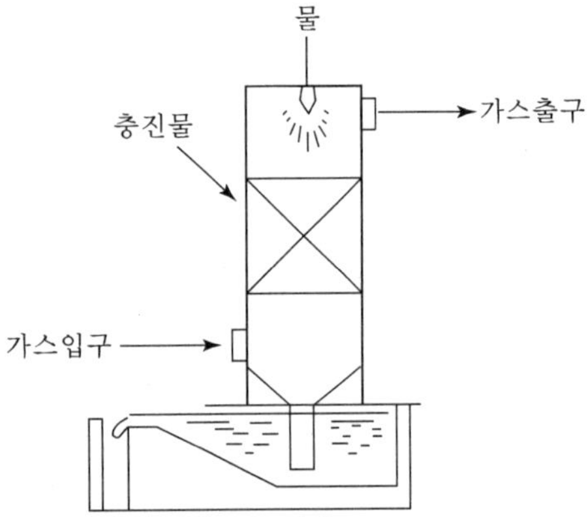

그림 3.7 냉각탑

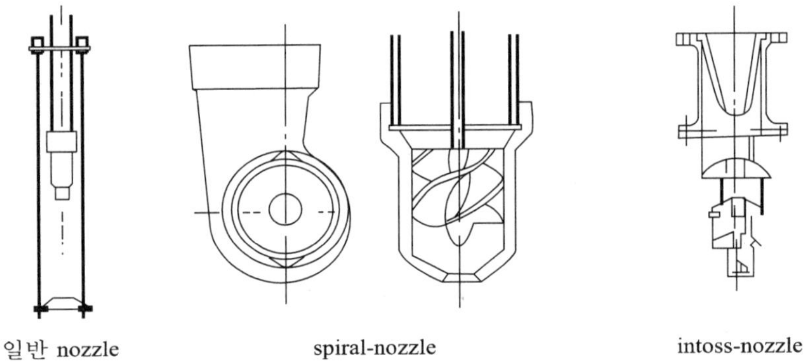

그림 3.8 냉각수 Spray Nozzle

3.3.2 가스의 탈수

(1) 탈수의 필요성

공급가스 중에 수분이 다량 포함되어 있는 경우에는 다음에 나타나는 문제점이 있기 때문에 탈수가 필요하다.

① 응축수에 의한 배관의 막힘 또는 공급능력의 저하
② 가바나, 메타 등의 동결에 의한 공급중단
③ 천연가스 고압공급에 있어서 수화물의 생성에 의한 배관의 막힘
④ 구형가스홀더 및 배관의 부식촉진 등

(2) 탈수 Process의 종류와 특징

① 종류

도시가스의 탈수 Process는 3종류로 대별할 수 있다.

- 냉각에 의한 탈수 Process { 직접 냉각방식 / 간접 냉각방식 }
- 고체흡착제에 의한 탈수 Process
- 액상흡수제에 의한 탈수 Process

냉각에 의한 탈수 Process는 냉동기를 사용하는 방식과 사용하지 않는 방식으로 나눌 수 있다.

그러나 냉동기에 의한 탈수 Process가 도시가스의 탈수장치의 대부분이다.

고체흡착제방식은 알루미늄 겔 등의 흡착제를 사용하여 가스 중의 수분을 흡착제거하는 것이고, 가스의 완전탈수를 겨냥하는 경우에 적합하다고 할 수 있지만, 도시가스의 탈수에 사용하는 경우에는 약간의 제한이 있다.

액체흡수제방식은 diethylene glycol 등의 흡수제를 사용하여 가스 중의 수분을 흡수제거하는 방식이다.

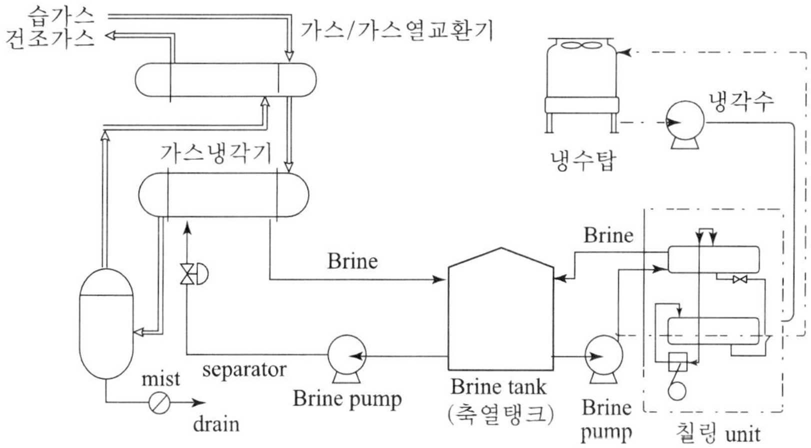

그림 3.9 치링 유닛트 방식에 의한 도시가스 탈수 Process

표 3.2 각 방식의 특징

항 목 \ 방 식	냉각방식(냉동기)			흡 착 방 식	흡 수 방 식
	직 접 냉 각 (세척)	간 접 냉 각			
		증 발	치 링 유닛트		
방식의 개요	Brine을 사용하여 가스와 직접 기액접촉시키는 것에 의해 탈수한다.	냉매(프론, 암모니아 등)의 증발잠열에 의해 열교를 개입하여 냉각한다.	물, Brine을 사용하여 열교를 개재시켜 간접적으로 냉각하여 탈수한다.	흡착제로서 실리카겔, 알루미늄겔, 몰레큘라－시브 등을 사용하고 있는 것	흡수제로서 디에칠렌 글리콜 등을 사용하고 있는 것
탈수후 노점 (장치출구압력에서 노점)	－15°C 정도	3°C 정도	5°C 정도	－50°C 정도	－20°C 정도
처리 능력	대	중~대	소~중	소	대
운전 능력	중~고	중~고	저~고	중~고	중~고
장치 압력 손실	대	중	중	대	소
처리 가스 중의 불 순 물	가스중의 경유분 등의 많은 경우는 재생이 복잡	나프타렌 등에 의한 열교의 오점 및 막힘	동 좌	재생시의 산소에 의한 발열, 경유분에 등에 의한 열화	산소에 의한 산화 및 부식
건설비	대	중	소	대	대
설치 면적	대	중	소	중	대
재생 장치	브라인 증발기	－	－	재생가스 가열접촉	재생탑
운전관리	복 잡	용 이	용 이	매우 복잡	매우 복잡
기타 유의점	암모니아를 사용하는 경우는 특별규정의 적용있음	동 좌	방폭구조의 것은 특수방법이 된다.	탈수량이 많은 경우는 부적합	－

4 CHAPTER 가스열량조정과 부취

CHAPTER

4 가스열량조정과 부취

4.1 열량 조정

4.1.1 열량조정의 의의

가스사용자의 불이익과 가스 기기로의 안전을 확보하기 위해 가스사업자는 공급가스의 열량관리 및 가스기기의 양호한 연소를 얻기 위해 연소성의 관리를 충분히 할 필요가 있다.

공급 가스의 열량조정은 일반적으로 자동제어로 행하여지지만, 연소성에 대하여는 열량 조정한 결과로 정해진다.

가스기기가 같아도 가스의 종류가 다르면 양호한 연소상태로 사용할 수 있는 범위가 다르다. 같은 가스기기로 2종 이상의 가스를 양호하게 연소시킬 수 있는 범위가 있는 경우에 호환성이 있다고 한다.

가스의 호환성을 판정하기 위하여 가스기기의 INPUT과 가스의 연소속도가 중요한 factor이지만, 이것에 대응하는 지수로서 웨베지수(WI, Wobbe Index)와 연소속도지수(CP, Combustion Potential)가 많이 사용된다.

웨베지수(WI)란 가스의 발열량(H)을 가스의 비중(s)의 평방근으로 나눈 것($WI = H\sqrt{S}$)을 말한다. 연소속도지수 CP법, 가스의 조성과 비중에서 계산으로 구할 수 있다.

따라서 가스의 연소성을 나타내는 WI, CP는 가스조성 등에 의해 호환성이 변동하므로 열량의 안정화뿐만 아니라, 연소성에 대해서도 호환성이 있는 범위내에 들어가도록 사전에 충분한 검토와 확인이 필요하다.

4.1.2 증열법과 감열법

(1) 증열법

제조된 가스의 발열량이 표준 공급가스의 발열량보다 낮을 때에는 고발열량의 가스로 증열하는 것에 의해 열량을 조정한다. 증열의 원료로 되는 것에는 천연가스, LPG, 나프타, 기타 타고열량의 가스제조 Process의 가스 등이 있지만 가장 많이 사용되고 있는 원료는 LPG 나프타이다.

LPG, 나프타 등으로 증열하는 경우의 유의점은 다음과 같다.

- 연소성

  LPG, 나프타 모두 연소속도가 늦기 때문에 웨베지수(WI), 연소속도지수(CP) 등으로 가스의 호환성을 확인할 필요가 있다.

- 노점

  증열가스의 노점은 증열가스를 서서히 냉각하여 간 경우, 가스 중의 탄화수소가 재액화하는 온도를 말하며, LPG, 나프타로 증열하는 경우는 노점은 대단히 큰 요소가 되고, 증열량은 각각 노점온도에 의해 제한된다. 배관에서 가스온도가 노점 이하로 되면, 재액화가 일어나고 공급가스 발열량의 저하, 수송배관의 폐쇄 등의 문제가 일어날 수가 있다.

  또 압력을 높여 공급하는 경우도 노점에는 충분히 주의해야 한다.

① LPG 증열

LPG 증열에는 LPG를 액상으로 불어넣어 저발열량가스의 현열로 기화시켜 증열하는 방법과, 저발열량가스와 기상으로 혼합하여 증열하는 방법이 있다.

② 나프타 증열

나프타 증열은 나프타를 액상으로 불어넣어 저발열량가스의 현열로 기화시켜 증열하는 방법이다. 이 경우, 노점에 따라 증열량 한계가 있고 나프타의 품질에 따라 제약을 받는다.

나프타는 경질의 것이 좋고 C_7, C_8 등의 중탄화수소성분의 함유량이 적은 것이 요구된다.

(2) 감열법

가스의 증열과는 반대로 가스의 감열은 제조된 가스의 발열량이, 표준공급가스의 발열량보다 높을 때 열량조정의 방법으로서 사용된다.

감열의 대상이 되는 고발열량의 가스는 천연가스(LNG), LPG 등을 들 수 있다. 감열가스로서는 일반적으로 공기나 질소가 사용되지만, 공기에 의한 감열은 다음과 같은 유의점이 있다.

공급가스가 저압의 경우는 산소농도는 문제가 덜하지만 고압공급의 경우는 안전상에서 산소농도는 4% 이하가 되도록 희석하여야 한다.

저압공급가스에서도 연소범위에 들어가도록 혼합해서는 안된다.

예제 1 현재 아래와 같은 6C 가스(WI : 5,670 ~ 6,530, CP : 60 ~ 105)을 공급하고 있다. 지금 부탄－공기로 증량하여 1.2배의 가스량으로 하고 싶다. 이때 6C 가스로서 공급할 수 있을까?
단, 증열량은 증양의 전후에서 변하지 않는 것으로 한다.

현재의 공급가스의 조성(vol%)

성분	H_2	CO	CO_2	CH_4	C_2H_6	C_3H_8	C_4H_{10}	O_2	N_2
함유량	48.2	1.0	10.8	24.0	0.9	1.0	1.0	2.9	10.2
발열량	3,053	3,016	－	9,537	16,830	24,230	32,030	－	－

풀이 현재공급하고 있는 가스의 발열량은
$3,053 \times 0.482 + 3,016 \times 0.01 + 9,537 \times 0.24 + 16,830 \times 0.009 + 24,230 \times 0.01 + 32,030 \times 0.01 = 4,505 \fallingdotseq 4,500\ \text{kcal/Nm}^3$
따라서 부탄－공기로 $4,500\ \text{kcal/Nm}^3$의 가스를 만들 필요가 있다.
부탄(C_4H_{10})량을 X(%)로 하면 $32,030X = 4,500 \quad \therefore\ X = 14.1\%$
공기는 85.9% (O_2 18.0% N_2 67.9%)
이 부탄－공기 $0.2\ \text{Nm}^3$를 종래가스 $1\ \text{Nm}^3$에 혼입하면, 혼입 후 조성은

$$H_2 : 48.2 \times \frac{1}{1.2} = 40.2$$

$$CO : 1.0 \times \frac{1}{1.2} = 0.8$$

$$CO_2 : 10.8 \times \frac{1}{1.2} = 9.0$$

$$CH_4 : 24.0 \times \frac{1}{1.2} = 20.0$$

$$C_2H_6 : 0.9 \times \frac{1}{1.2} = 0.8$$

$$C_3H_8 : 1.0 \times \frac{1}{1.2} = 0.8$$

$$C_4H_{10} : (1.0 \times 1 + 14.1 \times 0.2) \times \frac{1}{1.2} = 3.2$$

O_2 : $(2.9 \times 1 + 18.0 \times 0.2) \times \frac{1}{1.2} = 5.4$

N_2 : $(10.2 \times 1 + 67.9 \times 0.2) \times \frac{1}{1.2} = 19.8$

이 가스의 발열량, 비중을 계산하면
발열량 : 4,512 kcal/m^3
비중 : 0.622(공기 = 1.0)로 된다.

따라서,

$$WI = \frac{4,512}{\sqrt{0.622}} = 5,721 \fallingdotseq 5,720 \qquad (1)$$

$$CP = K \frac{1.0H_2 + 0.6(CO + C_mH_n) + 0.3CH_4}{\sqrt{d}}$$

K : O_2 농도에 의해 정해진 정수
H_2, CO, C_mH_n, CH_4 : 각 성분의 용량 %
d : 비중

$$CP = \frac{1.0 \times 40.2 \times 0.6 \times 5.6 + 0.3 \times 20}{\sqrt{0.622}} = 73.5 \qquad (2)$$

(1), (2)보다 이 가스는 6C의 범위에 들어 있기 때문에 6C 가스로서 공급할 수 있다.

※ 6C 가스 : • 5장(가스의 연소)의 도시가스 분류 참고.
• 제조가스를 열량조정하여 4,500 Kcal/Nm^3 범위로 한 공급가스

참 고

혼입전의 가스의 연소성을 계산하면,
발열량 4,505 kcal/m^3, 비중 0.518가 되고

$$WI = 6,255$$

$$CP = 1.05 \times \frac{1.0 \times 40.2 \times 0.6 \times 5.6 + 0.3 \times 20}{\sqrt{0.518}} = 84.2$$

로 되고, 6C의 범위에 들어가 있다.

4.2 열량조정 장치

열량조정은 발열량, 연소성의 분산(dispersion)을 얼마나 적게 할 것인가가 중요하고, 열량조정장치는 이 요소는 만족하는 것이라야 한다.

열량조정장치의 제어계의 기본구성은 [그림 4.1]과 같다.

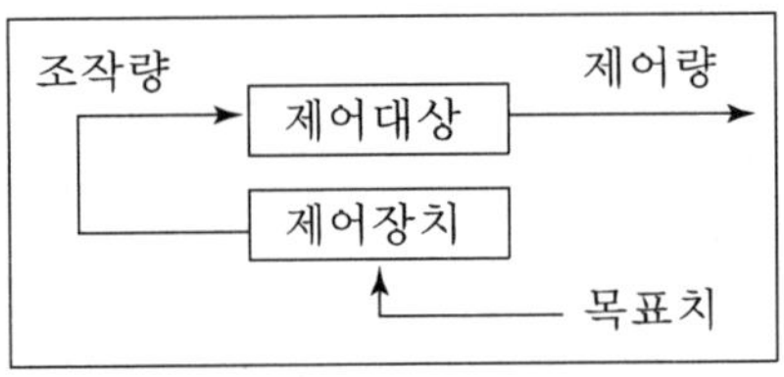

제어량 : 혼합가스 발열량
목표치 : 공급가스 표준발열량
조작량 : 가스 유량(조절 valve 열림)

그림 4.1 열량조정장치의 제어계 기본구성

4.2.1 혼합이론

고열량가스와 저열량가스의 2종류의 가스를 혼합시킬 경우를 고려한다.

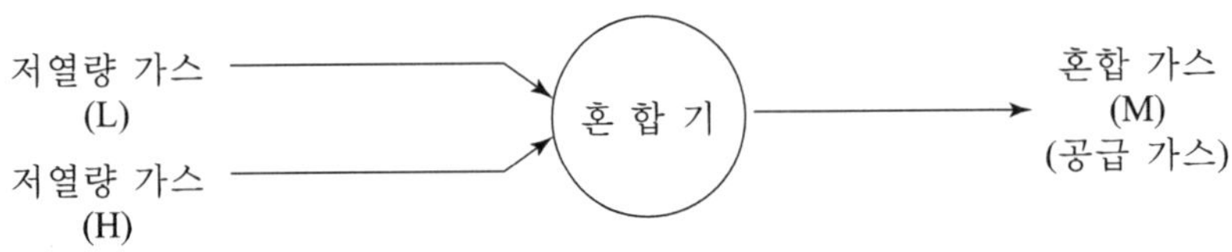

	발열량	유량	총괄열량
L 가스	Q_ℓ	F_ℓ	$Q_\ell \times F_\ell$
H 가스	Q_h	F_h	$Q_h \times F_h$
M 가스	Q_m	$F_\ell + F_h$	$Q_m \times (F_\ell - F_h)$

그림 4.2 열량조정의 사고방식

제조가스(L, H)와 공급가스(M)에 대하여 총발열량을 보면,

$$Q_\ell \cdot F_\ell + Q_h \cdot F_h = Q_m(F_\ell \cdot F_h) \tag{1}$$

또 제조가스(L, H)의 발열량이 일정한 경우, 공급가스 칼로리 $-Q_m$은 제조가스 유량 (F_ℓ,F_h)의 비를 조정하는 것에 의해 일정하게 조정할 수 있다.

식 (1)에서

$$F_h(Q_h - Q_m) = F_\ell(Q_m - Q_\ell) \qquad (2)$$

혹은,

$$Q_\ell \cdot F_\ell + Q_h \cdot F_h - Q_m(F_\ell - F_h) = 0$$

고로 F_ℓ와 F_h의 비는,

$$R = \frac{Q_h - Q_m}{Q_m - Q_\ell} = \frac{F_\ell}{F_h} \qquad (3)$$

열량조정은 유량비의 콘트롤 (유량비율제어방식)에 의해 가능하게 된다.

식 (2)에 대해서 [그림 4.3]에 나타내었다.

면적 H는 식(2)의 좌변 $F_h(Q_h - Q_m)$, 면적 L은 좌변 $F_\ell(Q_m - Q_\ell)$를 나타내고, 면적 H $=L$이 된다.

공급규정에 의해 정해진 발열량 Q_m의 공급가스는 고열량가스의 잉여입열(면적 H)로 균형에 맞는 저열량 가스의 부족입열(면적 L)에 의하여 조정된다.

다종의 가스를 혼합하는 경우의 열량조정에 대해서도 같은 방식이 성립한다.

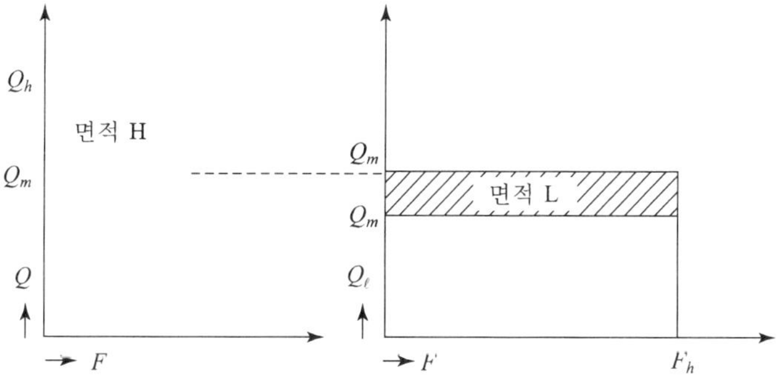

그림 4.3 열량과 유량 관계

4.2.2 열량조정방식

열량조정방식은 유량비율제어방식, Cascade 방식 및 Summarizer 방식의 자동제어방식이 일반적이다.

(1) 유량비율제어방식

제조가스의 발열량이 일정한 경우에 사용된다. 단순히 유량비를 콘트롤하는 방식이고, [그림 4.4]와 같이 고열량 가스의 유량변동에 맞추어, 전열량가스의 유량을 조정하는 기구이다.

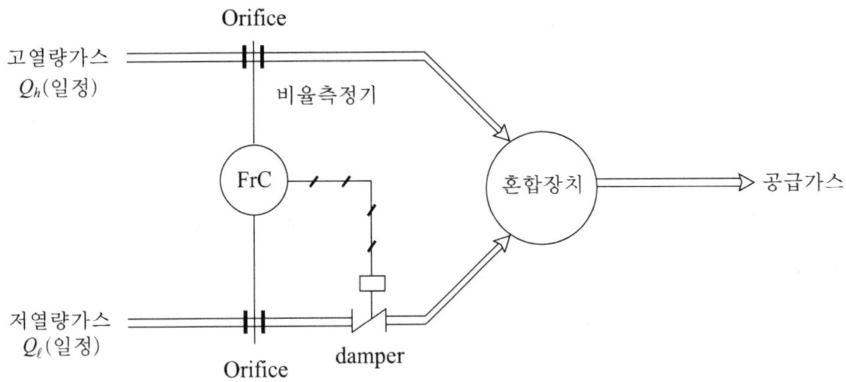

그림 4.4 유량비율제어방식

(2) Cascade 방식

일반적으로 고열량가스도 저열량가스도 발열량이 변동하는 경우, [그림 4.5]와 같은 cascade 방식이 채용되고 있다.

Cascade 방식은, 앞의 식 (3)에 있어서 Q_h, Q_ℓ에 변화가 있던 경우에 유량비 $R = F_\ell / F_h$의 설정치를 열량계에서의 신호에 의하여 자동적으로 바꾸어

$$R' = \frac{Q_h' - Q_m}{Q_m - Q_\ell'} = \frac{F_\ell'}{F_h'}$$

가 된 유량비로 열량을 제어하는 방식이다.

즉, 로컬 제어회로로서 유량비율 조절(FrC)을 입력하여 주제어량조절계통 열량기록조절계(QRC)에서의 출력으로 cascade 제어하고 유량비를 바꾸는 방식이다.

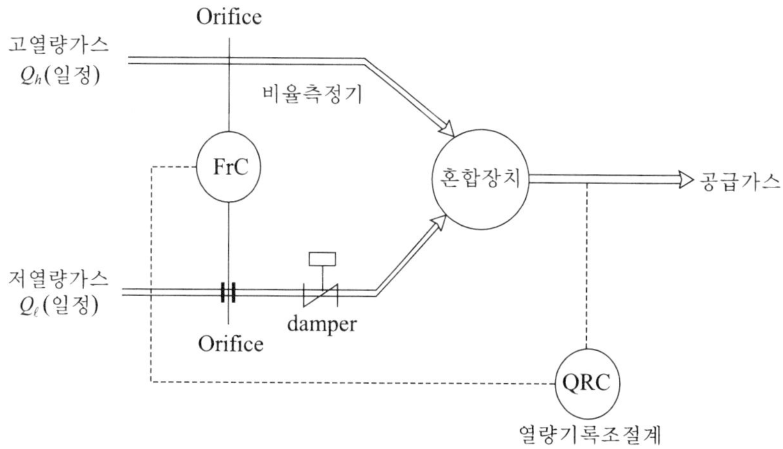

그림 4.5 Cascade 방식

(3) Summarize 방식

여러 종류의 가스를 제조하고, 열량조절을 하는 경우 비율제어 방식으로는 혼합기의 수가 많아지고 배관도 복잡하게 된다. 이런 경우 Summarize 방식(총화방식)이 사용된다. summarize방식에는 주로 발열량이 사용되고 있다.

유량 F_i, 발열량 Q_i의 가스에 공기를 혼입하고 발열량 Q_m의 가스로 하는 경우, 소요공기량 F_{ai}는,

$$F_i \cdot Q_i = Q_m(F_i + F_{ai}) \tag{4}$$

따라서

$$F_{ai} = \frac{F_i(Q_i - Q_m)}{Q_m} \tag{5}$$

로 된다. 가스의 종류가 n종 있으면 전공기량 F_a는,

$$F_{ai} = \sum_{i=1}^{n} F_i\left(\frac{Q_i - Q_m}{Q_m}\right) \tag{6}$$

$$F_a(-Q_m) + \sum_{i=1}^{n} F_i(Q_i - Q_m) = 0 \tag{7}$$

따라서, n종의 가스 F_i, Q_i를 검출하고, 항상 식 (7)이 성립하도록 공기량 F_a를 제어하

고, 열량조정을 하는 것이 summarize 방식이다. 열량조정가스로는 공기뿐이 아니라 질소용 다른 가스가 사용되는 경우도 있다.

각 가스의 유량은 전류신호로 교환되고, 발열량은 저항에 바꿔 넣어져 각종 연산기(전류 × 저항 = 전압)에 열유량의 형으로 들어간다. 연산된 전차열유량 $F_i \times (Q_i - Q_m)$는 적산되고, 식 7이 성립하는 조정공기량 F_a가 계산된다.

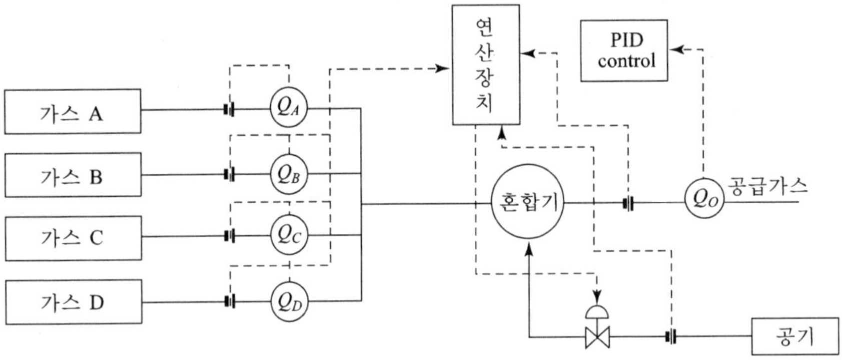

그림 4.6 Summarize 방식

4.2.3 열량조정용 기기

(1) 가스혼합장치

가스혼합장치는 혼합성이 좋고, 압력손실이 적도록 설계된다. 혼합기입구에 Slit를 설치하기도 하고[그림 4.7(a)], 벤츄리 타입으로 하여 노즐부분을 열기도 하여[그림 4.7(b)] 혼합성의 향상을 도모하고 있다.

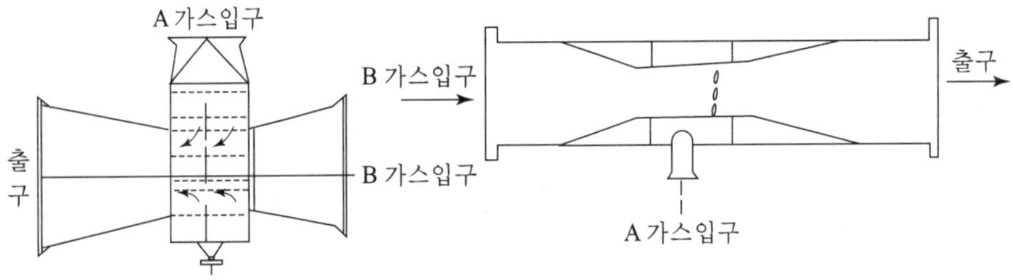

그림 4.7 가스혼합기

(2) Sampling 장치

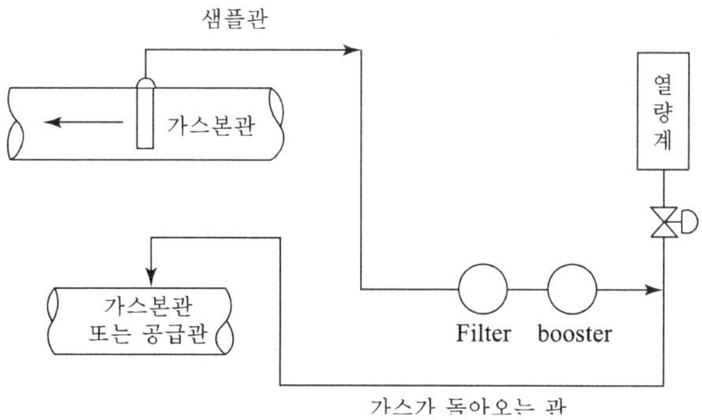

그림 4.8 Sampling flowsfeet

열량조정에 있어서는, 시간 단축이 중요하므로 샘플계통에서도 단축이 필요하다. 샘플관은 가스 본관에 삽입되고 가스를 균일하게 꺼낼 수 있도록 하고 있다. 가스가 저압의 경우는 가스는 booster로 흡입되고, time－lag를 가능한 한 적게 하기 위해 대부분의 가스를 booster 출구에서 가스본관 또는 혼합기에 되돌린다.

가스가 고압인 경우 정압기(가버너)로 감압되고 열량계에 유도된다. 이 경우, 대부분의 잉여가스는 연소방산되는 일이 많다.

(3) 열량계

계측기기 장 참조

4.3 가스의 부취

도시가스(LPG포함)가 누설할 경우, 조기에 발견하고 조치하는 것이 중독 및 폭발사고 방지의 필수조건이며, 그 하나의 방법으로서 공급가스를 부취하는 것이 행해지고 있다.

도시가스원료 그 자체가 천연가스, LPG, 나프타가스 등 냄새가 거의 없고, 정제가 고도화된 결과, 공급가스의 냄새가 거의 없으므로 부취제를 첨가(도시가스 : 1/600 이하, LPG : 1/1000 이하)하여 누설시 조기에 감지하여 사고를 예방할 수 있다.

4.3.1 부취제

부취제는 다음과 같은 성질을 갖추고 있어야 한다.

① 독성이 없을 것
② 정확하게 식별될 수 있는 냄새를 가질 것
③ 극히 낮은 농도라도 냄새를 인정할 수 있을 것
④ 가스관과 가스메타에 흡착되자 않을 것
⑤ 완전히 연소 후에 유해한 혹은 냄새를 가지는 물질을 남기지 않을 것
⑥ 배관내에서 상용온도에서 응축되지 않을 것

	tertiary-butylmercaptan (TBM)	tetra-hydro-thiophene (THT)	di-methyl-sulfide (DMS)
구 조 식	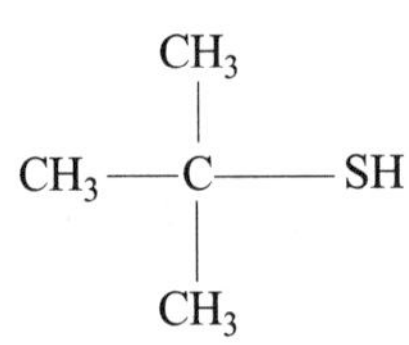	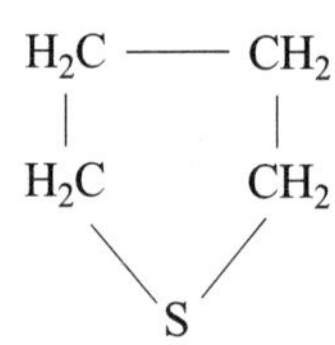	$H_3C-S-CH_3$
분 자 량	90	88	62
유황 함유량(wt%)	35.5	36.4	51.6
비 중(15.6℃)	0.799	0.999	0.85
비 점(℃)	64.4	122	37.2
응 축 량(℃)	0	−96	−98
냄새감지 농도(ppb)	0.09	0.77	2.5
물에대한 용해도 (g/L, 20℃)	0.96	0.85	불용
화학적 안정성	Mercapton 화합물은 약간 반염성이 있지만 TBM은 비교적 안정하다.	안정	안정
특 징	양파 썩는 냄새	석탄 가스 냄새	일반적으로 다른 부취제와 혼합사용 −마늘 냄새

⑦ 배관을 부식하지 않을 것
⑧ 물에 녹기 어려운 물질일 것
⑨ 화학적으로 안정할 것
⑩ 토양에 대한 투과성이 클 것
⑪ 가격이 쌀 것

현재 사용되고 있는 부취제는 가스의 종류, 공급지역에 따라 차이가 있으나 대부분은 Tertiary-butylmercaptan(TBM), tetra-hydro-thiophene(THT), di-methyl-sulfide(DMS) 등이며, 단일 혹은 2~3종을 적당한 비율로 혼합한 것이 사용되고 있고, 기타 에스텔계 등의 부취제도 사용하고 있다.

4.3.2 부취설비

부취제 주입설비는 대별하면 액체주입 방식과 증발 방식의 두 종류가 있다.

(1) 액체주입식 부취설비

부취제를 액상 그대로 직접가스에 주입하고, 가스 중에서 기화·확산시키는 방식으로 가스유량에 응하여 부취제주입량을 변화시키는 것에 의해서 항상 일정의 부취제첨가율을 유지할 수 있다. 이 특징은 가스량변동에 대하여 적응성이 좋다.

① 펌프 주입방식

소용량의 diaphram pump 등에 의하여 부취제를 가스 중에 주입하는 방식이다. 간단한 계측장치로 가스량변화에 대응하여 펌프의 stroke회전수 등을 변화시키고, 가스 중의 부취제농도를 항상 일정하게 유지할 수가 있다. 대형부취설비에는 최적인 주입방식이다.

② 적하 주입 방식

액체주입방식 중 가장 간단한 것이다. 부취제주입용기를 가스압으로 균일화시키고, 중력에 의하여 부취제를 가스 유체중에 주입한다. 주입량의 조정은 needle valve, 진자valve 등에 의하여 하시만, 그 정밀도는 낮다. 이 때문에 유량변화가 적은 소규모 부취에 많이 사용되고 있다.

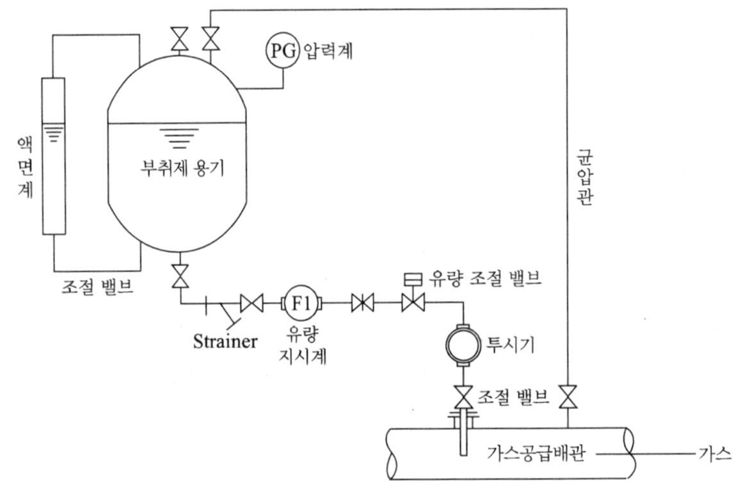

그림 4.9 적하 주입방식(중력적하 주입방식)

(2) 증발식 부취설비

부취제의 증기를 가스흐름에 혼합하는 방식이고, 설비비가 싸고, 동력을 필요로 하지 않는 이점이 있다. 설치장소는 일반적으로 압력, 온도의 변화가 적고, 관내가스 유속의 큰 곳이 바람직하다. 그러나 때로는 부취제첨가를 일정하게 유지하는 것이 어렵고, 유량의 변화가 작은 소규모 부취로 사용된다.

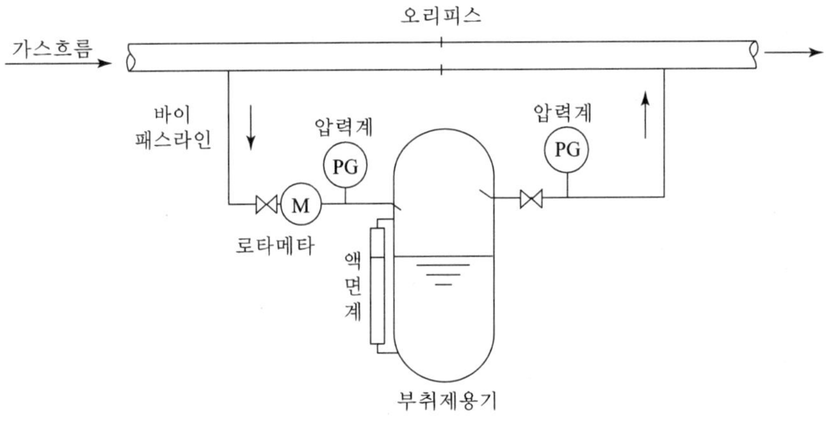

그림 4.10 Bypass 증발 방식(중압의 경우)

바이패스 증발방식은 증발식 부취설비의 대표적인 형식이다. 배관에 바이패스관을 통과하는 가스에 부취제를 증발시켜 포화시키는 방법이고, 부취농도는 바이패스를 통과하는 가스량을 변화시켜서 조절한다.

이 방식은 부취조절범위가 한정되고, 또 혼합부취제에 적용할 수가 없다.

CHAPTER 5 가스의 연소

CHAPTER 5 가스의 연소

5.1 가스의 성질과 연소

5.1.1 가스의 성분

가스 사업자가 공급하는 도시가스는 석탄, 나프타, LNG, 천연가스, LPG 등을 원료로 해서 제조된 가스를 정제, 혼합하여 공급규정에 따라 표준 발열량으로 조정한 것이다. 따라서 공급가스의 열량, 조성 등은 제조방식에 의해서 다르다. 국내에는 주원료가 LNG 이며 표준열량은 10,500 kcal/Nm^{3}이다.

표 4.1 각종 가스의 조성

	제조가스						공급가스		
원료	석탄	나프타							
(Process) 조성(%)	석탄 가스	Cyclic식 접촉 분해 가스	고온 수증기 개질 가스	수첨 분해 가스	대체 천연 가스	부분 연소 가스	6A	6C	13A
CO	9	21.0	3.0	3.3	–	2.8		3.0	–
H_2	48	66.3	62.7	44.6	2.0	37.7	–	45.0	–
N_2	5	0.8	–	0.5	–	35.2	61.6	7.0	–
CH_4	31	1.3	12.7	32.6	95.5	4.4	–	26.0	88
CO_2	2	10.5	21.6	0.4	2.5	17.3	–	15.0	–
O_2	1	–	–	–	–	0.4	16.4	1.0	–
C_mH_n	4	0.1	–	18.6	–	1.2	22.0	3.0	12
비중 (공기=1)	0.45	0.42	0.47	0.45	0.57	0.71	1.23	0.55	0.66
발열량 kcal/Nm^3	5,500	2,800	3,210	7,560	9,150	1,880	7,000	4,500	11,000

(주) 1. 6A는 LPG를 열량조정하여 7,000 kcal/Nm^{3}로 한 공급가스
2. 6C는 제조가스를 열량조정하여 4,500 kcal/Nm^{3}로 한 공급가스
3. 13A는 주로 한 액화천연가스를 열량조정하여 11,000 kcal/Nm^{3}로 한 공급가스
4. C_mH_n는 C_2H_4, C_2H_6, C_3H_8, C_4H_{10}를 포함한다.

5.1.2 가스의 비중

동 용적의 가스와 공기의 중량의 비율을 공기를 1로 하여 표시한 것을 가스의 비중이라 한다. 가스의 비중이 1보다 큰 경우는 공기보다 무겁고, 1보다 작을 경우는 공기보다 가여운 것을 표시한다.

도시가스는 공기의 약 1/2 정도의 무게이다. 또 성분가스 중에서 수소가 가장 가벼운 가스이므로 수소함유량의 많고 적음에 의해 공급가스의 비중은 적어지기도 하고 크게 되기도 한다. 이 비중은 가스의 분출량에 크게 영향을 준다.

도시가스는 여러 종류 가스의 혼합기체이고, 그 비중은 조성에 의하여 정해지므로 조성을 알면 계산에 의하여 구할 수가 있다.

표 4.2 공급가스의 비중계산

성 분	분 자 식	A 각 성분가스의 비중 (공기=1)	B 함 유 율	A×B 공급가스의 비중
일산화탄소	CO	0.967	0.020	0.019
수소	H_2	0.070	0.420	0.029
메탄	CH_4	0.555	0.270	0.150
에칠렌	C_2H_4	0.975	0.005	0.005
에탄	C_2H_6	1.048	0.008	0.008
프로판	C_3H_8	1.554	0.010	0.016
부탄	C_4H_{10}	2.090	0.020	0.042
이산화탄소	CO_2	1.529	0.172	0.263
산소	O_2	1.105	0.015	0.017
질소	N_2	0.967	0.060	0.058
합계			1,000	0.607

5.1.3 가스의 연소

가스의 연소는 가스 중의 가연성성분이 산소와 화합하는 산화반응이다.

각성분 가스는 [표 4.3]에 표시한 바와 같이 산소와 화합하여, 수증기와 탄산가스가 된다. 이 반응은 착화온도 이하에서는 일어나지 않고, 어느 일정 착화온도 이상이 아니

면 진행되지 않는다. 따라서 가스가 연소하려면,

① 충분한 산소(공기로 공급)
② 착화원

이 필요하다.

표 4.3 도시가스성분의 연소 화학방정식

성분	분자식	연소화학방정식	산소당량 Nm^3/Nm^3	총발열량 $kcal/Nm^3$	연소생성물 생성비	
					CO_2	H_2O
일산화탄소	CO	$2CO+O_2=2CO_2$	0.5	3,016	1	0
수소	H_2	$2H_2+O_2=2H_2O$	0.5	3,053	0	1
메탄	CH_4	$CH_4+2O_2=CO_2+2H_2O$	2.0	9,537	1	2
에칠렌	C_2H_4	$C_2H_4+3O_2=2CO_2+2H_2O$	3.0	15,180	2	2
에탄	C_2H_6	$2C_2H_6+7O_2=4CO_2+6H_2O$	3.5	16,830	2	3
프로필렌	C_3H_6	$2C_3H_6+9O_2=6CO_2+6H_2O$	4.5	22,380	3	3
프로판	C_3H_8	$C_3H_8+5O_2=3CO_2+4H_2O$	5.0	24,230	3	4
부칠렌	C_4H_8	$C_4H_8+6O_2=4CO_2+4H_2O$	6.0	30,080	4	4
부탄	C_4H_{10}	$2C_4H_{10}+13O_2=8CO_2+4H_2O$	6.5	32,020	4	5
탄화수소 일반	C_mH_n	$C_mH_n+\left(m+\frac{n}{4}\right)O_2=mCO_2+\frac{n}{2}H_2O$	$m+\frac{n}{4}$		m	$\frac{n}{2}$

※ 1. 성분가스 1 Nm^3를 연소시키는 데 이론상 필요한 산소량
2. 각 화학반응에 있어, 성분가스 1 Nm^3당 발생하는 열량
3. 성분가스 1 Nm^3를 연소 시켰을 경우 발생하는 생성물의 양
4. 기체는 온도, 압력에 의해 부피가 다르다.

표준상태(0°C, 1기압)에 있어 m^3를 Nm^3(normal cubic meter)라 한다.

또 이 반응은 발열반응이고, 연소에 의하여 반응열을 발생한다. 이 열을 이용함으로써 여러 가지 형태의 가스기기가 사용된다.

이 화학반응이 최후까지 완전히 완결하고 있는 상태를 완전연소라 하고, 공기부족 등으로 반응이 최후까지 완결되지 않고, 중간생성물(일산화탄소 등)을 발생하는 상태를 불완전연소라 한다.

참 고

- 가스 연소의 각종 현상
  - 확산연소

    연소기에서 가스연료가 분출 확산되어 2차 공기 100%로 연소가 이루어지는 연소를 말한다. 액체 연료나 액체연료를 포함한 고체 연료도 가열되면 분해나 증발되어 증기나 가스화 될 때 확산연소와 같다.
  - 혼합기연소

    가스연료와 공기(1차 공기)가 일정 비율로 예혼합되어 연소하면서 추가 부족공기(2차 공기)와 접촉하면서 연소하는 것을 말하며 일반 가스연소장치의 대부분이 이에 해당된다. 가스의 종류에 따라 연소범위가 다르므로 공기의 혼합비율은 다르다.
  - 완전교반연소

    가스연료와 공기와의 혼합이 난류로 이루어져 연소하는 현상으로 지연성가스(공기, 산소)와 강제 교반 상태에 해당되므로 완전연소가 가능하다.

5.1.4 연소에 필요한 공기량

가스의 연소에는 반드시 산소가 필요하다. 산소는 공기 중에 포함되어 있기 때문에 공기를 공급하는 것이 값싸고, 특별히 고온을 얻고 싶은 경우를 제외하고, 연소에는 공기를 사용한다. 연소에 필요한 공기량은 연소의 화학방정식을 이용하여 이론상 산출할 수가 있다.

표면상태(0°C, 1기압)의 가스 1 m^3를 완전히 연소시키기 위하여 필요한 최소 공기를 이론공기량이라 한다.

일반적으로 기체연료에서 발열량 1,000 kcal에 대한 이론공기량은 약 0.9 m^3과 거의 일정하다는 것이 인정되고 있다. 그러나 실제로는 이론공기량뿐이고 가스를 완전연소시킬 수는 없고, 20 ~ 40 %의 과잉공기가 필요하다. 따라서 1,000 kcal의 가스를 완전연소하는데 필요한 실제 공기량 1.1 ~ 1.3 m^3이다.

5.1.5 연소 폐가스

도시가스가 연소하는 경우, 가연성성분은 산소와 결합하여 탄산가스와 수증기가 생성물로서 나온다. 공기 중의 산소는 소비되기 때문에 사용된 공기중의 질소는 도시가스 중의 불연성분과 함께 폐가스에 포함되어 나온다. 따라서, 연소폐가스의 성분은

표 4.4 공급가스의 이론공기량 계산

성분	A 1Nm³중의함유량 (Nm³)	B 산소당량(Nm³/Nm³)	A×B 산소필요량(Nm³)	이론 공기량 (Nm³/Nm³)
CO	0.020	0.5	0.010	
H_2	0.420	0.5	0.210	
CH_4	0.270	2.0	0.540	
C_2H_4	0.005	3.0	0.015	
C_2H_6	0.008	3.5	0.028	$0.968 \times \frac{100}{21} = 4,610$
C_3H_8	0.010	5.0	0.050	
C_4H_{10}	0.020	6.5	0.130	
CO_2	0.172			
O_2	0.015		−0.015	
N_2	0.060			
합계	1.000		0.968	4.610

※ 공기 중에 포함된 산소는 21%로 한다.

표 4.5 공급가스의 이론 폐 가스량 계산

성분	A 1Nm³중의 함유량 (Nm³)	연소가스량(Nm³)				
		CO_2		H_2O		N_2
		B 생성비	A×B 생성량	C 생성비	A×C 생성량	이론공기중 및 가스에서의 N_2량
CO	0.020	1	0.020			
H_2	0.420			1	0.420	
CH_4	0.270	1	0.270	2	0.540	
C_2H_4	0.005	2	0.010	2	0.010	
C_2H_6	0.008	2	0.016	3	0.024	$4.610 \times \frac{79}{100} = 3.642$
C_3H_8	0.010	3	0.030	4	0.040	
C_4H_{10}	0.020	4	0.080	5	0.100	
CO_2	0.172		0.172			
O_2	0.015					
N_2	0.060					0.060
계	1.000	0.598		1.134		3.702
합계		5.434				
폐가스조성(%)		11.0		20.9		6.81

① 연소에 의하여 생성된 탄산가스와 수증기
② 도시가스 중의 불연성분
③ 공급된 공기 중의 질소
④ 공급된 공기 중의 연소에 사용되지 않는 산소

도 포함된다.

이론연소폐가스량은 도시가스의 성분을 알면 연소의 화학방정식에 의해 구할 수 있다.

5.1.6 가스의 발열량

가스의 연소는 발열반응이고, 그 성분에 의한 연소열이 발생한다. 표준상태 (0˚C, 1기압)의 가스 1 Nm^3가, 완전연소 했을 때에 발생하는 열량을 발열량이라 말하고, kcal/Nm^3로 표시한다.

가스의 연소에는 수소분의 연소에 의해 수증기가 발생하지만, 수증기발생 열량(잠열)을 뺀 것을 진발열량이라 하고, 수증기가 응축하여 물이 되고, 그 잠열을 가한 것을 총발열량이라 한다.

표 4.6 공급가스의 총발열량 계산

성 분	A 1Nm^3중의 함유량 (Nm^3)	B 성분가스의 총발열량 (kcal/Nm^3)	A×B 성분가스의 발생열량 (kcal/Nm^3)
CO	0.020	3,016	60
H_2	0.420	3,053	1,282
CH_4	0.270	9,537	2,575
C_2H_4	0.005	15,180	76
C_2H_6	0.008	16,830	135
C_3H_8	0.010	24,230	242
C_4H_{10}	0.020	32,020	640
CO_2	0.172		
O_2	0.015		
N_2	0.060		
합 계	1.000		5,010

총발열량 = 진발열량 + 잠열

공급가스의 발열량은 일반으로 총발열량으로 표시한다.

공급가스의 열량은 그 조성에 계산에 의하여 구할 수가 있다.

5.1.7 노즐에서의 가스분출량 및 input

원형의 구멍의 노즐에서 분출하는 가스량은 에너지 보존법칙에서 이론적으로 도입되어 식 (1)과 같이 표시할 수가 있다.

$$Q = 0.11\phi^2 \ K\sqrt{\frac{P}{d}} \qquad (1)$$

단, Q : 가스유량(Nm^3/h)
ϕ : 노즐의 구경(mm)
P : 가스압력(mmH_2O)
d : 가스의 비중(공기=1)
K : 유량계수(약 0.8)

유량계수는 이론분출량과 실제분출량과의 비율로 노즐의 직경이나 형상에 의해서 다른 값으로 된다. 즉, 가스의 분출량은 노즐의 구경의 2승에 비례하여 가스의 공급압력의 평방근에 비례한다.

가스기기가 단위시간에 소비하는 열량이 input이라 불리고, 노즐에서 분출하는 가스량에 가스의 발열량을 곱해서 얻은 값이다.

$$I = Q \cdot \ H = 0.11\,\phi^2 \ K\sqrt{\frac{P}{d}} \cdot H \qquad (2)$$

단, I : input (kcal/h)
H : 가스의 발열량 ($kcal/Nm^3$)

가스압력 P와 노즐구경 ϕ가 일정하면, 가스기기의 input는 $H/\sqrt{d}$ 에 비례한다.

이 $H/\sqrt{d}$ 을 웨베지수(Wobbe Index)라 부른다.

웨베지수의 수치는 가스의 조성만으로서 정해진다.

Input과 가스의 압력 및 웨베지수와의 관계

① 웨베지수가 일정하고 가스의 압력이 변화하는 경우에는 가스기기에 주어진 input은 가스의 압력의 평방근에 비례하여 변화한다.
② 가스압력은 일정하고 웨베지수가 변화한 경우에는 가스기기에 주어진 input은 웨베지수에 비례하여 변화한다.

따라서, 공급가스의 압력이나 조성이 변화하면 가스기기에 주어지는 input도 변화한다.

5.1.8 착화온도

가스가 연소, 곧 공기 중의 산소와 화학반응을 하기 위해서는 가스가 산소와 접촉함과 동시에 어느 일정온도에 도달해야 한다. 반응이 일어나는 최저 온도를 착화온도라 한다.

착화온도는 가스가 가열되어 산화반응을 일으킨 결과 발생하는 열량과 발산하는 열량과의 평형에 의해 정해진 것이어서, 발생한 열량보다도 발산하는 열량이 큰 경우에는 연소반응은 계속하지 않는다. 그러나 일단 착화가 되면 가스의 연소는 발열량이 크기 때문에 그 열이 주위의 가스와 공기로 되어 있는 혼합기체를 착화온도 이상으로 하여 반응은 계속 전파하여 간다.

표 5.7 가스의 착화온도

성 분	분 자 식	착 화 온 도	
		공기중	산소중
일 산 화 탄 소	CO	610	590
수 소	H_2	530	450
메 탄	CH_4	645	645
아 세 칠 렌	C_2H_2	335	–
에 칠 렌	C_2H_4	540	485
에 탄	C_2H_6	530	500
프 로 필 렌	C_3H_6	455	420
프 로 판	C_3H_8	510	490
부 틸 렌	C_4H_8	445	400
(노르말) 부 탄	$_nC_4H_{10}$	490	460
(이소) 부 탄	$_iC_4H_{10}$	490	460

공급가스의 착화온도는 공기 중에서 550 ~ 600°C이다. 산소중착화온도는 공기중보다 대체로 20 ~ 40°C 낮아진다.

5.1.9 화염온도

가연성가스의 연소에 의해 생기는 불꽃의 온도는 공기와 혼합상태 혹은 주위 상황 등에 의해서 다르고 일정하지 않다.

또 화염온도의 측정법은 여러 가지로 제안되어 있지만, 정확한 측정은 곤란하다. 그래서 이론화염온도가 흔히 사용된다.

이론 화염온도란 가스가 이론공기량의 공기와 혼합하여 발생한 열의 전부외부로 발산하지 않고 연소생성물만을 가열했다고 했을 때의 온도이다. 실제로는 연소과정 중 열은 복사나 전파 등에 의하여 주위벽이나 수열면에 전하며 소모되기 때문에, 참 온도는 이

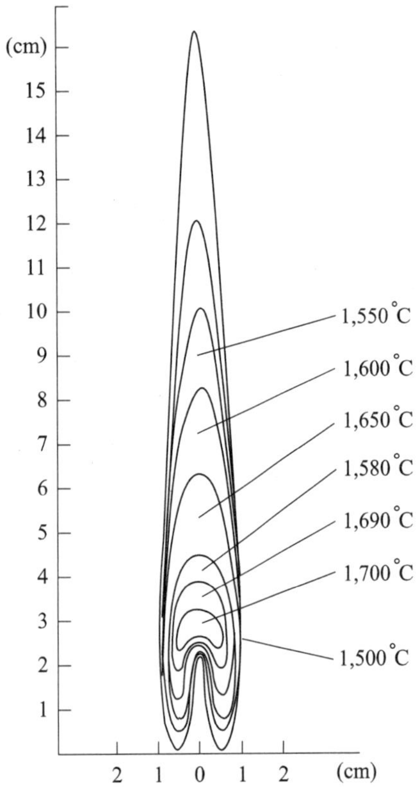

그림 5.1 Bunsen 염의 온도

론화염온도 보다도 낮은 온도가 된다. [그림 5.1]에 공기 중에 있어서 Bunsen연소염의 온도를 실측한 결과를 제시한다.

불꽃 중에서 최고온도가 되는 위치는 내염쪽이며 공급가스에서는 1,700°C이다. 한편 이 때의 이론화염온도를 구하면 약 2,050°C로 된다.

5.1.10 연소범위(폭발범위)

가스에 공기를 혼합하면 처음은 연소하지 않지만 어느 혼합비율에 달하면 연소하게 된다. 그러나 계속 혼합하면 연소하지 않게 된다. 즉, 공기와 가스의 혼합비율이 너무 진하거나, 너무 엷어도 어느 한도를 넘으면 연소는 하지 않는다. 이와 같이 연소가 일어나는 가스와 공기와의 혼합비율의 범위를 연소범위라 한다. 이 범위는 일반적으로 공기와 혼합물 가스의 %로 표현되고, 가스의 최고농도를 상한, 최저농도를 하한이라 한다.

보통의 연소상태에서는 기체의 연소속도는 수십 cm/sec ~ 10 m/sec 정도이며 심한 연소 중 특히 화염전파속도 음속보다 빠른 경우를 폭굉(detonation)이라 한다. 그리고 연소속도는 수천 m/sec에 달하고, 압력도 수십 기압으로 된다.

폭굉의 발생은 온도, 압력의 상승에 의해 연소속도가 점차로 급속하게 되면, 거기서 나오는 압력파가 서로 포개져서 드디어 충격파를 형성하게 된다. 즉, 압력의 불연속면이 생기고 그 압축효과 때문에 기체의 온도가 상승하고, 반응효율이 증가하여 급속하게 발열하여 충격파의 전파를 유지하게 된다.

표 5.8 가스의 연소범위

성분	분자식	혼합가스의 가스용적(%)	하한	상한
		0 20 40 60 80 100		
일산화탄소	CO		12.5	74.0
수소	H_2		4.0	75.0
메탄	CH_4		5.0	14.0
아세칠렌	C_2H_2		2.5	100.0
에칠렌	C_2H_4		2.7	36.0
에탄	C_2H_6		3.0	12.5
프로필렌	C_3H_6		2.4	11.3
프로판	C_3H_8		2.1	9.5
부칠렌	C_4H_8		1.8	9.7
부탄	C_4H_{10}		1.8	8.5

연소범위 측정방법, 조건 등에 의하여 다소 다르지만, 각 가스의 값을 [표 5.8]에 나타내었다.

(1) 혼합가스의 연소범위 계산

① 2종 이상의 가연성 가스의 혼합물의 연소범위(L)는 르샤틀리에 식에 의해 구할 수 있다.

$$L = \frac{100}{\frac{P_1}{L_1} + \frac{P_2}{L_2} + \frac{P_3}{L_3} + \cdots\cdots + \frac{P_n}{L_n}} \qquad (3)$$

단, L : 혼합가스의 연소범위

P_1, P_2 ··· : 혼합가스중의 각 가연성가스의 부피 %

L_1, L_2 ··· : 혼합가스중의 각 가연성가스의 연소범위

$P_1 + P_2 + \cdots\cdot + P_n = 100$

예제 1 CO 15 %, H_2 30 %, CH_4 55 %의 혼합가스의 연소범위를 구하라.

풀이 르샤틀리에 식에서

$$\text{연소상한} = \frac{100}{\frac{15}{74} + \frac{30}{75} + \frac{55}{15}} = \frac{100}{4.3} = 23.3(\%)$$

$$\text{연소하한} = \frac{100}{\frac{15}{12.5} + \frac{30}{4.0} + \frac{55}{5.3}} = \frac{100}{19.1} = 5.2(\%)$$

② 혼합가스의 중에서 불활성가스(N_2, CO_2)를 포함한 경우는 [그림 5.2]에 이용하여 산출한다.

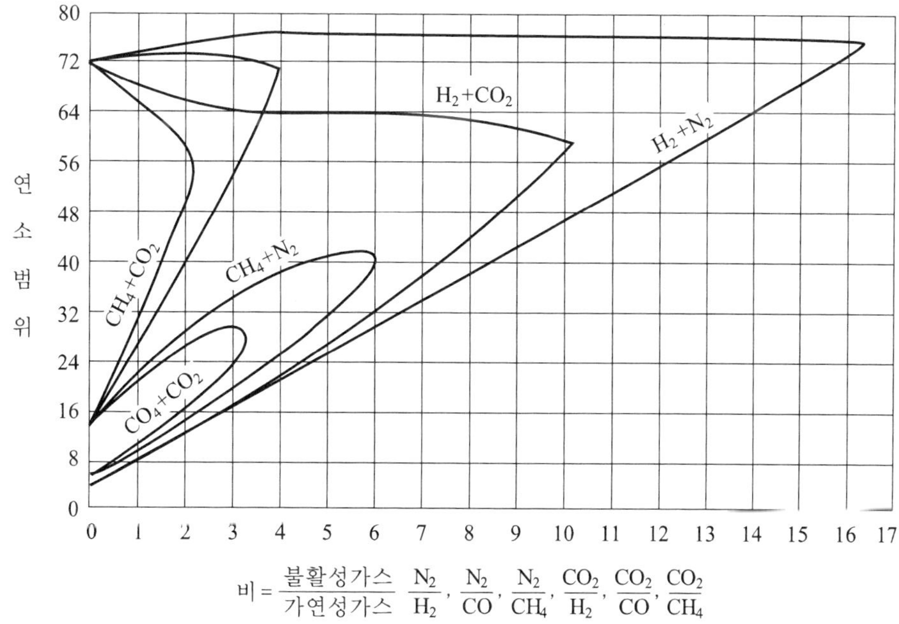

그림 5.2 가스의 연소범위(불활성가스를 포함하는 경우)

예제 2 H_2 30%, N_2 30%, CO_2 30%, CO 10%의 혼합가스의 연소범위를 구하라.

풀이 가스의 조성을 다음과 같이 한다.

A····· N_2 30%와 H_2 15%의 가스

B····· CO_2 30%와 H_2 15%의 가스

C····· CO 10%의 가스

A 및 B에 대하여는 [그림 5.2]에서 연소범위를 이해하고,

A에 대하여는 상한 75%, 하한 13%

B에 대해서는 상한 67%, 하한 13%

를 얻을 수 있다.

따라서, 구하는 혼합가스의 연소한계는

$$상한 = \frac{100}{\frac{45}{75}+\frac{45}{67}+\frac{10}{74}} = 71(\%)$$

$$하한 = \frac{100}{\frac{45}{13}+\frac{45}{13}+\frac{10}{12.5}} = 13(\%)$$

(2) 연소범위에 대한 압력의 영향

일반적으로 가연성가스는 온도가 일정하면 압력이 상승하고 연소범위는 넓어진다. 이것은 폭발성혼합가스를 압축하여 압력을 상승시키면 반응의 분자농도가 증가하므로 반응속도도 촉진되어, 열의 발생속도가 크게 되는 한편, 열의 발산속도는 압력에 의해서 거의 변화하지 않기 때문에 가압시는 연소범위가 확대 된다.

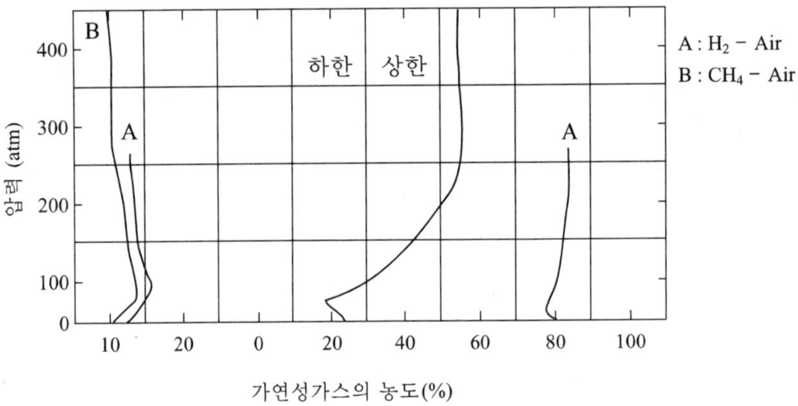

그림 5.3 가연성가스의 연소범위에 대한 압력의 영향

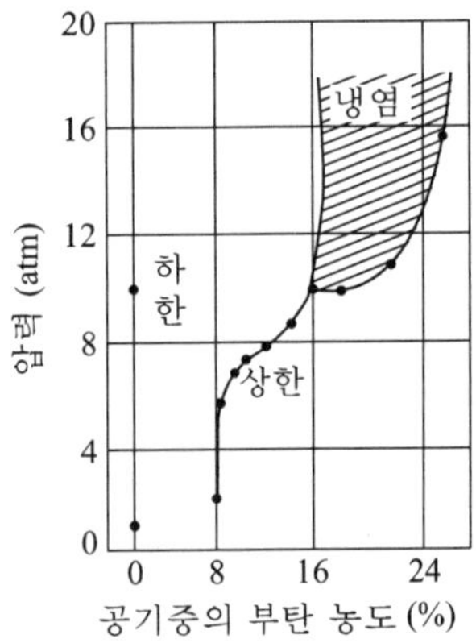

그림 5.4 부탄의 연소범위에 대한 압력의 영향

(3) 연소범위에 대한 온도의 영향

연소범위에 미치는 온도의 영향은 일반적으로 온도가 상승하면 반응속도가 촉진되어 열의 발생속도가 커진다. 한편, 열의 발산속도는 작아지므로 하한이 낮아지고 상한온도

가 높아진다. 따라서 연소범위가 확대된다. 한계값과 온도 사이에는 거의 직선관계가 있다는 것이 많은 물질에 대해서 인정되고 있다.

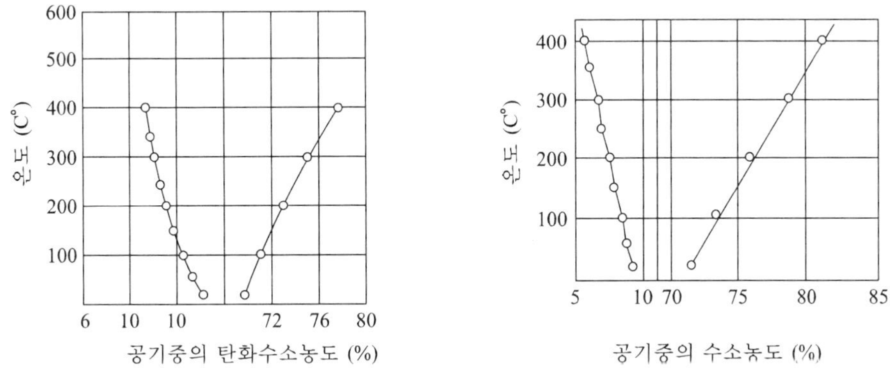

그림 5.5 가연성가스의 연소범위에 대한 온도의 영향

(4) 연소범위에 대한 불활성가스 혼입농도의 영향

일반적으로 CO_2, N_2, H_2O 등의 기스를 가연성가스에 혼입하면 연소범위는 좁아지고, 다시 불활성가스를 혼입하면 연소를 하지 않게 된다. 또 연소범위가 축소되는 정도는 혼입하는 불활성가스의 종류, 혼입비율에 의해서 다르지만 혼입비율이 같을 경우 불활성가스의 비열의 큰 것일수록 연소범위를 축소되게 하는 효과가 크다.

CO_2는 H_2O, N_2에 비해서 비열이 크므로 연소범위를 축소되게 하는 효과가 가장 크고, 다음으로는 H_2O가 축소되게 하는 효과가 크다.

5.1.11 연소속도

가스의 연소는 발열반응이므로 일단 반응이 시작되면 발생한 열에 의해서 주위의 가스와 공기가 뜨거워져 착화온도에 달하고, 반응은 계속된다. 이와 같이 연소는 주위에 전파되고, 이때 화염이 화염면에 수직방향으로 미연소혼합가스 쪽으로 이동하는 속도를 연소속도라 한다.

연소속도는 가스의 성분, 공기와의 혼합비율, 혼합가스의 온도, 압력 등에 의해 다르다. 일반적으로 온도가 높아진 만큼, 또 압력이 높아진 만큼 연소속도는 늦어진다. [그림 5.6]에 상온, 상압에 있어 가스의 연소속도를 제시한다.

[그림 5.6]에서와 같이 가스의 연소속도는 일차 공기율에 의해서 변화하는 것이다. 그

러나 가스의 연소속도는 일차공기율 때의 최대로 된다. 이 값을 최대연소속도라 하며 가스고유의 물성치이다.

혼합가스의 연소속도는 연소속도가 빠른 수소가스 등을 많이 포함한 것일수록 빨라진다. 연소속도는 back 혹은 lift 등의 연소현상과 가스의 호환성을 논하는 경우, 중요한 인자로 된다.

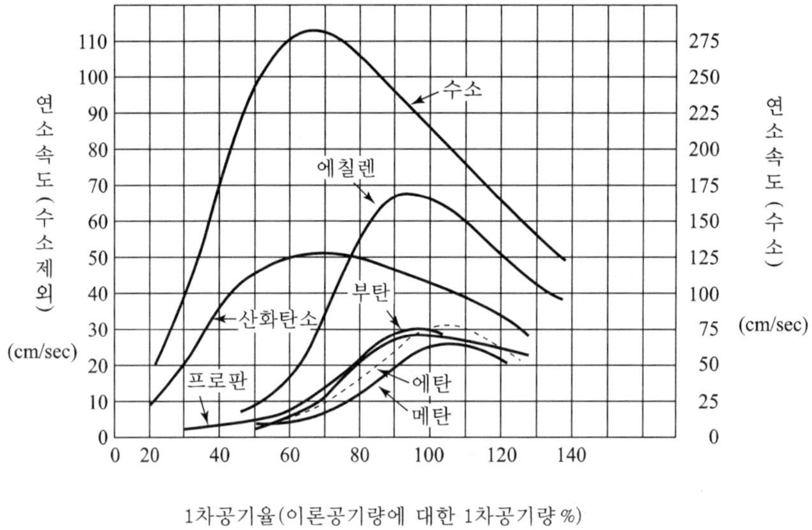

그림 5.6 각종가스의 연소속도

5.1.12 각종연소 방법

가스의 연소방법은 가스와 공기가 혼합하는 장소나 미리 혼합하는 공기(1차 공기)의 양에 의해서 다음과 같이 대별한다.

① 분젠식 연소법
② 세미·분젠식 연소법
③ 적화식 연소법
④ 전 일차공기식 연소법

표 5.9 각종연소방법의 총괄

		분젠식	세미·분젠식	적화식	전일차공기식
필요 공기	일차공기	40 ~ 70%	30 ~ 40%	0	100%
	이차공기	60 ~ 30%	70 ~ 60%	100%	0
불꽃색		청록	청	약간 적	세라믹이나 금망의 표면에서 탄다.
불꽃 길이		짧다	조금 길다	길다	
불꽃 온도(°C)		1,300	1,000	900	950

(1) 분젠식 연소법

이 방법은 [그림 5.7]과 같이 가스가 노즐에서 일정한 압력으로 분출되고, 그때에 운동에너지에서 공기구멍에서 연소로 필요한 공기의 일부분(일차공기)이 흡입되이 혼합관 중에서 혼합하여 염공에서 나와 탄다. 이때, 불꽃의 주위에서 확산함으로써 공기를 얻는다. 이 공기를 2차공기라 한다.

불꽃은 내염이라는 원추모양의 청백부분과 그 외측의 외염 및 눈에 보이지 않는 최고층으로 나누어진다.

내염에 있어서는 가스와 1차공기의 혼합기체가 어느 온도가 상승하여 연소의 초기의 반응으로서 복잡하고 불안정한 중간생성물이 만들어진다.

외염에서도 내염에서 생긴 중간생성물 및 미연소성분이 이차공기와 접촉하여 완전연소가 이루어진다.

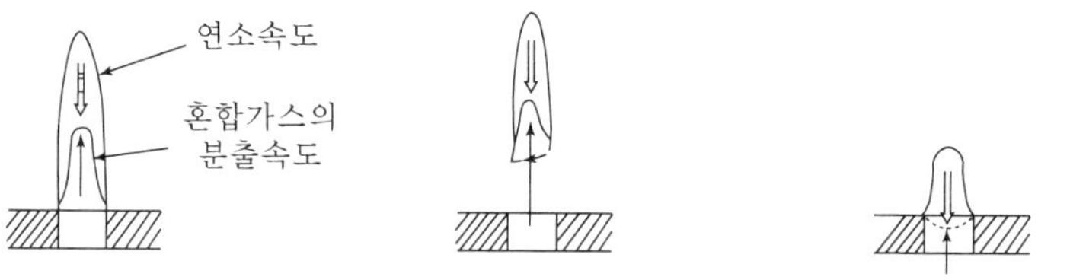

혼합가스의 분출속도는 연소속도와 그다지 다르지 않다. 염은 안정

혼합가스의 분출속도가 리프트가 일어나는 한계속도보다 크다. 리프트한다.

혼합가스의 분출속도가 역화가 일어나는 한계속도보다 작다.

lift

back(역화)

안정한 염

불안정한 염

그림 5.7 분젠버너의 원리와 염의 형상

(2) 적화식 연소

가스를 그대로 대기중에 분출하여 연소시키는 방법이며 연소에 필요한 공기는 모두 염의 주위에서 확산함에 의해서 얻어진다.

연소과정은 극히 늦고, 염은 길며 적황색이 된다. 염의 온도는 비교적 낮고 약 900°C, 불꽃의 빨간 빛은 가스 가운데 포함되어 있는 중탄화수소가 공기와 접촉시 분해되어 탄소입자가 분리되어 적열되기 때문이다. 따라서 만약 이 불꽃이 어느 차가운 표면에 접촉하면 탄소입자는 그 표면에 부착된다.

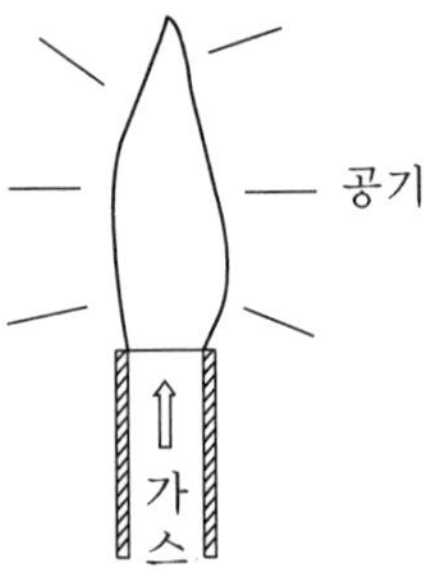

그림 5.8 적화버너의 원리

(3) 세미·분젠식 연소법

적화식과 분젠식의 중간이고, 1차공기율이 약 40% 이하로 내염과 외염의 구분이 뚜렷하지 않은 연소를 세미·분젠식연소법이라 한다.

(4) 전 1차공기식 연소법

연소에 필요한 공기의 전부가 1차공기뿐이고, 이것을 가스와 혼합해서 연소하는 방법이다. 분젠식에서는 일차공기를 많이 해야 back 또는 lift하는 경우가 있지만 전 일차공기식 연소법도 필요공기를 전부 1차공기로 흡인하므로 back하기 쉬운 연소법이다. 이러한 현상이 일어나지 않게 염공을 특별한 구조로 한 것도 있다.

적외선스토브는 이 연소법이다.

(5) 각 연소방법의 장·단점과 용도

연소방식	장 점	단 점	용 도
적화식	① 역화하는 일이 전혀 없다. ② 자동온도조절장치의 사용이 용이 ③ 적황색의 긴 불꽃을 얻을 수 있다. ④ 가스의 낮은 압력에서도 사용할 수 있다. ⑤ 염의 온도는 비교적 낮다 (900°C 정도). ⑥ 기기를 국부적으로 과열하는 일이 없다.	① 연소실은 넓어야 한다. 좁으면 불완전연소를 일으키기 쉽다. ② 버너 내압이 너무 높으면 lift 한다. ③ 고온을 얻을 수 있다. ④ 염이 차가운 물체에 접촉하면 표면에 카본이 부착한다.	파이롯버너에 사용
세미·분젠식	① 적화와 분젠의 중간상내에서 역화하지 않는다. ② 염의 온도는 1,000°C 정도	① 너무 고온인 것에는 맞지 아니한다.	욕탕버너, 탕비기버너
분젠식	① 염은 내염과외염을 형성한다. ② 일차공기가 혼입되어 있기 때문에 연소는 급속하고 따라서 염은 짧게 되며, 발생한 열은 집중되어 염의 온도가 높다(1200 ~ 1300°C 정도). ③ 연소실은 작고 좁다.	① 일반적으로 damper의 조절을 요한다. 경우에 따라 역화, lift의 현상이 나타나고, 소화음, 연소음이 발생할 수가 있다.	각종형상의 버너로서 가열, 건조 등 널리 일반에게 사용된다.
전일차 공기식 (적외선버너)	① 버너는 어느 방향으로도 사용할 수 있다. ② 가스가 갖는 에너지의 70% 가까이를 적외선으로 전환할 수 있다. ③ 적외선은 열의 전달이 빠르다. ④ 따라서 개방로에 사용해도 대류에 의한 열손실이 작다. 옥 외난방도 가하다. ⑤ 표면온도는 850 ~ 950°C 정도이다.	① 버너의 뒷면을 냉각할 필요가 있다. ② 구조가 복잡하고 고가이다. ③ 가버너의 부착이 필요	난방용, 건조로용, 각종 가열건조와 소각로용

5.1.13 연소시 제현상

(1) 불완전 연소

가스의 연소는 산화반응이고, 이 반응이 진행되려면 충분한 산소와 일정한 온도 이상 필요하다. 그렇지 않을 경우 반응이 최후까지 완결되지 않고, 탄화수소가 반응도중에 중간생성물(일산화탄소, 알데히드 등)이 발생하는 상태를 불완전연소라 한다.

① 공기의 혼합이 불충분할 때
② 과대한 가스량일 때 또는 필요량의 공기가 없을 때
③ 연소가스의 배출이 좋지 않을 때
④ 염이 저온물질에 접촉하여 온도가 저하될 때

등이 있다.

불완전연소시에 발생하는 강한 독성을 갖는 물질이고 불완전연소에 의한 중독사고의 원인이 된다. 그래서 불완전연소를 체크할 경우 연소폐가스 중 일산화탄소량 혹은 탄산가스량에 대한 일산화탄소량의 비율(CO/CO_2)이 사용된다.

(2) Back(역화)

Back하는 염이 염공의 안쪽으로 버너의 혼합관 내에 들어오는 현상이고 일차공기를 사용하는 분젠식 연소나 전 일차공기식 연소에서 볼 수 있는 현상이다.

일차적으로 분젠버너의 염이 안정상태라면 염공에서 가스－공기혼합기체의 분출속도와 연소속도가 평행되어 있는 경우이다.

콕크를 열기도 하고 잠그기도 하며 화력의 조절을 하는 것은 이 밸런스 범위내에서 분출속도를 변화시켜, 화력(인푸트)을 조절하는 것이다.

Back현상 및 lift현상은 이 분출속도와 연소속도의 균형범위를 벗어나는 경우에 일어난다.

Back은 가스－공기혼합기체의 분출속도에 비해서 연소속도가 균형점을 넘고, 빨라졌을 때 또는 가스의 연소속도에 비해서 분출속도가 균형점 이하로 늦어졌을 시에 일어나는 현상이다.

Back 발생원인은 다음과 같다.

① 가스압이 이상하게 저하하거나, 노즐과 콕크 등이 막혀서 가스량이 극단으로 적게 된다(분출속도의 저하).

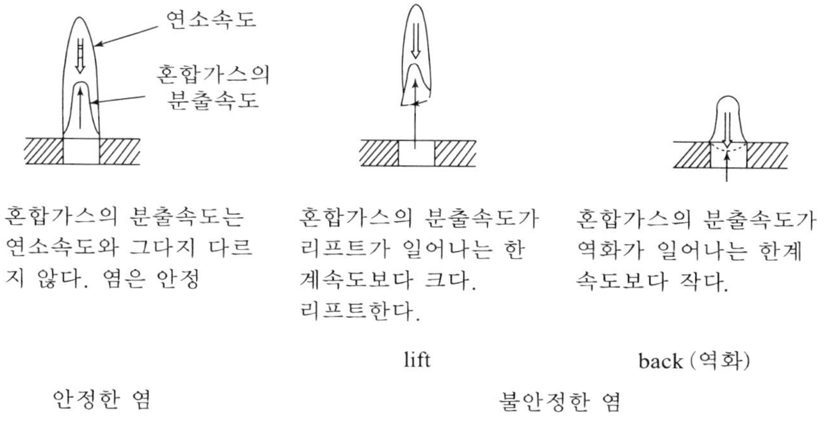

그림 5.9 분출속도와 연소속도의 관계

② 일차공기의 demper가 너무 많이 열려 일차공기의 흡인이 너무 많고, 혼합가스의 연소속도가 빨라진다.

③ 버너부분이 고온이 되어 가스의 온도가 높고 연소속도가 빨라진다.

④ 버너가 낡아 부식으로 인하여 염공이 확대되었을 때 (분출속도의 저하)

(3) 리프트(Lift)

리프트는 백(back)과는 거꾸로 염이 버너보다 떠올라 어느 정도 거리를 갖고 공간에서 타는 현상이고, 혼합기체의 분출속도에 비해서 연소속도가 늦을 경우 또는 연소속도에 비하여 분출속도가 빨라졌을 때에 일어나는 현상이다.

Lift의 원인은 다음과 같다.

① 버너안의 가스압력이 너무 높아서 가스가 지나치게 나온다(분출속도의 상승).

② 일차공기의 damper를 너무 많이 열어 이차공기의 흡인이 지나치게 많아서 혼합가스량이 너무 불어난다(분출속도의 상승).

③ 연소실내의 급배기가 불량이고, 이차공기가 급격히 감소한다.

④ 버너가 낡아 염공이 막혀서 염공의 유효면석이 작아지고 버너내압이 높아지고 분출속도가 빨라진다.

(4) Yellow tip

열의 선단이 적황색으로 되어 타고 있는 현상을 옐로우 팁이라 한다. 이것은 연소반응의 도중에 탄화수소가 열분해 하여 탄소원자가 발생하여 미연소로 발열되지 않아 적황색으로 빛나고 있는 것이어서 연소반응이 충분한 속도로 일어나지 않는 상태이다. 유리탄소입자가 많아지면 불완전 연소가 된다. 이 현상은 일차공기가 부족했을 때 일어난다. 옐로우 tip의 불꽃으로 가스기기를 사용하면 남비밑이나 열교환기 등에 카본이 부착하여 연소생성물의 배출통로를 폐쇄하여 불완전연소의 원인이 된다.

5.2 가스의 분류

5.2.1 분젠버너의 연소특성

버너는 불완전연소, 백, 리프트, 옐로우 팁 등의 현상이 발생하지 않는 것이 필요하지만 가스압력, 일차공기율 등이 한정된 조건으로 있을 때 양호한 연소를 할 수 없다. 가스기기를 사용하는 경우 설치된 버너에 대하여 연소상의 특성을 명확히 해두는 것이 필요하다.

분젠버너에서 버너의 연소상의 특성을 [그림 5.10]에 분젠버너의 연소특성도라 부르고, 가스기기에서 안전하게 사용할 수 있는 범위를 표시했다. 인푸트의 낮은 범위로 연소시키는 경우 일차공기율을 높이면 백이 일고, 일차공기율을 내리면 옐로우 팁이 발생한다. 또 인푸트의 높은 범위로 연소시키는 경우 일차공기율을 높이면 리프트가 일어나 일차공기율을 내리면 불완전연소가 일어난다.

이와 같이 분젠버너에서 양호하게 연소되는 범위는 인푸트와 일차공기율의 일정범위로 한정한다. 또 이 연소특성도의 모양은 어느 분젠버너나 같지만, 양호연소의 범위는 개개의 버너마다 다르다.

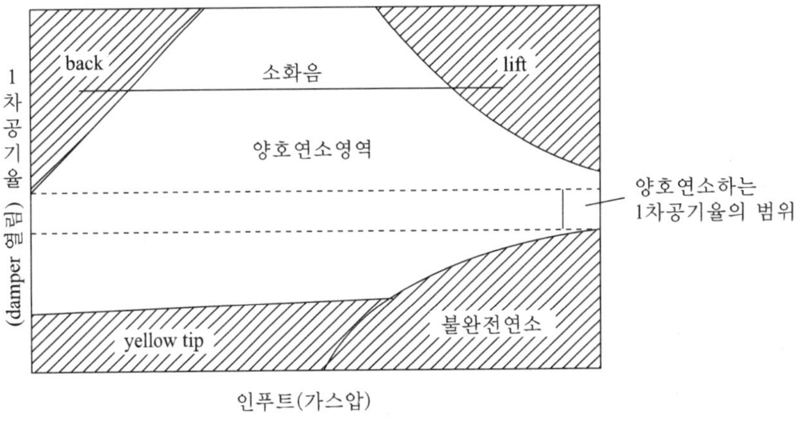

그림 5.10 분젠버너의 연소특성도

5.2.2 가스의 호환성

가스기기는 같지아도 가스의 종류가 다르면 양호한 연소상태로 사용되는 범위가 달라진다. 이것을 분젠버너의 연소특성도로 표시하면 [그림 5.11]과 같다.

[그림 5.11]에 있어 실선과 점선의 범위이면 이 가스기기로 양쪽 종류의 가스를 연소시킬 수가 있다. 이와 같이 같은 가스기기로 2종류 이상의 가스를 양호하게 연소시킬 수 있는 범위가 있는 경우에 호환성이 있다고 한다.

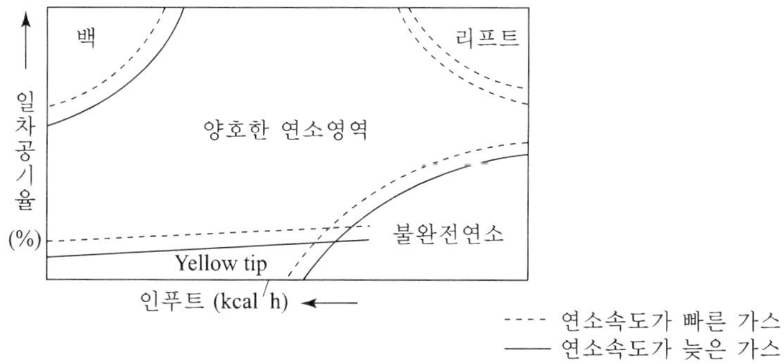

그림 5.11 가스의 종류가 변한 경우의 연소특성의 변화

5.2.3 웨베지수와 연소속도지수에 의한 호환성

가스의 호환성을 판정하기 위해서 인푸트와 연소속도가 중요한 인자이지만, 이것에 대응할 수치로서 웨베지수와 연소속도지수가 많이 쓰여진다.

웨베지수(WI)란 가스의 발열량(H)을 가스비중(d)의 평방근에 나눈 것($WI = H/\sqrt{d}$)을 말한다. 이 WI은 공급가스 압력과 버너의 노즐구경이 일정한 경우의 가스기기의 인푸트에 비례하고 있다. 요컨대 가스의 조성변화에 따라 WI이 크게 되면 그것에 비례하여 가스기기에의 인푸트는 증가한다. 연소속도지수(CP)는 계산에서 구한다.

이러한 WI, CP을 연소특성도에 있어서 인푸트와 일차공기율의 대신으로 쓰여지면 가스성질에 관계한 인자에 따른 연소특성도로 고쳐 쓸 수가 있다.

불완전연소, 백, 리푸트 등에 대해서 모든 가스기기에 대해서 조사하여 양호연소범위를 구하고, 그림에 표시한 것을 호환성도라 부른다. 이 호환성도의 각종 한계선에 둘러 쌓인 가운데를 호환영역이라 부르고, 이 범위내이면 공급가스의 조성변동이 있어도 모든 가스기기가 양호하게 사용된다.

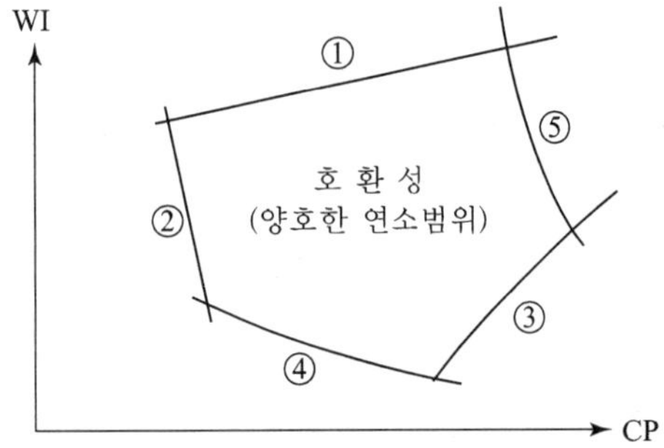

그림 5.12 WI－CP에 의한 호환성도

(1) 연소속도지수(CP)

연소속도지수(CP)는 가스의 조성에서 식 (4)로 계산된 값을 말한다.

$$CP = K\frac{1.0\,H_2 + 0.6(CO + C_mH_n) + 0.3\,CH_4}{\sqrt{d}} \tag{4}$$

H_2 : 가스중의 수소함유율(%)
CO : 가스중의 일산화탄소함유율(%)
C_mH_n : 가스중의 메탄 이외의 탄화수소함유율(%)
CH_4 : 가스중의 메탄함유율(%)
d : 가스의 공기에 대한 비중
K : 가스중의 산소함유율에 의하여 정한 정수

(2) 가스의 연소속도의 범위

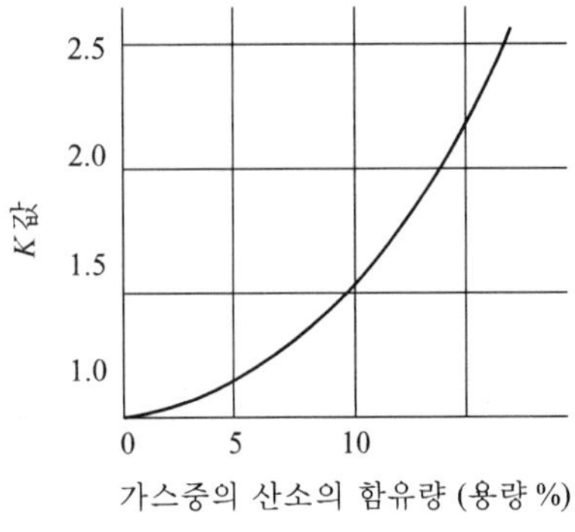

그림 5.13 가스 중의 산소의 함유량(용량)

$13.5 + 0.002041WI < A < 40.8 + 0.004082WI$

$19.5 + 0.004859WI < B < 30.5 + 0.009379WI$

$17.1 + 0.007558WI < C < 22.6 + 0.014535WI$

표 5.10 각종가스의 연소성 검토

구분 \ 가스	LNG		LPG/AIR		SNG	
	분자식	조성(%)	분자식	조성(%)	분자식	조성(%)
가스조성	N_2	0.02	C_2H_6	2.431	H_2	3.96
	CH_4	86.12	C_3H_8	56.831	CO	0.44
	C_2H_6	8.56	iC_4H_{10}	1.626	CO_2	0.87
	C_3H_8	4.28	nC_4H_{10}	0.952	CH_4	82.79
	iC_4H_{10}	0.56	O_2	8.014	C_2H_6	0.49
	nC_4H_{10}	0.43	N_2	30.146	C_3H_8	11.432
	iC_5H_{12}	0.02			iC_4H_{10}	0.327
	nC_5H_{12}	0.01			nC_4H_{10}	0.191
발열량	11,019 kcal/m³		15,000 kcal/m³		11,000 kcal/m³	
비중(공기=1)	0.6558		1.3425		0.67059	
연소속도	42.17		43.23		42	
웨버지수	13,607		12,946		13,433	

(3) 넓은 의미의 웨베지수

웨베지수에 가스압력을 고려한 것으로 일반적으로 가스기구의 입열량은 가스의 총발열량과 가스량에 비례하고, 노즐로부터 분출되는 가스량은 가스압력의 평방근에 비례하고, 가스비중의 평방근에 반비례한다.

$$Werw = H_0\sqrt{\frac{P}{d}} = WI$$

H_0 : 가스의 총발열량($kcal/m^3$)

d : 가스의 비중

P : 가스압력(mmH_2O)

(4) KNOY 지수

① 적용식

$$C = \frac{\frac{H_0}{9.54} - 175}{\sqrt{d}}$$

H_0 : 가스의 총발열량(kcal/m^3. 0°C 760 mmHg, Dry)
d : 가스의 비중
175 : 조정된 미국 가정용 버어너에 있어서 1차공기가스 혼합물의 총발열량 (BTU/ft^3)

② 전제조건

- 버어너의 가스압력은 일정하다.
- 노즐의 구경은 일정하다.
- 노즐을 통하는 가스유량은 비중의 평방근에 반비례 한다.
- 버어너로 들어가는 1차공기량(ft^3/h)은 가스비중에 따라서 변하지 않는다.

(3) 판 정

C의 값이 같다면 호환성이 있다고 판단되며, 가스기구 자체의 허용범위가 있으므로 C의 값은 ±10% 이내라면 호환성이 있는 것으로 판단해도 좋다.

치환가스 C의 값이 표준가스의 C의 값보다 클 경우 불꽃은 보다 soft하게 되며, 작을 경우 hard하게 된다.

(4) 가스조성이 다음과 같이 다른 가스를 호환성 판정을 할 경우

표 5.11

	kcal/m^3	비중(Air=1)	KONY지수
LNG	11.010	0.6558	1210
LPG/AIR	15.000	1.3425	1206
SNG	11.000	0.67059	1194

$$C = \frac{\frac{H_0}{9.54} - 175}{\sqrt{d}}$$

표 5.12 KNOY 지수판정

	LNG	LPG/AIR	SNG
KNOY지수	1,210	1,206	1,194
적 용	기준(±5%)	−0.3%	−1.3%
판 정	기 준	호환성 있음	호환성 있음

표 5.13 도시 가스 분류

종별가스 그 룹	웨 베 지 수 $WI = \frac{\text{가스의 발열량}}{\sqrt{\text{가스의 비중}}}$	가스의 압력		
		최고	표준	최저
13A	13800 ~ 12600	250	200	100
12A	12850 ~ 11750	〃	〃	〃
11A	12000 ~ 11000	〃	〃	〃
6A	6700 ~ 5680	220	150	70
5A	5400 ~ 4700	200	100	50
5AN	4970 ~ 4320	〃	〃	〃
4A	4280 ~ 3720	〃	〃	〃
6B	6850 ~ 5950	〃	〃	〃
5B	5350 ~ 4650	〃	〃	〃
4B	4330 ~ 3770	〃	〃	〃
7C	7060 ~ 6140	〃	〃	〃
6C	6530 ~ 5670	〃	〃	〃
5C	5890 ~ 5110	〃	〃	〃
4C	4550 ~ 3950	〃	〃	〃

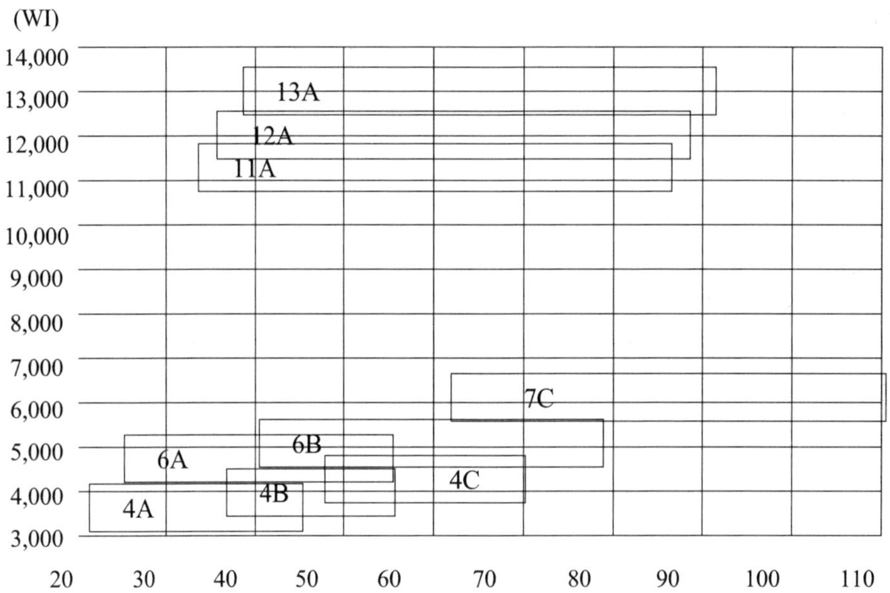

그림 5.15 그림 5.14의 Gas Group

5.2.4 가스의 분류

가스기기가 가스를 안정된 염으로 완전연소하는 가스의 범위는 호환성의 범위내이다.

가스사업자는 사용할 원료, 설비 등의 종류에 따라 어느 일정한 호환성영역비의 가스를 공급하고 있지만, 그 호환역은 같지 않고 많은 종류로 나누어진다. 일본의 경우 가스사업법에는 도시가스를 14종류(LP가스를 제외함)의 가스그룹으로 분류하여 정하고, 이 범위내의 가스를 공급하도록 의무화시키고 있다.

이러한 가스그룹은 가스의 호환영범위내에서 이루어지도록 정하여지고 있기 때문에 이 범위내의 가스를 공급하면 가스기기는 여유를 가지고 안정연소 할 수 있게 된다.

이 가스 그룹의 분류명칭은 4A, 6B, 13A 등 숫자와 영문자로 만들어져 있고, 숫자는 각 가스그룹의 평균 웨베지수를 1,000으로 나누어 소숫점 이하를 삭제하며, 영문자는 연소성의 종별을 나타내고 이러한 연소속도를 3종류로 나누어 A(늦다), B(중간), C(빠르다)로 정하여진 것이다.

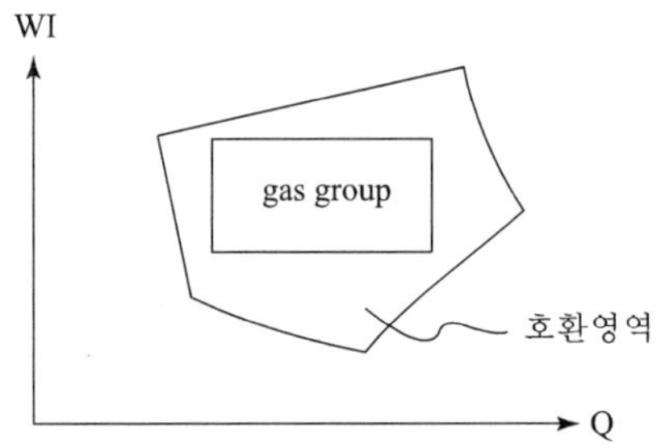

그림 5.14 호환영역과 가스그룹의 관계

예제 3 다음의 가스 그룹용으로 만들어진 가스기기를 조정하지 않고 가스그룹 I의 가스로 사용할 때에 일어난다고 생각하는 현상을 기술하라.

(1) 가스그룹 Ⅱ (2) 가스그룹 Ⅲ (3) 가스그룹 Ⅳ

호환성영역과 가스그룹을 도시하면 다음과 같이 도시된다.

풀이 [그림 5.12]를 참고로 위의 그림의 화살표시방향으로 이동한다고 생각해보면

(1) 가스그룹 Ⅱ의 가스기기로 가스그룹 Ⅰ의 가스를 연소시킬 경우
① 연소속도는 거의 같다.
② WI가 내려가므로 인푸트가 내려간다.
따라서 다음과 같은 불합리가 발생할 염려가 있다.
ⓐ 능력이 저하된다
ⓑ Back한다.
ⓒ 적외선버너는 적열부족으로 된다.
ⓓ 점화불량으로 된다.

(2) 가스그룹 Ⅲ의 가스기기로 가스그룹 I 의 가스를 연소시킬 경우
① WI가 내려가므루 인푸트가 내려간다
② 연소속도가 늦어진다. 따라서, 다음과 같은 불합리가 발생할 염려가 있다.
ⓐ 리프트, blowoff를 끌어 일으킨다.
ⓑ 적외선 버너는 적열부족으로 된다.
ⓒ 점화불량으로 된다.

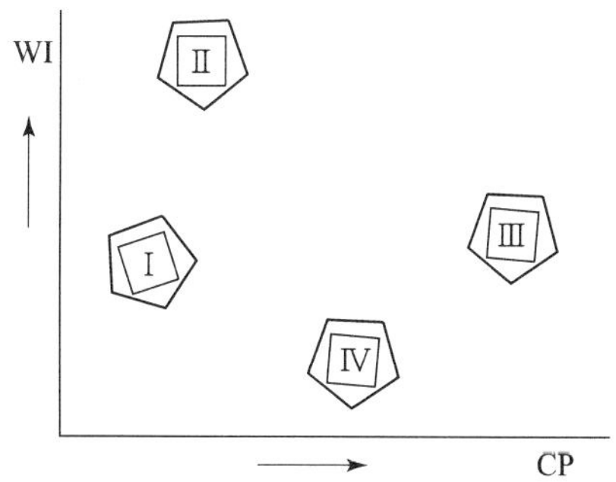

CHAPTER 6 가스기기의 연소와 급배기

CHAPTER 6

가스기기의 연소와 급배기

6.1 전열·열효율

6.1.1 전 열

도시가스는 현재 거의 열로서 이용되고 있다. 따라서 도시가스를 효율적으로 이용하기 위해서는 열의 전도법, 즉 전열의 구조를 알 필요가 있다. 열의 전도법은 전열, 대류, 복사로 대별된다. 실제 현상에서는 이것이 단독으로 일어나는 일은 적고, 혼합된 열이 전해져 간다.

(1) 전 도

열이 물체를 전하여 고온측에서 저온측으로 이동하는 현상을 열의 전열이라 한다. 물체를 구성하고 있는 분자자체는 이동하지 않고 동일물체 중의 분자간 또는 접촉하고 있는 타 물체의 분자에 열만이 이동한다. 고체 중의 열의 이동이 이것이다.

두께 ℓ, 면적 A의 판양면의 온도가 각각 T_1, $T_2(T_1 > T_2)$일 때 T_1의 면에서 판을 전하고 T_2에 단위시간으로 흐르는 열량 Q는 면적 A, 온도차 $T_1 - T_2$에 비례하고 관두께 ℓ에 반비례한다.

$$Q = \lambda \frac{A(T_1 - T_2)}{\ell}$$

비례상수 λ를 열전도율(kcal/mh°C)이라 한다.

열전도율은 물질의 열전도가 쉬운 상태를 나타내고 수치로서 개개의 물질에 고유치를 갖는다(온도에 따라 다소 변함). 금속이 더욱 크고 기체는 작다. 열을 절연할 목적으로 이용할 단열재료에는 열전도율이 매우 작은 것이 좋다.

표 6.1 고체, 액체, 기체의 열전도율 값(상온)

물 질	열전도율(kcal/mh°C)	물 질	열전도율(kcal/mh°C)
알루미늄	175	물	0.5
철	30 ~ 50	공 기	0.022
금	254	유 리	0.5 ~ 1.16
니 켈	50 ~ 77	콘크리트	0.66
동	320	18－8스테인레스	14
은	360	아스베스트	0.6
황 동	74 ~ 79	그라스울	0.03

(2) 대류

기체 및 유체는 그 일부를 가열하면, 일반적으로 그 부분은 팽창하여 가볍게 되어 상승하고 다른 찬 부분은 하강한다. 이와 같이 열로 인한 매개물의 이동에 따라서 열이 이동되는 현상을 열의 대류라고 한다.

유체에 국부적으로 온도차가 생기면 이에 따라 비중차가 생기고 자연적으로 대류가 일어난다. 이것은 자연대류라 한다. 이것에 대해 외력에 의해서 강제적으로 대류를 일으킨 것을 강제대류가 한다. Fan이 붙은 Circulator와 같이 강제적으로 공기를 송출한 송풍기에 의해서 강제대류를 일으켜 열을 전하는 것이 최근 많아지고 있다. 이것은 자연대류보다도 빨리 열을 전할 수 있다. 강제대류를 oven에 이용한 초고속레인지(Canpact)가 있다. 자연대류와 복사에 의한 종래의 oven에 비해 대류전열을 강제적으로 하는 것에 따라 현저하게 가열시간이 단축된다.

(3) 복사

중간물질의 매개없이 열이 전자파의 모양으로 직접 전달되어지는 현상을 열의 복사라 한다. 복사전열로는 고온물체에게 저온물체로 중간중간을 따뜻하게 하지 않은채 전달되어 진다. 고온물체에서 오는 열방사선은 빛과 전파와 동류의 전자파이고 광속(30만km/s)으로 직진하며 저온물체에 도달한다. 그러나 도달한 열방사선 모두가 열방사선에 흡수되는 것은 이니고 일부는 반사하며, 또 일부는 투과힌다. 흡수된 열방사선의 Energy는 열도 되고 그 물체를 가열한다. 전자파는 상당히 넓은 파장범위를 가지고 있지만 물체의 가열에 주된 효과가 있는 것은 그중 가시광선보다도 약간 파장이 긴 파장범위(0.75 μ ~ 1 mm), 적외선이라 부르는 전자파이다.

입사한 열방사선을 전부 흡수하는 것을 흑체라 한다. T°K의 흑체면의 단위면적에서 단위시간에 방사되는 열량 E는 다음의 Stefan－Boltzmann의 법칙으로 구하여진다.

$$E = 4.88\left(\frac{T}{100}\right)^4 \text{ kcal/m}^2\cdot\text{h} \tag{1}$$

흑체가 아닌 보통물체에는 다음 식으로 나타낸다.

$$E = \varepsilon \times 4.88\left(\frac{T}{100}\right)^4 \text{ kcal/m}^2\cdot\text{h} \tag{2}$$

6.1.2 열효율

가스가 연소하여 발생한 열량은 일부 주위의 물체와 공기를 가열하거나 연소가스와 같이 대기 중에 방산해 버리고 전량 이용되지는 않는다. 이러한 관계를 나타내면 다음과 같다.

가스가 연소하여 발생한 열량	=	유효하게 가열에 이용된 열량	+	1. 연소가스와 같이 이용 되지 않은 배기열손실 2. 물체, 기타주변의 가열에 사용된 열량
입열량		유효열량		손실열량

가스기기에 단위시간으로 유입하고 소비된 열량을 입열량(Input)이라 한다. 그 중 목적물질의 가열에 유효하게 이용된 열량을 유효열량(Output), 목적 이외 물질의 가열에 사용되거나 연소가스와 같이 대기중으로 나가버린 열량을 손실열량이라 한다. 입열량에 대한 유효열량의 경우를 열효율이라 부른다. 백분율(%)로 나타낸다.

$$\text{열효율(\%)} = \frac{\text{유효하게 이용된 열량}}{\text{입열량}} \times 100$$

가열된 물질의 상승온도, 중량, 비열과 소비된 가스의 유량, 발열량을 가지고 다음 식과 같이 나타낸다.

$$E = \frac{W \times S \times (T_2 - T_1)}{Q \times H} \times 100(\%)$$

E : 열효율 (%)
W : 가열된 물질의 중량(kg)

S : 가열된 물질의 비열 (kcal/°C · kg)
T_2, T_1 : 가열된 물질의 최종과 최초의 온도(°C)
Q : 가스의 소비량(Nm^3)
H : 가스의 발열량(kcal/Nm^3)

[표 6.2]에 대표적인 가스기기의 열효율을 나타내었다.

표 6.2 대표적인 가스기기의 열효율

순간온수기	72 ~ 82%
렌지 · 곤로	40 ~ 50%
자연배기식 보일러	70 ~ 80%
강제배기식 보일러	80 ~ 90%

6.2 가스기기의 급배기 방식

연소기에는 반드시 급배기가 필요하다. 연소에 필요한 공기(급기)를 안정시켜 공급하고 연소의 결과로 발생한 연소가스를 빨리 제거하지 않으면 안된다. 연소가스의 배출이 충분히 이루어지지 않으면 연소실에 배압이 걸리거나 연소가스가 급기중에 재순환하여 급기의 산소농도가 떨어지고, 불완전연소를 일으키거나 연소가 불안정하게 되기도 한다.

그리고 기기의 설치장소, 설치방법에 따라서는 바람이나 비의 배려가 필요하다. 예컨대 공동주택에서는 단독주택과 같이 간단하게 배기통을 외벽을 관통하여 빠져 나가서는 안된다. 고층으로 됨에 따라 건물외벽의 안과 바깥에서는 바람에 의한 압력차가 생기고 배기통에 발생한 Draft만으로서는 안전하게 배출할 수는 없다. 급배기가 건물내외의 차압에 거의 영향받지 않는 급배기방식이 필요하다. 이와 같이 가스기기는 그 설치장소, 방법 및 input의 크기 등에 따라서 적합한 급배기 방식을 채택하지 않으면 안된다.

이상의 이유로 가스기기에는 급배기방식에 따른 분류와 안전사용상이 특히 중요하다.

표 6.3 연소기구류의 급배기방식

설치 장소	구 분		내 용	호 칭	약 호	비 고
옥내	개방식		연소용 공기를 옥외에서 채취, 연소가스를 기기에서 그대로 옥내에 배출하는 기기	개방식	–	그림 6.1
	반밀폐식	자연 배기식	연소용 공기를 옥내에서 채취, 연소가스를 배기통을 써서 자연통기력에 의해 옥외로 배출하는 방식	배기통식	CF	그림 6.2
		강제 배기식	연소용 공기를 옥내에서 채취, 연소가를 배기팬을 써서 강제적으로 옥외에 배출하는 방식	강제 배기식	FE	그림 6.3
		자연급 배기식	급배기통을 외기에 접한 벽을 관통하여 옥외로 보내어 자연통기력에 의해 급배기를 행하는 방식	Balance 외벽식	BF－W	그림 6.4
	밀폐식		급배기통을 전용급배기통내에 접속하여 자연통기력에 의해 챔버에 급배기를 행하는 방식	Balance 식	BF－C	그림 6.5
			급배기통을 공동급배기통(U duct또는 SE duct)내에 접속하여 자연통기력에 의해 급배기를 하는 방식	Balance 식	BF－D	그림 6.6
		강제급 배기식	급배기통을 외기에 접한 벽을 관통하여 옥외로 보내고 fan에 의해 강제적으로 급배기를 하는 방식	강제급 배기식	FF－W	그림 6.7

- CF : Convention Flue
- FE : Forced Exhauet
- BF : Balanced Flue(C : Chamber, D : Duct)
- FF : Forced Balanced Draft Flue(W : Wall)

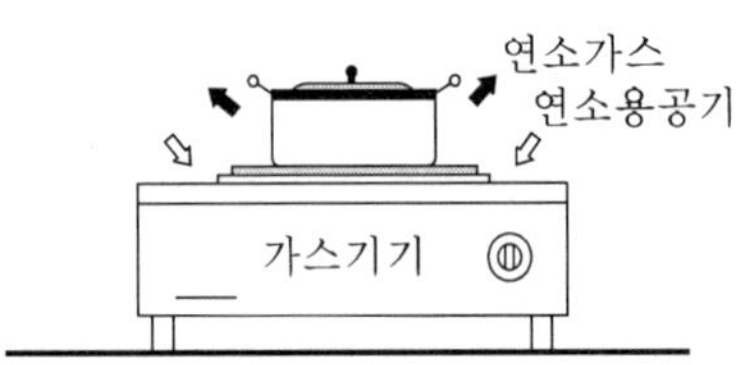

그림 6.1 개방식

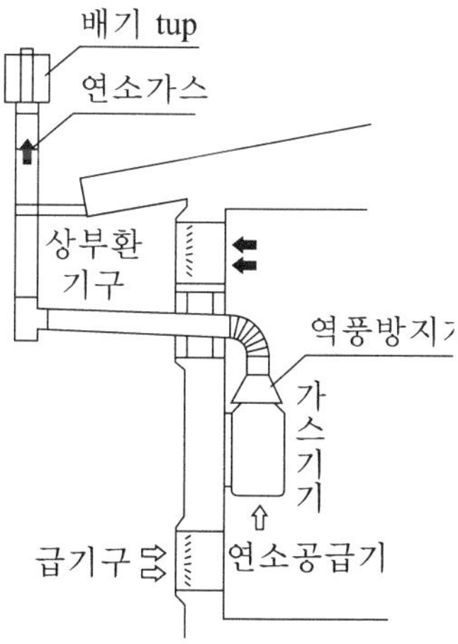

그림 6.2 자연배기식(CF)

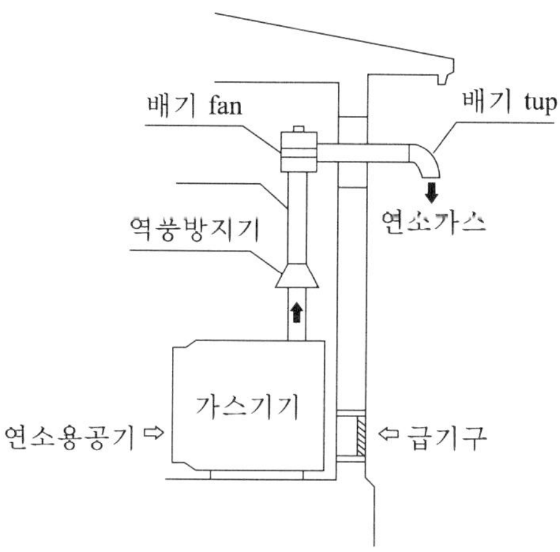

그림 6.3 강제배기식(FE)

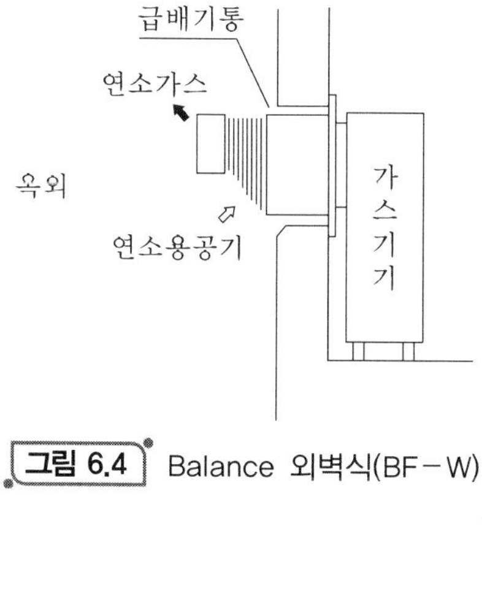

그림 6.4 Balance 외벽식(BF－W)

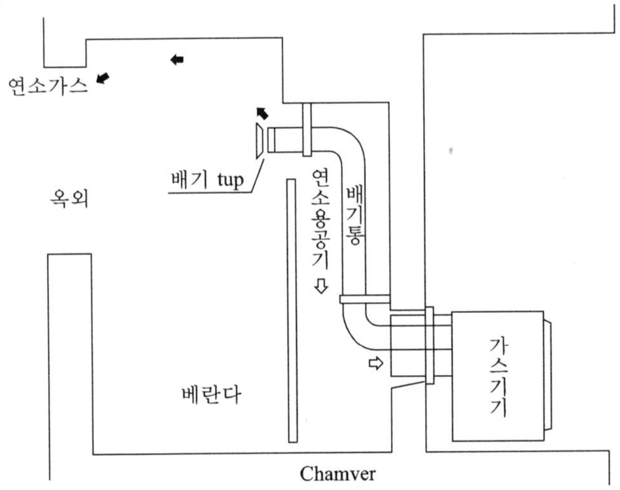

그림 6.5 Balance chamber(BF－C)

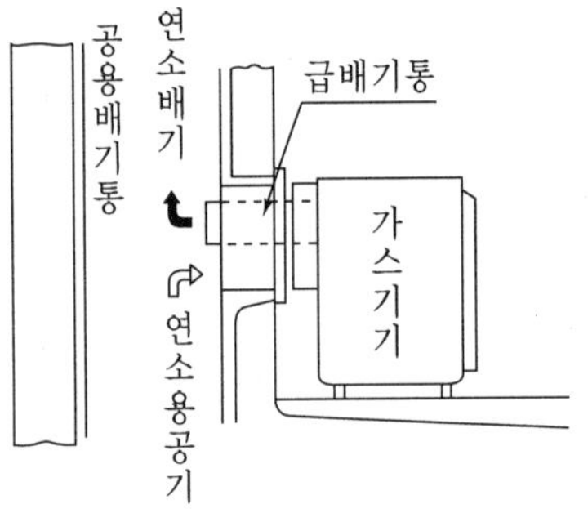

그림 6.6 Balance duct식(BF－D)

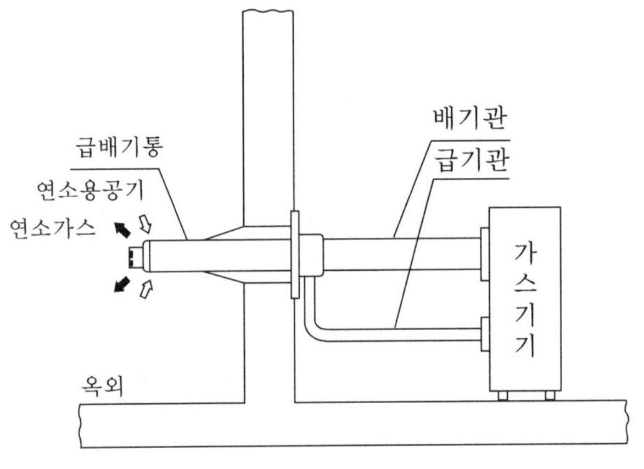

그림 6.7 강제급배기식(FF－W)

6.3 가스기기의 급배기

6.3.1 단독 급배기방식(단독주택)

연소용 공기를 실내에서 공급, 연소가스를 자연 Draft를 이용하여 배기통에 배출하는 방식이다. 설치에 있어서는 바르게 배기통 및 환기구를 부착시키지 않으면 안된다.

(1) 재료

가스기기로 가스의 완전연소를 계속하기 위해서는 연소생성물의 배기와 신선한 공기의 공급이 원활하게 이루어지지 않으면 안된다.

일반적으로 연소가스는 고온에서 팽창하고 있으므로 버너 부근이 개방되어 있는 경우에는 주위의 공기와의 비중차에 따라 부력이 생겨 상승하며, 그 다음 하부로부터 신선한 공기가 유입한다.

이와 같은 부력에 의해 연소가스의 상승력을 Draft라 한다. 이 Draft는 압력수주수mm에도 미치지 않는 극히 미약한 것이다. 이것이 외부영향에 따라 가스가 불완전 연소나 꺼지는 일이 일어난다.

배기통은 이 Draft를 이용하여 연소가스의 효과적인 배출을 하는 방법이다.

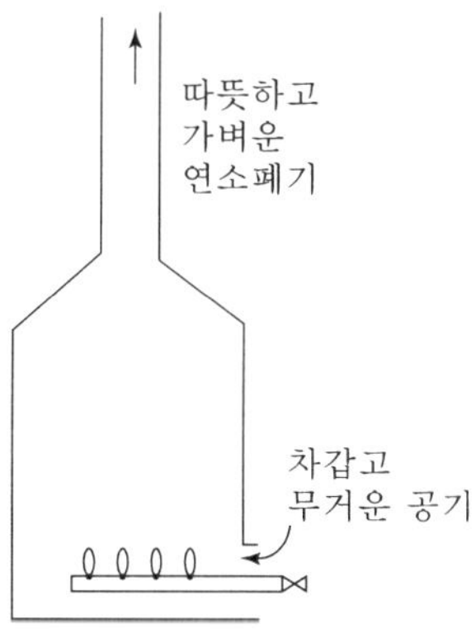

그림 6.8 Draft

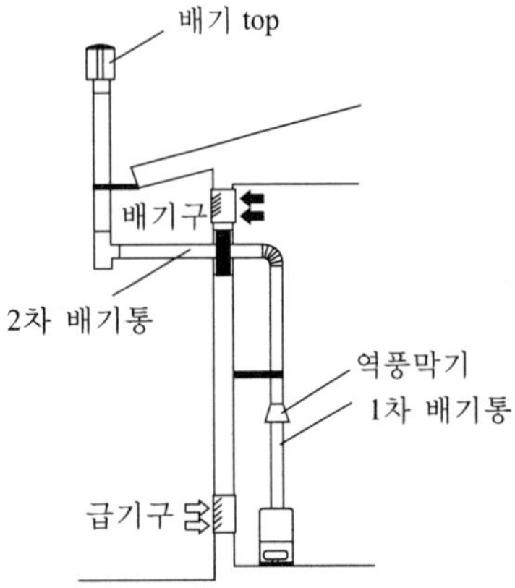

그림 6.9 배기통 각 부분의 명칭

(2) 배기통 각 부분의 명칭과 기능

① 1차 배기통

1차 배기통은 연소기에 접속되어 연소기의 일부로 볼 수 없는 것이고 배기에 필요한 Draft를 발생시키는 부분이다. 구경은 가스기기의 종류 및 가스소비량에 따라서 규정지어진다.

② 역풍막기

역풍막기는 1차 배기통 위에 부착되어 반드시 기기와 같이 동일실 내에 없어서는 안된다. 그 구조와 기능은 다음과 같다.

- 배기통에서부터 옥외의 바람이 역진입해 올 때 불꽃이 꺼지지 않도록 한다. 이때 역진입해 온 바람에 의해 연소가스는 가스기기 외(기기설치실 내)에 유도되어 연소가 지속된다.
- 배기통의 과도 Draft에 의해서 불꽃이 꺼지거나, 열효율이 저하되는 것을 방지한다.

③ 2차 배기통

역풍막기로부터 배기 top까지의 부분을 말한다. 옥내의 입상부, 수평부, 옥외입상부 등에서 이루어져 폐기를 옥외로 유도한다.

④ 배기 top

2차 배기통의 끝에 부착되어 연소가스의 유출저항이 작고, 비바람이 진입하기 어려운 구조의 것이 사용된다.

⑤ 급기구

외기에 면한 벽에 부착한 연소용 공기의 취입구이고 기기의 Input 1,000 kcal/h당 유효개구면적 10 cm^2 이상이 필요하다.

⑥ 환기구

협소한 실내에 대용량의 반밀폐식기기를 부착할 경우, 급기구외에 상부에 환기구를 설치하는 것을 원칙으로 하고 있다. 이것은 상부에 급기구와 등면적의 환기구를 설치하는 것에 따라 연소에 필요한 공기를 다량으로 공급할 수 있도록 되어진 것이다. 또한 역풍막기부터의 넘치는 연소가스를 배출하는 기능도 갖추고 있다. 환기구의 면적은 급기구의 면적계산방법과 동일하다.

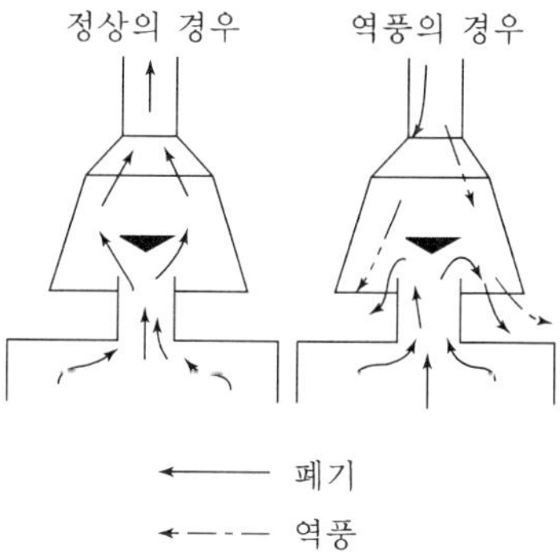

그림 6.10 역풍막기

(3) 설치상의 주의사항

① 배기통방식

- 배기 top 및 배기통의 재료는 불연성, 내열내식성인 것이어야 한다.
- 1차 배기통은 기기의 일부이므로 짧게 하거나 휘거나 해서는 안된다.
- 2차 배기구의 구경은 기기와의 접속부 구경보다 축소하지 말아야 한다.
- 배기통의 높이는 다음 식으로 계산한 값 이상이 되어야 한다.

$$h = \frac{0.5 + 0.4n + 0.1\ell}{\left(\frac{1,000Av}{6H}\right)^2}$$

단, 배기통의 길이가 8 m를 초과한 부분에는 배기온도가 내려가 Draft효과가 없는 것으로 간주하고, 8 m를 초과하는 부분의 입상부는 높이로서 계산하지 않는다.

h : 배기통의 높이(m)
A_v : 배기통의 유효단면적(cm^2)
H : 가스소비량(kcal/h)
η : 배기통의 굴곡수
ℓ : 역풍막기 개구부의 하단에서 배기통 맨끝까지 길이(m)

표 6.11 배기통의 높이

- 배기통은 굴곡을 될 수록 적게 하여, 그 선단을 옥외로 낼 것(n이 3 이내)
- 배기 top의 위치는 바람이 잘 통하는 위치로 할 것
  (지붕추녀보다 600 mm 이상 높게 할 것. 다른 건물 추녀와 1 m 이내에 설치할 경우 다른 건물 추녀보다 600 mm 이상 높게 설치할 것)
- 배기통의 수평길이는 5 m 이하로 할 것
- 배기 top의 현상은 다익형, H형, 경사 H형 등 모든 방향의 바람에 대해서 흡인특성을 나타내는 구조일 것

예제 1 가스 소비량을 12,500 kcal/h의 반밀폐식 욕조를 자연배기 방식으로 설치하게 되어 있다. 배기통의 수평길이 3 m, 굴곡수는 2개로 할 경우의 배기통의 높이를 구하라. 단, 설치할 가옥의 구조는 아래와 같으며 배기통 구경은 10 cm, 배기 top은 외기의 흐름에 따라 배기를 해하지 않는 위치로 한다.

풀이 ① 배기통의 높이의 계산

$$A_V = \frac{\pi}{4} \times 10^2 = 78.5\ \text{cm}^2$$

$$h = \frac{0.5 + 0.4 \times 2 + 0.1(h+3)}{\left(\dfrac{1{,}000 \times 78.5}{6 \times 12{,}500}\right)^2}$$

$$= \frac{1.6 + 0.1h}{(1.05)^2}$$

$$\therefore\ h \fallingdotseq 1.6\ \text{m}$$

② 배기 top의 위치에서 배기통의 높이의 검토

배기 top의 위치는 건물의 추녀에서 600 mm 이상 높일 필요가 있다. 따라서 그 조건에서 구한 배기통의 필요높이는 다음과 같다.

$h = 1.6$(역풍막기 하단에서 배기통 끝까지 높이)$+ 0.6 = 2.2$ m

배기통의 높이는 큰 쪽의 2.2 m 이상이 필요하다.

③ 배기통 전길에서 본 배기통의 높이 검토
배기통의 전길이는 다음 식과 같다.

$$\ell = 3(\text{수평길이}) + 2.2\,\text{m}(\text{높이}) = 5.2\,\text{m} < 8\,\text{m}$$

따라서 배기통의 전길이는 8 m를 넘지 않으므로 입상부분의 Draft 효과가 기대되고 배기통의 높이는 2.2 m로 된다.

6.3.2 공용급배기방식(공동주택)

중고층 주택에는 호별 배기계획으로 어려울 경우에는 공용급배기 DUCT방식을 채용하는 경우가 많다. 공용급배기 DUCT방식에는 U－DUCT, SE－DUCT의 두 종류가 있다. 어느 것이든 난방기기의 배기 DUCT와 욕실, Toilet 등의 환기 DUCT와는 다른 계통으로 한다. 공용급배기 DUCT방식에는 밸런스형 기기를 달기 때문에 DUCT내에서 급기와 연소가스가 혼합하여 상층부의 기기 급기 중의 산소농도가 저하한다. 이 때문에 기기는 공용급배기 DUCT용 기기로써 검사에 합격된 것을 설치할 필요가 있다.

(1) U－DUCT 방식

[그림 6.13]과 같이 DUCT를 U자상에 배열하여 한쪽을 급기 DUCT, 또 한쪽을 배기 DUCT로 하여 이용하는 방식이다.

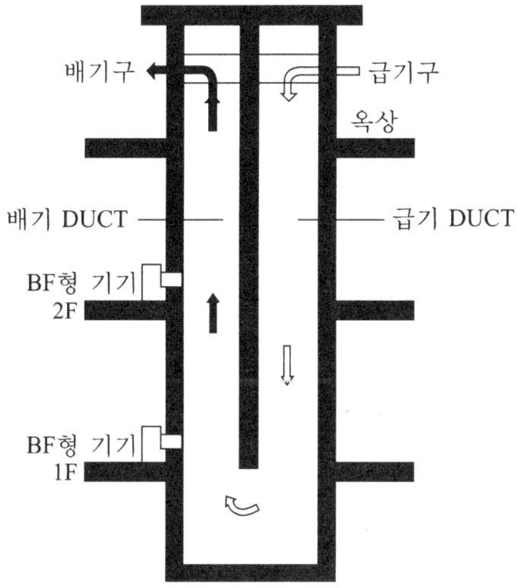

그림 6.13 U－DUCT 방식

가스기기는 배기 DUCT측에 접속한다. U-DUCT방식은 연소가스의 열에 의해 Draft 힘에 따라, 급기구 → 급기 DUCT → 배기 DUCT → 배기구의 기류를 일으켜 가스기기에 연소공기를 공급하는 동시에 연소가스의 옥외로 배출한다.

설치에 대해서는 다음 점에 유의할 필요가 있다.

① 급기구, 배기구가 등압되도록 DUCT 정상부 형상으로 한다.
② DUCT내는 기류를 확보할 수 있는 단면적으로 하여, 내부에 돌출물 등이 없이 원할한 마무리 작업이 되어 있을 것
③ 연소가스가 기기측으로 역류하지 않도록 기기의 배기구를 DUCT내에 40 ~ 50 mm 돌출되도록 한다.

(2) SE-DUCT 방식

SE-DUCT 방식은 영국 SE Gas사에서 최초 개발 적용한 방식으로 수평 DUCT와 수직 DUCT로 구성되어 가스기기를 수직 DUCT에 접속한다. SE-DUCT방식에는 연소가스의 열에 의한 Draft힘에 의하고, 급기구 → 수평 DUCT → 수직 DUCT → 배기구의 기류를 일으키고 가스기기에 연소공기를 공급하는 동시에 배출한다.

설치에 대해서는 다음 점에 유의할 필요가 있다.

① DUCT 정상부를 풍압대 밖으로 내어, 배기구는 풍압이 걸리지 않은 형상을 할 것
② 수평 DUCT에 대칭되는 위치에 급기구를 설치, 통풍이 될 수 있는 구조로 할 것
③ 그 외 U-DUCT방식에 나타낸 ②, ③의 요건에 주의할 것

표 6.3 일산화탄소(CO) 중독증상

공기중의 CO 농도	흡입시간과 중독현상
0.02%	2 ~ 3시간에서 가벼운 두통
0.04%	1 ~ 2시간에서 두통, 구토
0.08%	45분내에 두통, 안질, 구토, 경련, 2시간내에 실신
0.16%	20분내에 두통, 안질, 구토, 2시간내에 사망
0.32%	5 ~ 10분내에 두통, 안질, 30분내에 사망
0.64%	1 ~ 2시간내에 두통, 안질, 15 ~ 30분내에 사망
1.28%	1 ~ 3분내에 사망

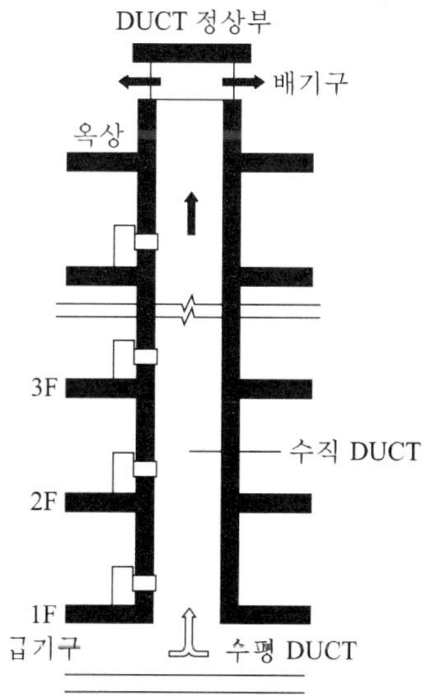

그림 6.14 SE덕트방식

6.4 환 기

6.4.1 환기의 필요성

환기란 실내의 공기와 실외의 공기가 치환되는 현상을 말한다. 연소는 산화반응이고 공급된 연료가스는 산소 등과 반응할 때는 열을 발생한다(발열반응). 가스기기는 이 때의 열을 이용하는 것이다. 따라서 가스기기를 계속해서 사용하기 위해서는 충분한 산소(공기)를 공급할 필요가 있다.

연소생성물의 조성은 완전연소이면 이산화탄소(CO_2), 수증기(H_2O) 및 급기 중의 질소(N_2)이다. 따라서 산소(공기)의 공급이 부족하면 불완전연소가 일어나 유독한 일산화탄소(CO)를 발생하여 대단히 위험하다.

연소가스가 실내에 차게 되면 신선한 공기유입이 방해되어 가스기기의 설치상태에 따라서는 불완전연소의 원인으로 된다. 따라서 가스기기의 안전한 사용을 위해서는 연소생성물의 배출과 신선한 공기로 치환하는 환기가 필요하다.

(1) 일산화탄소(CO) 중독

CO중독이란 생가스 중의 CO와 가스기기의 불완전연소에 의해 발생한 CO를 포함한 공기를 흡입할 경우에 일어나는 중독이다. CO는 무색, 무미, 무취의 기체로서 공기 중에 확산했을 경우 감지하기 어려운 기체이다. 또한, 헤모글로빈과의 결합력이 산소의 250배나 강하다. 그 때문에 소량을 흡입하여도 헤모글로빈과 CO가 결합하므로 혈액의 산소운반능력이 현저하게 떨어져, 산소결핍에 의해 일어나는 증상이 CO중독이라고 말하고 있다. 그 증상은 CO의 공기중 농도, 흡입시간에 따라 크게 좌우되어 대체로 다음 표와 같은 증상을 나타낸다.

CO중독은 CO를 포함한 생가스의 방축에 의해 생가스의 CO에 의해서도 일어나지만 가스기기의 불완전연소에 따라 발생한 CO에 의해 일어나는 중독사고도 많다.

환기상태가 나쁜 곳에서 가스기기를 사용하면 공기 중의 산소농도(통상농도 21 %)는 낮아진다. 공기중의 산소농도가 있는 값(가스기기에 따라서 다르다. 대체로 18 ~ 19 %) 이하로 낮아진다. 가스기기는 불완전연소를 일으켜 CO를 발생한다.

(2) 탄산가스(CO_2), 산소(O_2)가 인체에 미치는 영향

CO_2는 신선한 공기 중에 0.04 % 함유되어 있으며, 그 자체가 인체에 위해를 끼치는 것은 아니다. 그러나 실내에 가스기구와 같은 CO_2 발생원이 있어서 CO_2의 축적이 증가하면 스스로 호흡에 필요한 O_2의 결핍을 가져온다.

위생학상에 있어서는 실내의 CO_2%를 기준으로 하여 실내 공기의 오염도를 정하고 있는데, 이것은 CO_2%가 증가함으로써 O_2가 감소하게 되며 호흡이 곤란해지는 동시에 실내공기의 온도, 습도의 증가를 알리는 표준으로 삼게 된다.

[표 6.4]는 CO_2의 중독증상을 공기 중의 함유량에 따라서 표시한 것이다. 또 참고로 [표 6.5]에 O_2농도와 생리적 유해도를 표시하여 둔다.

표 6.4 CO_2의 중독현상

공기중 %	증 상
2.5	몇 시간 흡입해도, 장해는 없다.
3.0	무의식중에 호흡수가 는다.
4.0	국부적의 자각증상이 나온다.
6.0	호흡량이 증가해 온다.
8.0	호흡이 곤란해진다.
10.0	의식불명이 되어 결국은 사망한다.
20.0	수초 내에 마비상태가 되며 심장이 멈춘다.

표 6.5 O_2농도와 생리적 유해도

농도(%)	증 상
7	질식의 위험이 있다.
10	호흡곤란
14	주의를 요하는 한계
17 ~ 19	필요한 최소한도
16 이하	노동기준법의 허용한도

6.4.2 실내환기의 방법

환기를 하기 위해서는 다음과 같은 세 가지 조건이 필요하다.

① 공기의 배출구가 있어야 할 것
② 공기의 흡입구가 있어야 할 것
③ 공기의 흐름을 일으키는 힘이 있어야 할 것

공기의 배출구에는 일반적으로 창, 배출구, 배기통 등 공기유입구에는 창, 급기구 등이 있다. 공기의 흐름을 일으키는 원동력에는 풍력, 온도차에 의한 자연환기, 기계 등에 따라 강제환기(기계환기)가 있다.

(1) 풍력에 의한 환기

일반적으로 바람이 건물에 닿을 때 바람이 닿는 쪽에는 바람이 차단되어지기 때문에 기압이 높아지고, 반대측에서 역으로 공기가 흡인되므로 압력이 낮아진다. 또한 그 건물에 개구부가 있으면 풍상의 공기가 실내에 유입되어, 반대측 개구부에서 옥외로 나가 실내의 공기를 환기시킨다.

실내가 실외보다 온도가 높고, 방의 상하에 사이가 있으면 실내의 따뜻한 공기는 가볍기 때문에 상승하여 위쪽의 개구부에서 실외로 나간다. 그것에 아래쪽의 개구부에서 차가운 외기가 흡입된다. 즉, 실내외의 온도차에 따라서 부력에 의해 실내공기가 환기된다.

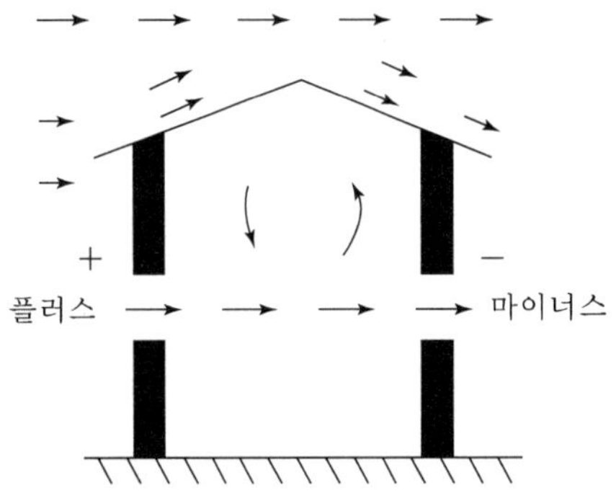

그림 6.15 풍력에 의한 환기

(2) 강제환기

풍력과 온도차 등 공기의 자연적인 흐름에 따라 자연환기에 대하여, 기계 등에 따라 인공적으로 공기의 흐름을 발생시키는 환기방법이다. 송풍기, 팬, 레인지후드fan 등이 여기에 해당된다.

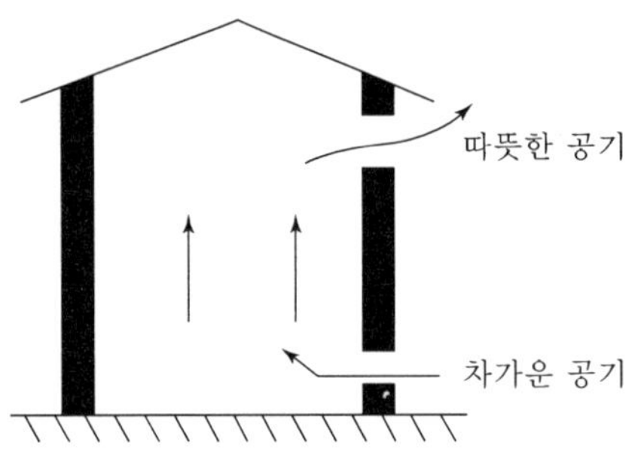

그림 6.16 온도차에 의한 환기

6.4.3 환기횟수

환기량을 나타내는데 환기횟수라고 말한다. 이것은 1시간당 환기량 Q를 실내의 용적 V로 나누어 놓은 것이다. 즉, 1시간에 실내의 공기가 몇 번 바꾸어 넣어졌는가를 나타내고 있다.

$$n = \frac{Q}{V}(\mathrm{m^3/h})$$

Q : 환기량($\mathrm{m^3/h}$)
V : 실용적($\mathrm{m^3}$)

일반적으로 건물에서는 창, 천정, 벽 등의 사이를 따라 항상 자연환기가 되고 있다. 특히, 자연환기만에 의해서 환기횟수를 자연환기횟수라 하고, 이것은 건물의 기밀도를 나타낸다.

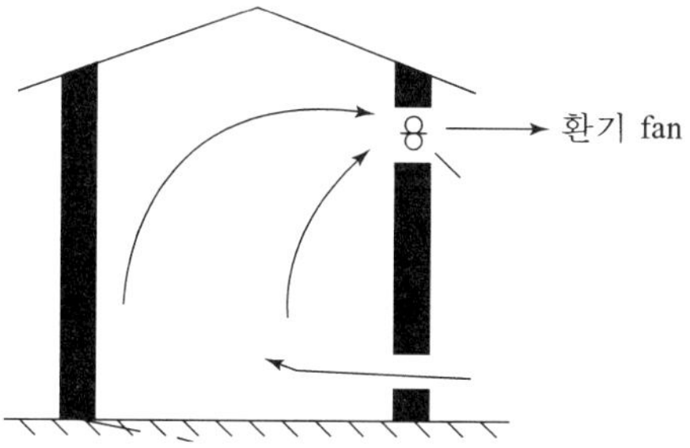

그림 6.17 강제환기

CHAPTER 7 가스기기의 조정

CHAPTER 7 가스기기의 조정

7.1 가스기기 조정의 필요성

현재 가스기기는 공급할 수 있는 가스의 group에 따르고, 양호하게 연소가 확보되도록 제조되어 있다. 따라서 가스사업자가 제조 및 공급상의 문제에서 공급가스의 가스그룹 또는 가스종류(도시가스, LPG)가 달라질 경우에는 가스기기의 조정과 개조가 필요하게 된다. 이것은 가스의 특성치가 바꾸어짐으로써 변경된 가스질에 따르고, input over에 의한 불완전연소, back(연소속도가 빠를 경우), lift(연소속도가 늦을 경우) 등의 현상이 생겨 양호한 연소상황을 얻을 수 없고, 불완전연소에 따른 일산화탄소 중독, 이상가열 불꺼짐에 의한 생가스의 방출 등 위험한 현상을 초래할 가능성이 있기 때문이다.

더욱이 가스사업법에는 공급가스가 변경되어 burner, nozzle, 공기조절기 등을 조정 또는 교환할 경우 가스기기의 조정이라고 LP가스에서 도시가스에의 열량변경 또는 가스소비량 등의 성능상의 변경을 할 경우를 가스기기의 개조라 하고 있다.

7.2 가스기기 조정의 기본요소

7.2.1 기기를 조정하는 경우 가스기기에 요구되는 조건

① 소정의 연소열을 발생할 것(input 일정)

② 불꽃이 lift 또는 back하지 않을 것(불꽃의 안정성)

③ 매연과 일산화탄소를 발생하지 않을 것(완전연소)

④ 적열도(적외선버너 등), 불꽃의 온도가 일정치에 달해 있을 것

이러한 조건은 가스의 종류를 바꾸어도 동일하게 만족되어야 한다. 가스의 연소방법은 다음과 같은 가스의 특성치에 따라 크게 지배된다.

① 발열량　　　② 공급능력(Nozzle 압력)
③ 연소속도　　④ 비 중
⑤ 착화온도　　⑥ 연소한계
⑦ 연소공기량

7.2.2 기기 조정의 기본 요소

가스기기 조정, 개조(이하 「조정」이라 함)에 있어서 필요로 된 기본요소로서는

① input 조정(노즐의 구경 및 버너내압을 조정하여 input를 합한다)
② 연소상태의 조정(버너염공부하의 조절 또는 버너교환 및 1차공기구의 조절)의 2항목

을 들 수 있다.

실제로 가스기기의 조정작업을 실시하려면 가스의 안전에 관한 충분한 능력, 경험이 있는 자가 하여야 한다.

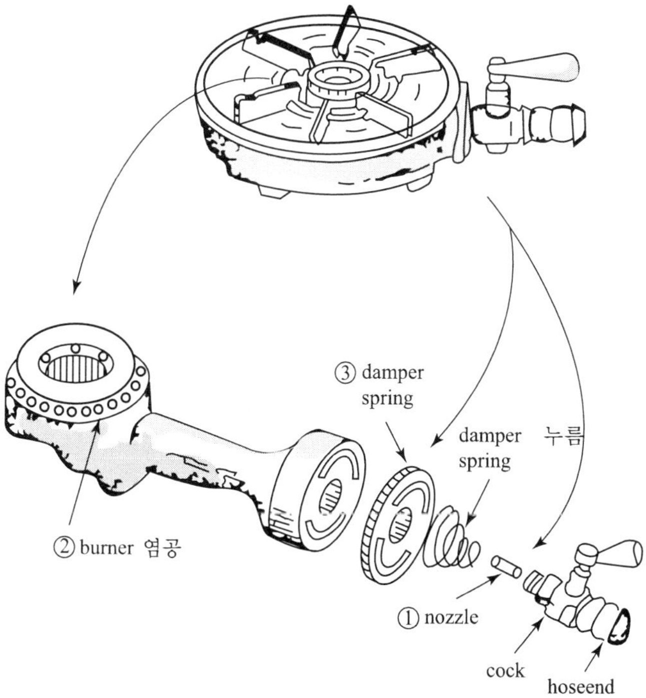

그림 7.1 기기 조정의 기본 요소

7.3 가스기기 조정방법

7.3.1 인푸트조정

$$I = 0.11 \cdot ø^2 \cdot K \cdot WI \cdot \sqrt{P} \qquad (1)$$

단, I : 인푸트(kcal/h)
ø : 노즐 구경(mm)
WI : 웨베 지수
P : 가스 압력(mmH_2O)
K : 유량 계수(약 0.8)

가스기기의 인푸트(입열량)은 식 (1)에 나타난 것처럼 노즐구경, 웨베지수 가스압력에 각각 비례하므로 조정 전후에 있어서 인푸트를 일정하게 하기 위해서는 웨베지수, 가스압력에 따라 노즐구경을 변경하는 것으로 된다. 이노즐 구경의 변경율은 신구가스의 웨베지수, 압력에 의해 식 (2)로 계산된다.

$$\phi_2 / \phi_1 = \sqrt{WI \cdot \sqrt{P_1}} / \sqrt{WI \cdot \sqrt{P_2}} \qquad (2)$$

단, P : 가스기기의 표준압력(mmH_2O)
ø : 노즐의 구경(mm)
WI : $H/\sqrt{d}$
H : 가스총발열량($kcal/Nm^3$)
d : 가스비중(공기=1)
1 : 조정 전 2 : 조정 후

예제 1 구가스(5,000 $kcal/Nm^3$, 비중 0.61, 표준압력 100 mmH_2O로 한다)에서 신가스(11,000 $kcal/Nm^3$, 비중 0.66, 표준압력 200 mmH_2O로 한다)에 열량변경을 할 경우의 노즐 구경변경율을 계산하여라.

풀이

$$WI_1 = \frac{H_2}{\sqrt{d_1}} = \frac{5,000}{\sqrt{0.61}} \fallingdotseq 6,400$$

$$WI_2 = \frac{H_2}{\sqrt{d_2}} = \frac{11,000}{\sqrt{0.66}} \fallingdotseq 13,600$$

$$\phi_2 / \phi_1 = \sqrt{6,400\sqrt{100}} \bigg/ \sqrt{13,600\sqrt{200}} = 0.58$$

즉, 신가스의 노즐구경은 구가스의 노즐구경을 0.58배로 축소할 필요가 있다.

예제 2 LP가스(24,230 kcal/Nm^3, 비중 1.55, 표준압력 280 mmH_2O로 한다)에서 도시가스(5,000 kcal/Nm^3, 비중 0.65 표준압력 100 mmH_2O로 한다)에 열량 변경을 할 경우 노즐 구경 변경율을 계산하여라.

풀이

$$WI_1 = \frac{24,230}{\sqrt{1.55}} \fallingdotseq 19,500$$

$$WI_2 = \frac{5,000}{\sqrt{0.65}} \fallingdotseq 6,200$$

$$\phi_2 / \phi_1 = \sqrt{19,500\sqrt{280}} \bigg/ \sqrt{6,200\sqrt{100}} = 2.29$$

이러한 경우 도시가스(6B, 6C)의 노즐구경은 LP가스의 노즐구경에 대하여 2.29배로 확대할 필요가 있다(실제로는 가버너 설정압력의 관계가 있으므로 반드시 이렇게 되지는 않는다).

7.3.2 버너염공부하의 조정

가스기기로 가스를 양호하게 연소시키기 위해서는 공급시킬 가스의 연소속도에 맞는 염공부하의 버너이고 적정한 인포트 공기량으로 연소시키지 않으면 안된다.

이 버너염공부하에는 일정한 기준이 있어 염공부하의 적정값은 연소속도가 빠른 가스에는 크며, 늦은 가스에는 작아진다.

이 때문에 열량변경에 따라서 구가스와 다른 연소속도의 신가스로 변경할 경우에는 구가스용 버너의 염공부하를 신가스의 연소속도에 맞는 염공부하에 변경할 필요가 있고, 염용면적의 조정, 신가스에 적합한 염공부하의 버너에 교환 등을 하게 된다.

즉, 염공부하의 폭이 넓게 설계되어 있는 버너에는 그대로도 신가스를 양호하게 연소시킬 수가 있다. 이와 같은 버너를 일반 burner라 부른다.

또 신가스와 구가스와의 연소성의 차가 크지 않을 경우에는 uninersal 버너라고 하는 것 이외에도 염공면적의 조정을 하지 않고 그대로 사용하는 일이 많다.

7.3.3 1차공기량의 조정

일반적인 버너에는 적당량의 공기를 1차공기로 하여 댐퍼에서 흡인하여 연소시킨다. 양호하게 연소시키기 위해서는 가스의 연소속도와 염공에서의 분출속도가 밸런스되어 있을 필요가 있다.

열량변경에는 가스의 조성이 변하고 연소성도 변화됨과 동시에, 가스기기의 인프트를 맞추기 위해서 노즐 구경조정을 해두고 있어 노즐에서의 가스분출량이 변화하여 1차공기율도 변화하고 있으므로 댐퍼의 조절이 필요하다. 댐퍼는 1차공기율을 변화시키는 일이 될 수 있으므로 노즐조정과 병행해서 기본적인 조정방법으로 된다.

연소속도가 늦은 조성의 가스로 변경되어질 경우는 댐퍼열림을 크게 하면 1차공기율이 올라가 리프팅 불완전연소를 일으킨다. 연소속도보다 빠른 조성의 가스변경의 경우는 댐퍼열림을 작게 하여 역화되지 않게 조절한다. 이 외에 1차공기율을 생각하기 위해서 가스압력(가버너 2차압)조정을 할 경우도 있다.

이상의 기본 조정방법을 정리하면 [표 7.1]과 같다(열량이 높은 가스로 변경할 경우).

표 7.1 기기조정의 기본요소와 방법

	목 적	방 법	구 체 적 방 법
인프트	인프트를 동일하게 하고 가스량을 감소시킨다.	노즐구경의 축소	① 노즐교환(universal) ② insert 삽입 ③ caulking 염공학대
연소상태의 조정	양호한 연소상태가 확보될 수 있는 버너염공부하로 한다.	염공부하의 확보	① 염공학대 ② 버너교환 ③ 조정하지 않는다(universal 버너).
	양호한 연소상태가 확보될 수 있는 댐퍼 등으로 1차공기의 흡인량을 조절한다.	공기흡인면적 조절	① damper 조절 ② damper교환 · damperc취소
		분출가스량의 조절	① 가스압력의 조정

7.4 조정작업상의 주의

조정작업상의 특히 주의해야 할 점은 다음과 같다.

① 기기 조정 완료 후, 가스의 경로를 중심으로 가스를 보낸 상태에서 가스누설이 없는가를 확인할 것

② 가스기기의 분해조립에 있어서는 과열방지장치, 소화안전장치 등의 안전장치가 기능을 유지할 수 있도록 충분히 주의할 것

③ 작업완료 후 가스기기를 연소시켜 3 ~ 5분 경과한 다음, 완전연소하고 있는지 혹은 아닌지를 확인할 것

④ 가스기기의 부착상항등에 따라 실제의 작업시간에 차이가 있으므로 가스기기의 조사시에 충분히 체크하여 일정한 시간내에 작업이 완료되도록 작업량 및 작업능력을 고려해 둘 것

⑤ LP가스에서 도시가스로의 가스기기개조에 대해서는 hoseend의 조립, 가버너의 조립, 콕크 등의 교환할 때에도 충분한 주의가 필요하다.

CHAPTER 8 가스의 공급

CHAPTER 8 가스의 공급

8.1 공급계획과 공급관리

8.1.1 공급방식의 분류

공급방식은 [그림 8.1]과 같이 가스를 수송하는 배관의 수송압력에서 고압공급방식, 중압공급방식, 저압공급방식으로 구분된다. 또 수요가에게 공급압력은 중압공급, 저압공급 등이라 불린다.

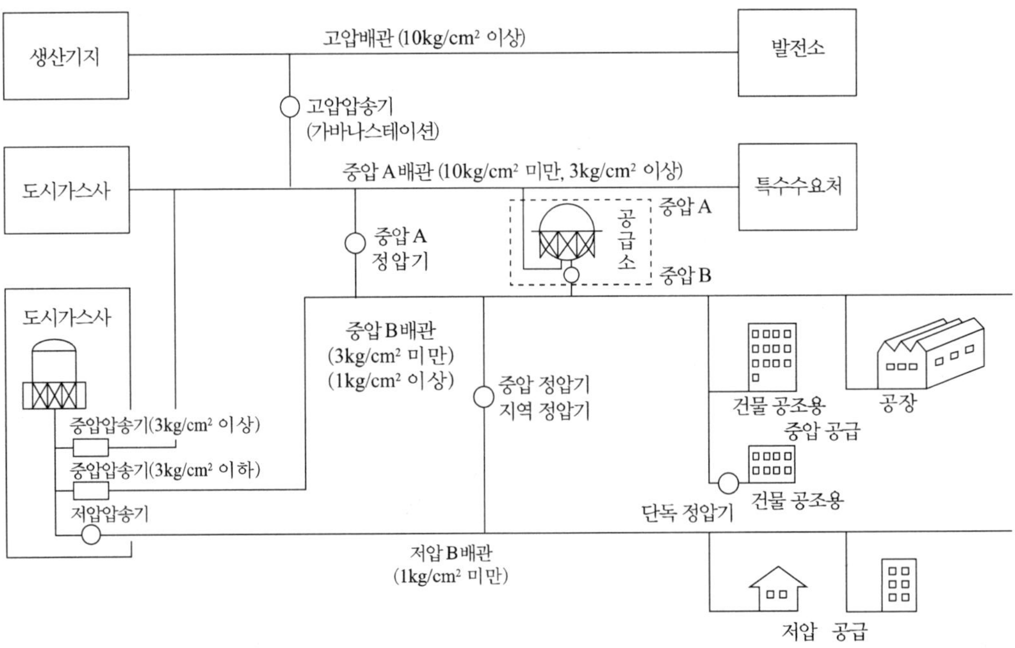

그림 8.1 가스공급형태

(1) 수송압력에 의한 분류

① 저압공급방식

도시가스사에서 직접수요가의 사용압력으로 공급하는 방식이다. 도시가스사업법에서는 저압이란 1 kg/cm^2 미만의 가스압력을 말하는데 일반적으로 저압공급이란 공급규정에 정해진 최고 압력(250 mmAq) 이하로 지역가버너로 압력을 낮추어 공급하는 것을 말한다. 따라서, 저압공급은 공급량이 적고 공급지역이 좁은 소규모 지역에 적합하다.

② 중압공급방식

생산기지배관설비나 도시가스사에서 중앙으로 송출하여 공급지역내 배치한 지역정압기에 의해서 저압으로 정압하여 수요가에게 공급하는 방식으로 중압 B(3 kg/cm^2 미만, 1 kg/cm^2 이상)에서 저압으로 공급하는 방식과, 중압 A(10 kg/cm^2 미만, 3 kg/cm^2 이상)에서 중압 B, 다시 저압으로 정압하여 공급하는 방식이 있다. 따라서, 중압공급은 공급량이 많거나 공급까지 거리가 길어, 저압공급에서는 배관비가 비싸질 경우에 채용된다.

가스홀더를 수요지 가까이에 설치하여 야간에 가스홀더에 저장해두고 주간에 가스홀더에서 저압 또는 중압공급을 하는 방법도 널리 실시되고 있다. 이 경우는 공급의 안정성이 높아질 뿐 아니라 피크시에 압송량을 증가시킬 필요가 없으므로 압송기 및 중압배관비가 절약된다.

③ 고압공급방식

생산기지에서 고압가스를 송출하여 고압정압기에 의하여 중압 A에, 중압 A 정압기에 의해 중압 B로 감압하고, 다시 지역정압기에 의해 저압에 정압하여 수요가로 공급하는 방식이다. 따라서, 고압공급방식은 공급구역이 넓고 대량의 가스를 원거리에 수송하는 경우에 적합하며, 배관 건설비가 절약되고 경제적이다. 특히 고압가스 제조설비를 갖고 있을 경우, 또는 천연가스와 같이 그 보유압력을 이용할 수 있을 경우에는 압송동력이 불필요하기 때문에 유리하다. 그러나 이 방식은 압력을 3단에 걸쳐 정압할 필요가 있어 배관, 정압기, 차단장치 등의 유지관리가 복잡하다.

(2) 수요가에의 공급압력에 의한 분류

① 저압공급

저압, 중압, 고압공급방식의 어느 것이든 간에 대다수의 소비기기로의 공급압력은 공급규정의 압력 내의 저압이고, 일반적으로 저압배관에서 공급한다.

그러나 대형건물공조 등 대량의 가스를 소비하는 경우에는 저압으로 인입하면 대구경의 배관이 필요할 뿐더러, 사용량의 변동에 따라 근접하는 저압배관의 압력에 영향을 주기도 하는 수 있다. 그래서 수요가부지내에 직접 중압관을 인입하여, 정압기에 의해 감압하고 저압공급하는 방식이 취해진다.

② 중압공급

빌딩 냉난방기, 공업용보일러 등 가스 소비기기로 소요압력이 가스공급규정으로 정해진 압력을 넘기기 위해 중압으로 직접 공급하는 경우, 중압공급이라 한다. 그 일례를 [그림 8.2]에 제시한다. 또 소요가부지내의 정압기를 설치하여, 중압에서 중간압(공급규정압력 이상 1 kg/cm^2 미만)까지 감압하고 공급하는 방법도 많이 쓰인다. 이 경우, 중압공급과 구별하여 중간압공급이라 불릴 수도 있다.

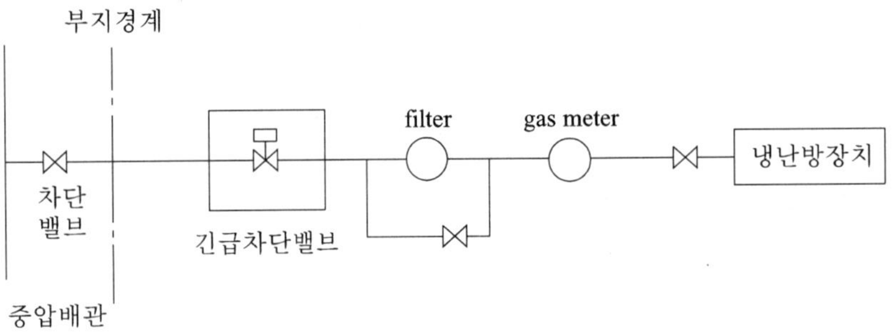

그림 8.2 중압공급

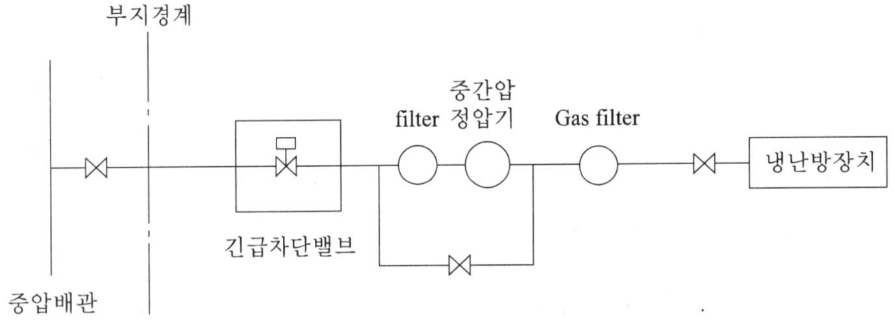

그림 8.3 중간압공급

이 방식은 수요가의 건물내의 높은 압력의 가스를 공급하기 위해서 안전관리상 긴급가스 차단장치, 가버너실, 메타실 등의 환기설비, 가스 경보설비, 전기설비의 방폭화 등의 안전조치를 실시함이 바람직하다.

8.1.2 공급계획

공급계획이란 매년 증가하는 가스수요, 공급지역의 확대를 예측하여, 항상 안정한 압력으로 양질의 가스를 수요가에 원활하게 공급할 수 있도록 공급시설의 증강 또는 개폐를 계획하는 일이다.

(1) 수요예측

가스수요량은 어느 지역에 새롭게 가스공급을 계획하는 경우 또는 이미 공급하고 있는 지역내의 공급개선을 계획하는 경우에 배관, 정압기, 가스홀더압송기 등 재설비설계의 기초자료로 되는 것이다. 가스수요량은 계절, 시간 등에 의해 크게 변동하기 때문에, 배관 등 공급설비의 설계에 있어서는 동계최대일가스수요량, 피크시 가스 수요량 등을 구할 필요가 있다.

또, 일반적으로 배관은 일단 매설하면 공사비, 도로사정 등에서 단기간에 교체는 불가능하기 때문에 가스수요량은 장기간에 걸쳐 추정하고, 장기적인 가스수요량에 대비할 수 있도록 배관, 가스홀더 등 설치계획을 세운다.

① 가스판매량 실적으로부터 추정

공급지역전체의 안정공급을 위하여 고중압간선배관, 가스홀더 등을 계획하는 경우, 과거의 가스판매량에서 지역별로 전년도 이후의 최대일가스수요량, 최대일피크시 가스수요량 등을 추정하여, 배관망압력해석에 의해서 개선계획을 세운다. 예측 방법의 일례를 [표 8.2]에 제시한다.

② 1가구당 피크시 평균소비량으로부터의 추정

어느 지역에 새로운 가스공급을 계획하는 경우의 중저압배관계획으로, 계획지역의 수요가 건수, 주택, 상업지역 등 용도구분, 생활수준, 연료사정 등 유사한 타지역의 가스소비량을 참고하여 계획지역의 1가구당의 피크시 평균소비량을 추정하여 다음 식으로 산정한다.

피크시 평균총 소비량 = 1가구당 피크시 평균소비량 × 장래수요가 건수

표 8.2 판매량 예측부터의 최대일송출량 및 피크시 송출량의 추정

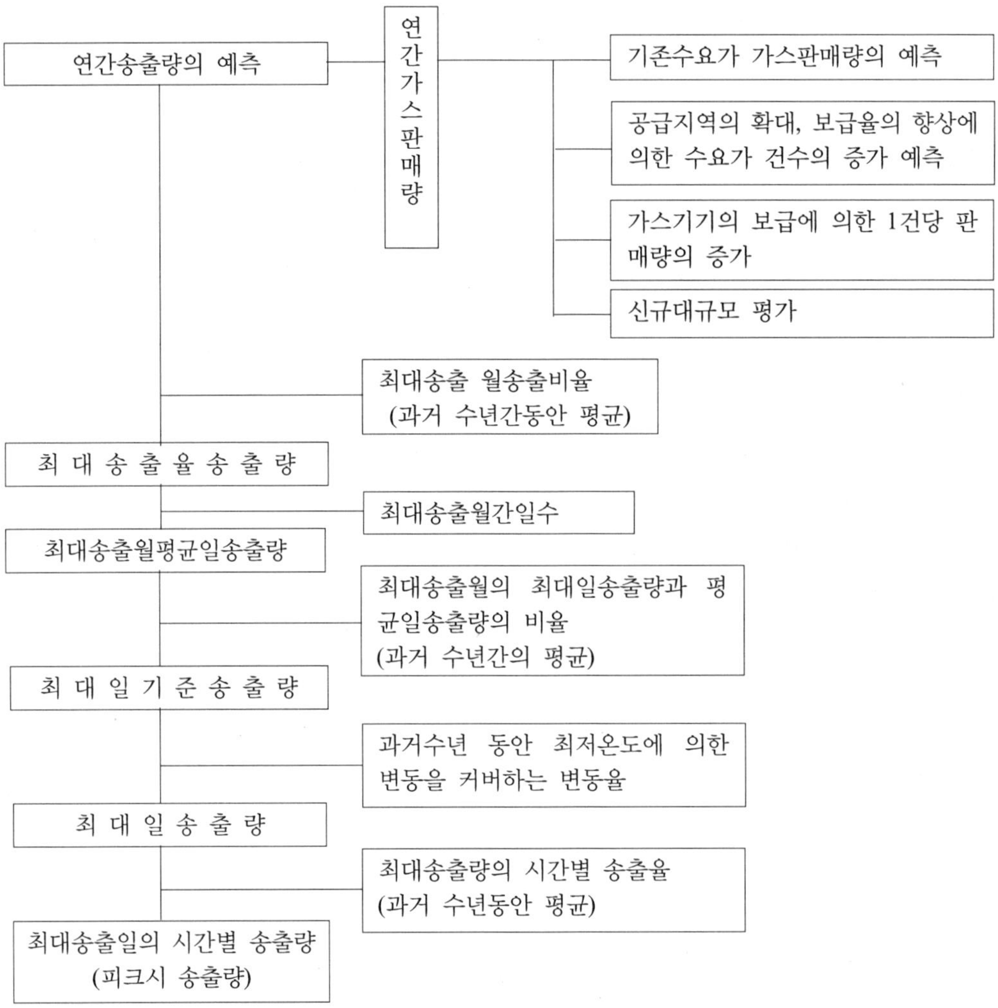

③ 가스기기소비량에서 동시사용율을 이용한 추정

중저압배관계획에서 계획지역의 수요가 건수, 각 수요가의 종류와 기기수가 추정되는 경우에, 동시사용율을 이용하여 피크시 가스량을 산정한다.

동시사용율이란, 어느 지역내의 피크시 가스소비량과 그 지역내 전수요가의 가스기기소비량의 총량과의 비로서 수요량은 다음 식에 의하여 산정한다.

$$Q = Y \times \sum q$$

Q : 피크시 가스수요량(m^2/h)

$\sum q$: 수요가의 가스 기기소비량의 총량(m^3/h)

Y : 동시 사용율

(2) 배관계획

배관계획은 가스수요가의 추정에 의하여 도시가스사의 송출량, 가스홀더의 저장량 등을 감안하여 배관최고사용압력, 배관구경, 노선, 정압기의 설치위치 등을 계획하는 일이다. 공사목적에 의하여 다음과 같이 한다.

① 배관설치 계획

수요증가에 따라 기존배관의 능력이 한계에 달했을 경우나 신규설치 계획을 말하며 일반적으로 중압배관이 해당된다. 계획에 있어서는 배관건설의 필요성, 건설년도, 노선, 구경, 사양 등을 검토하여 몇 개 안에 대하여 건설비 및 경비를 검토하여 가장 최적방법을 선택한다.

더욱이 기존배관의 능력부족에 의한 개선의 경우는 배관계획의 대안으로서 수요지역에 신규 홀더를 설치하는 것도 고려하고, 배관과 홀더계획에 대하여 비교 검토를 할 필요가 있다.

② 수요확장 계획

신규수요가에 가스를 공급하기 위하여 배관계획으로 계획지역의 수요량이 추정에 의해서 구경을 결정한다. 단, 장래에 있어 수요량의 증가, 인정지역으로의 확장 등이 고려되는 경우를 감안하여 계획시 수요량보다 여력을 갖는 구경 또는 최고사용압력이 높은 배관을 계획한다.

또, 노설의 결정에 있어서는 도로사정, 포장종류, 타매설물계획을 고려함과 아울러, 경로가 최단이고 많은 수요가를 연결하는 건설비가 저렴하고 유지관리가 용이한 노선을 선정한다.

③ 공급개선 계획

어느 지역의 중저압배관의 압력유지, 압력개선을 위하여 기존배관의 대구경배관으로의 교체배관연결에 의한 루프와 정압기 설치 등의 시공계획으로 개선해야할 지역에 가장 효과적인 방법을 선택한다.

④ 타공사 계획

상하수도공사, 통신, 전력공사, 지하철공사 등의 타공사가 배관 등이 가스공급시설에 근접한 곳에 이루어지는 경우 안전상, 타공사계획자와 공사범위, 공사기간, 공법, 사고방지의 방법 등에 대하여 협의하고, 가스공급시설에 영향을 미친다고 판단되었을 때는 가스배관 등을 다른 곳으로 이설하거나 임시 가설배관을 설치하는 등 조치를 취한다. 가설배관은 공사기간 중 공급에 지장이 없는 필요 최소구경으로 한다.

⑤ **교체계획**

매설관의 부식상황이 심한 경우 또는 관경변경이 필요한 경우에 기존배관을 교체하는 계획이다. 계획에 맞는 장래수요계획에 의한 구경, 사양으로 한다.

(3) 가스홀더(Gas Holder)설치 계획

가스홀더설치 계획은 최대일수요량의 추정에 의하여 제조능력, 배관망 등을 감안하여 용량, 압력, 설치장소 등을 계획하는 것이다. 가스홀더의 기능은 다음과 같다.

① 가스수요의 시간적 변동에 대하여, 적정가스공급이 되지 않는 가스량을 사전에 확보하여 피크 수요시 공급한다.

② 가스홀더를 수요지가까이에 설치함으로써 피크시에 도시가스에서 수요지에 이르는 배관의 공급능력 이상으로 공급능력을 높인다.

③ 정전, 배관공사 등 가스생산 또는 공급설비의 일시적 지장이 발생할 때 공급의 안전성을 확보한다.

④ 조성이 변동하는 제조가스일 경우 혼합되어 공급가스의 성분, 열량, 연소성등의 성질을 균일화한다.

가스홀더의 용량을 계획하는 경우에는 상기 ①을 가장 중시해야 하고, 가스수요량의 가장 많은 날에 공급지역전체의 적정용량을 고려한다.

(4) 가스홀더 적정용량

가스홀더는 가스사용량이 공급량을 초과하는 시간대에 가스를 공급하고, 공급량보다 사용량이 적을 때에는 가스를 받아들인다. 따라서 최대송출일에 대하여 사용량이 공급량을 초과하는 시간대에 사용량과 공급량의 차를 저장할 수 있는 가스홀더를 보유하여야 한다.

가스공급량을 주야 일정하게 하고, 주간시간당 사용량이 공급능력보다 많은 시간(t시간)에 대하여 수급균형을 맞추려면 최대사용량, 최대공급능력, 가스홀더 가동량과의 관계는 다음과 같이 된다.

$$S \times a = \frac{t}{24} \times M + \Delta H$$

M : 최대공급(제조)능력
S : 최대사용(송출)량
t : 시간당사용(송출)량과 공급(제조)능력보다 많은 시간
a : t 시간의 사용
ΔH : 가스홀더 가동용량

ΔH는 가스홀더 가동용량이고, 공칭용량 H는 일반적으로 가동용량보다도 20 ~ 30% 큰 용량을 필요로 한다. 실제로는 정전, 가스생산 및 공급설비의 고장 또는 가스 생산 및 공급설계 최대공급능력으로만 운전된다고 볼 수 없으므로, 가스홀더의 가동용량은 여유있게 설계되어야 한다.

(5) 압송기 계획

저압가스, 압송기를 중입 또는 고압으로 압축하여 가스를 송출하는 것은 압송설비비, 전력비 등 비용이 많이 들므로 가능한 고압가스를 생산하여, 압송기를 사용하지 않고 공급하는 방식이 많이 채택된다.

압송기는 배관의 계획과 연관시켜 계획한다. 압송기의 능력, 즉 용량(m^3/hr)과 압력(kg/cm^2)은 십년 이상 사용할 수 있어야 하므로 상당기간 장래를 내다보고 계획한다.

또 상시압송을 할 수 있도록 예비압송시기를 설치해야 한다. 압송기동력에는 전력을 사용하는 경우가 많지만 Disel기관, 가스기관 등이 사용되는 경우도 있다. 이것들은 주로 예비용이지만, 정전 등의 경우 공급의 안정에 필요하다. 더욱 전력에 대해서는 예비수전설비 또는 비상발전설비를 설치하는 것이 바람직하다.

8.1.3 배관의 관경결정과 압력해석

배관의 구경은 계획하는 노선의 연장, 지역마다의 공급해야할 가스량, 피크시에 있어서의 가스유량, 기점공급가능압력, 말단의 소요압력 및 공급가스의 비중에서 압력별로 다음과 같이 산정한다.

(1) 저압배관

저압배관의 구경은 다음 식에 의해서 산출한다.

$$Q = K\sqrt{\frac{HD^5}{SL}}$$

Q : 가스유량(m^3/h)
D : 배관구경(cm)
L : 배관길이(m)
H : 입구압력 P_1과 출구압력 P_2의 차(mmH_2O)

$$D=\left\{\left(\frac{Q}{K}\right)^2\frac{SL}{H}\right\}^{\frac{1}{5}}$$

S : 가스비중
K : 유량계수

※ 유량계수는 Pole의 계수 0.707

저압배관말단의 소요압력은 공급규정에 정해진 가스관 출구의 최저허용압력에 공급관, 내관 및 가스메타 통과할 때의 압력강하분을 더한 값을 사용한다.

일반적으로 공급관에서 가스관출구까지의 압력손실은 20 ~ 25 mmH_2O 정도(허용기준 : 30 mmH_2O 이하)로 설계한다. 단, 미래의 수요증가를 고려하는 경우는 도달압력에 여유를 갖게 할 필요가 있다.

예제 1 배관연장 300 m의 본관에 50 m^3/h의 가스를 보내려면 구경을 얼마로 해야하는가? 단, 입구와 출구간의 압력강하를 20 mmH_2O가스 비중을 0.6를 한다.

풀이 Pole의 공식에 의하여

$$Q=150\ m^3/h,\ L=300\ m,\ H=20\ mmH_2O,\ S=0.6,\ K=0.707$$

$$D^5=\left(\frac{Q}{K}\right)^2\frac{SL}{H}=\left(\frac{150}{0.707}\right)^2\times\frac{0.6\times300}{20}=405,122$$

$$D=\sqrt[5]{405,122}$$

$$D=15cm$$

높은 곳에 공급할 경우의 가스압력은 대기압과 가스비중과의 관계에서 영향을 받기 때문에, 다음의 식에 의하여 압력 보정한다.

$$P=hf(1-S)$$

P : 보정압력(mmH_2O)
h : 고도차(m)
f : 공기밀도(1,293 kg/m^3)
S : 가스비중

공기의 중량은 표준상태에서는 1,293 kg/m^3이므로 높은 곳 h m의 공기주의 중량은 $1,293\times h$ kg/m^3($1,293\times h$ mmH_2O)이다. 이에 대하여, 가스의 비중을 공기에 대하여 S라 하면 높은 곳 h m의 가스주의 중량은 1,293 × S × h kg/m^3이다.

높은 곳에서는 공기압도 가스압도 낮아지지만, 높은 곳 h m에 있어서의 공기압은 10,333 − (1,293 × h)mmH_2O에 대하여 가스압은 10,333 − (1,293 × S × h)mmH_2O이다. 따라서 가스압은 공기압과 가스압의 차(1,293h(1 − S)mmH_2O)가 높아지므로 압력보정을 한다.

예제 2 아래 그림에 보인 AB간의 배관에 의해서 비중 0.56의 가스를 300 m^3/h 수송하는 경우, B점의 압력을 Pole의 유량식(K = 0.707)을 사용하여 구하시오.

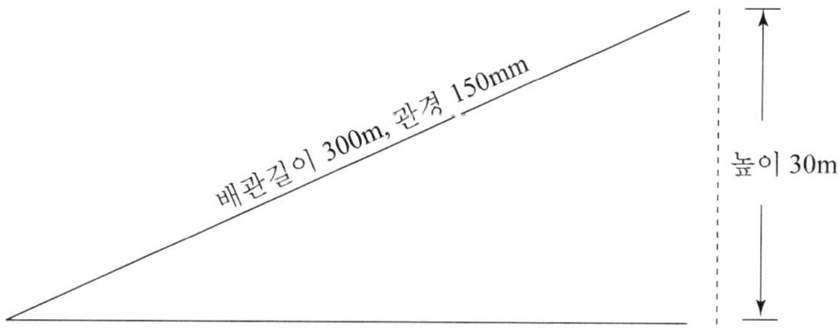

단, B점은 A점보다 30 m 높은 위치에 있다. A점의 송출압력은 160 mmH_2O이고 공기밀도는 1.293 g/L로 한다.

풀이 (1) 고도차를 고려하지 않는 경우의 B점의 압력 P_0는

$$Q = K\sqrt{\frac{HD^5}{SL}}$$

$$H = \frac{Q^2 SL}{K^2 D^5} = \frac{300^2 \times 0.56 \times 300}{0.707^2 \times 15^5} = 39.8$$

$$P_0 = 160 - 39.8 = 120.2 \text{ mmH}_2\text{O}$$

(2) 고도차에 의한 압력보정한 B점의 압력 P_B

$$P_B = P_o + HQ(1 - S)$$

$$P_B = 120.2 + 30 \times 1,293(1 - 0.56) = 137.3 \text{ mmH}_2\text{O}$$

(2) 중고압배관

중고압배관의 구경을 다음 식에 의하여 산출한다.

$$Q = K\sqrt{\frac{(P_1^2 - P_2^2)D^5}{SL}}$$

Q : 가스유량(m^3/h)
D : 배관구경(cm)
L : 배관길이(m)

$$D = \left\{\left(\frac{Q}{K}\right)^2 \frac{SL}{(P_1^2 - P_2^2)}\right\}^{\frac{1}{5}}$$

P_1 : 입구점에 있어서 절대압력(kg/cm^2)
P_2 : 출구점에 있어 절대압력(kg/cm^2)
S : 가스의 비중
K : 유량계수

※ 유량계수는 Cox의 계수 52.31

중고압배관의 말단소요압력은 이 배관에서 공급하는 정압기의 설정최대2차압에 정압기의 작동에 필요한 압력강하분을 더한 압력 이상이다.

예제 3 아래 그림에서 나타낸 바와 같이 A점에서 각지에 공급하기 위한 기존중압배관 AD의 중간점 B점에서 분기하여 신규의 중압배관을 설치하고, C점의 가스 수요에 대하여 공급한 일이 된다.

C점의 수요예측을 했던 바 1가구당 0.5 m^3/h(피크시 평균가스량)이고 수요가 건수는 3,000건이다. BC간의 배관구경을 구하라.

또 AB간의 배관은 구경 200 mm, 길이 1,500 m, BC값은 길이 1,000 m, A점의 압력은 2.0 kg/cm^2(gage압), C점의 도달필요압력은 1.5 kg/cm^2(gage압)으로 하고 가스 비중은 0.5로 한다.

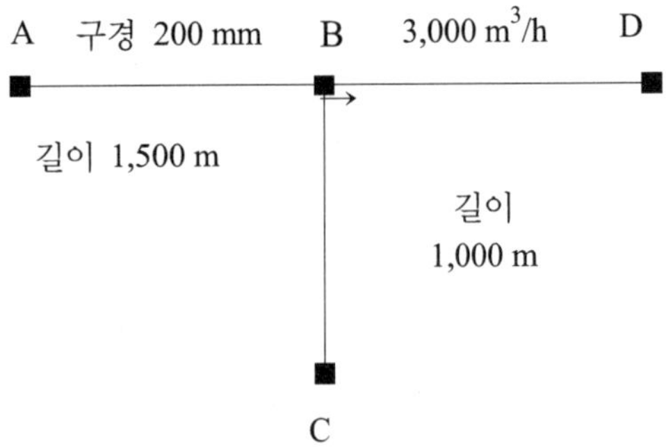

풀이

Cox의 유량 공식 $Q = 52.31\sqrt{\dfrac{(P_1^2 - P_2^2)D^5}{SL}}$

C점의 가스량 $Q_C = 0.5 \times 3,000 = 1,500\ \text{m}^3/\text{h}$

B점에 있어 압력 P_B는

$$4,500 = 52.31\sqrt{\frac{[(2.0+1,033)^2 - (P_B+1,033)^2] \times 20^5}{0.5 \times 1,500}}$$

$$P_B = 1.7\ \text{kg/cm}^2$$

BC간의 배관 구경 D는

$$1,500 = 52.31\sqrt{\frac{[(1.7+1,033)^2 - (1.5+1,033)^2 \times D^5]}{0.5 \times 1,000}}$$

$$D^5 = \left(\frac{1,500}{52.31}\right)^2 \times \frac{0.5 \times 1,00}{2,733^2 - 2,538^2} = 390,366$$

D = 13.1 cm

CHAPTER 9 가스 압송기와 Holder

CHAPTER 9 가스 압송기와 Holder

9.1 압축기

압축기는 주로 다음의 경우에 사용된다.

① 도시가스를 제조공장에서 원거리 수송하는 경우에 사용된다. 또, 재승압을 필요로 하는 경우에도 사용된다.

② 도시가스는 일반적으로 제조공장의 압축압력이나 가스홀더의 압력으로 공급배관망에 보내지지만, 피크시에는 가스홀더의 압력만으로는 전 필요량을 흘려보낼 수 없게 되는 경우에 압축기로 승압하여 지역이나 지역 가버너에서 배관망으로 주입한다. 이상과 같이 가스사업의 압축기는 각종의 가스를 광범위한 압력에 대하여 취급하는 것으로 그 형식의 선정, 설비의 결정에는 목적을 만족시킬 이외에 유지관리 등을 충분히 검토해야 한다. 압축기에는 회전식 압축기, 축류식 압축기 등 여러 형식이 있으나 가스사업으로 일반적으로 사용되는 왕복식 압축기 및 원심식 압축기에 대하여 기술한다.

각 압축기의 성능 및 특징의 비교를 [표 9.1]에 나타내었다.

9.1.1 왕복식 압축기, 원심식 압축기

(1) 왕복식 압축기

가스를 실린더 내에 흡입하고, 실린더 내를 피스톤이 왕복하는 것에 의해 가스를 압축한다. 압력이 높아지면 압축에 의해 온도가 상승하기 때문에 다단압축 시에는 중간냉각기를 사용한다. 일반적으로 저압에서 고압까지 넓은 범위로 사용된다.

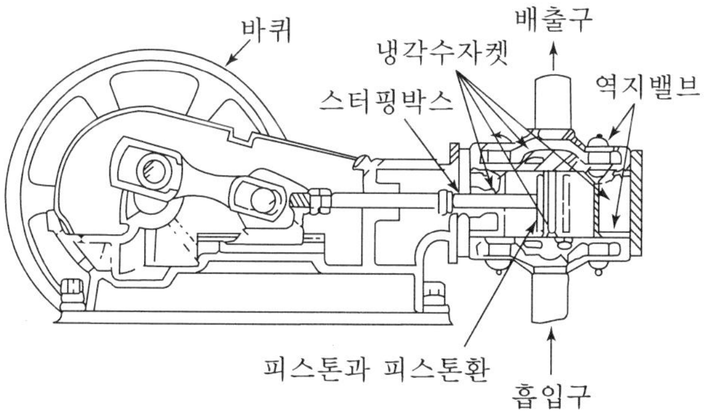

그림 9.1 왕복식 압축기의 구조

(2) 원심식 압축기

가스를 고속회전 하는 임펠라 내를 통과시켜 그 원심력에 의해 압송하기 때문에, 압력상승 및 소요동력은 흡입가스의 비중량에 대강 비례한다.

일반적으로 저압으로 대용에 사용된다.

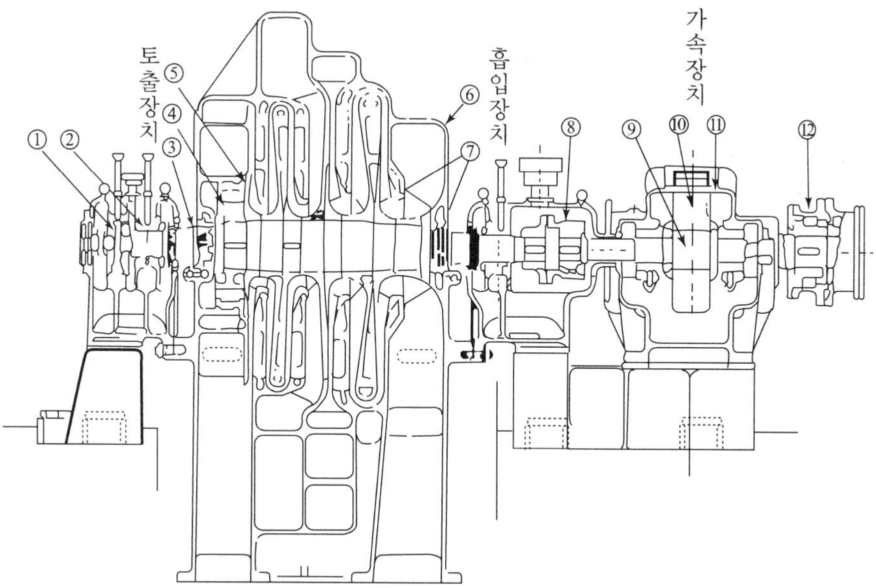

그림 9.2 원심식 압축기의 구조

◎ 참 고 ◎ fan의 특성을 통한 원심식 압축기와 축류식 압축기의 기본이해

	플라이트 팬 (Plate fan)	터보 팬 (Turbo fan)	다익 팬 (multi blade fan)	프로펠러 팬 (propellor fan)
날개와 출구각	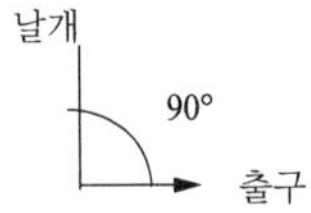	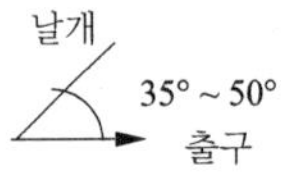	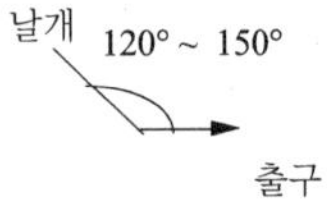	
날개 수(개)	6 ~ 12	12 ~ 20	48 ~ 64	3 ~ 10
효율 (%)	50 ~ 70	60 ~ 80	45 ~ 65	55 ~ 75
비속도 $\left(NS = \dfrac{NQ^{0.5}}{(p/r)^{0.75}}\right)$	250 ~ 600	300 ~ 800	400 ~ 900	1000 ~ 2500
사용풍압범위 (mmAq)	50 ~ 250	50 ~ 500	50 ~ 150	100 이하
특 징	• 설계제작 용이 • 고온이나 부식성 및 분진함유기체에 적당	• 소음이 적고 신뢰도가 높다 • 운전보수 용이 • 비교적 높은 풍압 • 대동력에 적합	• 다른 fan에 비해 높은 에너지를 기체에 줌 • 큰걸물환기용(중앙공급식환기)에 적합 • 소음이 적고 풍량에 비해 소형 • 소마력에 적합	• 넓은 풍량범이에서 효율양호 • 저풍압 대풍량에 적합 • 가벼우며 값이 싸다 • 소음이 크다

표 9.1 왕복식, 원심식 압축기 비교

	왕 복 식	원 심 식
성 능	1. 풍량은 압력의 변화에 의해 그다지 변하지 않지만, 토출관을 통과하면 압력이 상승하기 때문에 안전장치가 필요 2. 취급가스의 종류, 조성에 의한 압력상승의 변화 거의 없음 3. Surging 없음	1. 풍량에 의해 풍압이 변화하지만 송풍을 차단하여 압력상승에 한도가 있다. 2. 비중에 대강 비례하여 압력상승 3. Surging 있음
용량조정	단계적이기는 하지만, 틈새용적, 부가 valve 등으로 조정할 수 있다.	자동조정장치가 복잡하고 수동에 의한 valve 조작이라도 좋지만 풍량을 감소했을 때의 동력손실 크게 발생

	왕 복 식	원 심 식
효 율	양 호	고속 때문에 날개바퀴 및 유로의 손실이 많고, 단수가 증가하면 효율 저하
진 동	대	소
면적기초	대	소
구 동	회전수 낮고 극수가 많아 전동기와 직결하던가 또는 감속장치 사용	유도 전동기와 직결 또는 증속장치 사용
마 모	기계적 접속부분 많고, 마모에 의한 효율의 저하 있음	접속부는 축뿐으로 마모에 의한 효율의 저하 없음
맥 동	유	무
리 시 버	필요	불필요
설 비 비	대	소
운전경비 - 동력비	적다 (효율이 좋기 때문)	많다 (대풍량의 경우는 왕복식에 가까움)
운전경비 - 윤활유 소모품비 인건비 등	많다	적다

9.1.2 압축기의 소요동력과 효율

압축기는 일반적으로 단열압축하는 것으로 하고, 그 이론단열동력 Lad는 다음 식에 의한다.

$$\mathrm{Lad} = \frac{(n+1)k}{k-1} \cdot \frac{PsQs}{6{,}120}\left[\left(\frac{Pd}{Ps}\right)^{\frac{k-1}{(n+1)k}} - 1\right](\mathrm{kw}) \qquad (1)$$

Ps : 흡입가스의 절대압력(kg/m^2)
Qs : 흡입상태에 연산한 가스량(m^3/min)
Pd : 토출가스의 절대압력(kg/m^2)
k : 가스의 단열지수
n : 중간냉각기수

다단압축기의 이론단열 압축동력은 각단의 압력비를 같게 하고, 중간 냉각기로 완전히 최초의 흡입온도까지 냉각하는 것으로써 계산한다. 왕복식 압축기의 단수와 입출차압과의 관계를 [표 9.2]에 나타낸다.

표 9.2 왕복압축기의 단수와 입출차압과의 관계

단 수	입 출 차 압	단 수	입 출 차 압
1단	7 kg/cm²까지	3단	20 ~ 60 kg/cm²
2단	7 ~ 10 kg/cm²(200 ps 이상)	4 ~ 5단	60 ~ 200 kg/m²까지

압축기의 전단열효율 η_{Lad}, 단열효율 η_{ad} 및 체적효율 η_v은 아래 식으로 표현 한다.

$$\eta_{Lad} = \frac{Lad}{L} \times 100(\%)$$
(2) Lad : 이론단열압축동력

$$\eta_{ad} = \frac{Lad}{L - Lm} \times 100(\%)$$
(3) L : 축동력

$$\eta_v = \frac{Qs}{Qth} \times 100(\%)$$
(4) Lm : 기계손실동력

• Qs : 흡입상태로 연산한 공기량, Qth : 압축기의 밀어내는 량

각 압축기의 단열효율을 [표 9.3]에 나타낸다.

표 9.3 압축기의 단열효율

기	종	단 열 효 율
왕 복 압 축 기 (토출압 7 kg/cm²)	입형 1단 수냉식 횡형 1단 수냉식 횡형 2단 수냉식	65 ~ 80 75 ~ 85 80 ~ 90
왕 복 압 축 기 (대형)		70 ~ 90
1단 turbo blower 다단 turbo blower 다단 turbo 압축기 회 전 압 축 기		60 ~ 85 50 ~ 83

예제 1 다음의 터보 압축기용 전동기동력을 중간냉각기가 1개와 4개의 경우에 대하여 구하라.

• 형 식 : 흡입 5단 터보 압축기

• 취급가스 : 도시가스(k = 1.37)

• 토 출 량 : 12,000 m^3/hr(15°C 대기압)

• 흡입압력 : 0 kg/cm^2G

- 토출압력 : 1.45 kg/cm^{2}G
- 흡입온도 : 15°C
- 체적효율 : 70%
- 전동기여유율 : 15%

풀이 $Ps = 1.033\times10^4\text{kg/m}^2$, $Pd = 2.483\times10^4\text{kg/m}^2$,

$Qs = \dfrac{12,000}{60} = 200\ \text{m}^3/\text{n.in}$, 단열효율 $\eta_{\text{ad}} = 70\%$

(1) 중간냉각기 4개의 경우

$$\text{Lad} = \frac{(4+1)\times1.37}{1.37-1}\cdot\frac{1.033\times10000\times200}{6,120}\left\{\left(\frac{2.483}{1.033}\right)^{\frac{1.37-1}{(4+1)\times1.37}}-1\right\}$$

$$= 306\ \text{kw}$$

$$L_s = \frac{306}{0.7} = 437\ \text{kw}$$

$$\text{L}_M = 450\times1.15 = 520\ \text{kw}$$

9.1.3 압축기 성능

압축기의 압축성능을 표시하는 수단으로서 성능곡선도가 있다. 압송기성능 곡선도가 압축기의 규정회전수에 있어서 토출하고, 토출압력, 압축기효율, 축동력 등의 관계를 나타내는 것이다. 각 압축기의 성능곡선도의 예를 [그림 9.3] 및 [그림 9.4]에 나타낸다.

왕복식에서는 횡축상의 임의토출 압력의 점에 세운 수직선이 각성능곡선과 교차하는 점이 그 토출압력으로의 유량 Q_1, 압축기의 체적효율 η_{v1}, 전단열효율 η_{ad1} 및 축동력 L_{S1}을 나타낸다. 그림에서 명백한 것처럼, 토출압력이 낮은 상태에서 운전하면 체적효율은 겨우 상승하지만 축동력에 크게 영향을 주는 전단열효율은 현저하게 저하한다. 따라서 효율저하분은 유효한 일로서 살리지 못하고 낭비되는 것이 된다.

또, 원심식으로는 같이 횡축상의 임의토출량의 수직선이 각 성능곡선에 교차한 점이 그 토출량으로의 토출압력 P_1, 전단열효율 η_{ad1}, 축동력 L_{S1} 및 회전수 N_1로 된다.

이 경우 토출량을 1,000 m^3/min보다도 증가시키거나 감소시키나, 효율은 저하하므로 헛된 동력을 소비하는 것이 된다. 따라서, 이런 점에서 압축기의 운전은 효율이 최적 조건이 되는 점에서 하는 것이 바람직하다.

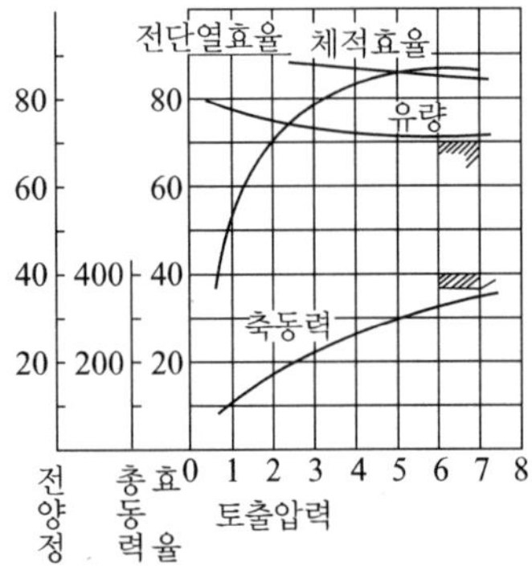

그림 9.3 왕복식 압축기의 성능곡선

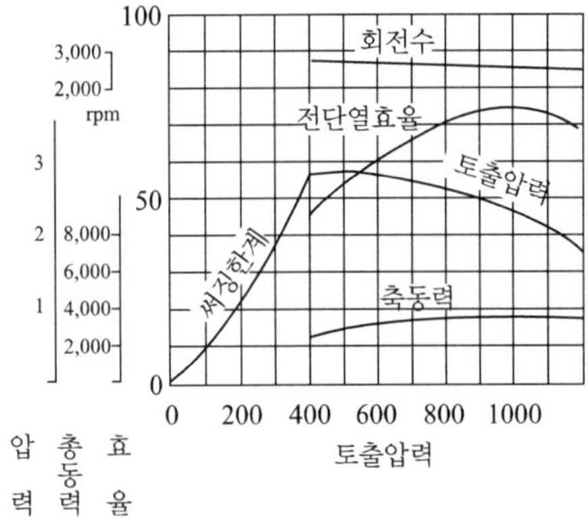

그림 9.4 원심식 압축기의 성능곡선도

9.1.4 운 전

가스사업에서는 변화하는 가스수요에 대응하기 위하여, 압축기의 운전도 광범위하게 변화시킬 필요가 있다. 이 때문에 압력과 용량을 조정한다.

(1) 압력 및 용량조정

왕복식 압축기 및 원심식 압축기의 압력 및 용량을 조정하는 방법에 대하여 기술한다.

① 왕복식 압축기

- 흡입 valve 부분에 unloader valve(흡입 valve 개방부하경감 valve)를 사용하고, 흡입 valve 개방시키는 방법

- clearance valve(틈용적부 valve)을 사용하고, 실린더의 틈용적을 증가시켜 토출량을 감소시키는 방법
- 75kw 정도까지의 소형압축기에 사용되는 방법이고, 레시바 압력이 설정압력 이상으로 상승하면 압축기를 정지시킨다.
- 유체계수, 기타의 가변속 전도장치를 조정한다.

② 원심식 압축기

- 토출 valve의 열림정도에 의해 조정하는 방법
- 흡입 valve의 열림정도에 의해 조정하는 방법
- 입구안내 날개의 각도를 변화시키고 성능곡선을 바꾸는 방법
- 유체계수와 무단변속장치를 사용하고, 회전수를 변화시키고 조정하는 방법

(2) 써징(Surging)과 ㅗ 방시법

원심식 압축기의 토출구를 통과하면 소풍량이고, 풍량－풍압곡선이 우상승에 상당하는 부분으로 풍압이 맥동하고 풍량이 숨을 돌리고, 소음을 내고 진동을 일으켜 운전에 견딜 수 없는 현상을 일으킨다. 이것을 써징이라 한다([그림 9.4] 참고).

이와 같은 써징을 빙지하기 위한 방빕으로,

① 토출 valve에서 가스를 압축기의 흡입측으로 되돌려 순환하는 by－pass법

② 흡입 Damper 또는 vane 개도를 줄이는 것에 의해, 써징 한계를 좁게 하는 흡입구 줄임 방법

③ 날개 출구각도를 작게 하고, 강하 압력곡선을 가진 날개차로 설계한다(설계에서의 방지법).

④ 관로에 있어서 불필요한 공기탱크 및 물탱크의 잔류공기를 제거하고 관로의 단면적, 양액의 유속저항 등을 줄여준다.

9.2 펌 프

9.2.1 펌프의 종류

가스공장에서 비교적 잘 사용되는 펌프는 다음과 같이 분류된다.

비용적식 펌프	Volute pump(소용돌이 펌프) Turbine pump(사류 펌프) Propeller pump(축류 펌프)
용적식 펌프	Reciprocating pump(왕복펌프) Rotary pump(회전펌프)

[그림 9.5]에 각 펌프의 원리도를 나타낸다.

(1) 비용적식 펌프

날개차의 회전에 의하여 액에 압력과 속도의 에너지를 주고, 동체는 통과하는 사이에 그 속도에너지를 가능한 한 효율 좋게 압력에너지로 변환하고, 낮은 곳에서 높은 곳으로 혹은 저압의 장소에서 고압의 장소에 액송하는 것이다. 이 원리에 의거한 펌프로서는 볼류트 펌프, 축류 펌프, 터빈 펌프가 있다. 볼류트 펌프는 원심력의 작용에 의하여 액의 압력을 얻는 것이고 축류 펌프는 날개가 액에 주는 양력에 의하여 압력을 일으키는 것이고, 터빈 펌프는 일부는 원심력에 의해, 일부는 날개의 양력에 의하여 압력을 일으키는 것이다.

볼류트 펌프는 유로가 직각으로 형성되어 소용돌이가 발생하므로 압력손실이 커 동력비용이 증가하고 효율이 떨어지며 축류 펌프는 흡입능력이 떨어진다. 이것을 보완한 것, 즉 소용돌이가 발생하지 않고 흡입능력도 향상시킨 것이 터빈 펌프이다.

(2) 용적식 펌프

실린더 내부에서 piston 또는 plunger의 왕복에 의해, 실린더 내용적의 확대와 축소를 시키며, 확대에 의하여 액을 흡입하고 축소에 의하여 액을 보낸다.

이 원리에 의하여 액에 압력의 에너지를 주는 펌프를 왕복펌프라고 한다. 이런 종류의 펌프는 정확히 용량을 제어하는 펌프와 대단히 높은 유압을 발생하는 펌프에 적합하다. 또, 내면이 여러 가지 형을 한 케싱과, 이것에 대하여 최소의 틈을 유지하면서 회전하는 로터라 불리는 회전부분으로 구성되고, 축의 회전에 의해 액은 펌프의 입구에서 출구로 밀어내는 펌프를 회전 펌프라고 한다. 회전펌프는 연속회전이므로 왕복 펌프처럼 토출량이 맥동하는 것은 거의 없다. 이런 회전펌프로는 기어 펌프, 베인 펌프, 나사펌프 등이 있다.

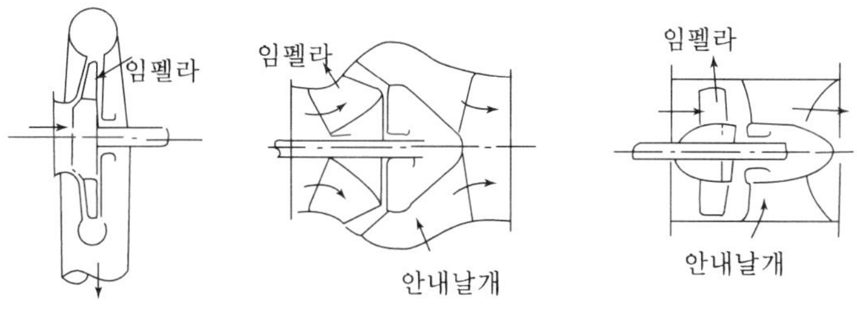

(a) 소용돌이 펌프 (b) 터빈 펌프 (c) 축류 펌프

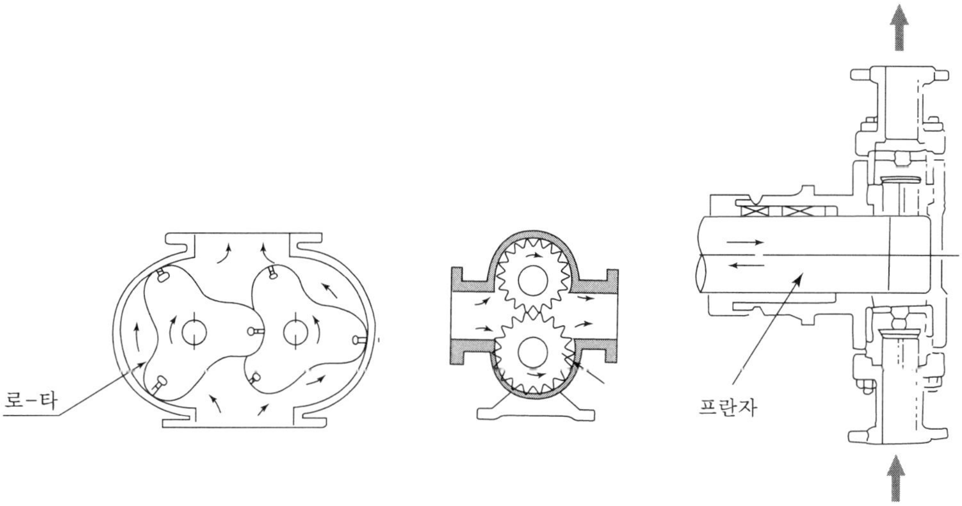

(e) 회전 펌프 (d) 왕복 펌프

그림 9.5 펌프 원리도

참 고

- Fan(Blower, Compressor)과 원심 Pump 회전 날개의 이해
  ① 날개(Plate, Blade, Impeller)설치(부착) 3가지 기본 형태

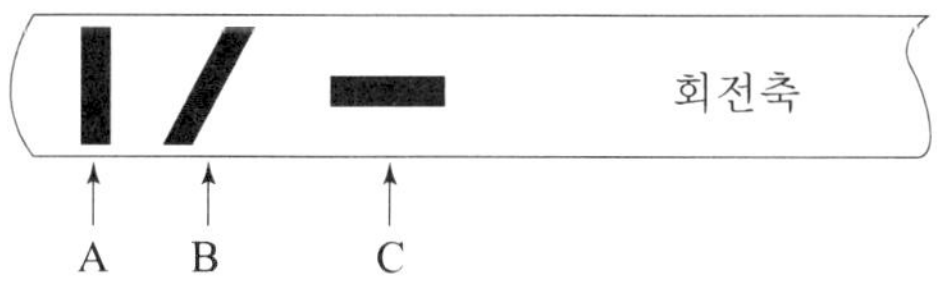

· A형 부착(회전축에 수직형) : Propeller → 펌프, Fan, 헬리곱터, 압축기 등
· B형 부착(회전축에 경사형) : Turbine → 펌프, 발전기 등

· C형 부착(회전축에 수평형) : 3가지로 구분 → Fan, 블로어, 콤프레샤 등

② C형 부착(설치)의 3가지 분류

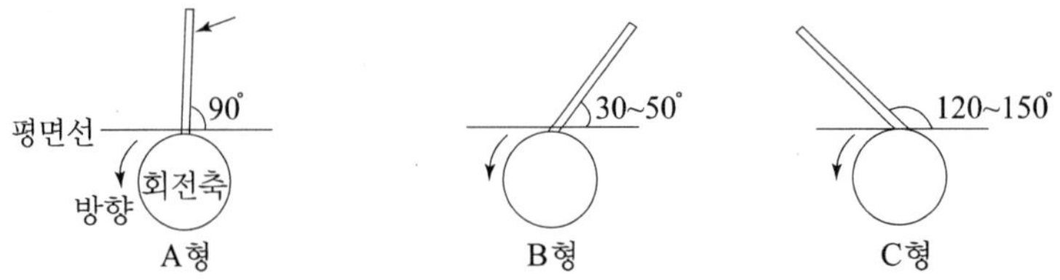

Plate형
(팬, 블로어, Volute 펌프)

Turbo형
(팬, 블로어, 콤프레샤)

Multiblade형
(팬)

가스공장에서 사용되는 펌프로서는 볼류트 펌프가 단연 많다. 왕복펌프는 가스를 가압할 때, 회전펌프는 주입할 때 사용되고 있지만, 그 용도는 한정되어 있다.

볼류트 펌프가 널리 사용되는 이유는 다음의 이점 때문이다.

① 액량, 양정이 없는 범위에 사용할 수 있다.
② 다른 펌프에 비해 경량이고, 설치 면적이 적다.
③ 효율이 양호하며, 토출에 맥동이 없다.
④ 구조가 간단하고 취급이 용이하며 가격이 싸다.

9.2.2 캐비테이션(Cavitation)

액체는 액체에 가해지는 압력이 포화증기압력 이하로 될 때, 내부에서 증발기화한다. 유체 중에서 국부적으로 포화증기압 이하의 부분이 일어나면 액에 기화하여 기포가 다수 발생한다. 이 현상을 캐비테이션이라 하며, 흡입압력이 낮을 때 국부적으로 제일 저압이 되는 날개차 입구에서 발생하기 쉽다.

이 기포는 유체를 타고 이동하여, 날개의 압력이 높은 부분에 오면 부서져 없어진다. 이 현상은 계속 반복되어 펌프에 소음과 진동이 일어나고, 펌프의 효율과 토출량이 저하한다(그림 9.7).

또, 이 상태로 장시간 운전되면 급격히 부서지는 기포의 충격으로 금속의 표면이 부식(Erosion)되고, 날개차가 손상된다.

이와 같이 캐비테이션은 펌프에서 대단히 유해한 현상이므로, 발생되지 않도록 펌프의 계획에 흡입조건의 결점에 특히 주의가 필요하다.

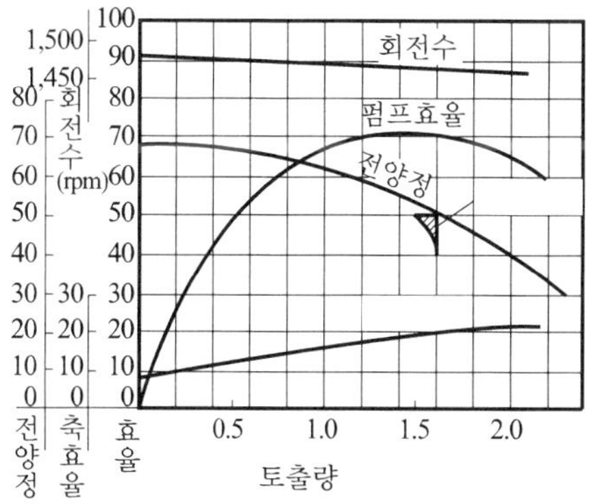

그림 9.6 성능곡선도

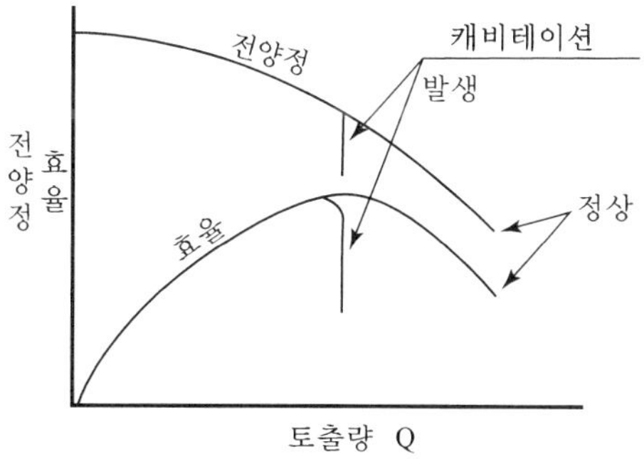

그림 9.7 캐비테이션에 의한 성능저하

9.2.3 NPSH

펌프의 흡입압력이 캐비테이션의 발생에 대하여 안전한지 여부를 검토하려면 NPSH (Net Positive Suction Head)의 사고방식이 일반적으로 사용된다.

NPSH에는 유효흡입해드(NPSH av)와 필요유효흡입해드(NPSH Re)가 있다.

(1) **유효흡입해드**(NPSH av)

설비상에서 보아 유효하게 이용할 수 있는 NPSH의 일도 펌프와 관계없이 흡입측의 배관과 프랜트계에서 정해지는 것이고, 펌프 흡입중심까지 유입해 온 액의 전압력이 그 액온에 대응하는 포화증기압보다도 얼마만큼 높게 안전측에 있는지를 액주로 표시한 값을 말한다.

① 흡입액면에 대기압이 작용하고 있는 경우(그림 9.8)

$$\text{NPSH av} = hsv = Ha + hs - hv - hi$$

여기에

Ha : 대기압(10.3 m)
hs : 흡입실양정(m)
펌프축심에 대하여 삽입일 때(+)
펌프축심에 대하여 흡입일 때(−)
hv : 액온에 상당하는 포화증기압(m)
hi : 흡입관중의 손실두(m)

② 흡입탱크가 밀폐되고 액면에 포화증기압이 작용하고 있는 경우(그림 9.9)

$$\text{NPSH } av = hsv = hs - hi$$

[$Ha = hv$로 되기 때문에]

흡입실양정 hs는 당연(+), 즉 받침이 된다.

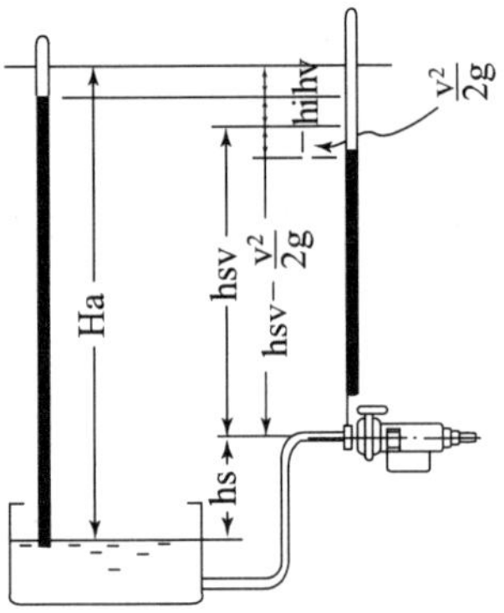

그림 9.8 흡수면에 대기압이 작용하고 있는 경우의 NPSH

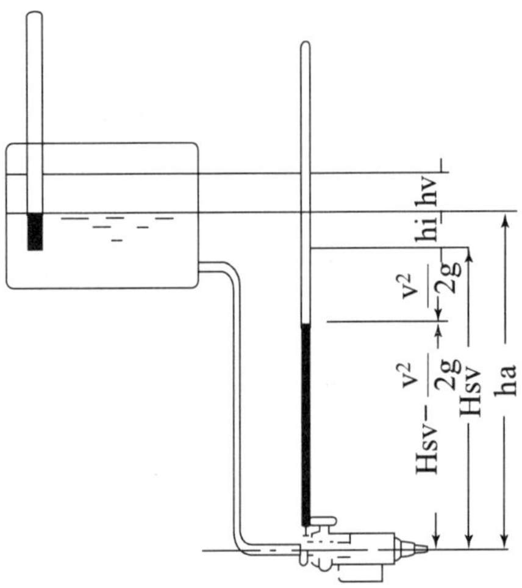

그림 9.9 밀폐흡수조에 포화증기압이 작용하고 있는 경우의 NPSH

(2) 필요유효흡입(NPSH Re)

날개차 입구부근까지 유입해 온 액은 일반적으로 아무래도 압력강하를 일으킨다. 이 부분에 상당하는 액주를 필요유효흡입해드라 하고, 캐비테이션을 방지하기 위해서는 펌프 입구직전에서의 압력을 포화증기압 이상(필요휴효흡입해드$+\alpha$)으로 높게 해 두어야 한다.

따라서 펌프를 안전하게 운전하기 위해서는 항상

$$\text{NPSH av} > \text{NPSH Re}$$

의 관계를 유지해야 한다.

캐비테이션의 위험을 피하기 위해서는 흡입배관을 되도록 굵게 짧게 하고 관부속품을 적게 하여 손실두를 감소하도록 하여야 한다.

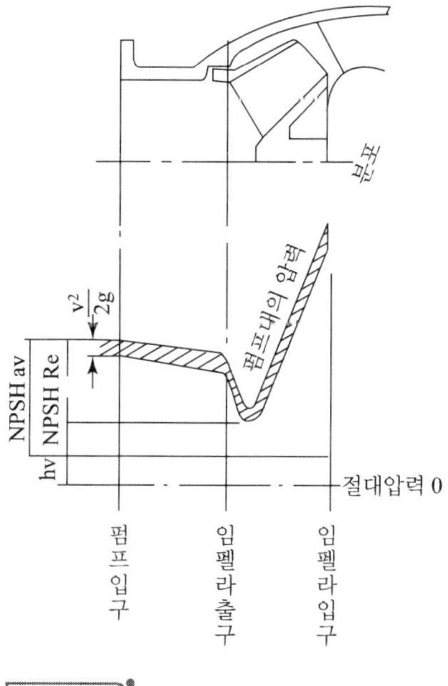

그림 9.10 NPSH av와 NPSH Re와의 관계

9.2.4 수격현상

(1) 수격작용(water hammering)

관속을 충만하게 흐르고 있는 액체의 속도를 급격히 변화시키면 액체에 심한 압력의 변화가 생긴다. 이 현상을 수격작용이라고 한다.

(2) 수관속의 압축파의 전파속도

$$a = \sqrt{\frac{k/\rho}{1+\frac{K}{E}\cdot\frac{D}{\delta}}} \ (\text{m/sec})$$

a : 음속(전파속도)(m/sec)
K : 물의 체적 탄성 계수(kg/m^2)
ρ : 물의 밀도(kg－sec^2/m^2)
E : 관의 종탄성 계수(kg/m^2)
D : 관의 안지름(m)
δ : 관 벽의 두께(m)

(3) 수격 작용의 방지법

① 관내의 유속을 낮게 한다(단, 관의 직경을 크게 할 것).
② 펌프의 fly wheel을 설치하여 펌프의 속도가 급격히 변화하는 것을 막는다.
③ 압력조절 탱크(surge tank)를 배관에 설치한다.
④ 밸브는 펌프 송출구 가까이에 설치하고, 밸브는 적당히 제어한다.

9.2.5 원심펌프의 제반 관계식

(1) 동력 및 효율

① 수동력(Water horse power) : P_w

펌프에 의하여 유체에 실제로 주어지는 동력을 말한다.

$$P_w = \frac{\gamma QH}{75\times 60}(PS)$$

$$P_w = \frac{\gamma QH}{102\times 60}(\text{kw})$$

Q : 유량(m^3/min)
H : 전양정(m)
γ : 액체의 비중량(kg/m^3)

② 축동력과 효율

원동기에 의하여 펌프를 운전하는데 요하는 동력을 축동력(shaft horse power)이라 하면 펌프의 효율(efficiency)은 다음과 같이 표현된다.

• 전효율(η)

$$\eta = \frac{P_w}{P} = \eta_v \cdot \eta_m \cdot \eta_h$$

여기서 L : 축동력

η_v : 체적효율(volumetric efficiency)

η_m : 기계효율(mechanical efficiency)

η_h : 수력효율(hydraulic efficiency)

• 체적효율(h_v)

$$\therefore \ \eta_v = \frac{Q}{Q+\Delta Q}$$

Q : 송출유량

$Q+\Delta Q$: 회전차 속을 지나는 유량

(ΔQ : 펌프내부에서 누설유량)

• 수력효율(η_h)

$$\eta_v = \frac{H}{H_{th}} = \frac{H_{th} - \Delta H_h}{H_{th}}$$

H : 펌프의 실양정

H_{th} : 펌프의 이론 양정

ΔH_h : 수력 손실

• 기계효율(η_m)

$$\therefore \eta_m = \frac{P - P_m}{P}$$

전효율 : $\eta = \eta_v \cdot \eta_m \cdot \eta_h$

$$\frac{P_w}{P} = \frac{Q}{Q+\Delta Q} \times \frac{P-P_m}{P} \times \frac{H}{H_{th}}$$

$P \cdot Q \cdot (P - P_w) \cdot H = P_w \cdot (Q + \Delta Q) \cdot P \cdot H_{th}$

$$\therefore \ P - P_m = \frac{\gamma H_{th}(Q+\Delta Q)}{75 \times 60}(PS)$$

$$\therefore \quad \eta_m = \frac{\gamma H_{th}(Q+\Delta Q)}{(75\times 60)P}$$

Pm : 기계적인 손실동력

• 펌프의 전효율(η)

$$\eta = \eta_m \cdot \eta_v \cdot n_h$$

$$\eta = \frac{P_m}{P} = \frac{\gamma QH}{(75\times 60)P} = \frac{\gamma H_{th}(Q\times \Delta Q)}{(75\times 60)P} \cdot \frac{Q}{Q+\Delta Q} \cdot \frac{H}{H_{th}}$$

(2) 회전수(N)와 관계

$Q_1/Q_2 = N_1/N_2$

$H_1/H_2 = N_1^2/N_2^2$

$P_1/P_2 = N_1^3/N^3$

(3) 비속도(Specific speed)

원심펌프의 여러 형은 비속도 값으로 구별되며 H가 높은 펌프는 비속도가 낮으며 낮은 H의 펌프는 비속도가 크다.

$N_s = \dfrac{NQ^{0.5}}{H^{0.75}}$ N_s는 비속도 임

9.3 가스홀더(Gas Holder)

9.3.1 가스홀더의 기능

① 가스수요의 시간적 변동에 대하여 제조가 순응할 수 없는 가스량을 보급하고 공급을 확보할 것

② 정전, 배관공사 등 제조 및 공급설비의 일시적 지장에 대하여 어느 정도 공급을 확보할 것

③ 조성이 변동하는 제조가스를 받아들여 혼합하고, 공급가스의 성분, 열량, 연소성 등의 성질을 균일화 할 것

④ 가스홀더를 수요지 가까이에 두는 것에 의해 피크시의 가스공장에서의 배관수송량을 보충하는 역할

가스홀더계획에 대하여 제일 중시해야 할 항목은 1항이다. 1일의 가스송출의 시간적 변화를 예시하면 다음과 같다.

평균송출량을 넘는 양에 상당하는 가스는 가스홀더 가동용량으로 보유하여야 하며, 야간에 과잉제조가스를 저장할 수 있다.

시간당 송출량이 제조능력보다 많은 시간(t시간)에 대하여 수급밸런스를 짜면 최대송출량, 최대 제조능력, 가스홀더 가동량과의 관계는 다음과 같다.

$$S \times a = \frac{t}{24} \times M + \Delta H \qquad (5)$$

단, M : 최대제조능력(m^3/day)

S : 최대송출량(m^3/day)

t : 시간당 송출량이 제조능력보다도 많은 시간

a : t시간의 송출율(주간 송출율)

ΔH : 가스홀더 가동용량

$S = M$이라면

(최대송출량 = 최대제조능력)

$a = 0.88$(t시간의 송출율)

$t = 15$(7 ~ 22시)

로 두면,

$$\Delta H = 0.255\, S$$

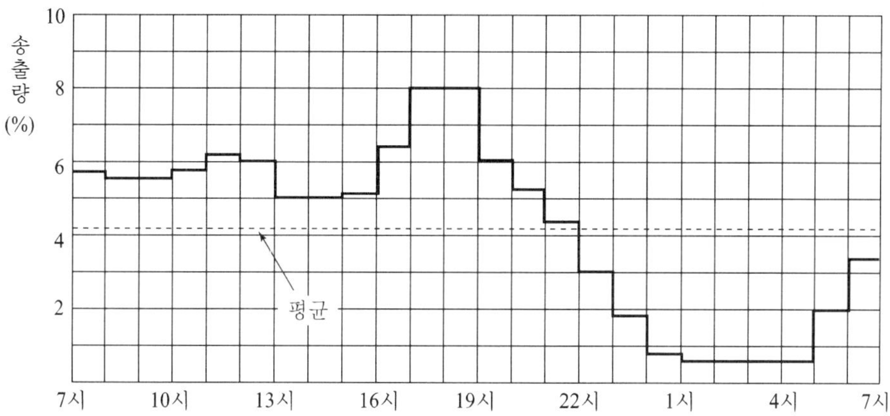

그림 9.11 송출량의 시간적 변화

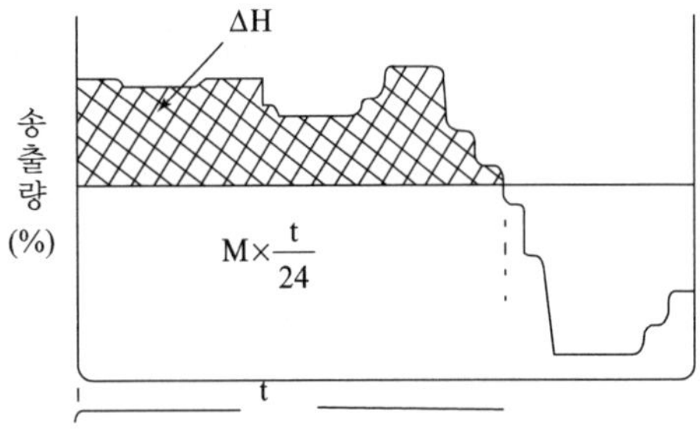

그림 9.12 제조능력과 송출량의 관계

즉, 가스의 제조를 주야 일정하게 한 경우 최대송출량의 약 25%에 상당하는 가스홀더 가동용량을 보유해야 한다. 실제에는 제조 및 공급설비의 일시적 지장을 고려하여 가스홀더의 가동용량은 여유가 있어야 한다.

9.3.2 구형가스홀더

구형가스홀더의 형태는 [그림 9.13]과 같이, 강재를 필요로 한 형태로 Press가공을 한 것을 구형으로 용접해서 조립하여 수평중심에 부착시킨 원통형의 지주로 받치고 있다. 지주는 홀더무게, 풍압, 지진 등의 하중에 대하여 안전하도록 설계한다.

부대설비로는 가스의 출입관, drain, 압력계, 온도계, 안전밸브 그리고 점검작업용으로의 계단, manhole 등을 설치한다. 가스배관과 연결함에 있어서는 온도 그리고 압력의 변화에 의한 홀더자체의 팽창수축 그리고 외력에 의한 홀더의 변위에 대하여서도 출입관의 부착부에 무리가 생기지 않도록 필히 신축을 흡수하는 조치를 강구해야 한다. 구형가스홀더의 용량은 내경 = d, 내압 = p로 한다면 저장할 수 있는 가스량 M은,

$$M = \frac{\pi}{6} d^3 p$$

로 표시된다. 특히 구형홀더는 대기압보다 낮은 압력에 대해서는 약하므로 대기압 이하가 되지 않도록 주의하여야 한다.

예제 2 아래와 같은 구형가스홀더의 유효활용량을 구하시오.

내경 28 m
사용상한압력(최고사용압력) 7 kg/cm^{2}G

하한압력 2 kg/cm^2G

풀이

$$구체의\ 체적 = \frac{4}{3}\cdot\pi\cdot\left(\frac{28}{2}\right)^3 \fallingdotseq 11{,}500\ m^3$$

따라서, 유효활용량 V는

$$V = 11{,}500 \times \frac{7-2}{1.033} = 55{,}700\ m^3\ (1atm = 1.033\ kg/cm^2)$$

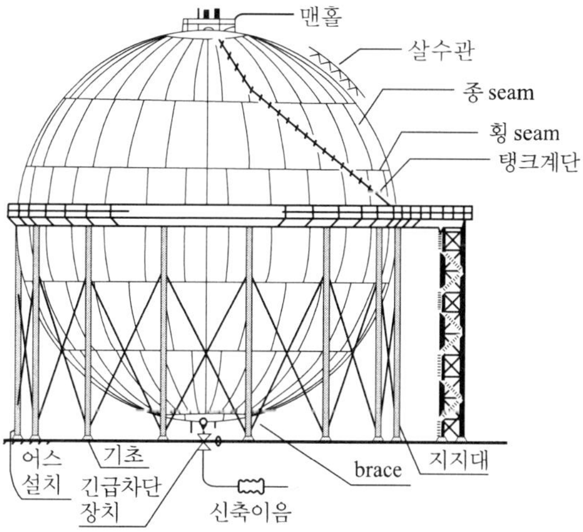

그림 9.13 구형가스홀더

(2) 특징

① 구형은 일정용량의 기체를 저장하는데 가장 합리적인 형이고 표면적이 적기 때문에 다른 가스홀더에 비하여 단위저장 가스량 당 사용강재량이 적다.

② 부지면적과 기초공사비가 적다.

③ 가스를 건조상태로 저장할 수 있다.

④ 가스의 송출에 가스홀더의 압력을 이용할 수 있다.

⑤ 움직이는 부분이 없기 때문에 roller의 간격, seal상황 등의 감시를 필요로 하지 않고 관리가 용이하다.

CHAPTER 10 압력조정과 관리

CHAPTER 10

압력조정과 관리

10.1 LPG 조정기

저장탱크와 용기로부터 연소기에 공급되는 가스압력을 그 연소기구에 맞도록 조정하며 가스소비량에 따라 발생되는 용기 및 저장탱크 내의 압력변화에 대응하여 공급압력을 일정하게 유지하는 장치, 즉 가스조성, 온도, 소비량, 소비시간, 잔류가스량 등의 변화에 따라 감압작용과 정압작용을 동시에 하는 것이 조정기이다.

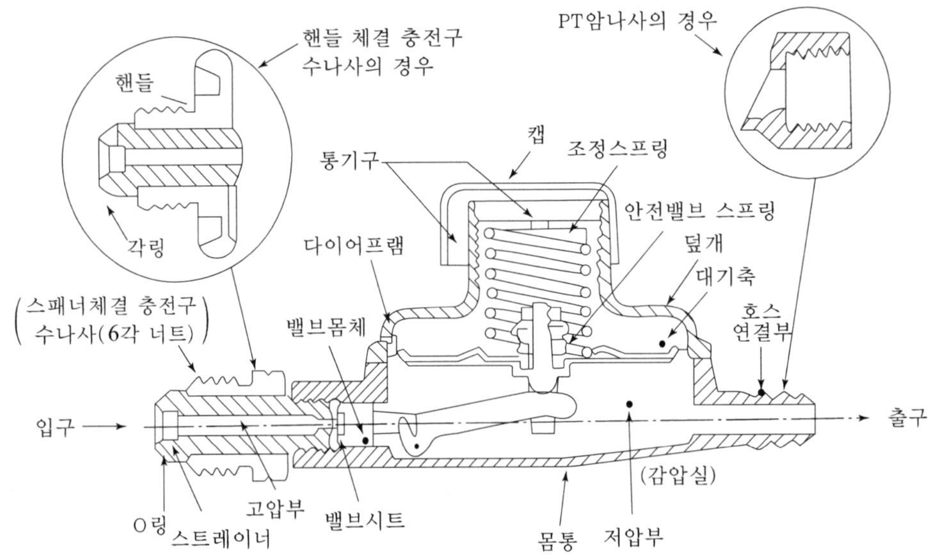

그림 10.1 조정기 각부의 명칭

10.1.1 조정기 개요

(1) 저압 조정기

조정기의 입구는 용기측에, 출구는 연소기측에 접속되며 작동은 먼저 용기의 밸브를 열었을 때 용기내의 가스는 노즐을 통하여 감압실로 들어간다.

이때 조정기의 출입측이 닫혀 있으면 감압실의 가스 압력이 높아지고, 다이어프램을 누르고 있는 스프링의 힘을 이기고 다이어프램은 위로 휘게 되어, 여기에 연결된 레버의 지렛대 역할로 밸브스템이 왼쪽으로 움직여 가스입구 노즐을 폐쇄하므로, 감압실에 이르는 가스유입은 정지되고 감압실의 압력은 그 이상으로 상승하여 최대 폐쇄압력인 350 mmAq 이하로 된다.

가스소비를 시작해서 가스가 조정기 출구로 나오게 되면 감압기의 압력은 내려가고 다이어프램도 아래로 휘게 되어, 여기에 연결되어 있는 레버는 지렛대 역할로 밸브스템이 오른쪽으로 움직여 밸브시트가 열리고 고압측에서 가스가 유입된다.

이와 같이 밸브시트 열림은 다이어프램이 아래로 휘면 커지고, 위로 휘면 작게 열리는 구조이므로 입구압력의 고저 유출량의 다소에 따라 출구압력을 자동으로 밸브시트의 열림 정도에 따라 변화되어 출구압력을 거의 일정하게 유지하는 역할을 한다.

이때의 출구 압력을 조정압력이라 하며 280 ± 50 mmAq 범위에 있어야 한다.

만일, 조정기가 고장이 나서 저압측에 이상 압력이 걸리면 가스의 누수나 공급호스의 파열 등을 일으켜 사고의 원인이 되므로 조정기 저압측에 안전장치가 설치된다. 안전밸브 작동은 조정기의 저압측 압력이 정상의 폐쇄압력 이상 되면 밸브시트는 노즐에 밀착하여 압력이 더욱 상승하려 해도 밸브스템과 같이 움직이는 레버 및 로드는 그 이상 움직일 수 없지만, 압력이 더 이상 올라가면 다이어프램은 안전장치 조정용의 스프링과 압력조정용 스프링의 힘을 이기고 로드와는 관계없이 위로 휘어 로드의 안전밸브시트와 다이어프램 사이에 간격이 생겨 이 간격을 통하여 가스 외부에 방출되므로 출구 압력의 상승을 방지하여 사고를 막는다. 이때의 가스압력을 안전밸브 작동압력이라 하며 700 ± 140 mmAq이다.

조정기 용량은 1시간에 감압할 수 있는 LP가스의 용량을 말하며, 조정기 입구측에 하한 압력을 가하여 측정하고 조정압력이 230 mmAq로 되어 있을 때의 용량상한을 각인한다.

(2) 자동절체식 조정기

자동절체식은 대형인 30 kg/h 이상 소비할 때 사용하는 일체형 절체부가 2개 있는 것과 소형인 30 kg/h 이하에 사용하는 절체부가 1개 있는 것이 있으며, 이것은 사용측 용기와 예비측 용기를 각각 접속시켜 놓고, 사용측 용기와 예비측 용기 양쪽의 밸브를 열어 가스를 사용할 때에 사용측 용기의 압력이 일정한 압력(0.7 ~ 0.4 kg/cm^2) 이하로 내려가면 사용측 용기에서 공급되는 가스만으로는 소요의 소비량을 충족시키지 못하게 되므로 자동적으로 예비측 용기에서 가스가 공급되어 소비량을 만족하게 되는 방식이다. 용기 교환을 할 때는 사용측으로 되어 있는 상태에서 용기를 교환하면 가스가 분출하므로, 전환레버나 교체나사를 조작하여 예비측 용기에서 계속 소비되게 한 후 시그널이 백색으로 된 것을 확인하고서 다 쓴 용기와 교환하도록 하는 것이 필요하다.

표 10.1 조정기의 종류 및 성능

종 류 / 규 격		1단 감압식		2단 감압식		자동 절체식	
		저압조정기	준저압조정기	2단1차용조정기	2단2차용조정기	분리형조정기	일체형조정기
입구압력(kg/cm^2)		07 ~ 15.6	1.0 ~ 15.6	1.0 ~ 15.6	0.25 ~ 3.5	1.0 ~ 15.6	1.0 ~ 15.6
출구압력		280 ± 50 mmAq	참고 1참조	0.7±1.3kg/cm^2	280 ± 50 mmAq	0.32 ~ 0.83 kg/cm^2	280 ± 50 mmAq
안전장치 작동압력 (mmAq)		700 ± 140	–	–	700 ± 140	–	700 ± 140
최대폐쇄압력		350 mmAq	–	–	350 mmAq	0.95 kg/cm^2	350 mmAq
내압시험	입구측	26 이상	26 이상	26 이상	8 이상	26 이상	26 이상
	출구측	3 이상	3 이상	8 이상	8 이상	8 이상	3 이상
기밀시험	입구측	15.6 kg/cm^2 이상	15.6 kg/cm^2 이상	15.6 kg/cm^2 이상	3.5 kg/cm^2 이상	15.6 kg/cm^2 이상	15.6 kg/cm^2 이상
	출구	550 mmAq 이상	–	3 kg/cm^2 이상	550 mmAq 이상	3 kg/cm^2 이상	550 mmAq 이상
참고 1, 표준압(mmAq)		600 ± 100, 1000 ± 200, 1500 ± 300, 2000 ± 400, 2500 ± 500					

10.1.2 LPG조정기의 설치 방법

(1) 1단 감압식 조정기

가장 많이 사용되는 것이며 한 번의 조정으로 0,7 ~ 15.6 kg/cm^2의 압력을 280 ± 50 mmAq로 감압하는 일반 가정용과 같은 저압조정기와 대중 음식점에 사용하는 것으로 1 ~ 15.6 kg/cm^2을 500 ~ 3,000 mmAq로 감압하는 연소기구 전용 조정기인 준저압조정기가 있다.

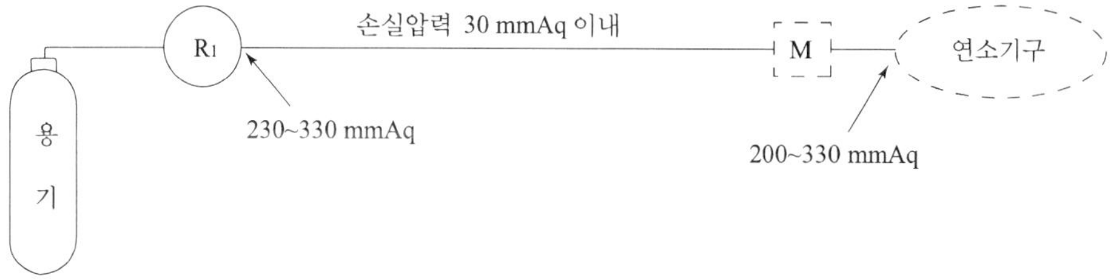

그림 10.2 1단 감압식 조정기

(2) 2단 감압식 조정기

1차감압으로 배관을 통하여 중앙으로 감압하고 배관 말단에서 다시 2차 감압을 하여 각 연소기구에 적당한 압력으로 LPG를 공급하는데 사용하는 조정기로, 고층건물과 같이 고저차가 큰 경우에 입상배관에 의한 압력을 작게 하여 공급압력을 안정시키는데 적합하며, 조정기내의 압력이 높은 경우에는 조정기의 동결방지에 유리하다. 2단 감압식의 1차 조정기를 중압조정기라 하며 입구압력이 1 ~ 15.6 kg/cm^2, 출구압력이 0.57 ~ 0.83 kg/cm^2 정도이고, 2단 감압식의 2차 조정기는 입구 압력이 0.25 ~ 3.5 kg/cm^2, 출구압력이 230 ~ 330 mmAq이다.

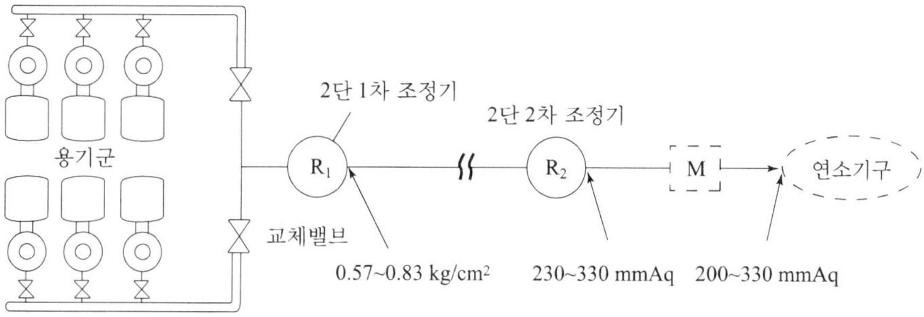

그림 10.3 2단 감압식 조정기

(3) 자동질세 조정기

2단 감압방식으로 용기가 사용측과 예비측 2개군으로 양쪽에 연결되어 있어 사용측의 압력이 낮아져서 사용측만으로는 소요의 가스소비량을 부담할 수 없는 경우에 자동적으로 예비측 용기군으로 전환되어 가스공급이 계속 되게 하는 것이다.

자동 절체식의 특징은

① 사용측과 예비측의 교체가 자동이므로 수동교체의 불편함이 없어지고
② 교체시기를 놓쳤을 때 가스공급이 중단되는 것을 방지하고
③ 잔액이 극히 적게 될 때까지 소비되어 용기수를 적게 할 수 있다. 즉, 자동절체식 조정기의 사용측 입구압력이 1.0 kg/cm^2 미만일 경우, 예비측으로 전환되면서 사용측의 용기내 가스압력이 0.5 kg/cm^2 까지 사용할 수 있다.

2단 감압식의 자동교체 기능과 1차 감압의 기능을 겸한 1차용 조정기인 자동교체식 분리형은 중압으로 배관에 가스를 보내므로 중압공급의 이점이 있으며, 각 말단에는 2차 조정기가 필요하고 자동절체식 일체형은 2차측 조정기가 1차측 출구에 직접 연결되므로 출구압력은 저압이다.

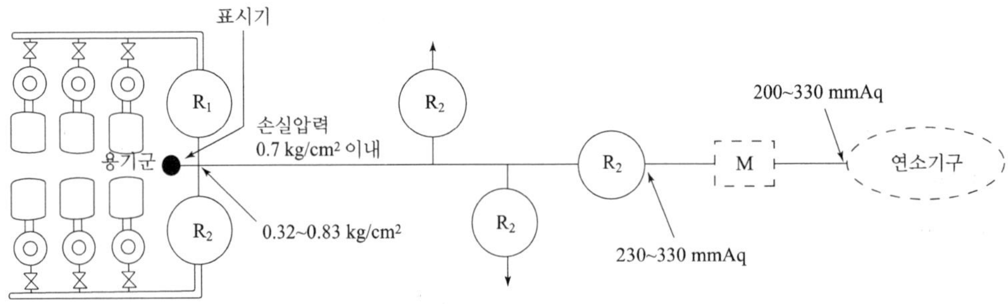

그림 10.4 자동절체식 분리형 설치

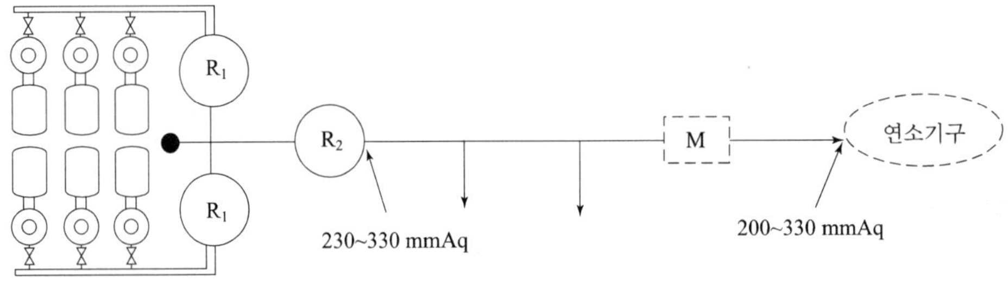

그림 10.5 자동절체식 일체형 설치

10.2 정압기(Governor)와 관리

배관의 유효이용 및 수송능력 증대 때문에 고・중압수송방식이 채용되는 일이 많지만, 일반적으로 가스의 사용압력이 극히 제한된 압력영역에 있으므로, 고압에서 중압 A, 중압 A에서 중압 B 또는 저압, 중압 B에서 저압으로 압력을 정압할 필요가 있다. 이 목적을 위하여 사용하는 것이 정압기(가버너)이다.

정압기는 가스가 통과할 배관의 도중에 설치하여 2차압력을 신호원하거나, 일차압력 또는 2차압력을 구동력원으로서 작동하는 자동압력조절 valve, 1차압력 및 부하유량의 변동이 관계없이 2차압력을 일정하게 유지시키는 기능을 갖고 있다.

10.2.1 정압기의 원리

정압기에는 직동식과 파이롯트식이 있으며 파이롯트식에는 구동압력이 증대하면 열림이 감소하는 형(unloading형)과 구동압력이 증대하면 열림이 증대하는 형(loading형)이 있다.

10.2.2 기본구조

정압기의 기본구조는 [그림 10.6]과 같이 다이어프램, 스프링(또는 웨이트) 및 메인밸브(조정밸브)에서 이루어지고 있으며 각 역할은 다음과 같다.

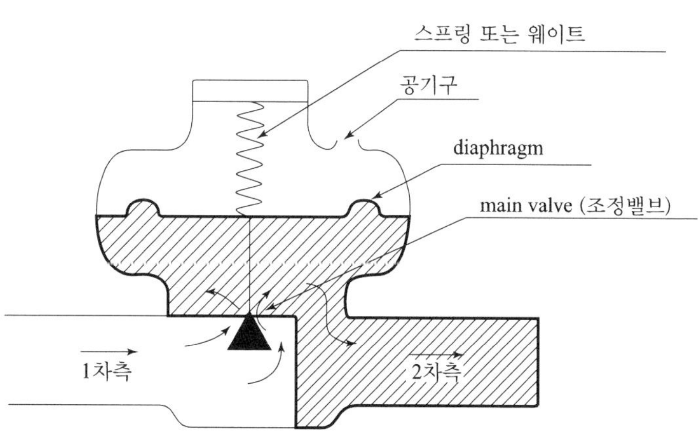

그림 10.6 정압기의 기본구조(직동식 정압기)

① 다이어프램(diaphrapm)

2차압력을 감지하여 그 2차압력의 변동을 매인밸브에 전하는 부분

② 스프링(또는 웨이트)

조정되어야 할 압력(2차압력)을 설정한 부분

③ 메인밸브(조정 valve)

가스의 유량을 그 열림에 의해서 직접 조정하는 부분

10.2.3 작동원리

(1) 직동식조정기

직동식조정기의 작동원리는 정압기의 작동원리의 기본이 된다.

[그림 10.6]을 바탕으로 중요한 작동 버턴의 작동원리를 아래에 제시한다.

① 2차압력(구동압력)이 설정압력으로 되어있는 경우(평형상태)

다이어프램에 걸리는 2차압력과 스프링의 힘이 배합하여 있기 때문에 메인밸브는 움직이지 않고, 일정량의 가스가 메인밸브를 경유하여 2차측에 흐른다.

② 2차압력이 설정압력 이상이 되는 경우

2차측의 사용량이 감소하면 2차압력과 설정압력 이상으로 상승하지만 이 경우, 다이어프램을 밀어 올리는 힘이 스프링의 힘을 능가하여 다이어프램의 직결한 메인밸브를 위쪽으로 움직여서 가스의 유량을 제한함으로써 2차압력을 설정압력에 되돌릴 수 있도록 한다.

③ 2차압력이 설정압력 이하일 경우

2차측의 사용량이 증가하면 2차압력이 설정압력 이하로 되어 스프링의 힘이 다이어프램에 연결된 메인밸브를 아래로 밀어서 가스의 유량을 증가시켜 2차압력을 설정압력이 될 때까지 작동한다.

(2) 파이롯트식 언로-딩형 정압기

이 정압기는 기본적으로 [그림 10.7]과 같이, 직동식의 본체 및 직동식의 파이롯트로 되어 있다.

중요한 작동형태와 다음에 아래에 제시한다.

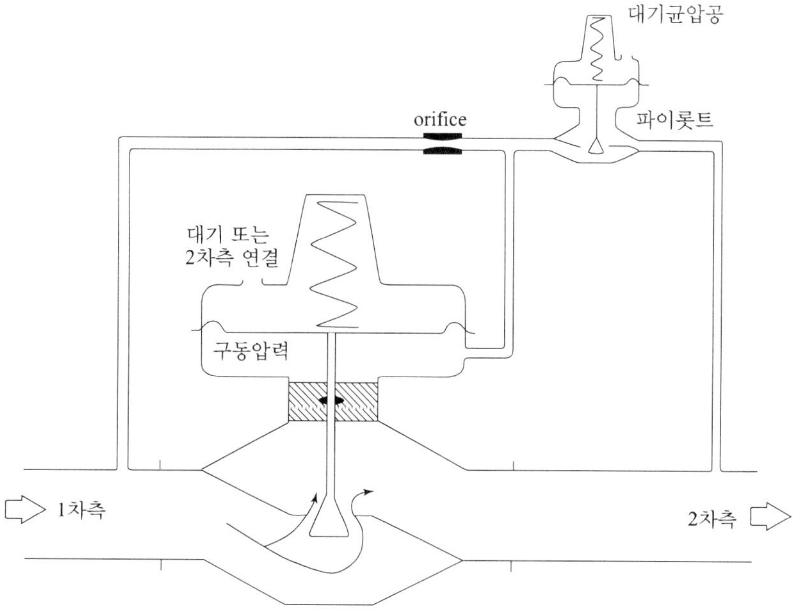

그림 10.7 파이롯트 식 Unloading형 정압기의 모형도

① 2차압력이 설정압력으로 되어 있을 경우(평형상태)

파이롯트 다이어프램에 걸리는 2차압력과 파이롯트 스프링의 힘이 균형잡혀 있기 때문에 파이롯트 밸브는 움직이지 않고 파이롯트에 일정량의 가스가 흐른다. 이 때문에, 구동압력은 일정하지만 본체 다이어프램에 걸리는 압력과 본체 스프링의 힘이 균형잡혀 있어 본체 밸브도 움직이지 않고, 일정량의 가스가 본체 밸브를 경유하여 2차측으로 흐른다.

② 2차압력이 설정압력 이상으로 된 경우

2차측 사용량이 감소하면 2차압력이 설정압력 이상으로 상승하지만, 이 경우 파이롯트 다이어프램을 밀어 올리는 힘이 파이롯트 스프링의 힘을 능가하고, 파이롯트 밸브를 위쪽으로 움직여서 파이롯트를 흐르는 가스의 유량을 제한한다. 이에 따라 구동압력이 상승하여 본체 다이어프램을 밀어 올리는 힘이 본체 스프링의 힘을 능가하여 본체 밸브를 위쪽으로 움직이고, 가스의 유량을 제한하여, 2차압력을 설정압력으로 돌리도록 작동한다.

③ 2차압력이 설정압력 이하인 경우

2차측 사용량이 증가하면 2차압력이 설정압력 이하로 내려가고, 이 경우 파이롯트 스프링의 힘이 파이롯트 다이어프램을 밀어 올린 힘을 능가하여, 파이롯트 밸블를 아래쪽으로 내려 파이롯트계를 흐르는 가스의 유량을 증가시킨다. 이때, 1차압력은 오리피스에 의해서 제한되어 있기 때무에 구동압력이 떨어져 본체 스프링의 힘이 본체 다이어프램을 밀어 올리는 힘을 능가하여, 본체밸브를 아래로 내려 가스의 유량을 증가시켜서 2차압력을 설정압력까지 회복토록 작동한다.

10.2.4 정압기의 특성

정압기를 평가 · 선정하는 경우, 다음의 각 특성이 그 대상이 된다.

- 정특성(offset, lock up 및 shift)
- 동특성(응답속도 및 안전성)
- 유량측정
- 사용최대차압 및 작동 최소 차압

이들의 각 특성이 사용조건에 적합하도록 정압기를 선정할 필요가 있다.

(1) 정특성(offset, lock up 및 shift)

정압기의 정특성이란 정상상태에 있어서 유량과 2차압력의 관계를 말하며 [그림 10.8]에 나타내었다.

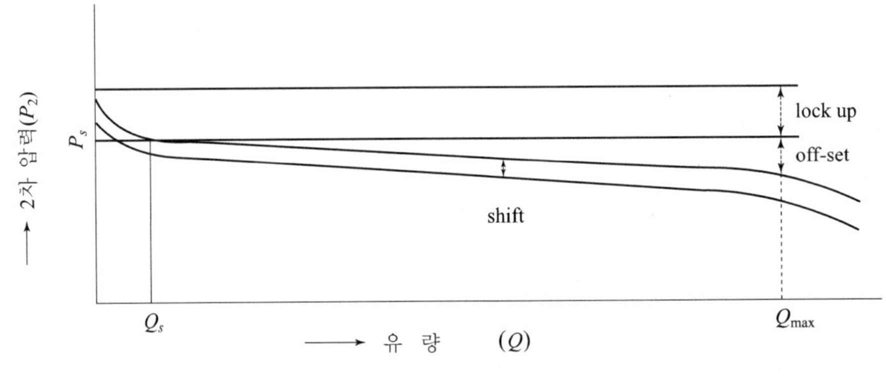

그림 10.8 정특성선도

정특성은 일반적으로 기준유량 Q_s 시에 2차압력 P_s에 설정했다고 할 때, 유량이 변화하는 경우에 2차압력의 P_s에서의 간격을 오프 세트라 하고, 유량이 0으로 되었을 때의 절체압력과 P_s의 차를 록크 업이라 한다. 또 1차압력들의 변화에 의하여 정압곡선과 전체적으로 어긋난다는 것을 시프트라 한다.

일반적으로 이 오프세트, 록크업 및 시프트 다 적은 것이 좋다.

(2) 동특성(응답속도 및 안정성)

동특성은 부하변동의 큰 곳에서 사용되는 정압기에 의하여 중요한 특성이 부하변동에 대한 응답의 민감성과 안정성이 모두 요구된다. [그림 10.8]에 동특성을 정성적으로 제시한다.

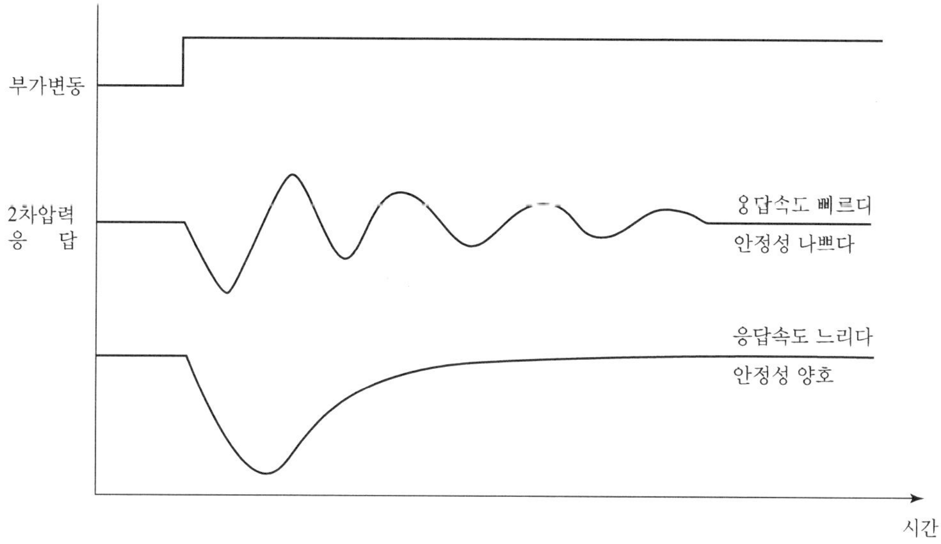

그림 10.9 부하변동에 대한 2차압력의 응답

(3) 유량특성

정압기의 유량특성이란 [그림 10.3]에 제시하도록 main valve 열림(스드로크 또는 리프트)과 유량의 관계를 말하며 다음의 3종의 특성이 있는 것이 많이 사용되고 있다.

① 직선형(1차형)

(유량) = K × (열림)의 관계에 있는 것이고, 메인밸브 개구부의 형상이 강방형의 slit로 되어 있는 경우에 생기고, 열림에서 유량을 파악하기 쉽다.

② 2차형

(유량) = K × (열림)^{2}의 관계에 있는 것인데, 메인밸브 개구부의 형상이 삼각형, 즉 노치로 되어 있을 경우에 생기고 서서히 유량을 증가하는 형으로 비교적 안전성이 좋다.

③ 평방근형(유량) = K × (열림)$^{1/2}$의 관계에 있는 것으로, 개구부형상이 접시형의 메인밸브의 경우이며, 빨리 열고 닫는 형의 경우에 사용된다. 따라서 위의 것과 비교하여 안전성이 좋지 않다.

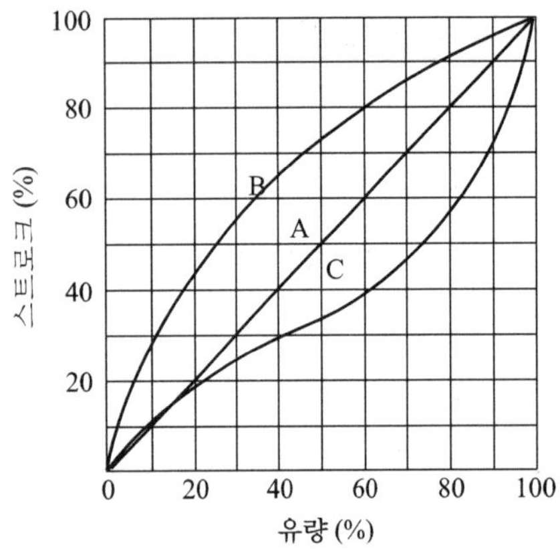

그림 10.10 메인밸브의 유량특성

(4) 사용최대차압

메인밸브에는 1차압력과 2차압력의 차압이 작용하여 정압성 등에 영향을 주지만, 이것이 실용적으로 사용되는 범위에서 최대로 되었을 때의 차압을 사용최대차압이라 한다.

(5) 작동최소차압

파이롯트식의 정압기에서 2차압력을 신호로 하여 1차압력에서 구동압력을 얻어 작동하고 있다. 이 때문에 구동압력은 2차압력보다도 높아진다. 파이롯트식 언로-딩형 정압기에 있어서는 전부 닫힐 때에 구동압력이 가장 높게 되기 때문에 이 구동압력 이상의 1차압력이 없으면 닫힘 불능이 된다. 또 파이롯트식 로딩형 정압기에 있어서는 전부 열릴 때 구동압력이 가장 높이 되기 때문에, 이 구동압력 이상의 1차압력이 없으면 전부 열림이 불가능하게 된다.

이처럼, 1차압력과 2차압력의 차압이 어느 정도 이상이어야 파이롯트식 정압기는 작동하게 되며, 이 최소치를 작동최소차압이라 한다. 직동식 정압기로는 2차압력을 구동 압력으로 하기 때문에, 작동최소압은 고려할 필요가 없다.

표 10.2 직동식과 파이롯트식의 특성상의 비교

<table>
<tr><th colspan="2"></th><th>직 동 식</th><th>파 이 롯 트 식</th></tr>
<tr><td rowspan="2">정
특
성</td><td>off set</td><td>• 2차압력을 신호겸구동압력으로서 이용하기 때문에 off-set이 크게 된다.
• 1차압력이 변화하면 메인 밸브의 평형위치가 변화하기 때문에 2차압력도 shift 한다.</td><td>• 파이롯트식으로 2차압력의 작은 변화를 증폭하여 메인가바나를 작동하기 때문에 오프세트는 작아진다.
• 기본적으로 일차압력변화의 영향은 작지만, 파이롯트로의 입구압력을 일정케 하는 연구를 함으로써, 1차압력이 변화하여도 2차압력이 거의 shift하지 않도록 할 수 있다.</td></tr>
<tr><td>lock up</td><td>• 2차압력을 전체압으로서 이용하니까 록 업은 크게 된다.</td><td>• off set과 같은 이유로 록업을 작게 누를 수가 있다.</td></tr>
<tr><td rowspan="2">동
특
성</td><td>응답특성</td><td>• 파이롯트식으로 하여 신호계 등이 단순하니까 응답속도가 빠르다.</td><td>• 응답특성은 약간 늦게 되지만 기종에 의하여는 상당히 빠른 것도 있다.</td></tr>
<tr><td>안 정 성</td><td>• 스프링제어식의 것에는 상당한 안정성을 확보할 수 있다.</td><td>• 직동식보다는 안정성은 좋은 것이 많으니, 웨이트제어식 것은 안정성이 없다.</td></tr>
<tr><td colspan="2">적 용</td><td>• 소용량이고, 요구유량제어범위가 좁은 경우에 이용할 수 있다.
• 저차압으로 사용하는 경우에 적합하다.</td><td>• 제어식이고, 요구유량제어범위가 넓은 경우에 적합하다.
• 높은 압력제어정밀도가 요구되는 경우에 적합하다.</td></tr>
</table>

10.2.5 정압기의 종류

정압기의 종류에는 여러 가지 있지만, 지역정압기로서 일반적으로 사용되고 있는 것을, [표 10.3]에 나타내었다.

[표 10.3]에 제시하는 것은 모두 파이롯트식인 것이지만, 소규모의 공급용으로 서비스가 버너로 불리는 직동식 정압기가 사용될 수 있다. 여기에서, 가장 일반적인 Fisher식, Axial flow식, Reynold식의 각 정압기에 대하여 설명한다.

표 10.3 정압기의 종류

종 류	특 징	사 용 압 력
Fisher 식	• loading 형 • 정특성, 동특성이 모두 좋다. • 비교적 콤팩트 하다.	• 고압 → 중압 A • 중압 A → 중압 A, 중압 B • 중압 A, 중압 B → 저압
Axial flow 식 (AFV식)	• 변칙 unloading 형 • 정특성, 동특성 모두 좋다 • 고차압이 될 정도 특성이 좋다. • 극히 콤팩트하다.	Fisher식과 같다.
레이놀드 식	• unloding 형 • 정특성은 좋지만 안정성이 없다. • 다른 것에 비하여 크다.	• 중압 B → 저압 • 저압 → 저압
KRF 식	레이놀드식과 같다.	레이놀드식과 같다.

(1) 레이놀드식 정압기

정압기 본체는 부좌밸브로 되어있고, 상부에 다이어프램이 있다. 이 다이어프램의 아래측에는 2차압이 인도되어 있어, 2차압 제어기구는 중압보조 가버너, 저압보조 가버너 및 다이어프램을 갖는 auxiliary－ball로 구성되어 있다.

Aux－ball의 다이어프램의 변동을 메인밸브에 전하는 레바와 거리막대와 연결되어 있다. 레이놀드 정압기의 2차 압력제어는 파이롯트식 언로딩형 정압기의 작동원리와 같으며 여기에 구체적으로 제시한다.

2차측의 가버너는 전혀 없을 때는 저압보조가버너는 닫혀있는 상태이고, 중압보조 가버너는 구동압력(중간압력)으로서 450 ~ 500 mmH_2O으로 설정되어 있기 때문에, 이 압력이 조정환경유로 aux－ball의 다이어프램 아래쪽에 가해져, 레바를 밀어 올려서 메인밸브를 꽉 닫고 있다. 2차측의 부하가 발생하여 2차 압력이 저하할 때 저압보조 가버너가 작동하여 aux－ball 내의 가스가 2차측에 흐리기 시작한다. 이때, 중압보조 가버너도 작동하기 시작하지만, aux－ball과의 사이에 니들밸브에 의한 조리개가 있고, 유량이 제한되어 있기 때문에 관의 중간압력이 저하하여, aux－balld의 다이어프램이 하강하여 레바를 내려 메인밸브가 열린다. 부하가 감소하여 2차압력이 상승하면 저압보조가 가버너의 열림이 적어지거나 닫히고 중간압력이 상승해서 메인밸브의 열림을 줄이게 된다. 2차압력의 설정은 저압보조 가버너에 실은 작은 weight의 수로 조절한다.

이상의 작동상황을 flow chart로 만든 것이 [표 10.4]이다.

표 10.4 레이놀드식 정압기 작동상황 flow chart

항 목	상 황		비 고
수요가의 가스사용상황	사용량 증가	사용량 감소	
2차 압력	↓ 저 하	↓ 상 승	
저압보조가버너의 열림	↓ 증 대	↓ 감 소	
중 간 압 력	↓ 저 하 한 다	↓ 높 아 진 다	설정압력은 웨이트로 소절
auxiliary ball 내의 다이어프램을 밀어 올리는 힘	↓ 강 해 진 다	↓ 약 해 진 다	설정압력은 450 ~ 500 mmH_2O
aux−ball 내의 다이어프램의 위치	↓ 내 려 진 다	↓ 올 라 간 다	주・보조 웨이트량으로 조정
달아매는 막대, 레바−main valve의 위치	↓ 내 려 간 다	↓ 오 른 다	
메인 밸브의 열림	↓ 증 대	↓ 감 소	

(2) Fisher식 정압기

Double port type(복좌 밸브)인 것과 Single Port type(blance형 단좌 밸브)인 것이 있으며 작동원리는 같다. 파이롯트식 로딩형 정압기의 작동원리이고 닫힘 방향의 응답성이 좋도록 개량된 것이며, 구체적으로 다음과 같다.

2차측의 부하가 전혀 없을 때에는 2차압력이 상승하고 파이롯트의 공급 valve가 닫히고 배출 valve는 열려, 다이어프램의 구동압력이 저하하므로 메인밸브는 스프링의 힘에 의하여 닫혀 있다.

2차측으로 부하가 발생하여 2차압력이 저하하면, 2차압력조정관에 연결되어 있는 파이롯트 상부의 압력이 내려간다.

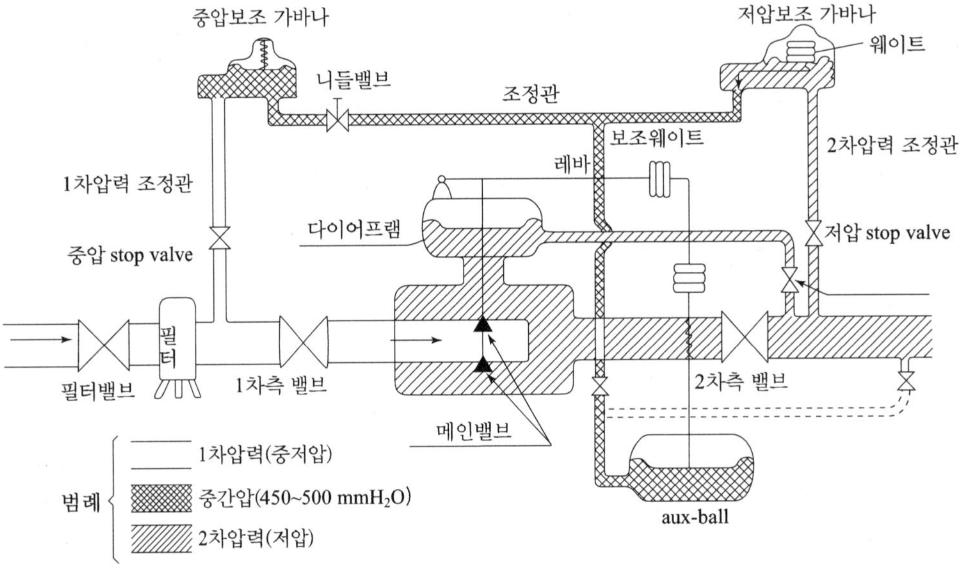

그림 10.11 레이놀드식 정압기

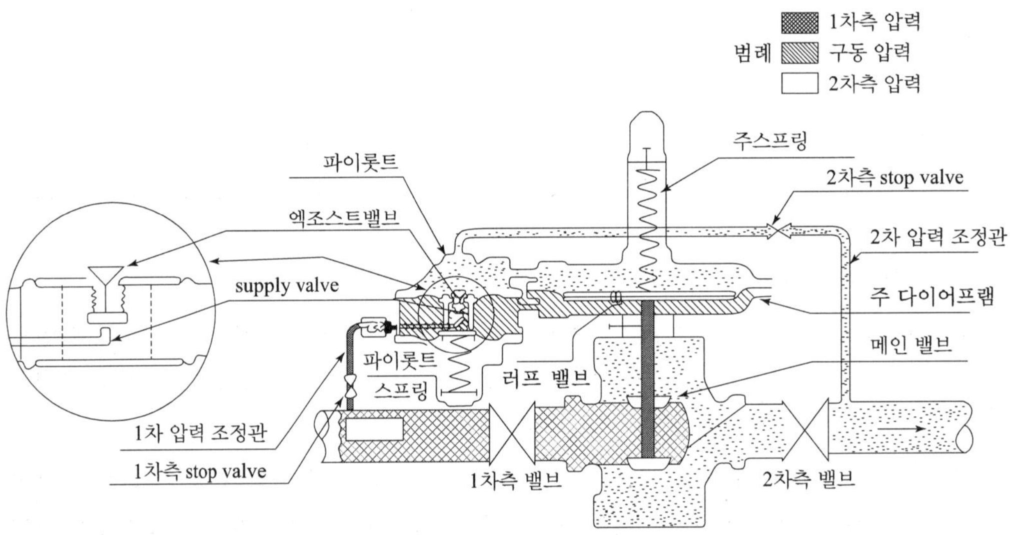

그림 10.12 Fisher식 정압기 (double port type)

표 10.5 Fisher 조정기 작동상황 flow-chart

항 목	상 황		비 고
수요가의 가스 사용상황	사용량 증가	사용량 감소	
2 차 압 력	↓ 저 하	↓ 상 승	
파이롯트 다이어프램	↓ 오른다	↓ 내린다	정압기 2차압력의 설정은 스프링의 조정으로 한다.
배 출 밸 브 공 급 밸 브	↓ 닫쳐진다 열린다	↓ 열린다 닫쳐진다	
구 동 압 력	↓ 내려진다	↓ 저 하	
메 인 밸 브	↓ 열 린 다	↓ 닫쳐진다	

이때 파이롯트 하부의 스피링이 움직여 파이롯트 다이어프램을 위로 밀어 올린다. 이로서, valve가 열림과 동시에 배출 valve는 막히고, 1차측 압력이 공급valve에서 본체 다이어프램 하부에 전달되어 구동압력이 상승하고, 정압기본체의 스프링의 힘을 능가해 메인밸브를 위쪽으로 밀어 올려서 가스는 메인밸브에서 2차측으로 흘러 유량이 증가 된다.

부하가 감소하여 2차압력이 상승하면 파이롯트 2차압력부도 높아져, 파이롯트스프링의 힘을 능가하여 파이롯트 다이어프램을 밑으로 밀어 내린다. 그러면 공급 valve가 닫혀짐과 동시에 배출 valve가 열려 다이어프램 하부의 압력이 2차측으로 흘러가 구동압력이 저하하므로, 메인밸브는 본체 스프링의 힘에 의하여 닫혀지고 가스는 2차측으로 흐르지 않게 된다.

이상의 작동상황을 flow chart로 한 것이 [표 10.5]이다.

(3) Axial-flow식 정압기(AFV식)

[그림 10.13]에서와 같이, 다이어프램과 메인밸브를 고무슬리브 한 장으로 공용하는 매우 콤팩트한 정압기이다.

작동원리는 2차측의 부하가 전혀 없을 때에는 2차압력이 상승하여 파이롯트 다이어프램이 밑쪽으로 밀어 내려지고, 파이롯트 밸브가 닫힌다. 그러면 1차압력이 고무슬리브와 body 사이에 유입되어 고무슬리브 상류측과의 차압이 없어지고, 고무슬리브는 수축하여 게이지에 밀착한다. 이로 인해서 고무슬리브는 하류측에서 1차압력과 2차압력의 차압을 받아 가스를 완전히 차단한다.

2차측에 부하가 발생하여 2차압력이 저하하면 파이롯트 스프링이 작동하여 파이롯트 다이어프램을 위쪽으로 밀어올린다. 이로 인하여, 파이롯트 밸브가 열려 구동압력이 2차측으로 빠져나간다. 이때, 1차측에서 가스가 흘러들지만 조리개로 제한되어 있어 구동압력이 저하하기 때문에 고무슬리브 내외에 압력치가 생겨 고무슬리브가 외측으로 확장되어 가스가 흐른다.

부하가 감소하여 2차압력이 상승하면 파이롯트 다이어프램이 밑으로 밀어내려져 파이롯트밸브의 열림가 감소하여 구동압력의 흐름이 작게 되기 때문에 구동압력이 상승한다. 이로서, 고무슬리브 내외의 차압이 줄고 고무슬리브가 수축하므로 가스유로가 축소되어 가스량이 감소한다.

이상의 작동상황을 flow－chart로 한 것이 [표 10.6]이다.

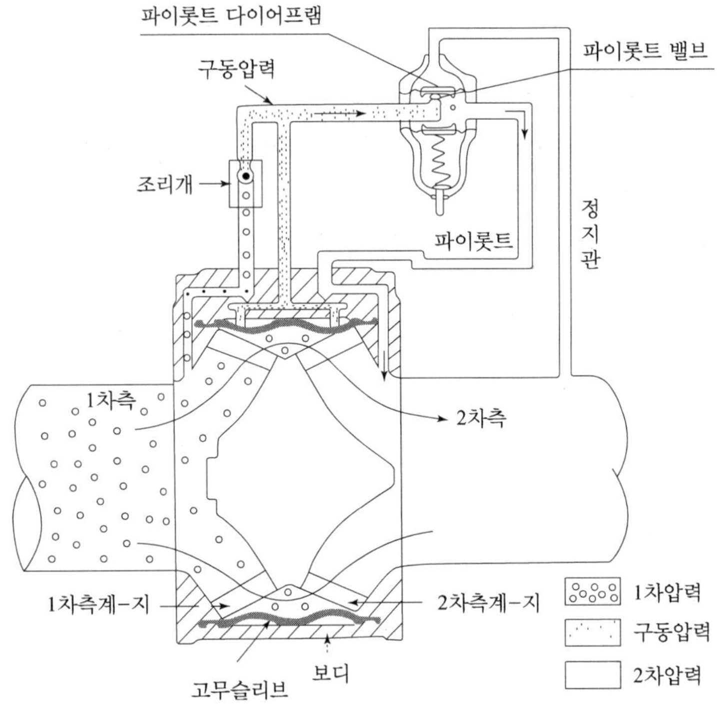

그림 10.13 Axial－flow(AFV)식 정압기

표 10.6 천연가스의 조성

항 목	상 황		비 고
수요가의 가스사용상황	사용량 증가	사용량 감소	정압기 2차압력의 설정은 스프링의 조정으로 한다.
2 차 압 력	↓ 저 하	↓ 상 승	
파이롯트밸브의 열림	↓ 증 대	↓ 감 소	
구 동 압 력	↓ 저 하	↓ 상 승	
고무슬리브의 열림 (sleeve)	↓ 증 대	↓ 감 소	

10.2.6 정압기 설치상의 유의점

(1) 1차 압력, 2차압력의 범위

① 정압기의 내압성능 및 사용최대 차압

최고 1차압력이 정압기의 설계압력 이하로 되도록 선정한다. 이에 따라서, 사용최대차압도 설계압력 범위내로 한다.

② 작동최소차압

파이롯트식 정압기에 대하여는 최저 1차압력과 최고 2차압력의 차압이 정압기의 작동최소차압보다도 크게 되도록 선정한다.

최저 1차압력과 2차압력까지 저하하는 곳에 사용하는 정압기에는 직동식 정압기를 선정한다.

③ 2차압력 설정범위

스프링제어식의 정압기를 사용하는 경우는 필요한 2차압력 설정범위에 적합한 스프링을 사용한다. 2차압력 설정범위가 넓은 경우는 한 종류의 스프링으로 조정하면 특성이 악화되기 때문에 설정범위에 맞게 스프링을 교환한다.

(2) 가스의 성분

정압기에는 다이어프램, 쉬프트패킹 등 합성고무의 부품을 다수 사용하지만, 가스성분에 의해서는 사용될 수 없는 것이 있기 때문에 주의가 필요하다.

(3) 용도

정압기는 대규모지역, 소규모지역, 전용 등 여러 가지의 용도에 사용된다. 용도와 정압기구조가 일치하지 않으면 여러 가지 모순이 생긴다.

① 대규모지역 정압기로서 사용하는 경우

장거리의 긴 배관을 사용하여 다수의 수요가에 가스를 공급하도록 off set이 큰 정압기를 사용하면 배관투자가 크게 되니까 되도록 off set 및 lock up의 적은 정특성의 우수한 정압기를 선정한다.

더욱이 (배관용량이 크기 때문에) 부하변동이 완만하게 동특성에 대해서는 그다지 문제가 되지 않는다.

② 소규모 지역정압기로서 사용하는 경우

①의 경우를 소규모로 한 것이라 생각되기 때문에 ①의 경우보다도 동특성이 우수한 정압기를 선정할 필요가 있다.

③ 전용정압기로서 사용하는 경우

이것은 단독 사용자에 가스를 공급하는 경우이며, 특수한 경우를 제외하면 배관길이도 짧아, 부하변동이 심한 경우가 많으므로, 동특성이 우수한 정압기를 사용해야 한다.

그러나 이것을 정압기의 동특성 향상만으로 대치함에는 한도가 있고, 오히려 가스의 사용 후에 있어 부하변동이 심하게 생기지 않도록 대책을 강구하는 쪽이 근본적인 해결책이 될 것이다.

(4) 배관상의 유의점

① 정압기의 1차측배관

1차측의 배관이 정압기의 성능에 영향을 주는 내용으로서는 정압기직전의 압력을 소요압력 이상으로 확보할 수 있는가 하는 문제가 있다.

정압기 1차측에는 정압기 사고를 방지하기 위한 목적으로 필터가 설치되지만, 이에 의한 압력손실에 관하여 특히 주의하지 않으면 안된다.

② 정압기 2차측 배관

2차측 배관에서 파이롯트계의 압력조정관에 대하여 그 취출위치, 길이, 관경 등을 적정히 결정하지 않으면 정압기의 특성을 살릴 수가 없다.

③ By pass관

정압기를 설치한 경우에는 분해점검 등에 의해 정압기를 정지시킬 때 계속 가스를 공급하기 위해 By pass 배관을 설치해야 한다. 단, 개별로 작동하는 정압기를 2개 병행설치 했을 경우에는 필요하지 않다.

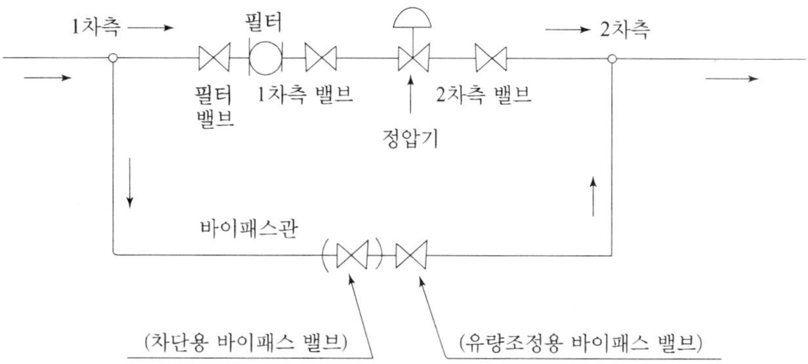

그림 10.14 정압기 바이패스 관설치

바이패스관의 크기는 유량, 압력, 바이패스관의 길이 등으로 결정된다. 또, 유량조정용바이패스 밸브는 조작이 용이한 스톱밸브(볼밸브)를 설치하는 것이 좋다. 유량조정용 바이패스 밸브가 완전차단이 안되는 밸브일 경우에는 차단용 밸브를 부가 설치할 필요가 있다.

(5) 지하에 정압기를 설치하는 경우 유의점

지하실 등 지하에 정압기를 설치하는 경우는 다음 사항을 유의하여야 한다.

① **침수방지 조치**

빗물, 지하수 등의 침수의 우려가 있는 지하에 설치하는 정압기는 침수를 방지하는 조치를 한다.

② **대기균압 조치**

정압기의 2차압은 대기압과의 차압이므로 정압기의 제어부는 대기압을 항상 감지하고 있지 않으면 안된다.

특히, 지하에 설치하는 경우 우수의 침입을 막기 위하여 밀폐되는 수도 있지만, 이 경우도 우수의 침입의 우려가 없는 부분에 대기균압공을 설치하지 않으면 안된다. 그렇지 않을 경우 기압의 변동에 따라 공급압력이 변동하게 된다. 기압 1mmbar는 약 10 mmH_2O에 해당하여, 태풍이 불 때는 수십 ~ 수백 mmH_2O의 승압이 발생할 수 있다.

③ 방호조치

도로상 및 도로에 근접하여 정압기를 설치하는 경우에는 차량의 접촉, 기타의 충격에 의한 손상을 방지하는 조치를 해야 한다.

④ 내진조치

정압기 및 그 부속장치는 내진에 안전하도록 조치해야 한다.

⑤ 동결방지 조치

한냉지에 설치할 때에 감압폭이 큰 경우 등 가스중의 수분의 동결에 의하여 정압기능을 손상시킬 우려가 있는 정압기에는 동결방지를 위한 조치, 즉 보온장치, 가온장치(가스 히터) 등을 설치한다.

예를 들면, 천연가스를 감압하는 경우, 1 kg/cm^2마다에 약 0.6°C가 내려간다.

(6) 정압기의 부속설비

① 불순물제거 장치(filter)

배관내의 더스트(토사, 가스중의 불순물 등), 이물질 등이 가스의 흐름에 의하여 이동하고, 정압기의 메인밸브나 보조가버너의 노즐 등에 부착하여, 정압기의 고장의 원인이 되기 때문에 이들을 제거하기 위해서는 정압기의 1차측에는 filter가 설치되어 있다.

일반적으로 드린져형, Y형, 앵글형의 filter가 사용되고 있고, 에레멘트로서는 초산비닐 스폰지 시트를 금망으로 보강한 것, stainless steel 금망을 punching metal로 보강한 것 등이 있다.

② 승압방지 장치

정압기의 고장(valve seat의 파손, dust류의 valve seat 부착, 스프링의 파손 등)에 의해 1차측의 가스가 2차측으로 유입하여 2차측의 배관에 압력이 상승하면, 연소불량, 가스메타-파손, 배관의 누설 등 위험한 상태가 되므로 사고를 방지하기 위해 승압방지 장치가 설치되어야 한다.

승압방지장치로는 정압기의 2차압력이 소정의 압력 이상이 되면 가스를 대기중에 방산하는 방식과 정압기의 1차측을 차단하는 방식이 있다.

③ 가스를 방산(Vent)하는 장치

가스의 압력이 정상압력이 아닌 이상압력(압력상승)이 발생하거나, 공급배관에 가스를 방산할 필요가 발생했을 때 안전밸브나 파열판(Rupture Disc)을 작동되게 하며, 가스를 방산장치(Vent pipe, Vent stack)를 통하여 방산시킨다.

④ 안전밸브

이것은 스프링 또는 웨이트에 의한 압력을 조절하여, 그 압력보다도 상승하는 경우는 밸브가 열려 가스는 대기 중에 방출된다. 안전밸브는 소형이고 값이 싸고 여러 종류가 있고, 사용 장소, 조정압력, 방출유량에 따라서 적정한 것을 선택하며, 사용할 때에 발생으로 작동하지 않은 일이 없도록 점검을 잘해야 한다.

더욱 이 안전밸브와 연결되어 있는 정압기, 방출압력의 정도를 보다 좋게 하기 위한 파이롯트부 안전밸브 등도 사용되고 있다.

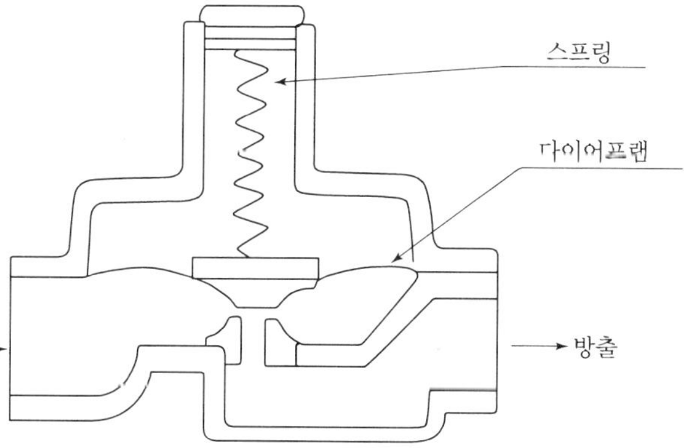

그림 10.15 안전밸브(스프링식)

⑤ 가스긴급차단장치(ESV : Emergency Shutdown Valve)

정압기 2차압력과 소정의 압력 이상이 되면 차단밸브의 록이 빠져서 차단되는 구조로 되어 있어 원터치형식으로 단시간내에 차단되는 특징이 있다. 단, 일단 작동하면 압력이 저하되어도 차단상태로 있다.

이밖에, 정압기에 같은 구조를 짜 넣은 것, 질소나 탄산가스 등의 기체의 압력을 이용하는 것, 유압을 이용하는 것, 전동기를 이용하는 것 등이 사용된다. 스윙식 차단밸브는 [그림 10.16]에 나타내었고, 설치 방법은 [그림 10.17]에 나타내었다.

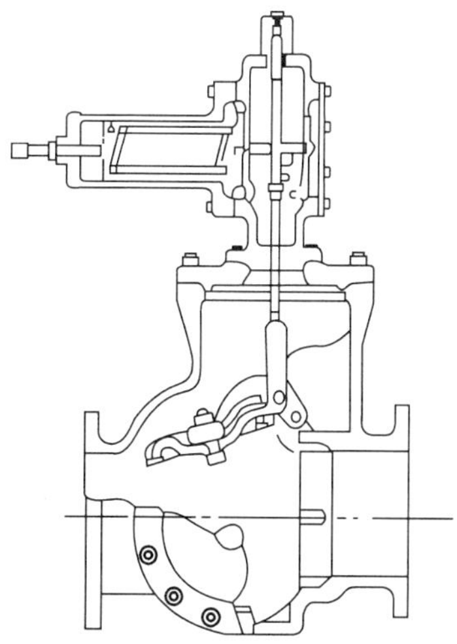

그림 10.16 스윙식 차단 Valve

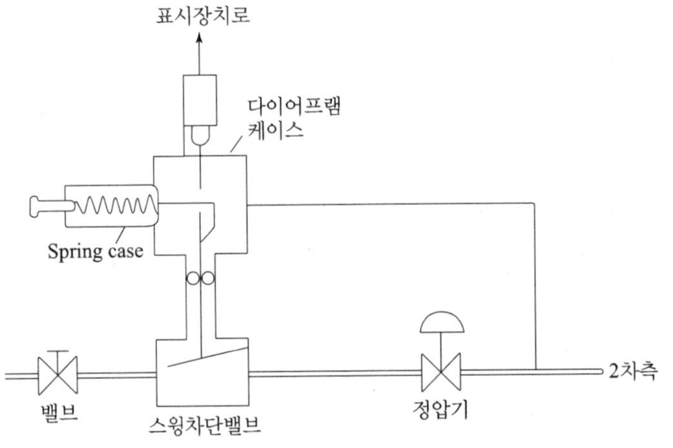

그림 10.17 스윙식 차단 Valve 설치

(7) 가스의 방산도, 가스의 공급정지도 없고, 승압을 방지하는 방법

① 정압기를 2기직열로 설치하는 방법

정압기를 2기직열로 설치하여, 하류측의 정압기의 설정압력을 상류측의 정압기에 설정압력보다도 약간 낮게 해두는 방법이다.

이 경우 정상시는 하류측의 정압기가 2차압력을 제어하고, 상류측의 정압기는 전부 열림으로 한다. 하류측의 정압기가 이상이 발생하여 승압하면 상류측의 정압기가 2차압을 제어하는게 된다.

② 정압기를 2기 나란히 설치하고 그 한쪽에 자력식인 차단 밸브를 설치하는 방법으로서 한계열에 정압기(B)의 설정압력보다도 약간 높이 하고, 자력식 차단밸브의 설정압력을 높게 해두는 방법이다.

따라서, 정상시는 정압기(A)작동, 자력식 차단밸브열림, 정압기(B) 닫힘의 상태에 있고, 정압기(A)가 승압이 생기면 자력식 차단밸브닫힘, 정압기(B)작동으로 된다.

(8) 자동승압장치

정압기를 사용하는 목적은 정압기의 1차측압력의 변동이나 가스의 수요량(유량)에 관계 없이, 항상 2차측의 압력을 일정하게 유지하는 작용을 자동적으로 정확하게 행하는데 있다. 가스의 수요량이 단기적으로 증가하여 피크시에 배관말단의 압력이 심하게 저하하는 경우 정압기의 설정압력을 올리면 되지만, 가스사용량이 적을 시간도 함께 높은 압력으로 공급하는 것은 높은 곳 승압이나 기타의 문제가 있으므로 바람직하지 않다. 그래서 피크시만 정압기의 설정압력을 올려서 공급하는 것이 행해지고 있다. 그 주된 방법은 다음과 같고, 일반적으로 ①이 사용되고 있다.

① 시계설치에 의한, 소정의 시간대만을 승압하는 방법(timely controller)
② 정압기하류측에 약간의 고정 2개를 설치하여, 유량의 변화에 따른 차압을 이용하는 방법 또는 정압기구동 압력을 이용하는 방법(self controller)
③ 자동은 아니지만 전용선, 무선 등에 의한 원격조작방법(tele controller)

(9) 소음 방지 장치(Silencer)

정압기에서 감압시 압력차가 클 경우 매우 큰 소음이 발생하게 되므로 2차측 배관에 소음 장치를 설치한다.

(10) Gas Heater

고압에서 중압 또는 고압에서 저압으로 조정기를 통하여 감압시 1기압 감압시 약 0.6°C 정도 온도가 내려가므로, 1차측과 2차측의 압력차가 클 경우 Gas Heater를 설치 가동하여 가스의 온도를 예열(가온)하여 조정기를 통과시켜 가스의 온도를 조절함으로써 2차측 배관설비의 급격한 온도 변화에 대비한다.

11 CHAPTER Gas meter

CHAPTER 11

Gas meter

11.1 가스메타의 종류

가스메타를 구조상으로 분류하면 다음과 같다.

- 가스 메타
  - 실축식
    - 건식
      - 막식
      - 회전자식
        - Roots
        - Rotatin gate
    - 습식
  - 추량식
    - Venturi식
    - Orifice식
    - Turbine식
    - 와류식(Vortex)

11.2 가스메타의 구조 및 기능

가스사업에서 사용되는 가스메타로서는 직접용적을 실측하는 건식메타 및 습식메타와 함께 간접식으로 유량을 측정하는 오리피스메타와 와류식메타 등이 있다.

일반적으로 계량법에 적용을 받는 일정 용량 이하의 검정 소형 가스메타와 일정 용량 이상의 비검정용 중・대형 가스 메타로 구분된다. 또한, 상온상압으로 체적 용량 유량만을 측정하는 가스메타와 Normal 상태(0˚C, 1기압)로 환산한 체적 용량(발열량 포함) 유량으로 측정되는 가스메타로 대별된다.

(1) 막식 가스메타

대표적인 건식메타이며 일반적으로 가정용, 상업용 등의 저압용으로 넓게 사용되어 있는 것으로서, 가스를 일정 용적의 막 안에 넣어 채운 후 배출하여 그 횟수를 용적단위로 환산하여 표시하는 것이다. 일반적으로 2개의 막을 사용하여 교대로 가스를 도입·배출을 하도록 되어 있어, [그림 11.1]에 제시한 바와 같이 가스의 계량실, 밸브, cranke 등의 연동장치 및 지시기구로 이루어져 케이스 안에 담겨져 있다.

가스의 계량실로의 도입 및 배출은 막차압에 의해서 생기는 밸브와 막의 연동작용에 의해서 행하여진다. 막에는 합성고무가 사용되고 있다. 회전수가 비교적 늦기 때문에 100 m^3/h 이하의 소용량에 적합하다.

막식메타는 밀도 약 0.8 kg/m^3의 가스를 흐르게 했을 때, 입구와 출구의 압력차가 15 mmH_2O로 되는 경우의 유량을 사용 최대유량으로 하여 이 유량(m^3/h)이 계량법에 규정하는 수치로 그 유량계의 호수로 부를 수 있다. 즉, 5 m^3/h인 유량계는 5호 막식 가스메타이다.

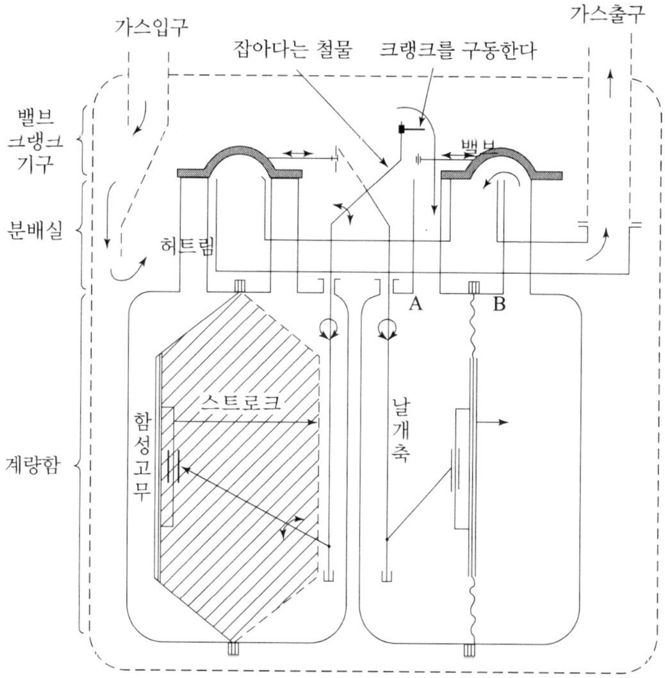

그림 11.1 막식 가스메타

(2) 습식 가스메타

[그림 11.2]와 같이 고정된 원통 안에 4개로 구분된 계량통이 있다. 가스는 입구에서 반 정도 봉액에 젖어 있는 방에 들어가, 가스의 압력으로 이것을 밀어 올린다. 그래서 계량통은 축을 중심으로 하여 화살표의 방향으로 회전한다.

내부의 액면이 일정하면 계량통이 1회전 하는 사이에 흡입 또는 토출하는 가스량은 일정하다. 이 회전수를 적산하여 계량한다.

정확한 계량이 되기 때문에 기준기로서 사용되며, 또 가스발열량의 측정 등에 쓰인다.

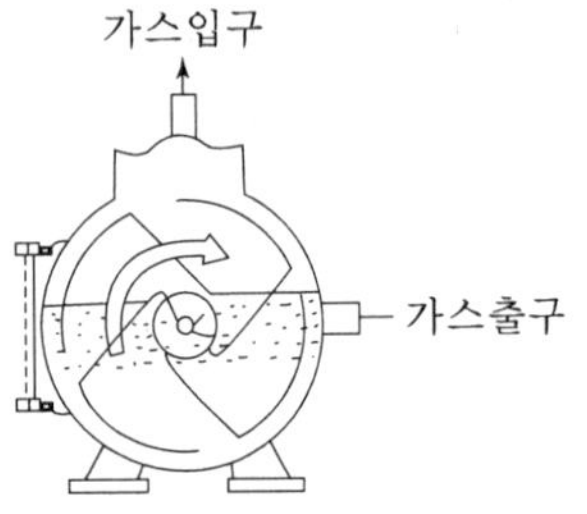

그림 11.2 습식 가스메타

(3) Roots meter

대표적인 회전자식가스메타이고, 2개의 꼬치형 회전자와 이것을 포함하는 케이스로 이루어져 있고, 회전자는 적당한 볼베아링 또는 로라 베아링으로 받쳐져서 회전의 마찰저항을 되도록 적게 했다. [그림 11.3]에 제시함과 같이 계량된 가스는 케이스의 상자에서 유입하여, 가스의 압력으로 아래쪽으로 회전시켜서 나간다. 회전자의 양측에는 한 쌍의 타이밍 기어가 부착되어 있고, 이것이 서로가 물려 있어 회전자를 항상 바른 관계위치로 회전시킨다.

고속회전이 가능하기 때문에 소형이고 용량(1000 ~ 5000 m^3/h)을 계량할 수가 있으며, 또 가스의 압력이 높은 경우에는 압력보정 장치를 부착하여 사용하고, 기준 상태로 환산한 가스량을 적산시킨다.

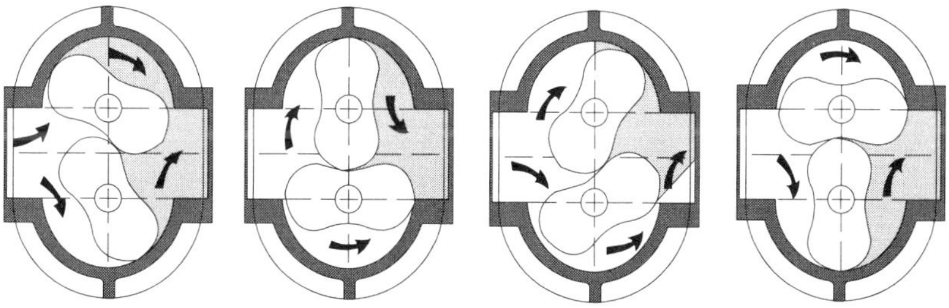

그림 11.3 Roots Meter

(4) 특징

(1)~(3)의 가스메타의 종류별 특징은 [표 11.1]과 같다.

표 1.1 가스메타의 종류변 특징

	막식 가스메타	습식 Gas meter	roots meter
장 점	1. 가격이 싸다. 2. 설치 후의 유지관리에 번서로움이 있나.	1. 계측이 정확하다. 2. 사용 중에 기차의 변동이 없다.	1. 대유량의 가스측정에 적당하다. 2. 중압가스의 계량을 할 수 있다. 3. 설치스페이스가 작다.
단 점	1. 대용량에서, 설치스페이스가 크다.	1. 사용 중에 수위조정 등의 관리가 필요하다. 2. 설치 스페이스가 크다.	1. 스트레이나의 설치 및 설치 후의 유지관리가 필요하다. 2. 소용량(0.5 ~ m^3/h 이하)에서는 부동의 위험이 있다.
일반적용도	일반수용가	기준기, 실험실용	대량 수용가
용량범위	1.5 ~ 200 m^3/h	0.2 ~ 3,000 m^3/h	100 ~ 5,000 m^3/h

11.3 가스메타로서의 필요조건

① 정확히 계량 할 것

② 내구력이 있을 것

③ 소형이고 용량이 클 것
④ 감도가 예민할 것
⑤ 사용가스량을 명확하게 지시할 수 있는 것이어야 할 것
⑥ 수리가 용이할 것
⑦ 기차의 조정이 용이할 것
⑧ 가격이 저렴할 것
⑨ 구조가 간단하고 취급 및 설치하기 쉬울 것

11.4 가스메타의 검정

가스메타와 같이 거래용으로 사용되는 계량기는 계량법의 규정에 의하여 검정을 받고, 이에 합격한 것이 아니면 사용할 수 없다. 단, 다음의 가스메타는 검정대상에서 제외된다.

① 구경이 25 cm를 넘는 회전자식 가스메타(Roots Meter)
② 압력이 1 mH_2O을 넘는 가스의 계량에 사용하는 실측건식가스메타
③ 추량식인 것
④ 대용량 가스메타(법적 계량 검전기관 검정능력 초과 용량)

(1) 검정공차와 사용공차

계량기 자체가 갖는 오차를 「기차」라 하고 다음의 식으로 나타낸다.

$$E = \frac{I - Q}{I} \times 100$$

E : 기차(%)
I : 시험메타의 지시량
Q : 기준기의 지시량

이 기차의 범위를 법적으로 일정한도 내로 규제한 것이 「공차」이다. 검정을 받을 때의 허용기차를 「검정공차」라 하고, 최대유량의 1/20에서 최대유량까지의 유량에 대해 [표 11.2]와 같이 정해져 있다.

또 수요가에게 부착되어 있는 사용중의 가스메타의 허용기차를「사용공차」라 하고, ±4%와 규정되어 있다.

표 11.2 검정공차

유 량	검정공차
최대유량의 1/5 미만	± 2.5%
최대유량의 1/5 이상 4/5 미만	± 1.5%
최대유량의 4/5 이상	± 2.5%

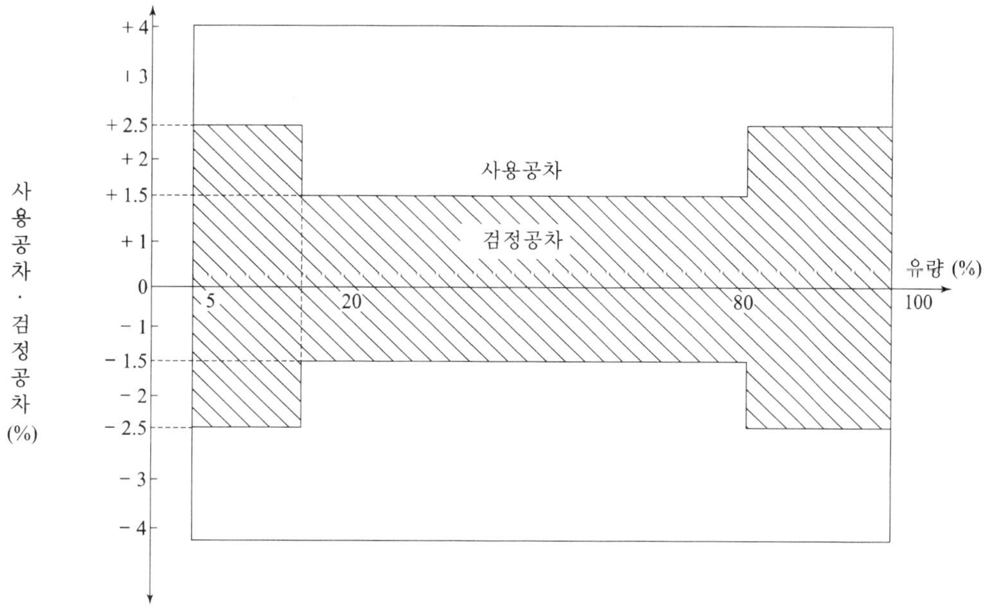

12 CHAPTER 배관의 설계

CHAPTER

12 배관의 설계

12.1 설계의 진행

배관의 설계는 공급압력, 구경 및 개략노선을 결정한 뒤 일반적으로 아래와 같이 진행 시킨다.

(1) 현장측량

일반도로의 저압배관은 배관로에 사용하는 평면측량도를 사용하며 중압배관은 주요 도로의 건설공사에서는 필요에 따라 평면, 종단 및 도로횡단면측량을 한다.

도중에 하천 및 철도가 있는 경우는 특히 상세히 측량한다.

(2) 타 지하 매설물조사

측량과 함께 타 지하 매설물 관리자의 도면은 도로관리자의 도면으로 타 지하 매설물의 조사를 하고, 필요한 경우에는 시굴을 행하여 그의 위치를 확인한다.

(3) 매설위치 및 매설깊이

매설위치는 그 도로에 있어 현상과 장래계획에 대하여 도로관리자 및 타 기업자와 조정하여 결정한다. 매설깊이에 대하여 가스관의 경우에는 본관정상과 노면과의 거리는 1.2 m 이상으로 되어있다. 다만, 특별한 경우 방호조치한 경우 0.6 m까지 인정되며, 시가지도로 밑에서는 0.9 m까지 인정한다. 지하구조물이 있을 경우 하월하여야 한다.

또한 지하매설 타시설(상하수도, 통신관, 전선 등)과의 이격거리는 최소 30 ~ 50 cm 이상이어야 한다.

(4) 관의 선정

주철관, 강관 등의 사용시의 구별은 미리 압력구분에 따라서 가스사업법에 정해져 있지만, 특별한 교량 및 하천이나 철도횡단 부분에 대하여 압력을 구분해서 강도, 하중 등을 고려하여 선정한다.

(5) 지하 매설 차단 밸브의 설치장소의 결정

수취기 및 밸브는 가스사업법에 정해진 위치 및 필요한 수량을 설치한다. 도로중앙이나 교차로 등 작업이 어려운 장소는 피한다.

(6) 하천, 철도횡단

① 하천횡단

하천관련법에 의하여 관계기관과 충분히 상의해서 장래 개수계획을 포함하여 협의할 필요가 있다. 특히 교량통과의 경우는 교량의 설치시 하중 등 안전을 충분히 조사할 필요가 있고, 또 제방부분은 장래 개보수 및 계획수면 높이에 의하여 설계한다.

② 철도횡단

밑을 건너는 경우 철도관련 규정으로 궤도에서 1.2 m 이상 거리를 두게 되어 있지만 진동 등의 하중을 고려하여 압입공법을 적용한다. 또 일반적으로 Rail에서의 미주전류의 영향이 큰 장소임으로 피복방법과 전기방식설계가 필요하다. 철도횡단은 압입공법으로 하며 진동 및 하중을 고려하여 이중관(방호관)을 설치하여야 한다.

12.2 배관의 종류

배관은 최고사용압력에 의하여 저압, 중압 및 고압배관을 구분하기도 하고 배관의 부설위치에 의하여 본관, 공급관 및 내관으로 구분한다.

- 본　　관 : 도로에 평행하여 부설되는 배관을 말한다.
- 공 급 관 : 본관에서 분기하여 수요가정에 인입되어 배관 중 본관분기 지점에서 수요가 부지경계까지의 배관을 말한다.
- 옥외배관 : 수요가 부지경계에서부터 가스계량기까지 배관
- 옥내배관 : 가스계량기에서 중간밸브까지의 배관
- 실 내 관 : 중간밸브에서 연소기의 코크까지의 배관

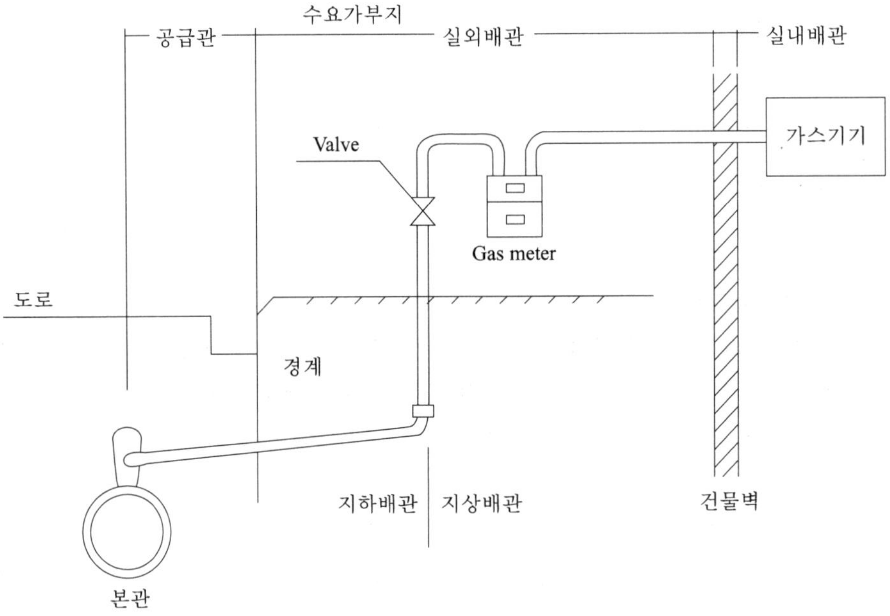

그림 12.1 배관 명칭

12.3 배관의 재료

배관은 주로 매설하여 가스를 원활하게 수송공급하기 위한 것이고, 가스사업법에서는 사용압력, 사용 장소 등에 의하여 강관, 주철관, 플라스틱관(PE) 등 사용 가능한 재료가 규정되어 있다

(1) 천연가스 및 LP가스 배관재료는 다음과 같은 제조건을 고려하여 선정하는 것이 좋다.

① 내구성으로 볼 때

ⓐ 내부의 가스와 외부의 하중에 견디는 강도를 가질 것

ⓑ 토양, 지하수 등에 대하여 내식성이 있을 것

② 작업성으로 볼 때

ⓐ 관의 접합이 간단하고 완전하게 가스의 누설방지가 되어야 한다.

ⓑ 절단 및 천공이 용이할 것

ⓒ 운반이 용이할 것

③ 경제성으로 볼 때

ⓐ 가격이 비교적 싸고 시장성이 있을 것

ⓑ 유지관리비가 저렴할 것

(2) 배관의 재료는 사용압력의 구분에 따라 다음의 재료 또는 이와 동등 이상의 기계적 성질을 가지는 것을 사용하여야 한다.

① 최고 사용압력이 고압인 배관(LPG의 경우는 2 kg/cm^2 이상)

- KS D 3562(압력배관용 탄소강관)
- KS D 3564(고압배관용 탄소강관)
- KS D 3570(고온배관용 탄소강관)
- KS D 3573(배관용 합금강강관)
- KS D 3575(고압가스용기용 이음매없는 강관)
- KS D 3576(배관용 스테인레스강관)

기타 동등이상의 기계적 성질 및 물리적 성질을 갖는 관

② 최고 사용압력이 중압인 배관(LPG의 경우는 2 kg/cm^2 미만, 0.1 kg/cm^2 이상)

- KS D 3507(배관용 탄소강관)
- KS D 3562(압력배관용 탄소강관)
- KS D 3564(고압배관용 탄소강관)
- KS D 3573(배관용 합금강강관)
- KS D 3575(고압가스용기용 이음매 없는 강관)
- KS D 3576(배관용 스테인레스 강관)
- KS D 3583(배관용 아크용접 탄소강관)

기타 동등 이상의 기계적 성질 및 물리적 성질을 갖는 관

③ 최고 사용압력이 저압인 배관(LPG의 경우는 0.1 kg/cm^2 미만)

- KS D 3507(배관용 탄소강관)
- KS D 3562(압력배관용 탄소강관)
- KS D 3564(고압배관용 탄소강관)
- KS D 3573(배관용 합금강강관)
- KS D 3575(고압가스용기용 이음매 없는 강관)
- KS D 3576(배관용 스테인레스 강관)
- KS M 3514(도시가스용 폴리에틸렌관) : 지하매설배관에 한하여 사용

기타 동등 이상의 기계적 성질 및 물리적 성질을 갖는 관

12.4 배관두께의 설계

매설된 배관에는 가스의 내압외에 매설깊이에 따른 흙의 무게와 노면상을 통행하는 차량 등의 무게가 하중으로 작용한다. 가스사업법의 두께 계산식은 매설된 배관의 두께를 산출하기 위해 정해진 것으로 내압에서 구해진 식 및 토압과 차량무게에서 구해지는 식 중 큰 값을 택해야 한다.

배관에는 기타로 온도변화, 지반의 부등침하, 자중, 풍압 등의 무게가 하중으로 작용하기 때문에 이것들을 감안하여 배관을 설계하지 않으면 안된다.

12.4.1 응력과 굽힘

(1) 응력

재료에 작용하는 외력의 것을 하중이라 한다. [그림 12.2] 및 [그림 12.3]에 보인바와 같이 막대의 축중심에 무게를 걸고 잡아당기거나 압축하면 축에 직각으로 임의의 단면에 외력에 평행하는 내력이 생기고 막대는 늘거나 줄어든다.

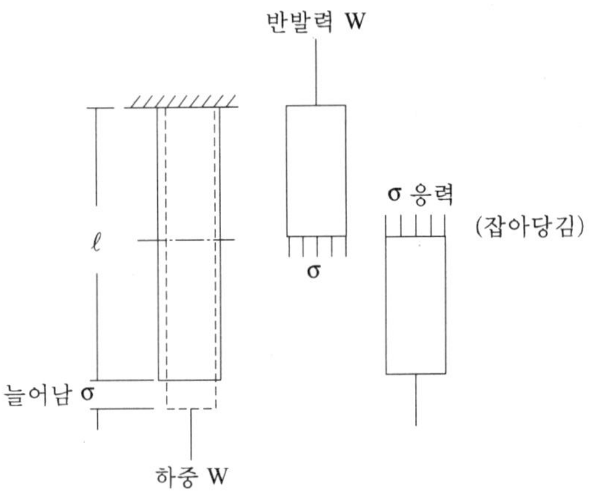

그림 12.2 잡아당김

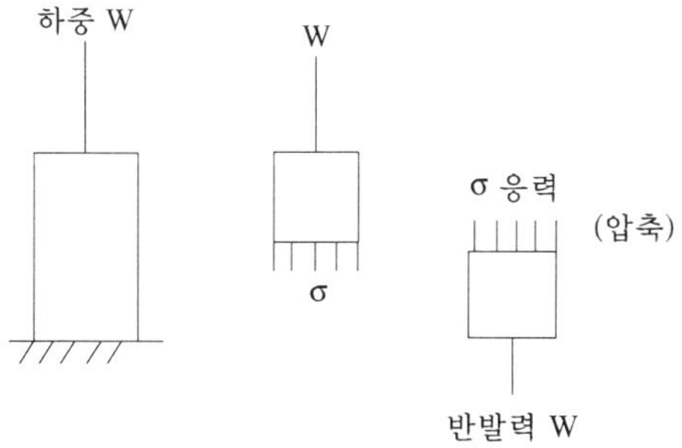

그림 12.3 압축

이때의 외력 W가 단면에 균일하게 분포되는 것으로 생각하여 단면적을 A로 하면 단위면적당의 내력은,

$$\alpha = W/A \tag{1}$$

로 표시되며 이것을 인장응력 또는 압축응력이라 하고 압축응력은 －를 나타낸다.

(2) 굽힘

처음 길이의 ℓ 의 막대가 무게 W 때문에 늘거나 또는 줄어드는 것으로 하면 단위길이당의 신축 ε는

$$\varepsilon = \sigma/\ell \tag{2}$$

로 표시되며 이것을 잡아당김 또는 굽힘이라 말하며, 압축굽힘은 －로 붙여서 표시한다.

(3) 응력과 굽힘과의 관계

위에서 말한 응력과 굽힘은 변형이 작은 범위에서는 비례관계인 것이 알려져 다음과 같은 식으로 표시된다.

$$\sigma = E\varepsilon \tag{3}$$

이 식에서 비례정수 E는 종탄성계수 (또는 영율)라고 하고 상기식의 관계는 후크의 법칙이라 한다.

12.4.2 내압에 의한 응력

배관은 가스의 압력(내력)에 의하여 [그림 12.4] 및 [그림 12.5]와 같은 원주방향의 응력과 축방향의 응력이 생긴다.

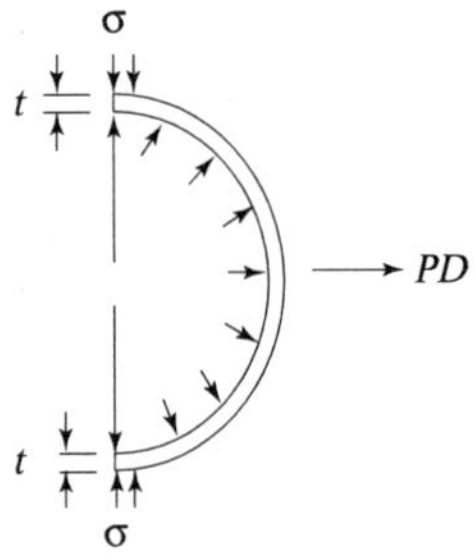

그림 12.4 원주방향응력

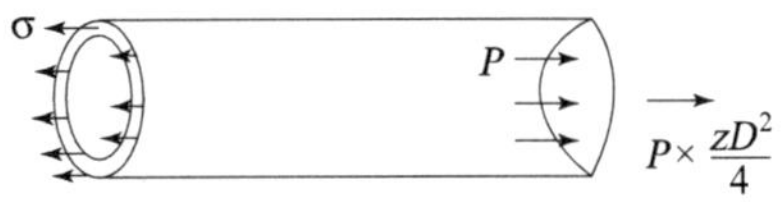

그림 12.5 축방향응력

(1) **원주방향응력**

식1에서 원주방향응력은

$$\sigma = \frac{W}{A} = \frac{PD}{2t}(\mathrm{kg/cm^2}) \tag{4}$$

P : 내압($\mathrm{kg/cm^2}$)
D : 내경(cm)
t : 두께(cm)

로 되고, $t = PD/2\sigma$ 로 된다. 여기에서 가스사업법의 식은,

$$t = \frac{PD_0}{200 f\eta + 0.8P} + C \tag{5}$$

t : 두께(mm)
P : 최고사용압력($\mathrm{kg/cm^2}$)

D_0 : 배관의 외경(mm)
f : 허용인장응력(kg/mm^2)
η : 계수효율
C : 부식여유(mm)

이고, 응력의 단위를 정리하여, $\eta = 1.0$, $C = 0$으로 하고, 0.8P의 항을 무시하면 식 (5)는 식 (4)와 일치한다.

단, 0.8P항에 대해서 약간 간략화한 것이고, 특히 두꺼운 관에서는 어긋남이 있다. 그래서 식 (5)는 외경과 내경의 비가 1.5 이하로 한정되어 있다. 외경과 내경과의 비가 1.5 이상인 경우는 다음 식으로 된다.

$$t = \frac{D_0}{2}\left(1 - \sqrt{\frac{100f\eta - P}{100f\eta - P}}\right) + C$$

(2) 축방향응력

[그림 12.5]에서 관의 양단에 맹판을 부착한다고 생각하면 내압에 의한 단기는 무게는, $P \times \frac{\pi D^2}{4}$ 로 된다. 따라서 축방향응력은 아래 식으로 된다.

$$\sigma = \frac{W}{A} = \frac{P \times \frac{\pi D^2}{4}}{\pi D t} = \frac{PD}{4t} \qquad (6)$$

예제 1 200A의 강관(외경 D = 216.3 mm, 두께 t = 5.8 mm)가 내압 9.9 kg/cm^2를 받는 경우에 관에 생기는 응력을 구하라.

풀이 (1) 원주방향응력(식 4)

$$\sigma = \frac{PD}{2t} = \frac{9.9 \times (21.63 - 0.58 \times 2)}{2 \times 0.58} = 175\ kg/cm^2$$

(2) 축방향응력(식 6)

$$\sigma = \frac{PD}{4t} = \frac{9.9 \times (21.63 - 0.58 \times 2)}{4 \times 0.58} = 88\ kg/cm^2$$

배관용 탄소강관의 인장강도는 30 kg/mm^2이상이고 허용인장응력을 인장강도의 4분의 1로 하여도 750 kg/cm^2이므로 내압에는 충분히 경딜 수 있다.

◎ 참 고 ◎

상기와 같은 조건으로 가스사업법의 두께 계산식을 사용하여 두께를 구하면 식 (5) 에서,

$$t = \frac{PD_0}{200 f \mu + 0.8P} + C$$

여기에서 항복점 15 kg/mm^{2}로 하면 f = 7.5 kg/mm^2 η = 0.85, C = 1.0 mm를 대입하면

$$t = \frac{9.9 \times 216.3}{200 \times 7.5 \times 0.85 + 0.8 \times 9.9} + 1.0$$

$$= 2.7 \text{ mm}$$

12.4.3 온도변화에 의한 열응력

온도변화에 의한 열응력은 배설관이 흙의 마찰력 등에 구속되기도 하고, 양단이 견고하게 고정되어 있는 지상배관의 경우에 생긴다.

지상배관의 경우의 응력은 파이프의 길이가 온도변화에 생기므로 이것을 온도변화전의 길이까지 하중을 더해서 당기며 또는 압축한 경우에 생기는 응력으로서 산출한다.

먼저 파이프길이 ℓ 의 한단이 자유일 때의 신장량은,

$$\delta = a \Delta t \ell \qquad (7)$$

α : 배관의 선팽창계수(I/°C)
Δt : 온도변화차(°C)

이다. 이 변화에 의해서 파이프에 한결로 생기는 굽을 ε는 식 (2)에서 $\varepsilon = \delta / \ell = \alpha \Delta t$로 되고 후크의 법칙의 식 (3)에서 응력은 아래 식으로 된다.

$$\sigma = E\varepsilon = E\alpha \Delta t \qquad (8)$$

E : 영율

12.4.4 굽힘 모멘트 및 전단력

파이프의 축에 수직으로 무게가 작용하면 굽은 모멘트나 전단력이 생긴다. 그러나 이들의 전단력은 축에 따라 일정하지 않기 때문에 응력의 산출에 해당하는 파이프의 축의

위치에 의하여 변화하는 전단력 그 자체로 계산하지 않으면 안된다.

(1) 굽은 모멘트 및 전단력

예로서, 단순바늘에 하중 W가 걸리는 경우에 반력, 굽은 순간 및 전단력을 제시한다. 바늘의 반력은 힘의 균형조건에 의해

$$W_A \ell = W_b WA = \frac{W_b}{\ell}$$

같은 모양으로 $WB = \frac{W_a}{\ell}$ 로서 구하여진다.

임의점 x에 작용하는 굽힘 모멘트는,

AC간에서는 $M = W_A x = W_B \frac{x}{\ell}$

CB간에서는 $M = W_A x = W(x-a)$

$$= W_a \left(\frac{\ell - x}{\ell} \right)$$

전단력은

AC간에서는 $S = W_A = \frac{W_b}{\ell}$

CB간에서는 $S = W_B = \frac{W_a}{\ell}$

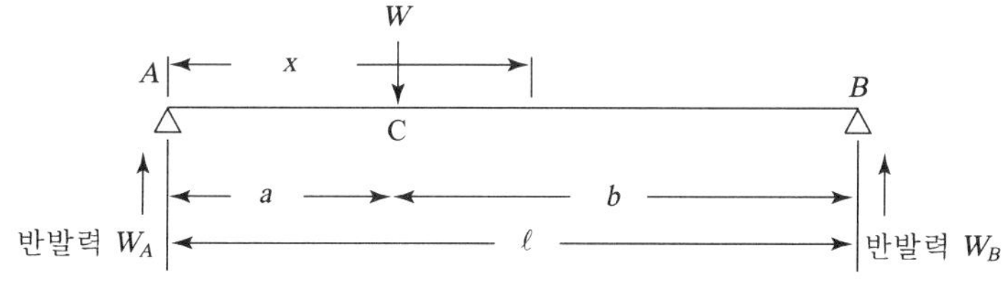

그림 12.6 단순바늘

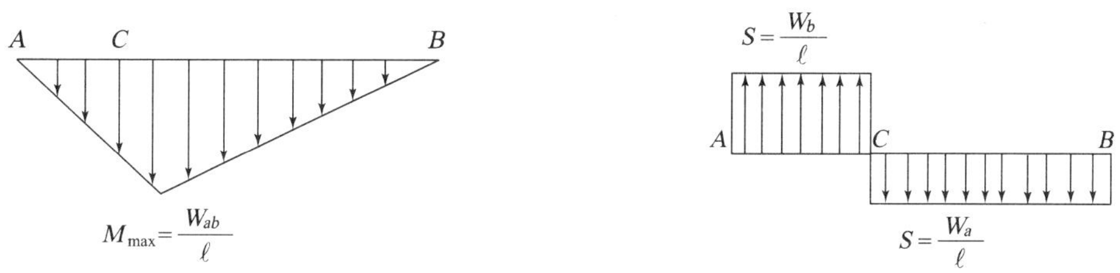

그림 12.7 굽힘모멘트도, 전단력도

(2) 굽힘응력

바늘의 단면으로 구부려 모멘트가 생기면 [그림 12.8]과 같이 바늘이 휘어지고 안쪽에서는 압축, 바깥쪽에서는 잡아당기는 굽힘응력이 생긴다.

이 굽힘응력은 다음과 같이 표시된다.

$$\sigma = \frac{M}{I} y$$

M : 굽힘 모멘트(cm · kg)
I : 단면2차 모멘트(단면의 현상에 의하여 정하는 정수, cm^4)
y : 중립축에서의 거리(cm)

큰 굽음응력은 중립축에서의 거리 y에 비례한다. 따라서 최대의 굽힘응력은 상하 갓쪽에서 생긴다.

$$\sigma \max = \frac{M}{I}\frac{h}{2}$$

$I/h/2 = Z$라고 하면

$$\sigma \max = \frac{M}{Z} \qquad (9)$$

이고, Z를 단면계수라 부르며, 단면의 형상에 의해서 정하는 정수이다.

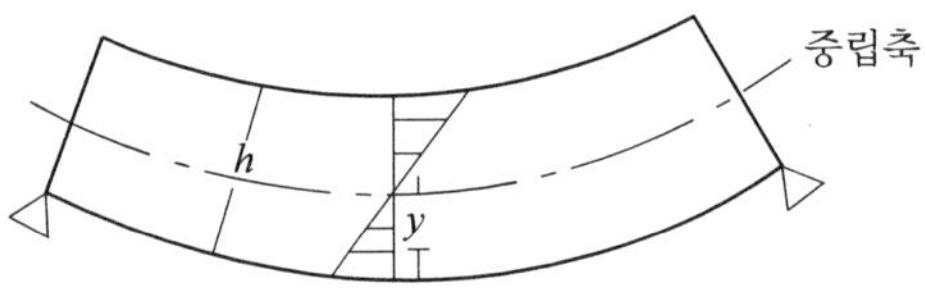

그림 12.8 굽힘응력

12.4.5 토하중 및 차륜하중에 의한 배관의 응력

(1) 토하중

토하중의 크기는 (단위체적중량) × (매설깊이)로 구할 수 있다.

$$Wf = \gamma H \qquad (10)$$

Wf : 흙에 의한 토압(kg/cm^2)

γ : 흙의 단위체적중량

(가스사업법에서는 포화된 토사의 중량 2.0×10^{-3} kg/cm^{2}로 하고 있다)

H : 매설깊이(cm)

(2) 차륜하중

차량의 차륜하중은 [그림 12.10]과 같이 두 개의 집중하중으로서 생각한다. 노면의 집중하중에 의한 지중의 깊이에 있어서 단위면적당의 하중은 부시네스크(Bous－sinesq)의 식에서 산출한다.

$$P = \frac{3Q}{2\pi H^2}\cos^2\theta$$

[그림 12.11]에서 $\cos\theta = \dfrac{H}{\sqrt{H^2 + X^2}}$

따라서 $P = \dfrac{3Q}{2\pi H^2}\left(\dfrac{H}{\sqrt{H^2 + X^2}}\right)^5$

하중이 [그림 12.10]의 ①의 경우는

$$P_1 = \frac{3Q}{2\pi H^2}$$

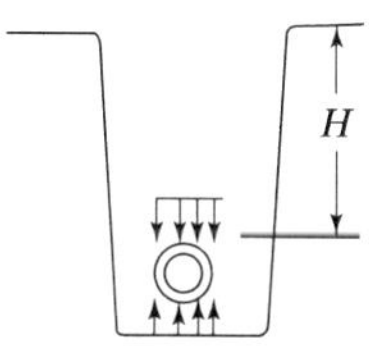

그림 12.9 토하중

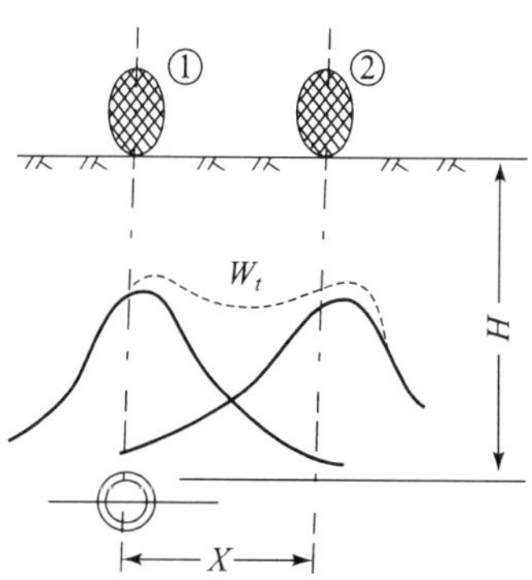

그림 12.10 차륜하중

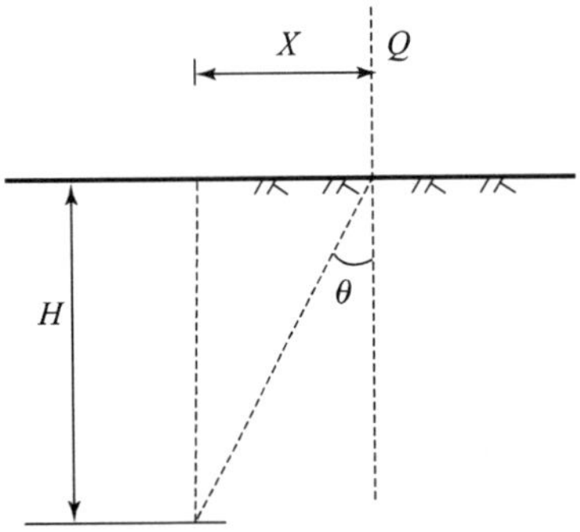

그림 12.11 COS θ를 구하는 방법

마찬가지로 [그림 12.10]의 ②의 경우에는

$$P_2 = \frac{3Q}{2\pi H^2}\left(\frac{H}{\sqrt{H^2+X^2}}\right)^5$$

양자가 동시에 작용하는 것으로서 합계하여 충격계수 i를 고려하면,

$$Wt = \frac{3Q(1+i)}{2\pi H^2}\left\{1+\left(\frac{H}{\sqrt{H^2+X^2}}\right)^5\right\} \tag{11}$$

여기에 가스사업법에서는 Q는 20톤차의 후륜하중으로 8,000 kg, 충격계수 i는 0.5, X는 2대 동시주행시의 후륜간격이며, 100 cm로서 매설깊이 H와 차륜하중의 관계를 구하여 그래프화하고 있다.

(3) 토하중 및 차륜하중에 의한 배관의 응력

앞에서 말한 토하중 및 차륜하중이 배관의 둘레에 작용하지만 길이방향의 응력은 작기 때문에 제외하고 [그림 12.12]와 같이 단위길이 링을 도려내여, 원주방향의 하중에 대해서 생각하면 토하중과 차륜하중에 의해 Pipe ring은 관상부와 관저부의 관은 들어가게 하고 관옆은 부풀게 하는 것 같은 변형이 생긴다. 관단면에 가해지는 외력은 예를 들면 [그림 12.13]과 같이 생각할 수 있다.

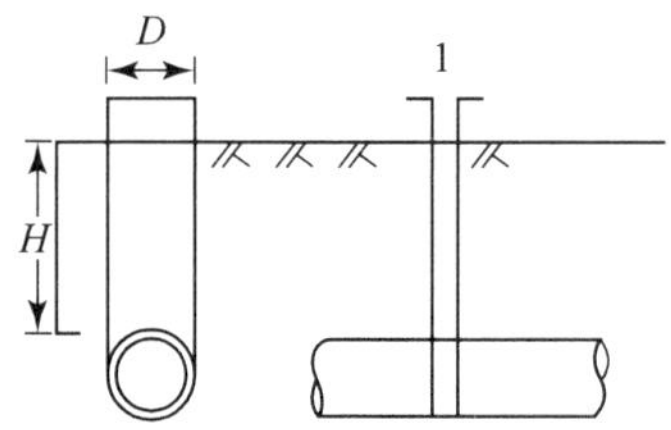

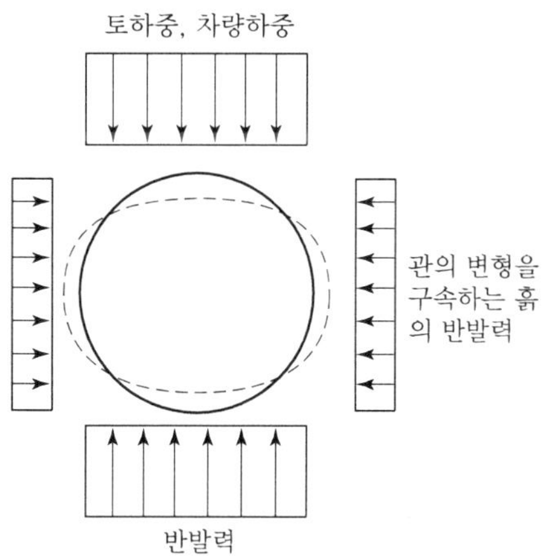

그림 12.12 단위길이

그림 12.13 관단면에 가해지는 외력

가스사업법에서 분포상황을 편의상 [그림 12.14]와 같이 취하고 있다.

이들의 하중분포에 대하여 Pipe ring은 [그림 12.15]와 같은 굽은 모멘트가 전주에 걸쳐 생긴다.

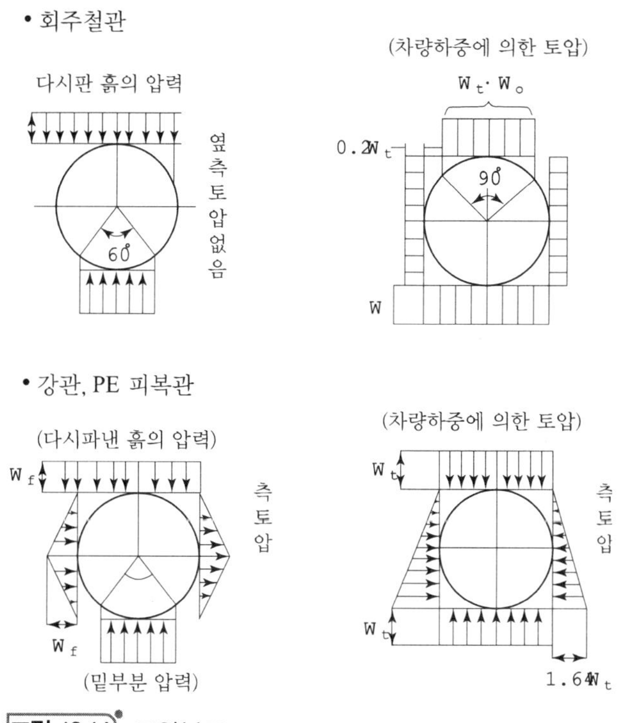

그림 12.14 토압분포

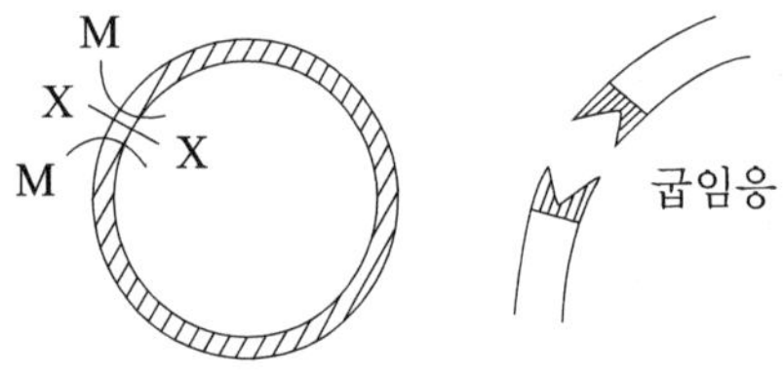

그림 12.15 굽힘모멘트

12.5 배관의 접합

(1) 접합방법

배관의 접합방법은 가스의 최고사용압력, 배관의 재료, 용도 등에 적합하도록 선택하지 않으면 안된다.

접합부에서 요구되는 성능은 기밀성이고, 배관의 최고사용압력, 토질, 노면하중 등을 고려하여 결정된 배관사용재료에 가장 적합한 적접한 방법을 선택할 필요가 있다. 또 매설배관은 지반의 부등침하, 온도변화 등에 의한 주위에서 커다란 외력이 작용하기 때문에 물리적 기계적 성질이 우수한 배관방법을 택하는 것이 중요하다.

현재 일반적으로 사용압력 및 배관의 종류에 대해서 배관의 접합방법을 [표 12.1]와 같이 시행하고 있다.

표 12.1 배관재료의 종류 및 접합방법

<table>
<tr><th colspan="2">최고사용압력</th><th>배관재료</th><th>접합의 방법</th></tr>
<tr><td>고압</td><td>10 kg/cm^2 이상</td><td>강 관</td><td>용접, flange접합</td></tr>
<tr><td rowspan="2">중압</td><td>3 kg/cm^2 이상
10 kg/cm^2 미만</td><td>강 관</td><td>용접, flange접합</td></tr>
<tr><td>1 kg/cm^2 이상
3 kg/cm^2 미만</td><td>강 관</td><td>용접, flange접합</td></tr>
<tr><td rowspan="2">저압</td><td rowspan="2">1 kg/cm^2 미만</td><td>강 관</td><td>용접, flange접합,
나사접합</td></tr>
<tr><td>PE 관</td><td>융착</td></tr>
</table>

(2) Flange 접합

조립으로 접합이 간단한 밸브, 가버너, 배관(관경 5 cm 이상), 절연 Joint 등에 많이 사용되어 있다. 그러나 큰 곡모멘트가 걸리는 장소에서는 사용상 주의를 요한다.

강관의 경우는 나사식 플렌지와 용접식 neck flange 및 부착식 플렌지가 있다. 플렌지 접합면이 평평한 plate face와 요철이 있는 것이 있으며, 내면에 접합제를 발라 가스켓을 넣고 볼트 너트를 조인다. 가스켓은 가스가 새지 않게 함과 동시에 압력에 탄성이나 강도를 잃지 않는 석면, 합성고무 등이 사용된다.

(3) 나사접합

나사접합은 소구경(5 cm 이하)의 강관에 흔히 쓰여 나사는 국내외 표준규격에 규정되어 있는 배관용 taper나사이다. 배관용 나사 접합에 있어서 당기는 강도는 주로 나사의 단면적에 의존하기 때문에 배관강도에 비하여 작게 된다.

(4) 용접

강관의 용접에는 맞대기 용접(Butt weld)과 덧대기용접(Fillet weld)이 있다. 용접은 높은 Joint효율(접합부의 강도와 모재 강도의 비)을 얻을 수 있는 것이 특징이다. 강관의 용접은 거의 V형 접합이다.

(5) 융착

가스용 폴리에칠렌관 공법의 커다란 특징은 접합을 융착하는데 있다. 융착에는 [그림 12.16]에 보인 3종류의 접합방법을 사용하는 강관의 용접과 같이 접합부에서 강도저하는 거의 없다.

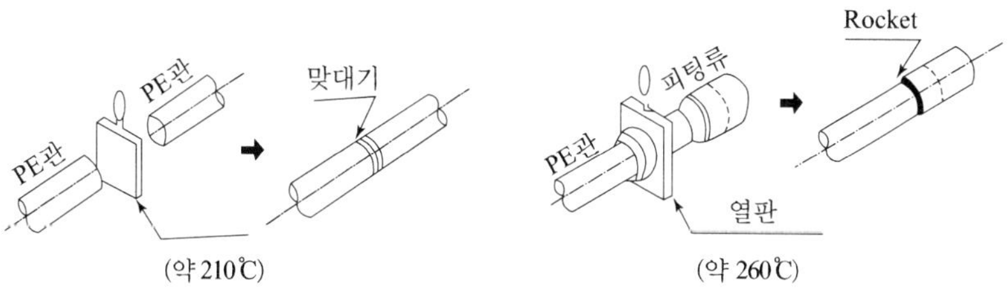

① 뱃드융착(Joint로 사용하지 않고 관과 직접열융착하는 방법

② Socket 융착뱃드융착(Joint와 관과 열융착하는 방법

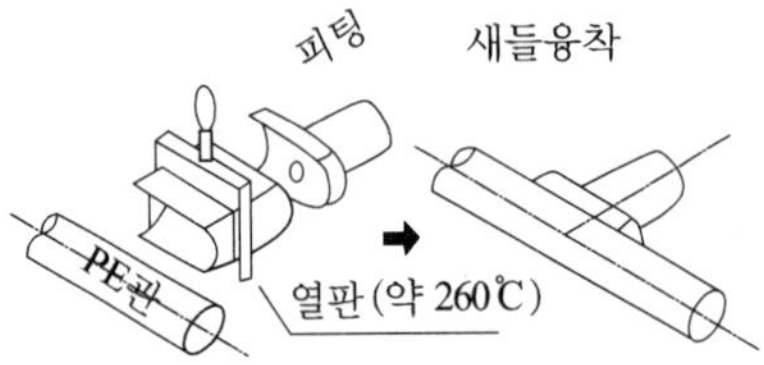

③ 새들융착(공급관을 떼어날 때 피팅과 관을 열융착하는 방법)

그림 12.16 융착

12.6 밸 브

차단장치는 가스를 신속히 차단할 수가 있는 구조의 것이고 밸브의 설치장소, 조작방법 등을 고려하여 유지관리 및 안전관리에 적합한 것을 선정할 필요가 있다.

(1) Plug Valve

Plug valve는 cock와 같이 원추형밸브 마개를 90회 돌려서 개폐하는 구조이다. 본체 및 plug에 각기 유구가 있어, 회전을 부드럽게 하고 있다. 가스관 중의 dust 등의 불순물에 의한 차단효과의 저하가 발생하지 않으므로, 주로 중압관에 사용되어 있다.

(2) Gate Valve

Valve축의 회전에 의하여 흐름의 직각방향에 밸브판이 직선운동을 하는 Valve를 스르스 밸브가 그 대표적인 것이다. 이 밸브의 특징은 전부 열렸을 때 유동저항이 작고, 서서히 개폐하므로 충격을 일으키는 일이 적다. 유체중에 불순물이 있는 경우에는 밸브에 고이기 쉽고 차단능력이 저하하는 수가 있다.

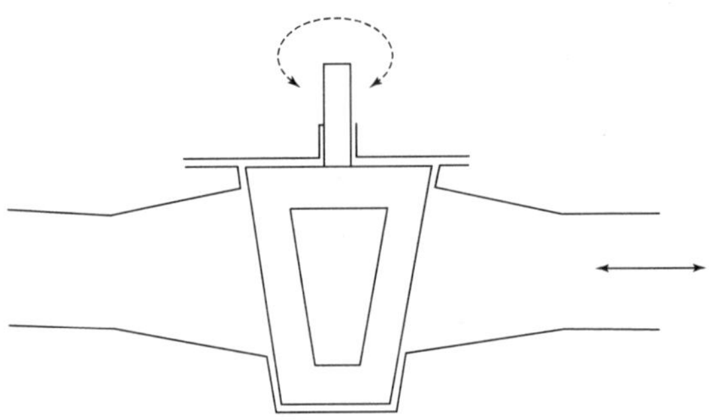

그림 12.17 Plug Valve

주로 저압의 차단용으로서 사용되고 있다.

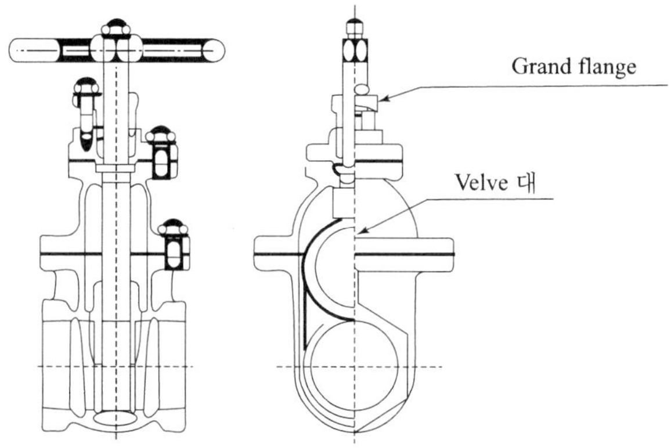

그림 12.18 Gate Valve

(3) Glove Valve

밸브축을 돌리면 원통형의 글로브가 상하로 움직여 밸브의 개폐를 하는 것이다. Glove 밸브는 밀폐 성능이 좋아 유량조정이 용이한 이점이 있지만 압력손실이 크다. 일반적으로 가버너 가스메타의 소구경의 배관에 쓰이고 있다.

(4) Butterfly Valve

원판상의 열림판을 회전시킴으로서 개폐하는 것으로 나비형 밸브라고도 불리며 유량 컨트롤이 용이, 특히 유량특성이 밸브의 열림과 유량이 비례하는 등 [그림 12.19] Glove Valve의 이점이 있다. 구조가 간단하기 때문에 다른 밸브에 비하여 가격이 싼 편이다.

장기간 닫힌 상태로 두면 밀착되어 열리지 않는 경우가 있으므로 주의할 필요가 있다. 주로 열량변경시의 저압관의 지역분할용으로서 사용되고 있다.

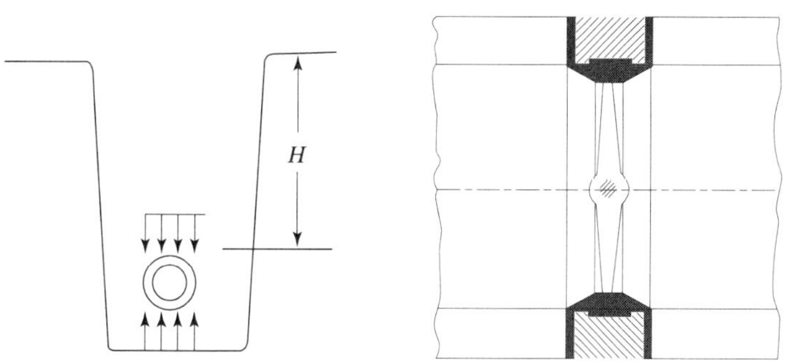

그림 12.19 (a) Glove valve (b) Butterfly valve

(5) Ball Valve

볼에 구멍을 뚫은 형으로 회전시킴으로써 개폐하는 것인데 볼과 밸브의 본체와의 접촉면의 윤활성이 밸브성능을 좌우한다. 이 밸브는 흐름의 방향을 바꾸지 않고 배관내경과 유로면적을 같게 하기 때문에 압력손실이 적다. 중고압관의 차단용으로서 흔히 쓰이고 있다.

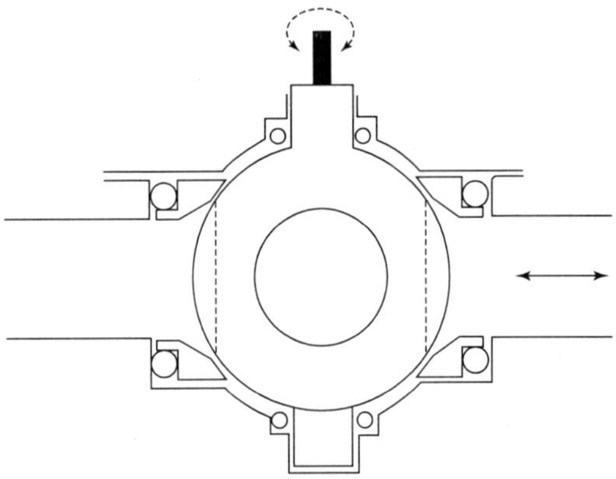

그림 12.20 Ball Valve

12.7 수취기

가스의 포화수분이나 경유분의 응축, 불량용접부, 배관의 부식구멍 등에서 지하수 침입하는 경우 또는 공사중에 물이 침입하는 경우에 가스의 공급이 저해되므로 관로의 낮은 부분 또는 계량기 설치 직전에 수취기를 부착한다.

최근에는 공장에서 가스를 송출할 때에 가스를 심냉하여 미리 가스의 수증기를 응축제거하고 있기 때문에 저압관에 수취기를 설치하는 경우가 많다. 또 설치할 때 주의해야 할 것은 수취기의 입관이 타공사에 의해 손상을 받지 않도록 박스 등에 의해 위치를 명시하는 조치를 강구해야 한다.

12.8 교량통과 배관

배관이 하천을 횡단할 때 10~15m 정도의 소하천에서 [그림 12.21]와 같은 단독가관에 의하지만 넓은 하천에서는 기존의 교량에 첨가(그림 12.22)하던가 트라스 보강교 등(그림 12.23)의 전용교를 설치하여 첨가하는 방법이 취해진다.

교량관은 통상 하천을 횡단하는 하천공작물로서 하천법에 의하여, 또 교량에 첨가하는 배관에 대하여 도로점용물건으로서 도로법에 의하여 규제를 받는다. 따라서 관계기관과 충분한 협의를 하여 설계를 진행할 필요가 있다.

또 설계에 있어서는 온도변화, 내압, 자중, 풍량, 지진 등의 하중에 견디는 안전한 구조라야 하지만 그중에서도 온도변화에 의한 영향이 크고 열응력의 흡수가 중요한 사항이 된다.

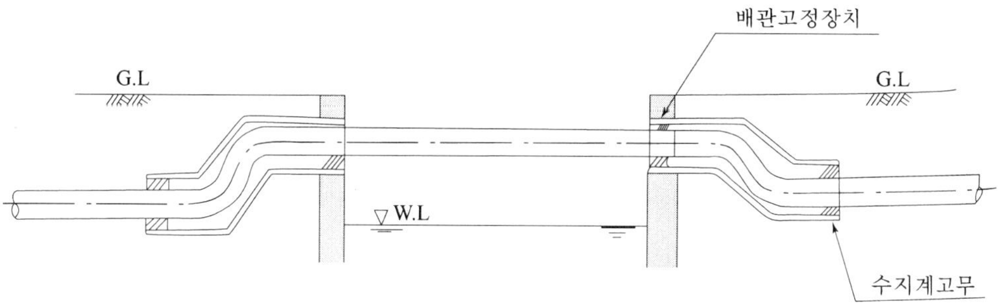

그림 12.21 단독가관

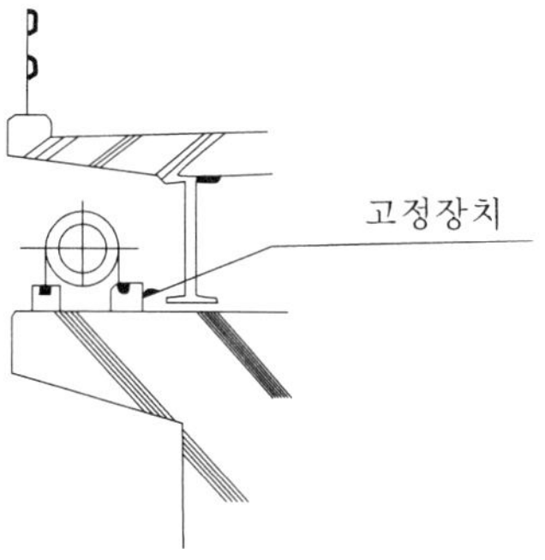

그림 12.22 교량하부 설치

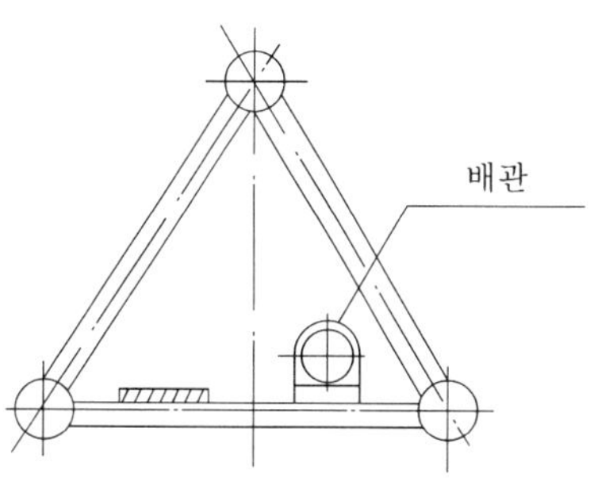

그림 12.23 트라스 보강교 설치

(1) 열신축흡수방법

배관이 온도변화를 받으면 재료의 팽창계수에 대하여 신축이 생기고, 그 신축이 구속되어 있는 경우 변형이 방해받아 응력이 발생한다. 양단이 구속되어 있는 직접배관의 경우의 열응력은 식 (8)에 나타내었다. 따라서 양단지지는 이 응력에 견디는 구조로 하며 구속을 없애는 신축이음을 사용한 형으로 한다.

① 가동성배관

곡관과 직관을 조합해서 가동성배관으로 하여 신축을 흡수하는 방법(그림 12.24)이며, 일반배관을 사용하는 일로서 신뢰성은 높지만 곡관 때문에 스페이스를 필요로 한다. 곡관의 경우, 벤드부분의 직관부분보다 높은 응력이 발생하기도 하고 휘어짐도 커진다. 이들은 실험식에 의해 응력집중계수, 다와니계수로서 구해지지만 일반적으로는 곡관부분도 포함한 전체의 배관계로서 컴퓨터를 이용하여 응력해석을 한다.

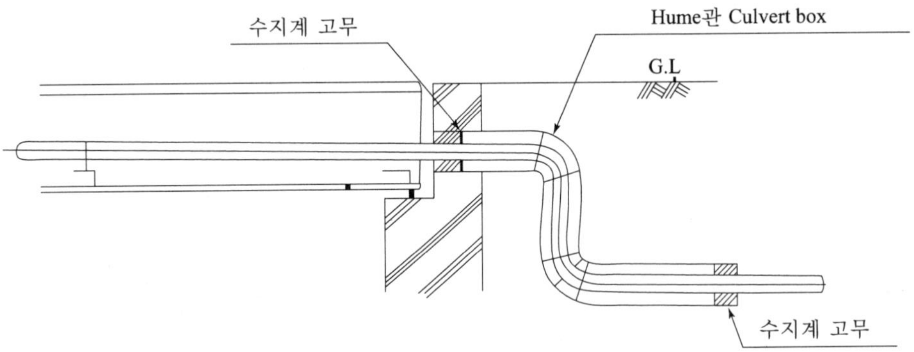

그림 12.24 가동성배관

② 신축이음

신축이음에는 일반적으로 bellos형 신축이음이 사용된다. 그 때의 신축량은 식 (7)에서 구해진다.

신축이음의 설계에 있어서는 1) 연간의 온도변화에 의한 신축량을 충분히 흡수되는 신축이음 개수를 계산한다. 2) 흡수량의 부착간격을 같이 하고, 그 흡수량이 균등히 되도록 각 구간마다 관체를 견고히 지지하는 조치를 강구한다. 3) 부착후의 유지관리상, 신축량의 측정, 점검 및 보수하기 쉬운 부착장소, 발판 등을 고려하는 등 주의하지 않으면 안된다.

표 12.3 가동성배관과 벨로즈형 신축이음의 비교

	고정점의 필요성	배관의 강 도	접점의 필요성	신축흡수용의 배관의 스페스	설치위치의 선 정	1개당의 허용신축량
가동성 배관	반드시 필요하지는 않다.	모든 강관이고 강도적으로 문제없다.	특히 신축부의 점검은 필요없다.	필요있다.	스페이스만 있으면 노출, 매설 어느 것이든 가능	굽음배관의 스페이스만 있으면 많은 흡수가 가능
벨로즈형 신축이음	필요하다.	벨로즈부가 얇은 판으로 문제있다.	페로즈부 가동의 접점이 필요있다.	필요없다.	노출부가 바람직하다.	구조에 의해서 제한된다.

예제 2 400A의 강관을 사용하여 길이 20m로 양단을 견고히 고정한 가관이 겨울의 추운시기(가설시 관체온도 $-10^{\circ}C$)에 설치되었다. 이 가관이 여름의 직사광선을 받아 관체 전체의 온도가 $50^{\circ}C$로 되었다. 이 경우 생기는 응력을 구하라.
단, 관의 선팽창계수는 $\alpha = 1.2 \times 10^{-5}(1/^{\circ}C)$, 영율, $E = 2.1 \times 10^{6}(\text{kg/cm}^2)$로 한다.

풀이 양단고정의 경우에 응력은 식 (8)에 의해

$$\begin{aligned}\sigma &= E\alpha\Delta t \\ &= 2.1\times10^{6}\times 1.2\times10^{-5}\times(50-(-10)) \\ &= 1{,}512\ \text{kg/cm}^2\end{aligned}$$

로 된다. 그러나 실제에는 이와 같은 높은 응력은 허용되지 않기 때문에 무엇인가 조치가 필요해 진다.
신축이음에 대처할 경우의 설계변위량은 식 (7)보다

$$\begin{aligned}\Delta \ell &= \alpha\Delta t\,\ell \\ &= 1.2\times10^{-5}\times 60 \times 20{,}000 \\ &= 14.4\ \text{mm}\end{aligned}$$

로 된다.

(3) 신축이음을 사용하는 경우의 양단고정점

신축이음은 양단을 고정하는 것에 의하여 그 기능을 발휘한다. 이 경우의 고정력은 내압에 의한 추력과 신축이음을 압축하는데 필요한 추력에 견디는 것이면 좋다.

$$F = Fs + Fj$$

$$Fs = aP \tag{12}$$

$$Fj = \frac{Fja \times \Delta\ell}{n} \tag{13}$$

F : 고정력(kg)
Fs : 내압에 의한 추력(kg)
Fj : 신축이음을 압축하는데에 필요한 추력(kg)
a : 신축이음의 유효단면적(cm^2)
P : 기밀시험압력(kg/cm^2)
Fja : 벨로즈의 1산을 1mm 신축하는데 필요한 힘(kg/mm/산)
$\Delta \ell$: 신축량(mm)

단, 바란스형 신축이음을 사용하는 경우에는 내압에 의한 추력은 관계없으므로 Fj만을 생각하면 된다.

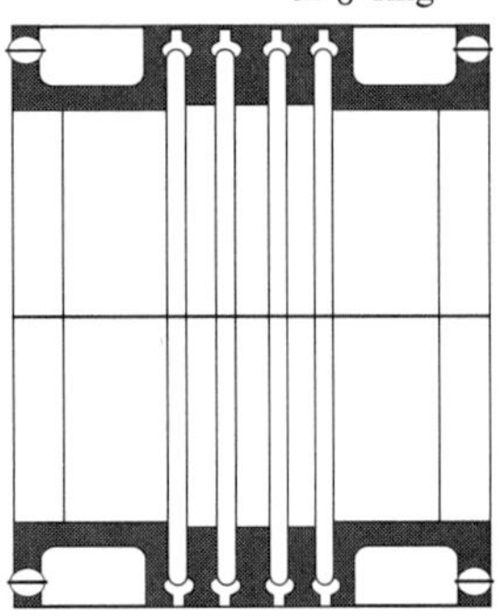

그림 12.25 벨로즈형 신축이음판

예제 3 연장 120 m의 교량에 내경 200 A의 가스배관을 첨가할 때, 벨로즈형 신축이음을 사용해서 온도변화에 의한 신축을 흡수한다. 이 경우 양단의 고정점에 가하는 힘은 얼마인가? 단, 가스의 압력 : 1.5 kg/cm^2
온도변화의 범위 : 60 ˚C
이음의 용수철 정수 15 kg/mm
가스배관의 선팽창율 1.2×10^{-5}

풀이 고정점에 가해진 힘은 내압에 의한 추력과 기온에 의해서 변화하는 신축이음의 용수철의 힘과의 합이다.

[내압에 의한 추력]

$$Fs = ap = \frac{\pi D^2}{4} \times P = \frac{3.14 \times 20^2}{4} \times 1.5 = 471\,\text{kg}$$

[신축이음의 용수철의 힘]
식 (13)에서

$$Fj = \frac{Fja \times D\ell}{n}$$

$$\frac{Fja}{n} = 1\,\text{kg}/\text{mm}$$

$$\Delta\ell = (1.2 \times 10^{-5}) \times (120 \times 10^{3}) \times 60$$

$$= 86.4\text{mm}$$

$$Fj = 15 \times 86.4 = 1{,}296\,\text{kg}$$

[고정단에 가해지는 힘]

$$F = Fs + Fj = 471 + 1{,}296 = 1{,}767\,\text{kg}$$

12.9 공동구의 설계

공동구내의 배관의 설계는 가스사업법에 따라 정해져 열응력의 흡수방법, 관통부에서의 손상방지 및 가스의 유입을 차단하는 장치를 고려한 설계와 함께 공동구내 전기설비의 방폭, 환기장치 등에 대하여 확인하고 안전성에 대해서 배려해야 한다.

(1) 공동구배관 Support의 설계

① Support는 배관계에서 전달되는 하중을 지지되는 구조로 최대지지간격 계산에 의해서 얻어지는 간격으로 설치한다.

② 고정 Support를 설치하는 경우는, 고정 Support의 전후로 배관이 작용하는 응력에 적합한 구조강도를 갖아야 한다.

(2) 열응력 흡수조치

열응력흡수방법에 대해서는 가관의 설계에 진술한 방법으로 신축량을 주위의 상황에 맞는 신축조치를 선정한다.

(3) 관통부에서 손상방지

공동구의 관통부는 공동구 내외의 배관에 작용하는 지반 혹은 공동구의 부등침하가 영향을 받기 쉽기 때문에 적합한 슬리브를 설치하고 외부응력에 의한 영향방지 조치를 강구할 필요가 있다. 이 경우, 슬리브와 가스관의 사이에는 고무나 발포제 등의 배관을 상하지 않고 충진물을 삽입한다.

(4) 가스차단

공동구에 설치하는 배관에 가스의 유입을 차단하는 가스차단장치를 설치한다. 단, 이 차단장치를 공동구내에 설치하는 경우에는 격벽을 설치한다.

(5) 전기설비

공동구의 전기설비로서는 조명기구, 환기장치, 배수장치 등 기기가 있어 모두 방폭용 설비를 사용해야 한다.

(6) 환기장치

공동구내의 환기는 정기적으로 행할 필요가 있으니까, 방폭형의 환기장치를 설치한다.

13 CHAPTER 배관공사

CHAPTER 13 배관공사

배관 공사에는 공급구역전체의 배관망의 간선부설을 비롯하여 신규 수요로서 신설공사, 공급개선을 위한 부설공사, 안전을 위한 노후관 등의 교체공사, 상하수도공사, 전화, 전력선공사, 지하철공사 등의 타공사에 따른 교체・이설공사 등이 있다. 가스의 사용개시일은 통상 이들의 목적에 따라 다르므로 공사능력, 관리체제 등을 고려하여 공사량을 되도록 균일하게 되도록 연간공사계획을 세운다. 공사의 순서는 아래와 같다.

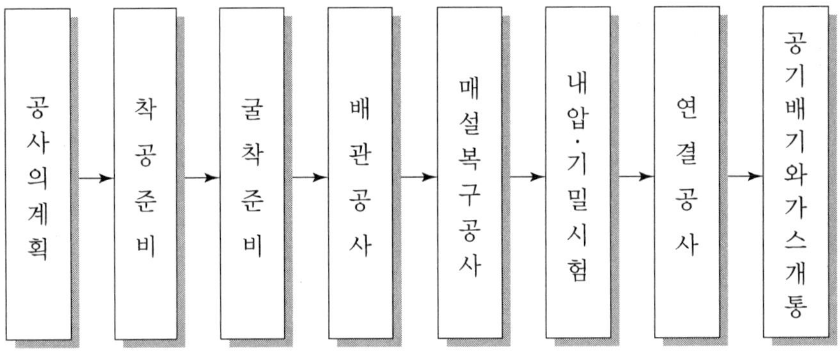

그림 13.1 공사의 흐름

13.1 공사의 계획

(1) 계획의 입안

연간공사계획에 따라, 해당공사의 목적에 따른 한 공기 및 부설환경에 적응한 공법에 대하여 상세하게 검토한 뒤 공사의 계획을 입안한다.

배관시공 표준작업 절차

1. 배관노선 측량 및 지장물 조사
   - ㅇ 포장도로 : ASCON 절단
2. 관 운반
   - ㅇ POPE BENDING
3. 지상용접
   - ㅇ 육안검사
4. 더 파기
5. 지하배관 및 용접
   - ㅇ 육안검사
6. 비파괴검사(NDT)
   - ㅇ RT, UT, PT
7. 용접부 피복시공
   - ㅇ PINHOLE 검사
8. 방식설비 시공
   - ㅇ MG-ANODE
9. 모래채움 및 물다짐
   - ㅇ 1, 2차 구분 실시
10. 보호철판 및 누설탐지관 설치
11. 왕사 또는 흙다짐
12. 경고표지 설치
13. 포장복구 및 정리
   - ㅇ 포장도로 : ASCON 절단

포장시공 단면도

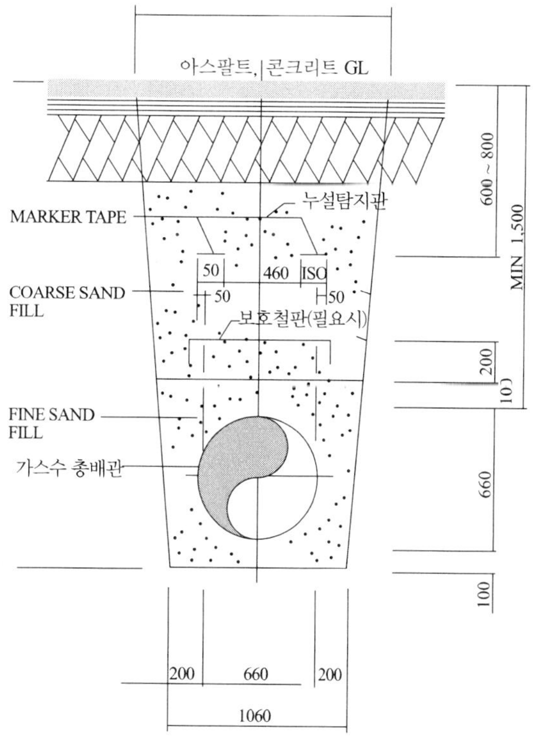

(2) 인허가

공사 착공전에 필요에 따라 관련기관으로 공사인허가, 도로관리자로의 점용허가, 관할경찰서로의 도로사용허가 등을 신청하여, 허가를 받아야 한다.

(3) 공사의 공정

공사에 앞서, 공사의 규법, 순서, 공기, 허가조건, 점공위치의 환경특수공사, 타사공사와의 관련, 자재의 납기, 가스공급상의 처치 등을 고려하여 공사공정을 계획한다.

13.2 착공 준비

(1) 공사조직의 편성

공사의 종류, 규범, 지역, 부설환경, 주야별 등에 따라, 공사공정을 만족할 수 있도록 공사조직의 편성을 함과 함께, 안전규정에 따라 감독자 및 현장책임자를 정하여 책임의 소재를 명확히 한다.

(2) 기자재의 준비점검

소요기자재를 사전에 확인함과 동시에 굴착기계, 펌프, 전압기, 안전설비 등의 정비점검을 한다.

(3) 도로관련관계자 연락

공사의 규범에 따라 도로와 관련된 주민, 학교, 병원, 상점가, 자치회, 기타 관계선에 대하여 공사의 목적, 공기, 방법, 연락선 등에 대하여 충분히 널리 홍보한다.

(4) 시험 굴착

미리 노선의 현상을 조사함과 함께 지하배설물(절력 · 전화케이블, 상 · 하수도 등)의 위치 · 상황을 명확하게 하기 위하여 필요에 따라 시험굴착을 한다.

13.3 토목 공사

13.3.1 일반사항

일반사항의 대부분은 굴착, 되메우기, 특수공사 등의 소위 토목공사에 포함되지만 현장의 환경, 교통, 타공사 등에 의하여 작업의 제한을 받는 경우가 많다. 공사에 있어서 다음과 같은 점에 유의할 필요가 있다.

① 가스사업법, 도로법, 도로교통법 등 관대법규·기분 및 관계제관청, 용지관리자 등의 허가조건을 준수한다.
② 지하매설물에 근접하여 공사를 하는 경우에는 매설물 관리자의 입회를 요청하여 필요에 따라 방호조치를 한다.
③ 공사규범, 점유위치, 교통양, 작업시간대 및 주변의 환경에 따라 적절한 표시설치 및 안전설비를 설치하여 통행자의 안전을 확보함과 함께, 필요에 따라 교통혼잡이나 사고를 막기 위해 교통정리를 한다.
④ 공사에 따른 진동 및 소음의 방지에 유의한다.
⑤ 소화전, 맨홀, 기타사회공공시설의 사용을 방해하지 않는다.
⑥ 공사중에는 당해도로변의 주거, 부지 등에 출입구를 확보한다.

13.3.2 굴착공사

(1) 포장도로

도시주변의 도로는 거의 포장되어 있어 포장의 파손을 최소한으로 억제하고, 복구작업을 용이하게 하기 위하여 도면에 따라 굴착폭을 로상에 표시하고, 이에 따라 포장의 종류와 두께에 따라서 Cutter로 절단하여 주변의 포장, 지하배설물 등에 손상을 주지 않도록 조심스럽게 제거한다.

(2) 굴 착

굴착의 폭 및 깊이는 도면에 의하지만 기간, 경제성을 고려함과 함께 배관작업 스페이스가 충분하고 되메우시기 충분히 모래 및 흙다짐을 할 수 있는 치수로 한다. 타이 인(tie－in)부는 연결작업이 용이하도록 굴착한다. 도로폭이 넓고 지하매설부이 작은 도로에서는 시험굴착 등에 의하여 매설물을 조사 확인하고 나서 기계굴착을 행하던가 매설물이 많은 도로나 매설물의 부근, 소규모공사 등의 경우는 인력굴착을 행한다. 굴착은 교통에 지장이 없도록 당일 중에 배관을 완료하고 되메우기 또는 복공을 할 수 있는 범위로 한다. 부득이 파놓을 경우는 방호벽 야간등 등 적절한 시설을 설치해서 통행자의 안전을 확보한다. 또 도로를 횡단하여 굴착하는 경우는 교통을 저해하지 않도록 고려해서 한다.

(3) 토류공

굴착에 있어서는 굴착부의 벽에 적당한 구배를 두든가, 토사의 분리를 방지하기 위하여 토류벽을 설치한다. 토류공은 굴착깊이, 굴착방치시간, 토질, 용수상황, 주변의 구축물의 상황 등에 따라 목재 또는 두꺼운 강판을 사용 토류공을 설치한다.

(mm)	강 관					주 철 관				
	W_1	W_2	L	H_1	H_2	W_1	W_2	L	H_1	H_2
200	0.7m	1.6m	1.2m	1.4m	2.1m	0.7m	1.1m	1.0m	1.4m	1.7m

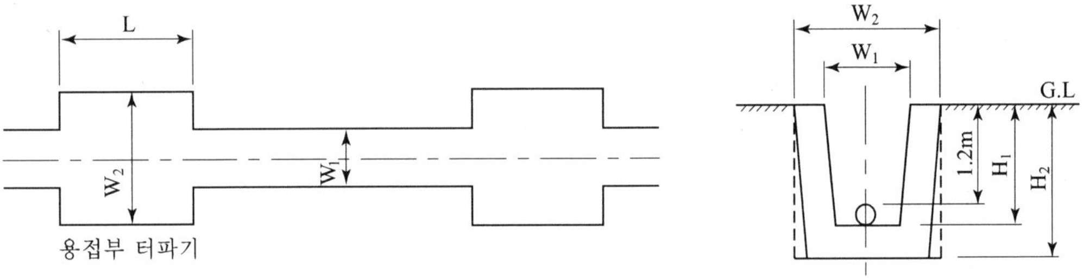

W_1H_1 : 굴삭구 내에서 접합을 필요로 하지 않는 부분의 폭, 깊이
W_2H_2 : 굴삭구 내에서 접합하는 부분의 폭, 깊이
L : 굴삭구 내에서 접합하는 부분의 축방향 길이

그림 13.2 굴착 치수

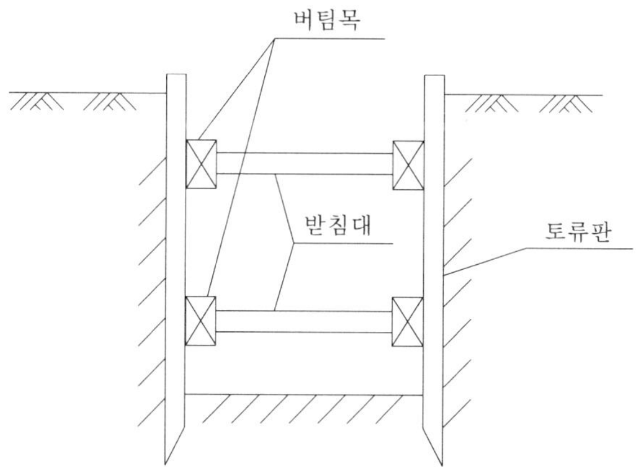

그림 13.3 토류공

(4) 타매설물의 방호

굴착할 때에 지하매설물이 노출 또는 근접하는 경우는 이들의 매설물에 손상을 주지 않도록 주의하고, 필요에 따라 매설물의 관리자와 협의하여 방호조치를 강구한다.

13.3.3 특수공사

(1) 용수처리

굴착위치의 지하수위가 높을 경우, 토사분리나 작업의 곤란을 가져오는 경우가 많기 때문에 적절한 용수처리를 강구할 필요가 있다. 또 배수는 필요에 따라서 침전조 등으로 처리한 뒤 배수구 등에 방류한다. 용수처리의 방법 중 흔히 사용되는 것은 다음과 같다.

① 중력배수법(부엌공법)

옛날부터 채용되고 있고, 즉 부엌이라 불리는 수류 또는 흠을 적당한 간격으로 설치하여 용수를 모아서 펌프로 배출하는 방법이고 침수성의 큰 모래층에 알맞다.

② 웰포인트(Well point)

웰포인트공법은 일종의 우물공법으로서 우물펌프에 의한 배수만으로는 작업이 곤란하다고 예상되는 경우에 사용되고, 용수지구에서 굴착공사를 할 경우에 채용되는 지반저량 방법의 일종이다. 굴착구에 따라 메타간격으로 양수관을 박아 넣어서 다수의 소형우물(웰포인트)로 하여 침수관을 동하여 진공펌프에 의해서 양수하여 지하수위를 낮춘다. 이 공법은 현장의 토질에 의해서 효과가 다르고, 또 지하수의 퍼올림에 의해서 주위의 우물의 고갈, 수전의 물빠짐, 지반침하 등을 일으킬 수가 있으므로 주의해야 한다.

③ 약액주입공법

연약지반에서 지하매설물 등에 손상을 주는 우려가 있는 경우 또는 추진(압입)공사를 하는 경우에 지반강도의 증가 수단으로서 사용되는 공법으로서, 굴착에 따라 지하수의 퍼올림으로 지반침하의 우려가 있는 경우에 용수방지의 수단으로서 행하여진다. 주입공사는 지반에 주입관을 막고 약액을 펌프에 주입하여 지반을 강화한다. 이 공법의 채용에는 지하수 등의 오염의 방지에 대해서 충분한 주의를 할 필요가 있다.

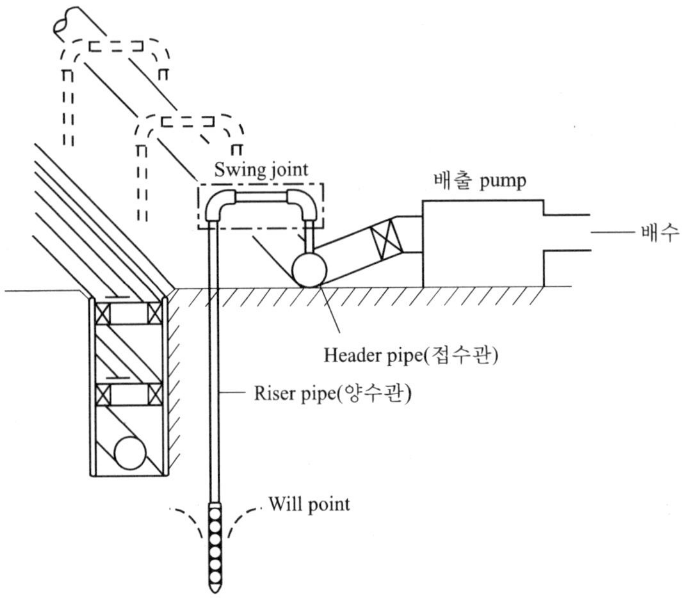

그림 13.4 웰포인트

(2) 추진공법(압입공법)

궤도밑 횡단은 물론 교통 예민한 간선도로, 신설포장부분의 횡단 및 수로 등의 지하 통과에 많이 이용된다.

① 흄관추진(Hume관)

횡단하는 궤도, 도로 등의 한쪽에 압입구를 다른 쪽에 도달구를 굴착한다. 압입구의 배면에는 지압재 또는 콘크리트 블록을 설치하여, 유압 재크에 의한 흄관을 순차압입한다. 흄관선단에 장치된 금속물에 의해 절취된 토사는 배출한다. 흄관이 도달구에 이르면 추진을 마치고 계속 관내에 배관을 부설한다.

지하수의 침임을 막기 위해 압입구를 밀폐하고 흄관내에 압축공기를 불어 넣은 압기공법, 또는 지반을 강화한 약액주입공법이 병용되는 경우도 있다.

이 공법에서 흄관내에 작업원이 들어가 토사를 밖으로 꺼내야 하므로 관경 600 mm 미만의 시공은 곤란하다.

② 중추강관 추진

피복강관과 관의 사이에 콘크리트를 충진하여 일체화한 이중강관을 흄관과 같은 방법으로 추진 시공한다. 추진공사의 완료, 즉 배관매설 완료라는 점에서 공기의 단축, 비용의 절감이 가능하지만 토사를 밖으로 꺼내야 하므로 관경 600 mm 미만의 시공은 곤란하다.

③ Horizontal Auger 공법

강관의 내부에 Auger를 장착하여 Auger로 토사를 해쳐내면서 강관을 압입하는 공법이다. 소구경(200 mm 이하)의 것은 종래부터 사용되어 왔지만, 관내면에 상처가 생기는 결점이 있었다. 그러나 최근에는 사입용 강관내부에 Auger용 관을 설치해서 강관내면을 보호할 수가 있으므로 대구경(1000 mm까지)도 가능하다. 이 공법의 특징은 커다란 장애물만 없다면, 지반이 부드러울수록 시공하기 쉽다.

④ 강관의 추진

도로폭의 좁은 도로의 횡단 등에 사용되는 방법으로 피복강관을 유압재크 등에 의해 직접 추진하여 관내의 토사는 수동장치에 의해 배출한다. 압입관의 선단 또는 관내외면을 손상되기 쉬우므로 주의를 요한다.

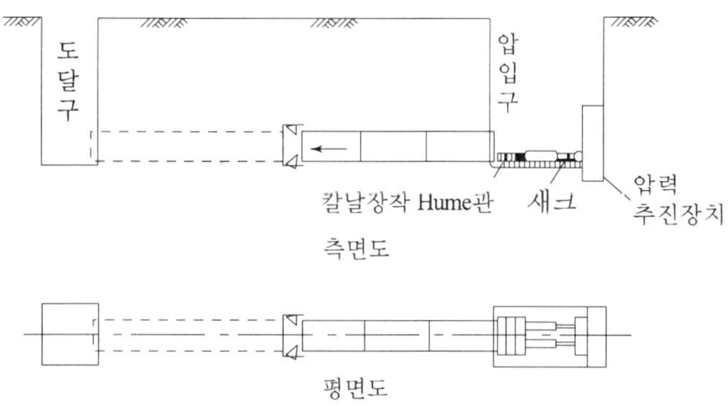

그림 13.5 Hume관 추진공사

13.3.4 되메우기·복구공사

배관공사 종료 후, 되메우기 및 노면복구에 의해 토목공사가 완료된다.

(1) 되메우기는 배관 및 도로의 유지관리에 영향을 주기 때문에 다음과 같은 점에 유의한다.

① 도로를 굴착한 경우에, 배관공사완료 즉시 신속히 되메우기를 한다.

② 연약지반 또는 용수가 있을 경우, 유수 및 용수를 제거하면서 되메운다.

③ 관면 가까이에 양질의 토사로 되메우고 돌 또는 콘크리트를 혼입해서는 안된다. 토질이 나쁠 때는 양질의 토사와 바꾼다. 도로관리자로부터 지시가 있을 경우에는 그 지시에 따른다.

④ 되메우기는 일정 두께마다에 다짐기, 물다짐 등을 사용하여 충분히 다짐한다. 특히 배관주변, 구축물 등의 부근은 부등침하에 의한 노면에 요철이 생기지 않도록 세밀하게 조여서 고정시킨다.

(2) 가스관 표식시트

고·중압관 등을 부설하는 경우는 타공사의 굴착시에 도관의 손상을 막기 위해 배관의 명칭, 관리자, 압력 등을 면시한 가스관 표시 시트를 되메울 때에 관의 바로 위에 관과 평행으로 매설한다.

(3) 노면의 복구

되메우기가 끝나면 도로의 사용에 지장이 없도록 필요에 따라 간단한 포장에 의해 가복구를 한다. 노면의 유지관리에 유의하여, 노반이 안정되면 주위의 노면에 맞추어 본복구를 행한다.

13.4 배관 공사

배관에는 매설 이외에 추진, 교량통과 등 특수한 것도 있지만 도로에 매설되는 것이 대부분이고, 공사의 결과가 배관의 안전성이나 내구성에 주는 영향도 크기 때문에, 여기에서는 주로 매설공사에 대해서 진술한다.

13.4.1 일반사항

① 매설관의 점용위치 및 매설깊이는 설계도에 의하지만, 장애물 때문에 부득이 변경하는 경우는 필요에 따라 도로관리자 설계자의 허가를 얻은 뒤에 시공한다.
② 타의 지하매설물과는 유지관리작업에 지장이 없을 정도의 간격을 둔다.
③ 배관에는 구배를 두어 최저부에는 관내의 응축수 등을 모아 정기적으로 배출하기 위한 장치를 설치한다.

13.4.2 매설공사

공사에 앞서 작업의 정확한 안전을 기하기 위해 굴착깊이, 폭, 토류공 등이 적절한가를 확인한다.

(1) 관로의 설정

굴착기 내는 바위 등을 제거하고, 측량기 등을 사용하여 똑바로 관로를 만든다. 지반이 연약한 곳에서는 양질의 토사교체 또는 모래주머니 등을 설치한다.

(2) 배관재의 점검

주철관은 육안이나 테스트해머에 의한 음향검사에 의해 또 피복강관은 육안검사 Holiday detector(pin Hole 검사기)에 의한 관재나 피복에 결함이 없는 것을 확인한다. 더욱, 피복강관의 운반에 있어, 피복재나 관단을 손상하지 않도록 폭이 넓은 벨트 등을 사용함과 함께 부근의 구축물 등에 충돌하지 않도록 주의한다.

(3) 이물질의 침입방지 및 관단·관내의 청소

공사 중에 관내에 토사 등의 다물질이 침입하는 것을 막기 위하여, 필요에 따라서 관단을 캡 등으로 씌운다.

관의 접합 시에는 관단・관내를 청소하여, 토사 등의 이물이 잔존하지 않도록 주의한다.

13.4.3 배관의 접합

배관은 통상규격의 길이 것을 굴착구내에 설치한 관로 위에 설치하고 다음과 같은 방법으로 순차접합해 간다.

(1) 기계적접합(mechanical joint)

기계적접합은 주로 주철관 또는 관경 80 mm 이하의 소구경의 강관의 접합에 사용되지만, 대구경 강관에 분기관 또는 밸브를 설치하는 경우의 접합에도 드렛셔 커블링 등이 사용된다.

접합에 있어서는 관의 중심선을 똑바로 맞춰서 적절히 관리된 seal용의 고무바퀴를 사용함과 함께, 접합재료를 빠짐없이 바른 순서로 장착하고 돌크렌치 등을 사용하여 한쪽만 조이는 일이 없도록 전주에 걸쳐 규정의 토크를 균등하게 조여맨다. 피복강관을 사용하는 경우 접합부 및 이음매는 부식을 방지하기 때문에 방식테프 등으로 피복한다. 주철관의 경우에도 부식성의 토양중에서 폴리에칠렌 슬리브로 한다.

(2) 플렌지접합

플렌지접합(관경 5 cm 또는 2″ 이상)은 정압기 설치, 신축이음매, 토출형밸브, 절연이음매 등의 주로 청소하여 플렌지법에 접합한 패킹, 볼트, 너트 등을 사용하여 견고하게 조립한다.

(3) 나사접합

나사접합(관경 5 cm 또는 2″ 이하)은 주로 소구경의 저압강관의 접합에 사용된다. KS에 규정된 치수가 되도록 관경에 접합한 공구를 사용하여 똑바로 절삭하여 유분 등을 깨끗이 닦은 뒤 Seal제를 도포하여, 규정의 나사못 홈수 이상을 확실히 집어넣는다. 접합이 끝나면 접합부 부식을 방지하기 때문에 방식테프 등에 의해서 조심해서 피복한다.

(4) 용 접

용접은 강관에 사용되고 관재와 동등 이상의 강도를 갖기 때문에 고압에서 저압까지 폭넓게 사용된다.

(5) 융접(폴리에칠렌 관의 융착)

융접은 가스용 폴리에칠렌 관의 접합에 사용된다. Butt(맞대기), 소켓, 새들 등의 접합이 있어 각각에 적합한 공구를 사용하여 접합한다. 접합에 있어 관의 내외면 및 공구의 가열부를 청소한 뒤 관의 접합부를 공구에 정확하게 장착하여, 규정온도 가열 후 접합부를 압착해서 규정시간을 유지한다. 접합이 끝나면 공구를 빼내서 접합면의 비드의 형편을 육안으로 확인한다. 폴리에칠렌관은 전기가 통하지 않으므로 유지관리를 위해 도로에 따라 도선을 설치할 필요가 있다.

13.4.4 특수 공사

(1) Hume관 내 배관설치

흄관추진공법 등에 의해 관설치 후 계속 피복강관을 부설한다. 흄관내에는 콘크리트를 타설해서 관로를 설치, 입구에 용접에 의해 접합한 배관을 순차로 관내에 보내 넣는다. 배관에는 완충대를 부착하여 피복재의 손상을 방지하고, 배관의 부설이 끝나면 관의 양단부에 실재를 채워서 지하수의 침입을 방지한다.

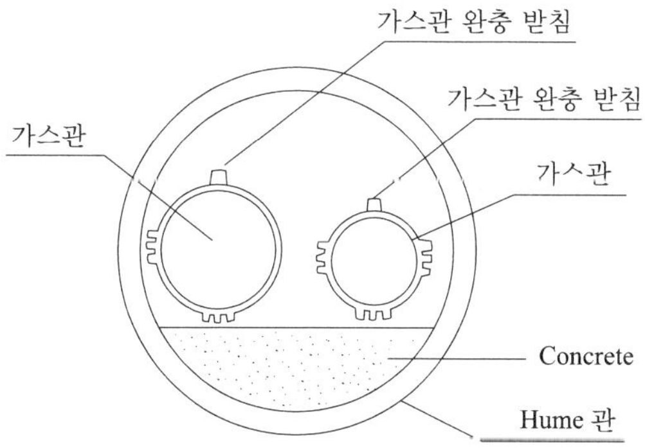

그림 13.6 Hume관 내의 배관

참 고

> Hume관 : 철근콘크리트 관으로 호주(오스트렐리아) Hume 형제가 개발한 것으로서 관 제조시 금형(틀)을 회전시키면서 콘크리트를 타설하여 원심력을 이용하여 밀도가 치밀하고 기포를 제거하고 증기(수증기)로 양생한 철근콘크리트 관을 말함.

(2) 교량통과 배관

하천 등을 횡단할 경우 도금교에 첨가 또는 전용교를 가설하지만 온도의 변화에 따라 관의 신축흡수 또는 양단지지부배면의 매설관의 부등침하 대책에 대하여 시공상에서도 충분히 유의할 필요가 있다.

① 신축 이음매가 있는 경우는 도로교의 양단부는 콘크리트 타설등으로 견고하게 지지하지만, 교량통과 부분은 관이 축방향에 스라이드 할 수 있도록 서포트 등으로 지지한다. 신축이음매는 축심을 합함과 함께 시공시의 기온에 따라 적절한 상태에

서 설치한다. 새들부에는 방식 때문에 절연재 삽입하여 도로교와 전기적으로 절연한다. 또 도로교양단 지지부의 배면에는 도관의 부등침하에 의한 손상을 방지하기 위해 굽음관을 설치한다.

② 신축이음매가 없을 경우는 통상도로교양단부의 배면에 굽은 관을 설치하여 교량통과관의 신축 또는 양단을 스라이드 할 수 있도록 지지하고, 배관의 신축을 흡수하면 동시에 부등침하에 의한 손상을 방지한다.
단부의 지지는 일반적으로 곡관을 고정해서 이 중에 배관을 통하여 곡관과의 사이를 가동성 실재(수지계고무 등)를 채워서 지하수의 침입을 방지한다.

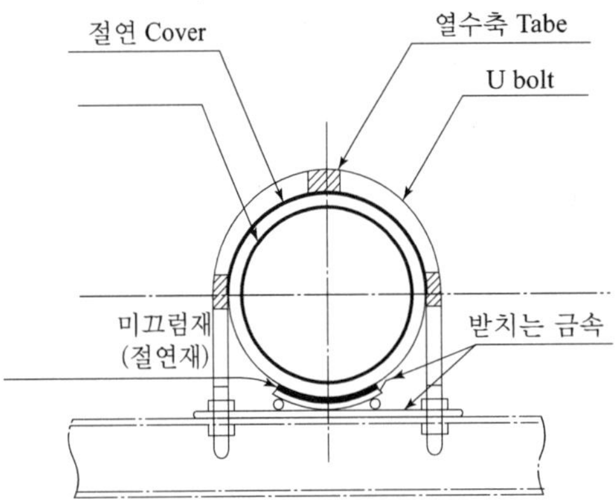

그림 13.7 교량통과 배관지지(서포－트 지지부)

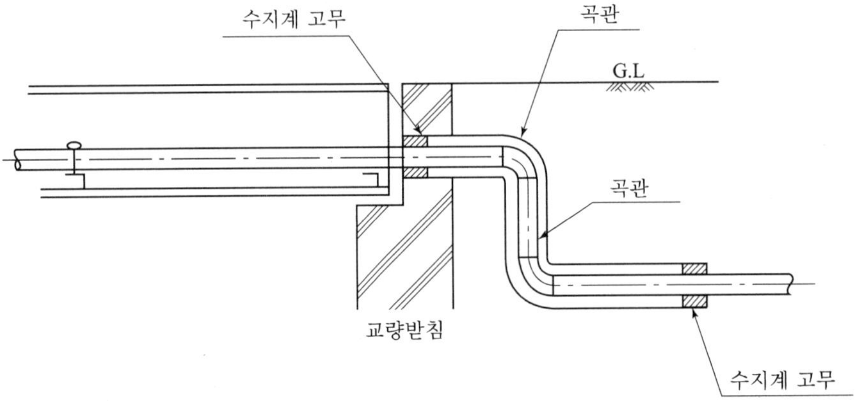

그림 13.8 교량통과 양단배관의 지지

13.4.5 Pigging 작업(배관내 이물질 제거 작업)

중압관에 있어서는 내압, 기밀시험 전에 다음 기준에 의해 물이나 용접 찌거기 및 토사 등의 잔유물을 제거한다.

① 관내 잔유물의 제거는 밸브 등의 pig가 통과하는 것이 불가능구간을 제외하고, pig를 통과시켜 제거하는 것을 원칙으로 한다. 밸브 등으로 pig를 넣어서 이물질을 제거하지 못한 부분에 있어서는 air compressor로 공기를 넣어서 제거하든가 또는 걸레 등으로 청소한다.

② Pig로 통과시킬 경우에는 공기압으로 pig를 삽입 주행시킨다. 단, pig주행을 하기 위한 압력은 내압시험 압력을 초과해서는 안된다. 또 pig로 뚫을 경우에 물, 토사 및 용접찌꺼기 등이 배출될 우려가 있으므로 pig삽입부 및 취출부의 장소선정에 있어서는 이것들을 충분히 고려해야 한다.

③ Pig가 이물질 등에 의해 도중에서 정지하여, 내압시험 압력 이하의 압력으로 주행하지 않을 경우에는 취출측으로부터 배압을 가하여 pig를 역주행시켜 pig를 취출하고, 원인조사 후 다시 시도한다.

④ 시공목적, 관시름에 적합한 pig를 사용한다.

⑤ 사용하는 pig외면에 심한 상처가 있든가 마모된 pig는 사용해서는 안된다.

⑥ Pig를 통과시킬 때 원칙적으로 2회 이상 행한다. 단, 물을 배출할 목적으로 사용될 때에는 물이 배출이 되지 않을 때까지 여러 번 pig를 통과시켜 본다.

(1) 필요기구

① Pig

Pig의 종류는 ball pig와 shot pig로 대별되며 피그는 모체의 강도, 내마모수지의 강도 등에 의해 여러 종류의 pig가 있으므로 목적에 따른 것을 선정한다. 선정을 잘못하면 관내 청소가 충분히 되지 않거나, 관이음쇠 또는 reduce 등에서 부분품의 부분에서 정지하든가 하는 것을 생각할 수 있다.

- Pig의 종류
  - Ball pig(구형 피그) : 플라스틱 소재로 되어 있으며 배관 연결 이음쇠가 규격품(엘보 등)으로 곡률 반경이 작을 경우 관내 이물질을 밀어내는데 사용. 
  - Shot pig(탄환형 피그) : 플라스틱 소재로 되어 있으며 배관 연결 이음쇠가 Bend(곡관) 등 곡률 반경이 큰 경우 이 물질을 밀어내는데 사용. 

- Choths pig(헝겊 피그) : 구형 그물망에 헝겊을 채운 형태로 Ball pig나 Shot pig로 관내 이물질을 제거한 후 잔류 이물질(물 또는 진흙 등)을 청소하는데 사용. 
- 특수형 pig(위치 추적 피그) : 관내 pigging시 막힘 등으로 정지해 통과하지 못할 경우 위치를 추적할 수 있는 신호장치(전자장치)가 부착된 pig를 말함.

② 압력계

③ 콤프레서(compressor)

Pig 주행거리 지름 등에 따라 변하나, 여기서 문제가 되는 것은 콤프레서의 압력이 아니고 압송 용량이 더 문제이다. Pig를 주행하기 위한 압력은 보통의 경우에는 0.1 ~ 1.5 kg/cm^2으로 충분하다.

pig가 삽입부로부터 목적관으로 옮겨질 때에는 다소 압력 상승이 생각되나, 중압관의 내압시험압력을 초과해서는 안된다. 콤프레서 용량은 400A 이하일 경우에 최저 5 m^3/min이 필요하다.

(2) 작업순서

① 삽입부 및 취출부의 부착은 취출부에서는 튼튼하게 모래가마니나 부대로 쌓아 놓아 pig 및 배출물이 날아가므로 위험이 발생하지 않도록 한다.

② Pig의 삽입

③ 압력원의 부착

④ 압송개시

급격히 압송밸브를 열면 pig주행하는 동안 파손되든가, T자관 등으로 정지할 염려가 있으므로, 작업할 관을 완료할 때까지는 밸브를 천천히 연다. Pig 주행중에는 압력계 지침의 흔들림에 주의한다. 지침이 천천히 상승하기 시작할 경우에는 pig가 정지하고 있다고 생각되므로, 내압시험 압력으로 초과할 우려가 있을 경우에는 바로 압송을 중지한다.

⑤ 압송완료

(3) Pig 주행시의 사고

① 배송압력부족

압력계의 지점이 0.1 ~ 0.5 kg/cm^2로 정지할 경우가 많다. 이때에는 콤프레서를 보다 대형의 것으로 바꾼다. 또한 배관 구간내에 설치된 밸브 등으로부터 공기가 누출하고 있는 것도 고려하여 조사할 필요가 있다.

② Pig의 정지

지침의 흔들림이 정지하면 천천히 압력이 상승한다. 압력이 내압시험 압력을 넘어 염려가 있을 경우에는 압송을 중지하며, 관내 압력을 내린 다음에 배압을 걸어 같은 방법으로 pig를 역행시킨다. 단지 역압송만으로 pig가 원위치에 되돌아오지 않을 경우에는 압송밸브의 조작으로 압력을 저장하여 한 번에 밀어내리는 등의 방법을 취한다. 최근에는 pig에 위치 추적 센서를 설치하여 위치를 확인 후, 필요시 굴착하여 정지 원인을 규명하고 재시공 후 시행한다.

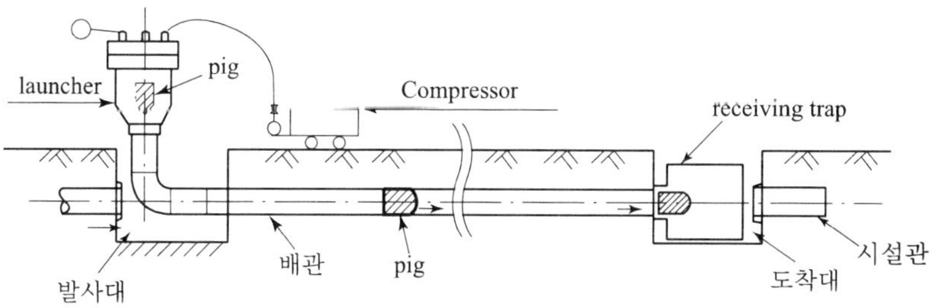

그림 13.9 Pig station 설치

13.5 내압·기밀시험

부설한 배관은 내압시험(중압이상) 및 기밀시험을 행하여 합격하여야 하며, 시험에 불합격한 경우는 불량개소 및 원인을 조사하여 보수 후 재시험을 한다.

13.5.1 일반사항

① 내압시험에는 공기, 물 또는 불활성 기스를 사용한다.

② 시험에 사용하는 압력계는 계량법에 의한 검정에 합격한 것으로 한다.

③ 시험시 필요에 따라 배관의 튀어나옴 등 방지조치 또는 고정조치를 강구한다.

④ 시험에 사용하는 기체의 압입 경우 방출시의 소음을 방지하기 위해 필요에 따라 소음기의 부착 등 적절한 조치를 강구한다.

13.5.2 내압시험

(1) 시험압력

시험압력은 최고사용압력의 1.5배 이상으로 한다.

(2) 시험 방법

먼저, 공기, 물 또는 불활성 가스를 한쪽에서 압입하면서 다른 쪽에서 방출하고, 시험구간을 확인한다. 압력은 한꺼번에 올리지 말고 단계적으로 상승시키면서 각부를 점검하고, 이상이 없으면 내압시험압력까지 승압하고, 일정시간 방치하여 손상, 변형 등의 이상이 없다는 것을 확인한다. 내압시험에 합격하면 내압시험 매체가 기체일 경우에는 기밀시험압력까지 압력을 내려 계속 기밀시험을 실시한다.

13.5.3 기밀시험

(1) 기밀시험 방법

기밀시험은 관내압력을 최고사용압력의 1.1배 이상으로 유지하면서 다음 방법으로 실시한다.

① 도출배관의 이음매부에 발포액을 도포하여 기포가 발생되지 않는다는 것을 확인한다.

② 배관내에 가스 또는 규정농도의 Freon 가스를 일부(5% 정도) 봉입하여 규정시간 경과 후 일정의 조건아래서 작동하는 가스검지기 또는 Halogen 검지계를 사용하여 새는 것을 검사하여 검지기가 작동하지 않는 것을 확인한다.

③ 배관의 용적 및 최고사용압력에 응하여 규정된 시간 이상 유지하고, 기밀시험의 처음과 끝의 압력에 변화가 없음을 확인한다. 시험시 온도계를 설치하여 시험기체의 온도를 측정하여 필요에 따라 온도보정을 한다.

④ 시험 기체는 보통 공기나 질소를 사용한다.

(2) 연결개소 등 검사

기설치배관과의 연결개소 등에 규정의 압력에 의한 기밀시험을 할 수 없는 경우는 기존검사 기준보다 엄격한 검사기준을 적용하여야 하며 발포액 또는 가스검지기에 의해 검사하고 새는 곳이 없는 것을 확인한다. 지하매설관일 경우 용접부 위치 및 중요 통과지점(도로, 하천, 철도 등)에 가스검지관을 설치하여 가스검지기로 확인한다.

13.6 연결공사(tie-in)

배관의 부설이 끝나고, 내압·기밀시험으로 이상이 없는 것이 확인되면 가스가 통하고 있는 기존배관과 연결한다.

13.6.1 준비

부근의 배관강의 상황을 충분히 검사한 뒤에 연결공사의 방법을 정한다. 다음에 연결공사의 방법에 따른 기계, 공구, 보호원, 소화기 등을 준비함과 함께 작업의 순서, 작업원의 배치, 안전대책 등에 대하여 관계자와 충분히 토론한다.

13.6.2 천공연결

기존관과 연결하는 관이 소구경인 경우는 필요에 따라 saddle Clamp 등을 장착하고, 천공기를 사용하여 기존관에 천공하여 연결한다. 무분출천공기를 사용하면 기존관은 연결공사에도 가스의 압력을 유지하고 수요자에 공급할 수 있어 살 쓰이는 공법이다.

(1) 가스의 차단

① 저압관

기존관이 저압인 경우는 절단하는 개소의 양측에 Gas bag 공을 천공하여 각기 Gas bag 또는 Stopper를 관내에 삽입하여, 공기펌프 등으로 가스백을 팽창시켜서 가스를 차단한다. 안전을 위하여 꼭 가스마스크를 착용하고, 2인 이상이 작업을 한다.

② 중·고압관

기존관이 중·고압의 경우는 절단개소의 가까운 밸브를 닫고 가스를 차단한 뒤 부근의 가버너보다 저압축으로 가스를 흘리고 저압정도까지 가스압력을 내린다. 이후 저압관의 차단에 준하지만 공사중은 밸브에서의 가스가 누설되어 Bag에 압력이 걸리지 않도록 방산관에서 가스를 방출한다.

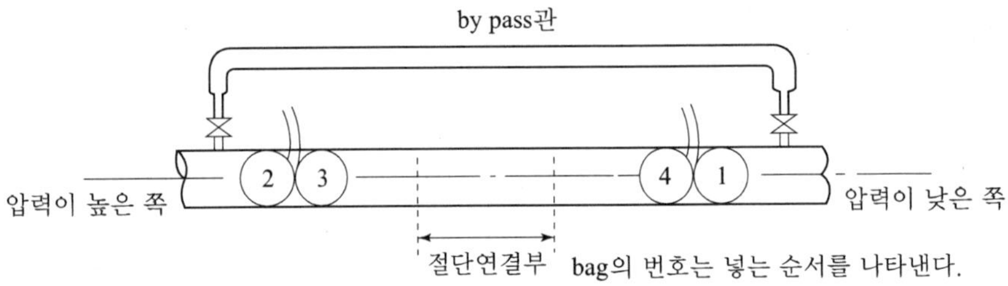

그림 13.10 가스 bag의 삽입

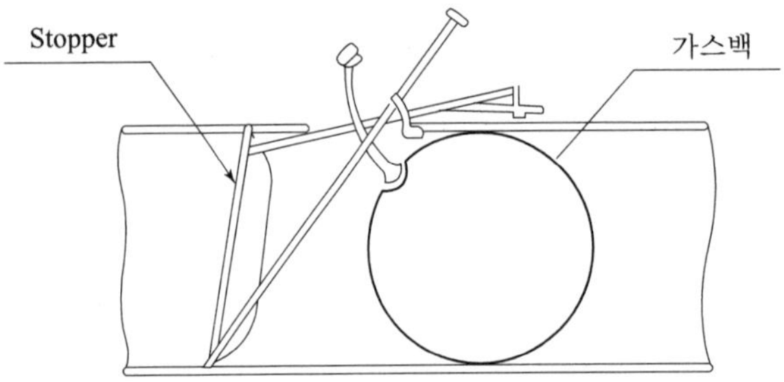

그림 13.11 Gas bag stopper 사용

(2) 절 단

가스를 차단한 뒤 화기에 주의하면서 pipe－cutter, pipe saw 등의 절단기를 사용하여 연결위치를 소정의 치수로 절단한다. 강관의 절단시 불꽃이 나지 않도록 전기방식시설의 전원을 끊어 놓던가 절단예정개소의 양단을 임시 절연한다.

(3) 연결(맺음)

신설도관과 기존배관의 연결(맺음)은 보통 슬리브, 드렛셔 커플링 등을 사용한다.

13.6.4 공급관의 교체

저압본지관의 교체 경우에는 공급관을 교환연결 할 필요가 있다. 공사에 앞서 도면 및 현지조사에 의해 연결교체에 필요한 공급관의 수를 확인하여 해당수요자와 연락을 취해서 연결교체에 실수하지 않도록 충분히 주의해서 시공한다.

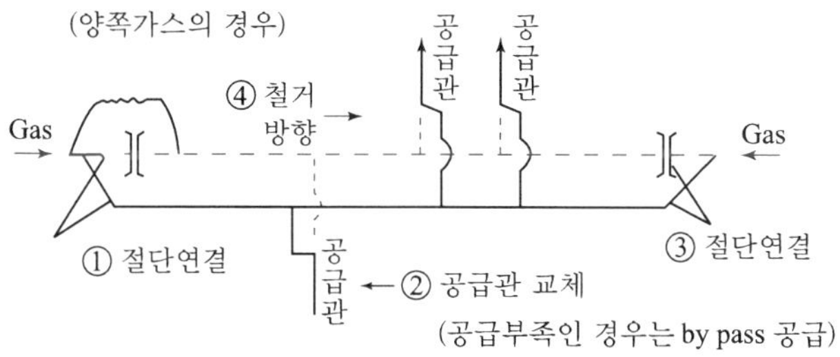

그림 13.12 공급관 교체 연결

13.7 공기배출 및 가스공급

13.7.1 공기 배출

연결공사를 완료하고 가스백, 스로퍼로 제거하고 노즐을 plug 등으로 막은 뒤, 기존 배관에 서서히 가스를 유입시켜 신설관의 말단으로 관내의 공기를 완전히 방출하여 가스를 교체한다. 또는 연장이 클 경우는 필요에 따라 불활성 가스에 의해 일단, 공기를 퍼지한 뒤 가스에 의해 불활성 가스를 퍼지하여 교체한다.

13.7.2 가스 공급

(1) 가스치환(Purge)의 확인

가스치환이 완료하면 관내의 가스를 채취하여 안전한 장소에서 점화시험을 하고 가스 치환을 확인한다.

(2) 수요가 · 관계자로의 연락

필요에 따라 수요가 · 관계자에게 가스공급, 복구를 연락한다. 신규인입 또는 공급관의 연결교체 행한 수요가에서는 모든 가스밸브에서 점화시험을 행하고 가스의 사용에 지장이 없는 것을 확인한다.

13.8 준공도의 작성

배관 공사가 완료되면 상세한 완성도를 작성한다. 준공도면(Asbuilt Drawing)은 배관의 유지관리 또는 장래의 계획을 한 뒤에 중요한 자료가 되니까 용이하게 검색할 수 있도록 정리하여 소중히 보관한다. 준공도면에는 다음의 사항을 명기해 둔다.

① 사용압력
② 관경, 길이, 관의 재질 및 이음매의 종류
③ 노선명, 공사년월일, 감독자 및 사용자
④ 도로관리자, 포장종류, 도로폭, 배관의 매설위치(각종 경계에서의 거리 및 매설깊이) 및 구배
⑤ 밸브, 수취기, 전기방식측정 터미널 등의 위치
⑥ 교량, 철도횡단, 하월개소 등의 위치와 상태도
⑦ 기타 특기사항(토질, 용수상황 등)

14 CHAPTER 용접과 비파괴 검사

CHAPTER

14 용접과 비파괴 검사

용접은 이음매로서의 신뢰성이 높은 것 때문에 공급설비공사에 많이 쓰이고 있다. 가스사업법에서 용접부분의 방법, 설계, 검사 등에 대하여 규정하고 있다.

14.1 용접 일반

14.1.1 용접법의 분류

용접법을 대별하면 아래와 같이 융접법 및 압접법이 있으며, 융접법이란 모재의 일부와 융접금속을 녹여서 합하여 융착시키는 방법으로서 아크용접, 가스용접 등이 이에 해당한다.

표 14.1 용접법의 분류

압접법은 접합할 때 무슨 방법으로든 접합부에 압력을 가하는 방법이고, 일반적으로 점용접과 같이 가열하면서 가압하는 방법이다.

(용도)

- 용접법
  - 융접
    - 가스용접 — 산소 · 아세칠렌용접
    - 아크용접
      - 금속아크용접 ······ 현장용접
      - 불활성가스아크용접 ······ 현장및자동용접
      - 써브머지드 아크용접 ······ 대구경요재용접
      - 탄산가스아크용접 ······ 반자동용접
    - Electro Slag용접
    - 전자빔용접(고주파 등)
    - Termit용접
  - 압접
    - 가스압접
    - 저항용접
      - 점용접(스폿용접)
      - seam용접 ······ 중구경모재용접
      - flash용접
    - 마찰용접
    - 단접 ······ 소구경관모재용접
    - 냉간압접

14.1.2 용접부의 명칭

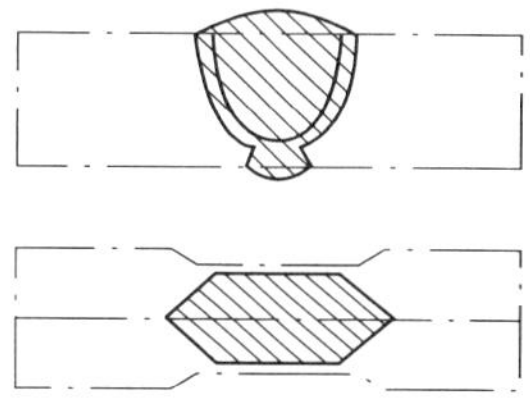

그림 14.1 용접부의 명칭

(1) 용접금속

용접부의 한 부분으로 용접중에 용융응고한 금속을 말하며, 용접봉과 모재가 녹아 합해진 것이다.

Arc용접을 예로 하면 용접금속(주로 용접봉이 녹아서 굳어진 부분)과 융합부(주로 모재가 녹아서 굳어진 부분)로서 이루어진다.

(2) 용착금속

용접에 의한 용접봉이 모재에 용착한 금속을 말하며, 엄밀하게는 용접금속은 용착금속과 모재의 용융금속이 융합하여 있기 때문에 동일한 것은 아니다.

(3) 열 영향부

용접, 절단 등의 열로 금속조직이나 기계적 성질이 변화를 받은 용접부 인근 모재의 부분을 말하며 용착금속으로부터 5 mm 정도 두께가 해당된다.

14.1.3 용접 이음매의 종류

용접부는 용착금속의 단면형상에 의하여 맞대기 용접 및 fillet 용접, 선용접, spot 용접 등으로 분류된다.

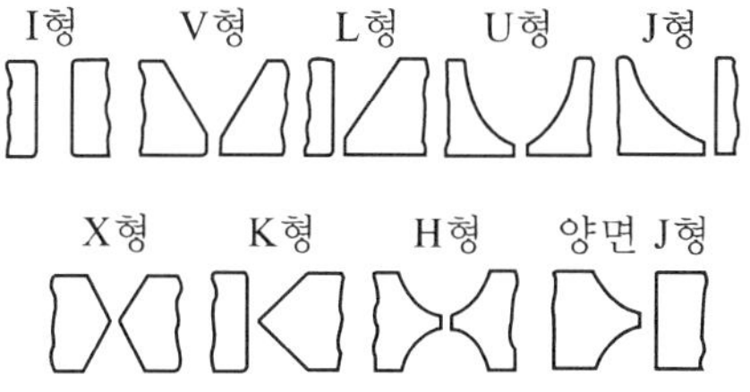

그림 14.2 용접이음매의 종류

14.1.4 개선형상

용접부를 개선(Bevel)의 형상으로 분류하면 I, V, U, J, X, K, H 형 등이다. 배관의 용접에서는 V, X 등이 주로 쓰인다.

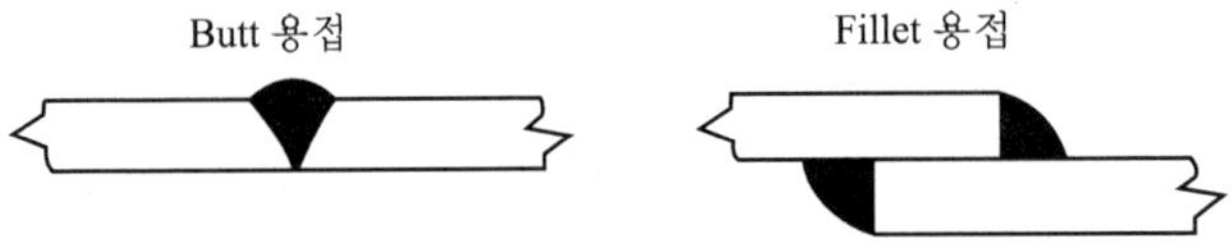

그림 14.2 개선형상

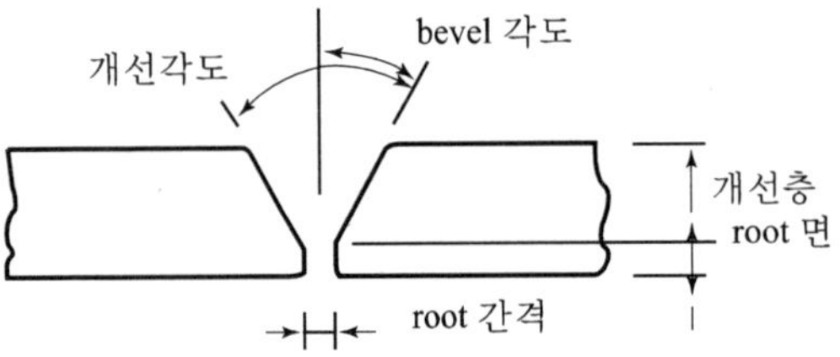

그림 14.3 개선부의 명칭

14.2 Arc용접

14.2.1 Arc용접

(1) 금속Arc용접

금속봉에 피복제를 피복한 용접봉 자체를 전극으로 하고, 이것과 모재와의 사이에 Arc를 일으켜 그 열에 의해서 봉 및 모재가 녹아서 용접을 하는 것이다.

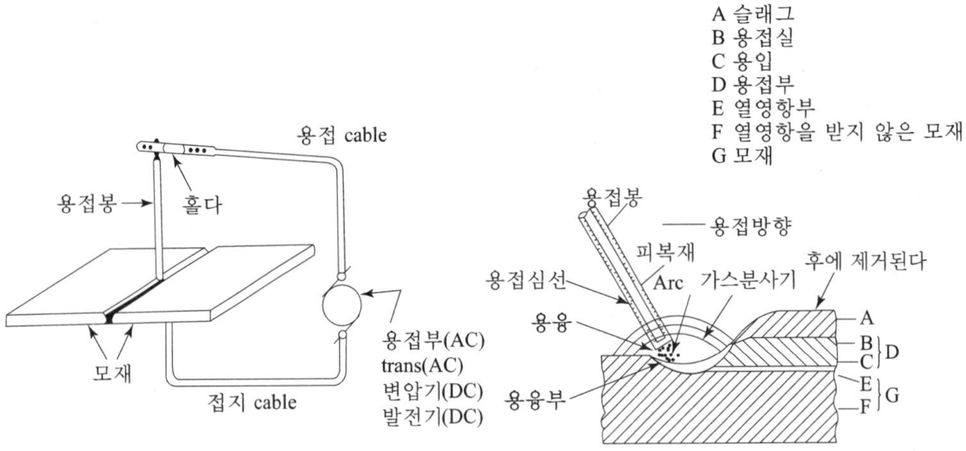

그림 14.4 금속의 Arc용접봉

(2) 불활성가스 Arc용접

불활성가스 Arc용접은 전극의 주위에서 아르곤(Ar)이나 헬륨(He)과 같은 불활성가스를 유출시켜 그 분위기 중에 Arc와 용접부를 완전하게 shield하여 행하는 용접법이고, 비소모 전극법과 소모전극법이 있으며 자동용접부에 이용되고 있다.

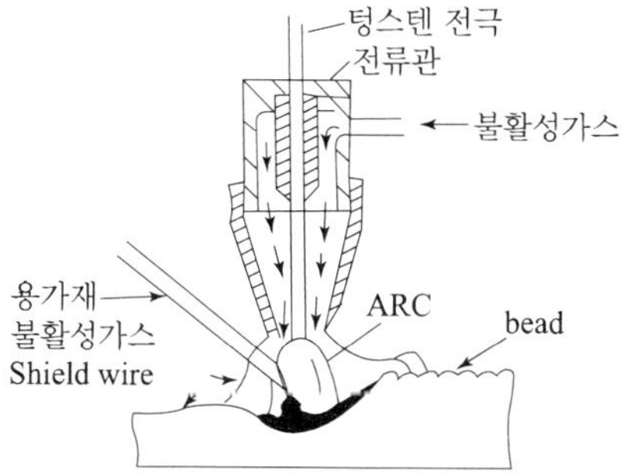

(a) 비소모적극법(TIG용접)

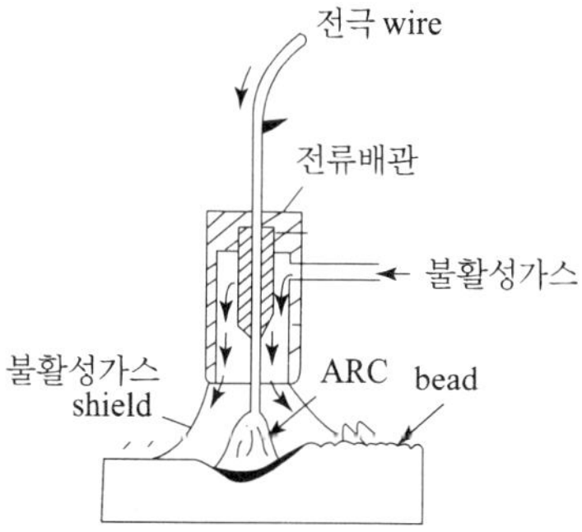

(b) 소모전극법(MIG용접)

그림 14.5 불활성가스 Arc용접법

(3) 탄산가스 Arc용접

탄산가스 Arc용접은 불활성가스 Arc용접의 일종이다.

이 용접법은 자동용접 또는 반자동용접에서 주로 이용되고 있다.

(4) Submerged Arc용접

Submerged Arc용접은 모재용접부위에 미리 입상의 flux를 채워 넣고 그 안에 전극 와이어를 찔러 넣어야 하는 자동Arc용접법이다. 용접Arc는 flux에 덮여 밖에서는 보이지 않으므로 이 명칭을 붙였다.

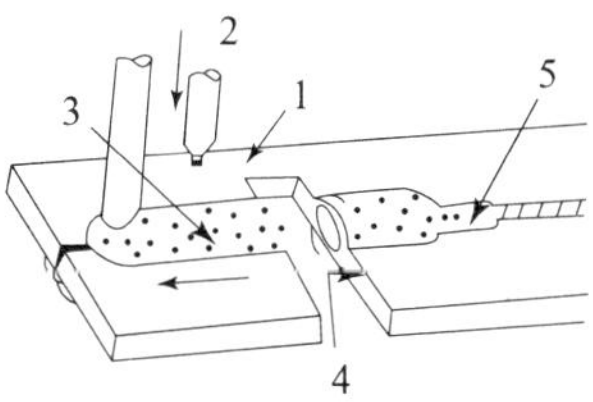

1. 모재 2. wire 3. flux
4. 용접금속 5. slag

그림 14.6 submerged arc용접법

14.2.2 피복Arc용접봉

금속Arc용접의 용접재로서 사용되는 것이 피복Arc용접봉이다.

(1) 피복Arc용접봉의 금속봉과 피복재

① 금속봉

피복Arc용접봉은 금속봉의 둘레에 적당한 피복재로 피복되어 있다. 금속봉의 품질은 피복재와 함께 용접봉의 성능을 좌우하는 중요한 인자이고, 양자의 품질에 의하여 우수한 성능이 얻어진다.

보통연강용 용접봉의 금속봉은 탄소가 낮고 인(P), 유황(S) 등의 유해한 불순물이 적은 강이 사용되고 있다.

② 피복재의 효용성

피복Arc용접봉에는 적절히 배합을 한 피복재이며 미리 금속봉에 피복되어 있지만 그 피복재의 효과는 다음과 같은 것이다.

- Arc를 안정케 하고 용접작업을 용이하게 한다.
- 중성 또는 환원성 분위기를 만들어 용융금속을 대기로부터 보호한다.
- 용접금속의 응고 · 냉각의 속도를 완만하게 한다.
- 상향등 여러 가지의 위치의 용접을 용이하게 한다.
- 합금원소를 첨가하거나 탈산, 정련한다.

③ 피복재의 종류

연강용 피복Arc용접봉은 피복재의 원료의 배합에 의해서 몇 종류로 분류된다. 이것은 피복재의 계통이라 불리고, 일반적으로 ilmenite계, linmetitania계, 고cellulose계, 고산화티탄계 등과 같이 피복재의 주성분에 덧붙인 명칭이 붙는다. 다만, 저수소계는 Arc분위기 중에 발생하는 수소의 양의 최소한으로 하도록 배합하여 제조되어 있는 용접봉이라는 뜻으로 부쳐진 명칭이다.

(2) 피복Arc용접봉의 규격

피복Arc용접봉은 전용접봉 사용량의 약 80%를 연강용이 차지하고 있지만 한 종류의 용접봉으로 모든 용도에 적용하는 것은 용접공사의 다용성으로 볼 때 어렵고 강재의 종류, 두께, 구조물의 종류 등에서 각각 적합한 것이 만들어지고 있다.

종류 및 용도 등은 각 국가별로 규격이 제정되어 있다.

(3) 용접봉의 관리

용접봉은 대기중에 방치하면 수분을 흡수하여 blow hole의 발생, spatter의 증가 Crack 등의 결함이 생기는 우려가 있다.

용접봉을 충분히 건조하여 사용되는 상태를 현장에서 구분하려면 봉끼리 두드려서 보면 좋다. 맑은 소리가 나면 양호하고, 둔한 소리가 나면 충분히 건조시킨 후 사용해야 한다. 즉, 용접봉은 건조기에서 수분이 없도록 건조되어야 하며, 현장에서도 이동식 건조기에 의해 수분이 흡수되지 않도록 해야 한다.

14.2.3 Arc용접기의 필요조건

(1) Arc용접기의 필요조건

용접기에는 교류Arc용접기와 직류Arc용접기가 있다. 일반적으로 저렴한 교류Arc용접기가 사용되지만, 전원을 얻을 수 없는 현장의 용접에는 가솔린 또는 디젤엔진을 동력원으로 한 직류아크 용접기가 사용되고 있다.

Arc용접기는 Arc의 특성에서 알 수 있는 바와 같이 저전압 및 강전류를 공급하도록 만들어져 있다. 또 Arc발생 때문에 끊임없이 단락되기 때문에 Arc전류의 제한 및 Arc의 발생이 용이하지 않으면 안된다.

(2) 직류Arc용접기

직류Arc용접기에는 교류모타로 직류발전기를 회전시켜서 직류를 얻는 전동발전형 엔진으로 직류발전기를 회전시켜서 직류를 얻는 엔진 구동형 및 교류전원을 정류기로 정류하여 직류로 변환 사용하는 정류형의 세 개가 있다. 또 전류의 방향에 의하여 정극성(모재의 용해가 깊다)과 역극성(용접봉의 녹는 쪽이 빠르다)으로 분류된다.

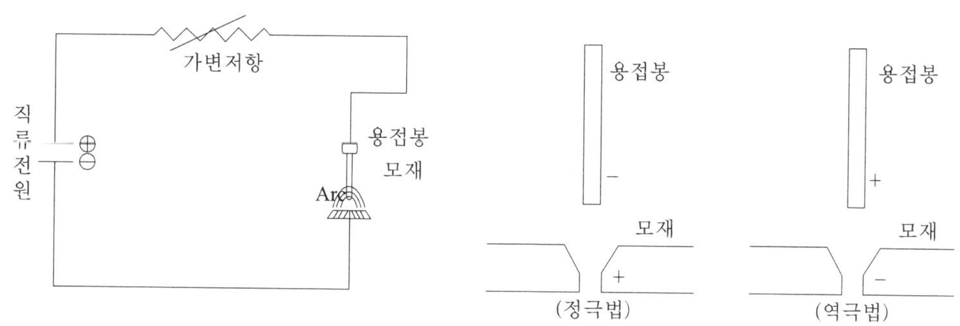

그림 14.7 직류전원에 의한 극형성 방법

(3) 교류Arc용접기

교류전원이 있는 곳에서 가장 많이 사용되고 있는 것은 교류Arc용접기이다.

일반적으로 동력선에서의 전력을 변압기를 사용하여 Arc용접에 맞는 전력으로 바꾸는 것이고, 전류(Arc전류)가 크게 되지 않도록 교류Arc용접기에서는 특수한 변압기를 사용하고 있다. 교류Arc의 용접기의 전류를 조정하는 방법으로서는 가동칠심형과 가동코일형이 있다.

14.3 용접관리

(1) 용접의 품질관리

용접품질을 확보하려면 용접조건의 정비, 용접기자재의 관리, 용접사의 기량관리 등이 중요하다.

용접 space의 확보, 강우나 바람에 대한 방호, 한냉시의 예열, 개선형상치수의 확인 등 용접조건의 준수는 품질에 크게 영향을 주기 때문에 극히 중요하다. 용접기의 점검 및 용접봉의 품질확인(금속Arc용접봉의 경우 충분한 건조)은 사전에 실시하고 또 용접에 대해서는 기량의 확보, 장비의 정비 등이 중요하다.

(2) 용접사의 기량시험

용접사의 기량자격은 국내외의 국가표준규격이나 검정시험에 정해져 있다. 단, 그 적용범위는 금속Arc용접과 가스용접으로 한정되어 있어서 다른 용접법에는 적용되지 않는다. 합격한 경우에는 구분에 따라 자격이 부여된다. 가스설비 및 배관공사시는 그 공사의 용접절차사양에 따라 시험을 실시하고 자격을 부여하며 타공사에는 적용되지 않는다.

(3) 용접절차사양서(WPS)와 용접절차사양 품질확인기록(PQR)

용접에 의한 공사를 하는 경우에는 미리 상세한 용접절차사양(Welding procedusre specification : WPS)을 정하고 이 용접절차사양에 의해서 건전한 용접이 얻어지는 것을 시험(Procedure Quality Recoder : PQR)에 의해서 확인해야 있다.

14.4 비파괴시험

14.4.1 비파괴시험법

비파괴시험이란 사용되는 재료나 그것으로 만들어진 구조물에 결함을 파괴하지 않고 각종시험에 의하여 찾아내는 시험을 말한다.

표 14.2 비파괴시험법의 분류

- 비파괴시험
  - 내부검사
    - 방사선투과시험
    - 초음파탐상시험
  - 표면검사
    - 자분탐상시험
    - 침투탐상시험
    - 기 타(육안검사 등)

비파괴검사의 제방법으로 결함위치 및 판정능력의 분류를 [표 14.3]에 나타내었다.

표 14.3 결함위치와 판정능력

결함의 발생위치	구 분	검 사 방 법			
		방사선	초음파	자 분	침 투
표면 또는 표면부근의 결함	두께가 있는 결함	적합	적합	적합	표면결함 만 적합
	밀착하고 있는 결함	부적합	적합	적합	부적합
	결함까지의 거리 측정	가능	가능	곤란	곤란
	결함의 형상 관찰	정확	대개 안다	대개 안다	대개 안다
내부결함	두께가 있는 결함	적합	적합	불능	불능
	밀착하고 있는 결함	곤란	적합		
	결함까지의 거리 측정	가능	정확		
	결함의 형상 관찰	정확	대개 안다		
비 고	설비비용	대	중	소	소
	안전관리	필요	불필요	불필요	불필요
	명칭	RT,X－ray	UT	MT	PT

14.4.2 방사선 투과 시험(RT)

X선, γ선 등과 같이 대단히 파장의 짧은 전자파를 방사선이라 하고 이들은 강한 주과력이 있어 용접부의 시험법에 사용되며 가스사업법에서는 방사선투과시험을 규정하고 있다.

(1) 결함검출의 원리

방사선발생장치에서 시험체에 조사되는 방사선은 외견상의 두께는 같지만 결함이 있는 부분은 결함의 크기만큼 두께가 얇기 때문에 방사선의 강도는 건전부를 투과하는 것보다 강해진다. 그것을 방사선 Film에 촬영하면 결함부는 건전부보다 검어져서 시험체 내부의 결함의 형상을 알 수가 있다.

(2) 방사선투과시험법

방사선의 투과시험의 종류를 대별하면 다음의 세 가지의 방법이 있다.

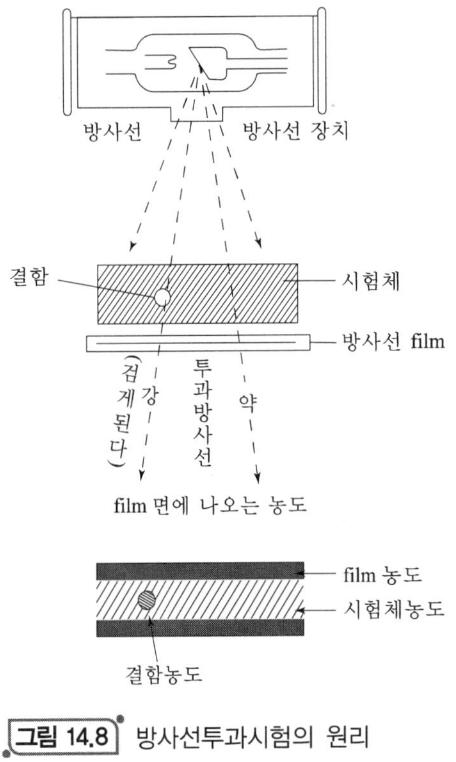

그림 14.8 방사선투과시험의 원리

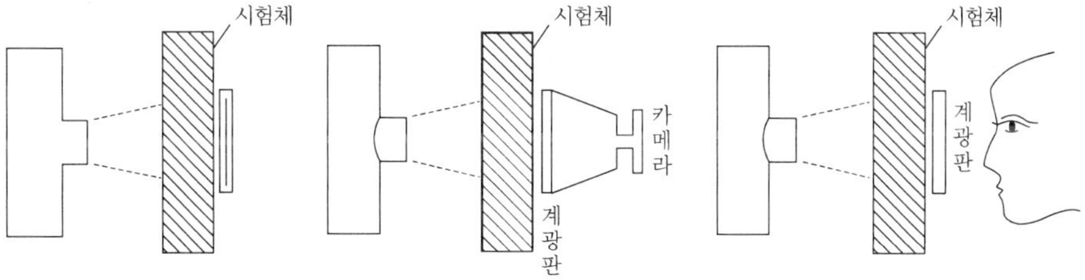

그림 14.9 방사선투과시험법

① 직접촬영법

이 방법은 방사선투과상을 직접 방사선 Film에 촬영하는 방법이다. 현재 가장 신뢰할 수 있는 것이고, 공업적으로도 가장 많이 이용되고 있다.

② 간접촬영법([그림 14.8] 방사선투과시험의 원리)

이 방법은 시험체의 방사선투과상을 형광판으로 형광으로 바꾸고서 카메라 등으로 간접적으로 Film에 촬영하는 것이다.

③ 투시법

이 방법은 형광판에 찍힌 상을 육안으로 보는 것이다. 공업적으로 이 방법을 개량한 형광 증폭관을 사용한 방법이 개발되어 급속하게 용도가 넓어지고 있다.

(3) 배관의 촬영법

① 내부선원 촬영법(1중벽단촬영법)

이 방법은 [그림 14.10]과 같이 방사선원이 관의 내부에 있고 관의 외면에 Film을 부착해서 촬영하는 방법이다. 원주용접부를 동시에 전부 촬영하는 경우와 원주용접부를 분할하여 촬영하는 경우의 두 가지가 있다.

② 내부 Film 촬영법(1중벽단촬영법)

이 방법은 [그림 14.11]과 같이 방사선원이 관의 외부에 있고 관의 내측에 Film을 부착하여 원주용접부를 분할해서 촬영하는 방법이다.

③ 이중벽단면촬영법(이중벽단촬영법)

이 방법은 관의 내부에 방사선원 또는 Film을 넣을 수가 없는 경우에 사용된다. 선원 및 Film을 [그림 14.12]와 같이 배열하여 용접부에 포함한 평면과 적당한 각도를 취하여 방사선을 조사하고 관벽을 이중으로 투과해서 촬영한다.

이 방법으로는 Film을 부착한 면만을 시험의 대상으로 하는 것이고, 가스관의 경우 많이 사용된다.

④ 이중벽양면촬영법(이중벽복촬영법)

이 방법은 비교적 관의 외경이 작을 경우에 사용된다. 선원 및 Film을 [그림 14.13]과 같이 배열하여 용접부를 포함한 평면과 적당한 각도로 잡아서 방사선을 조사하여 관벽을 이중으로 투과하여 촬영한다.

이 방법에서는 Film을 부착한 면의 용접부와 그에 상대한 선원측에 면의 용접부의 양자를 시험의 대상으로 한다.

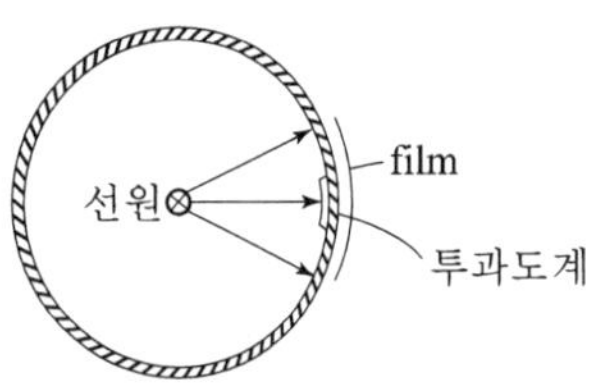

그림 14.10 내부선원 촬영법

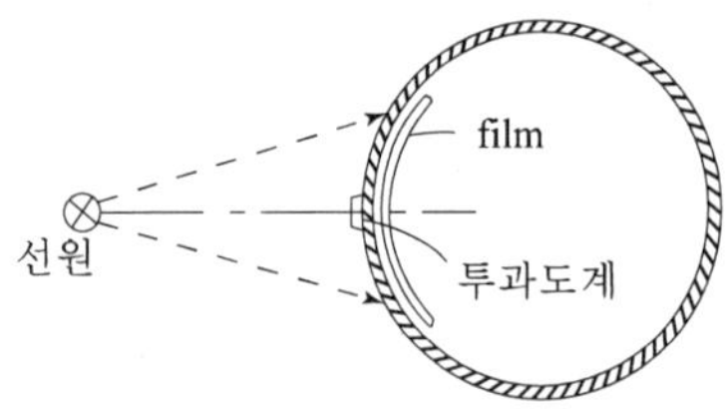

그림 14.11 내부 film 촬영법

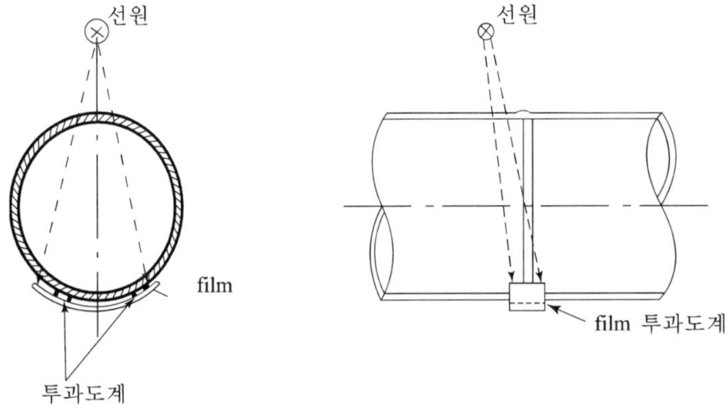

그림 14.12 이중벽단면 촬영법

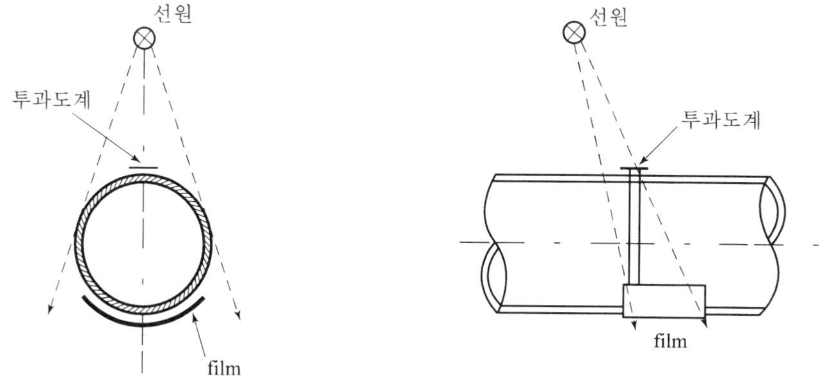

그림 14.13 이중벽양면 촬영법

(4) 방사선 투과시험의 특징

① 결함의 형상은 Film에 투영된 상으로서 보여지고 있기에 알기 쉽고 직관성이 있다.
② 검사결과가 Film이라는 객관매체로 남기 때문에 신뢰하기 쉽다.
③ 장치, Film 대체소모품비가 고가이다.
④ Film현상 등 때문에 시험결과를 아는 데에 시간이 걸린다.
⑤ 방사선장해에 대한 배려가 필요하다.
⑥ 포타블장치로 검사할 수 있는 검사물의 두께가 비교적 얇고 또 얇은 평면결함은 방향에 따라서는 절연검지할 수 없다. 장소에 따라 뒤쪽에 Film을 설치하는 공간이 없으면 검지할 수 없다.

(5) 방사선투과시험기준 및 등급분류

방사선투과시험기준 및 등급분류는 국내외 국가규격이 제정되어 있다.

결함의 등급분류는 1 ~ 4급으로 나누어져 있으며 합격 및 불합격 등급의 결정은 공사별 용접절차사양에 명시하여 적용한다. 일반적으로 1 ~ 2급까지를 합격기준으로 적용한다.

14.4.3 초음파탐상시험(UT)

(1) 결함검출의 원리

초음파탐상시험은 가청음을 넘는 음파를 피시험물의 내부에 침입시켜서 내부의 결함 또는 불균일층에서의 초음파의 반사에 의하여 결함 존재를 검지하는 방법이고, 보통은

0.5 ~ 1.5 M의 주파수의 초음파가 사용되고 있다. 강에 초음파를 침입시키려면 물, 기름, 글리세린 등을 강의 표면에 발라서 초음파의 발진용탐촉자를 밀착시킬 필요가 있다.

종	결 함 의 종 류
제 1 종	Porosity 및 이외 유사한 둥근 결함
제 2 종	가늘고 긴 Slag 용입 및 이와 유사한 결함
제 3 종	Crack 및 이와 유사한 결함

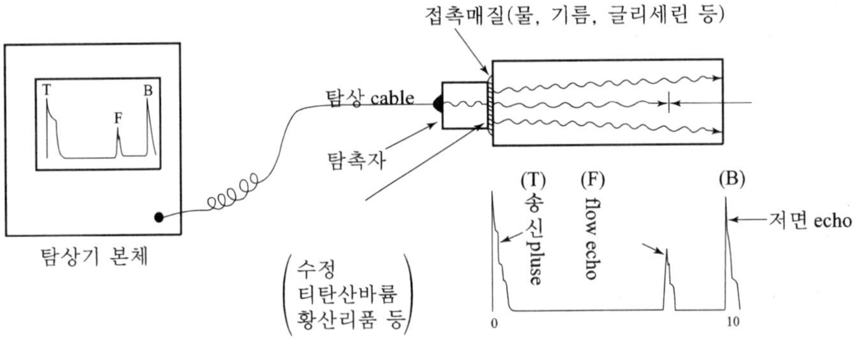

그림 14.14 초음파탐상시험의 원리

(2) 초음파탐상시험법

초음파탐상시험법에는 투과법, 펄스 반사법 및 공진법의 3종류가 있다. 용접부의 결함검사에 널리 이용되고 있는 것은 펄스반사법이다.

또 초음파를 침입시키는 방법에 의하여 수직탐상법 및 사각 탐상법으로 분류된다.

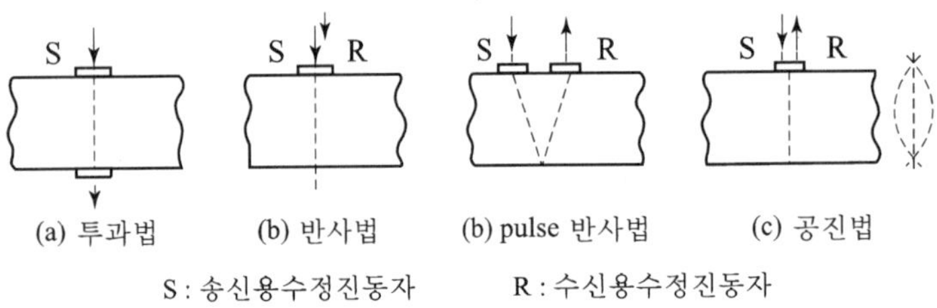

그림 14.15 초음파탐상시험법

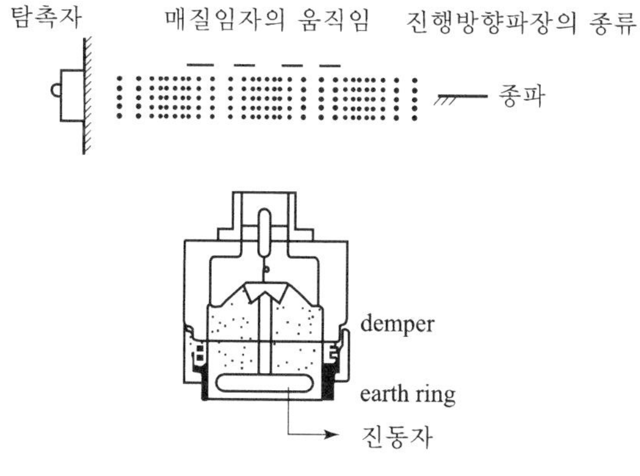

그림 14.16 수직탐상법

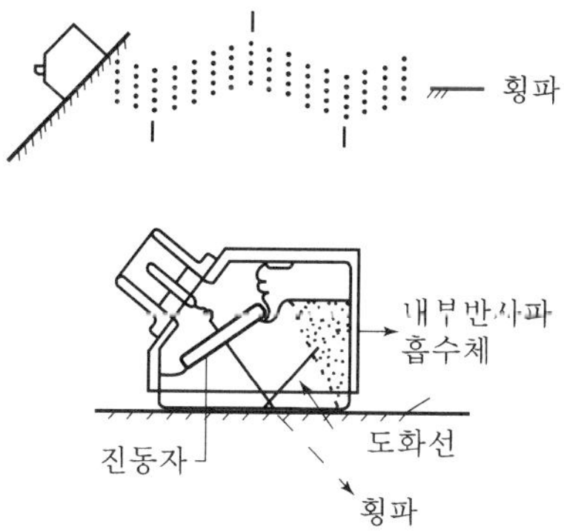

그림 14.17 사각탐상법

(3) 초음파탐상시험의 특징

① 틈새와 같은 평면결함의 검출에 적당하다. 단, 다른 방법으로는 어려운 두꺼운 두께라도 검사할 수 있다. 평면결함(예 : Crack)과 입체결함(예 : Blowhole)을 비교할 때 전자의 쪽이 치명결함일 수가 많다.

② 검사물의 한쪽만에서 검사할 수 있다.

③ 수직법에서는 부라운관상의 에코높이나 형상에는 결함형상의 직관성이 없다. 그러나 사각법 그 밖의 발달에 의하여 감도와 에코높이 및 에코위치와 결함의 위치의 관련에서 방사선 정도는 아니지만 어느 정도의 직관성을 가질 수 있다.

14.4.4 자분탐상시험(MT)

(1) 결함검출의 원리

자석의 둘레에 철분을 뿌리면 철분은 자장을 표시한 아름다운 모양, 그리고 이 모양은 자속의 선에서 표시할 수 있다.

강자성체에 자장을 가하면 자성체는 자화하고 혹 표면부근에 결함이 있으면 결함의 양측에 자극이 나타나 거기에 작은 자석이 되는 것과 같게 공간에 자장을 만든다. 이 누설자장의 둘레에 공기 또는 점성이 적은 액체에 한 모양으로 분산시킨 미세 철분을 접근 시키면 [그림 14.18]과 같이 철분의 입자는 누설자장에 의하여 자화하고, 각기의 입자는 작은 자석으로 되어 양단에 자극이 나타난다.

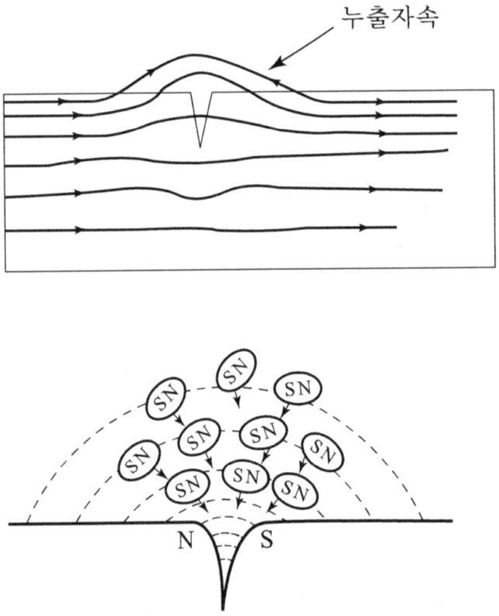

그림 14.18 자분탐상시험의 원리

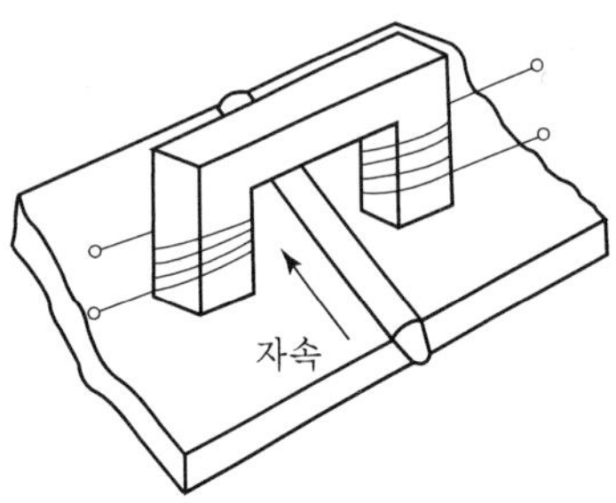

그림 14.19 자분탐상시험법

이 철분의 자극상호의 결함부의 자극과의 사이에는 흡인력이 결함부에 응집흡착하여 결함상의 철분을 족히 자분이라 하고, 흡착에 의해서 이루어진 이 자분의 선을 자분모양이라 부른다. 이 자분모양의 폭은 상처의 수배에서 수십배로 되기 때문에 결함의 폭이 확대되어 용이하게 결함의 존재를 알 수가 있다.

(2) 자분탐상시험법

자분탐상시험법은 검사물의 자화, 자분의 적용, 자분모양의 관찰의 3조작에서 이룬다.

(3) 자분탐상시험의 특징

① 표면부근의 결함의 발견법으로서는 방사선 투과시험이나 초음파탐상시험에 비하여 매우 훌륭하고 실용검사로서는 귀중하다. 단, 표면에서 수 mm 이상의 내부결함은 검지할 수 없다.

② 강자성체 이외에는 사용할 수 없다. 통합금, 경합금에는 사용되지 않는 것은 당연하지만 austenitie계, stainless 강에도 사용할 수 없다.

③ 결함의 정도의 수량화가 곤란하다.

14.4.5 침투탐상시험(PT)

(1) 결함검출의 원리

침투탐상시험은 표면에 육안으로는 보이지 않는 작은 갈라짐, 작은 구멍 등을 용이하게 검출하는 방법이다. 곧 피검체표면을 청소한 후에 형광성 또는 염색성 침투액을 발라 결함부에 침투시켜 여분인 침주액을 씻어낸 후 현상액을 사용하여 결함부에 침투하여 있는 액을 빨아올리면 결함의 위치나 형상을 알 수 있다.

(2) 침투탐상시험법

침투탐상시험법은 사용하는 침투액에 포함된 염료가 형광성인가 염색성인가 의해 크게 둘로 나눈다. 침투 탐상시험을 할 때는 피검체표면의 청소, 침투액의 적용, 여분의 침투액의 제거, 현상제의 적용, 관찰의 5단계로 조작한다.

(3) 침투탐상시험의 특징

① 금속, 비금속 모든 재료의 표면결함을 조사할 수가 있다.

② 특별한 장치도 필요없고, 검사비용이 비교적 싸다.

③ 표면에 생긴 결함이 아니면 적용할 수 없다.

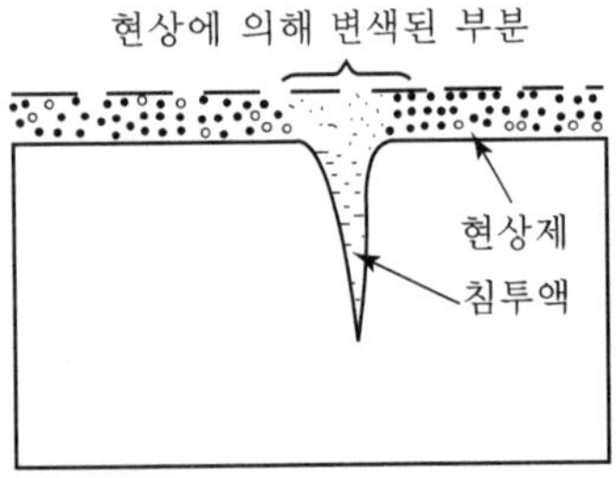

그림 14.20 침투탐상시험법

14.5 용접결함의 종류

14.5.1 용접결함

용접결함을 대별하면 치수상의 결함, 구조상의 결함 및 성질상의 결함의 3종류로 분류한다.

(1) 치수상의 결함

① 변형

용접변형은 용접부에 수직방향 또는 평행방향의 수축, 굴곡변형, 각변형 등이 복잡하게 조합되어서 나타난다. 재질, 치수, 용접방법, 용접조건에 의해 변형이 나타나는 모양이 크게 다르다.

② 치수불량

용착부의 치수불량에는 Bead의 높낮이, fillet 팽창 및 수축등 치수불량이 있다.

③ 형상불량

형상불량에는 bead 형상의 불량, over lap 등이 있다.

(2) 구조상의 결함

용접부에 생기는 용입부족, 융합불량, blow hole, slag혼입, crack, undercut 등의 결함이 있다. 결함의 단면형상과 원인을 [표 14.5]에 제시한다.

(3) 성질상의 결함

용접구조물은 어느 쪽이건 기계적, 화학적성질 등에 일정한 요구가 있다. 따라서 이들의 요구를 만족시킬 수 없는 것은 규격품이 아니다.

① 기계적 성질

인장강도, 신장율, 굽힘강도, 충격치, 피로강도, 내마모성 등의 기계적 성질 중 요구를 만족시키지 못한 경우는 규격품이 아니다.

② 화학적 성질

화학성분, 내식성 등의 화학적성질 중에 요구를 만족시킬 수 없는 경우는 규격용품이 아니다.

(4) 기타 결함

① 스패터(spater)

용접중에 비산하는 스러그나 금속입자를 스패터로 하고 어느 정도 부득이 하지만 용접뒤 그라인더 등으로 제거한다.

② 아크스트라이크(Arc－strike)

용접의 개시 전후 모재에서 아크를 발생시키는 것을 말하고 고장력강의 경우에는 이 부분이 급열, 급냉되어 경화하기 때문에 재질이 변화하는 수가 있어 발생해서는 안된다.

14.5.2 용접결함과 강도

용접부에 결함이 존재하면 단면적의 감소, 응력집중 등의 영향에 의해 강도가 저하한다. 인장강도, 굽힘강도 등의 정적감도에 대해서는 결함율이 작은 경우의 영향이 적지만 크게 되면 강도가 감소하는 경향이 있다. 한편 피로강도는 응력집중의 영향력이 크게 작용하여 결함의 종류에 따라 강도저하의 양상을 달리한다. 특히 갈라짐이나 용입부족 등의 제 3종결함 및 이에 유사한 결함이 있으면 피로강도의 자하가 심하다.

표 14.5 용접부의 결함과 원인

결함의 종류	용접부 안면	방사선 투과상	주 원 인
용입불량(IP) 개선의 일부가 그대로 남은 상태	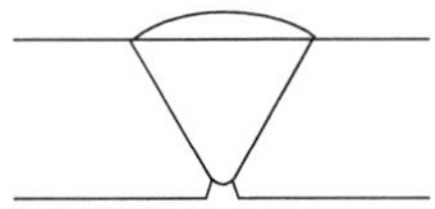	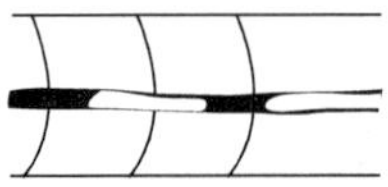	개선형상 과소전류 운봉속도불량 용접봉선택 불량
융합불량(LF) 용착금속과 모재 또는 용착금속간에 용착해 있지 않은 상태	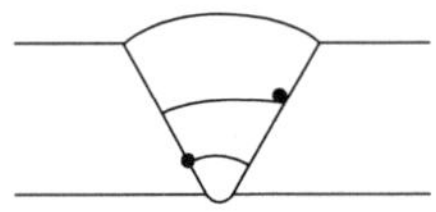	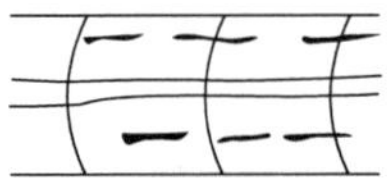	과소전류 운봉법 불량 청소불량 하층의 형상불량
블로홀(BH) 용착금속내에 잔류한 가스 때문에 기포가 생긴다.	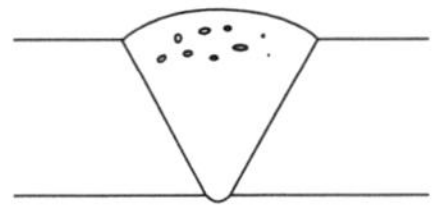	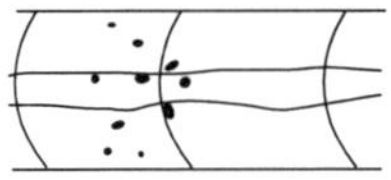	용접봉의 흡습 과대전류
파이프(P) 블로홀과 같은데가 높고 긴 꼬리를 치고 있는 상태	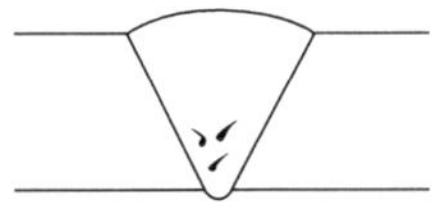	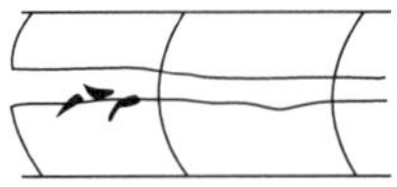	용접부의 불순물 바람과 비
슬래그 감기(S) 용접봉의 피복재가 용착금속에 잔류하고 있는 상태	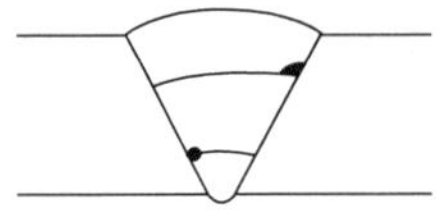	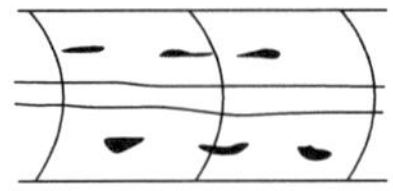	개선형상 슬래그 청소불량
갈라짐(C) 세로 갈라짐 가로 갈라짐	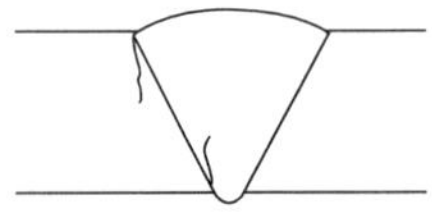	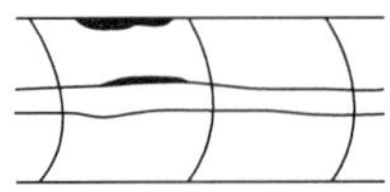	용접부의 급냉 용접봉의 흡습
언더컷(UC) 표면에 있어서 용착금속과 모재의 경계의 커짐	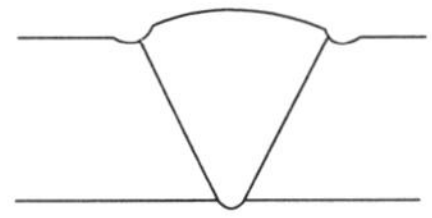	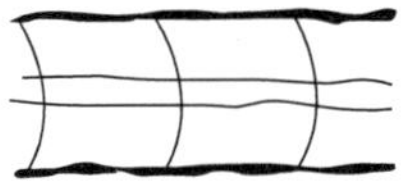	용접봉 선택불량 과대 전류 운용속도 불량

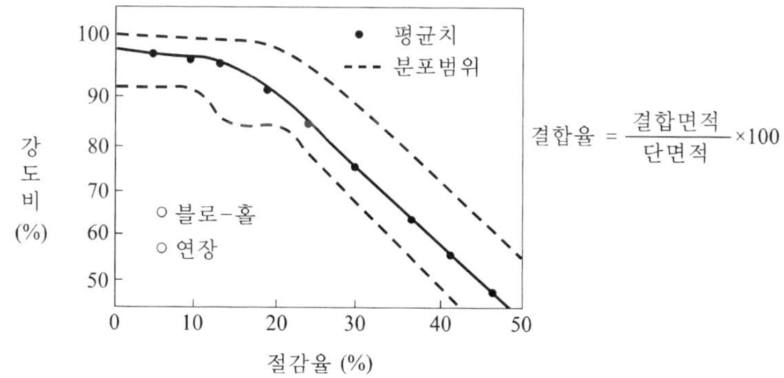

(a) 연강용접부의 블로홀과 강도

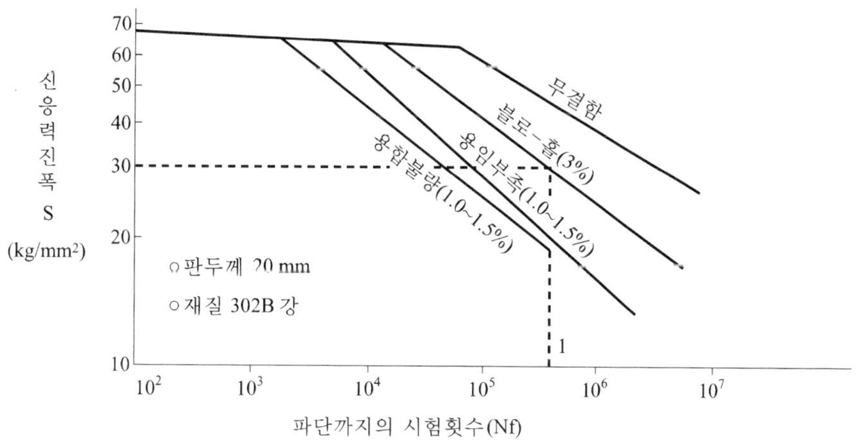

(b) 각종결함과 피로강도

그림 14.21 용접결함과 강도

CHAPTER 15 방식설계와 방식관리

CHAPTER

15 방식설계와 방식관리

15.1 부식이론

15.1.1 부식이란

부식은 통상산화물 또는 황화물로서 자연계에 존재한다. 우리들이 이용하는 금속은 이들의 광석을 제련(환원)해서 얻은 것이고, 화학적으로 불안정한 상태에 있다. 따라서 금속은 산화해서 안정한 상태에 되돌아가려는 경향이 있다. 이와 같이 금속의 화학적 또는 전기화학적 반응에 의해서 표면에서 소모하는 현상을 부식이라 한다.

금속의 부식은 이와 같이 금속표면에 접하는 환경에 관련하는 현상이기 때문에 환경에 의해서 부식을 분류하면 [표 15.1]과 같다.

표 15.1 환경에 의한 부식의 분류

- 환경에 의한 부식
  - 대기중의 부식
  - 수중의 부식
    - 담수중의 부식
    - 해수중의 부식
  - 지중의 부식
    - 해수중의 부식
    - 전식(미주전류에의한부식)
  - 화학약품에 의한 부식
  - 고온산화에 의한 부식(건식)

다음에 부식을 그 형태에 의해서 분류하면 [표 15.2]와 같이 된다.

표 15.2 형태에 의한 부식의 분류

- 형태에 의한 부식
  - 전면 부식
  - 국부 부식
    - 공 식
    - 부 식
    - 입계부식
    - 탈성분 부식
  - 기계적작용을 수반한 부식
    - 에로죤 · 코로죤
    - 케비테이숀
    - 응력부식
    - 피로부식

15.1.2 부식의 원리

부식반응은 단순한 전지의 작용을 설명하는 것으로 이해할 수가 있다. [그림 15.1]에 제시함과 같이 전지는 아연(Zn)과 탄소(C)의 두 개의 다른 금속으로 되어 있다. 이들의 전극의 사이는 전해질로 채워져 있다.

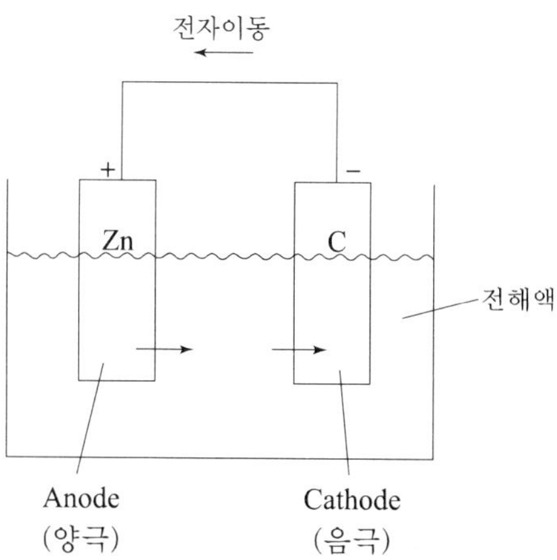

그림 15.1 전지의 작용(이종금속에 의한 부식)

이 전지에 있어서 전류(전자)는 아연에서 전해질로 흘러 다시 탄소전극에 도달한다. 전류가 아연에서 방전될 때 아연은 이온이라 불리는 금속입자가 되어 유출한다. 이 아연이온은 전해질을 통해 탄소봉의 표면에 모인 수소이온과 교차된다. 만약 탄소봉 표면의 수소 박막이 제거되지 않으면 저항이 증가되어 전지의 전류를 줄이려고 한다. 이 수소박막의 형성을 분극이라 하고, 수소박막의 제거를 복극이라 한다.

어떠한 전지에서 전해질(용액)에 전류를 유출하는 전극은 Anode(양극)라 하고 전류의 유출에 의해서 소모한다. 위의 예로, 아연의 경우 전지의 작용을 계속하면 최종적으로 소모하여 쓰지 못하게 되어 버린다. 전해질에서 전류를 받아들인 전극을 Cathode(음극)라 한다. 몇 개의 금속의 전위계열을 [표 15.3]에 제시한다. 이에 있어 상대전극보다 자연전위가 낮은 것은 Anode로 되고 자연전위가 높은 것은 Cathode로 된다. 전해질의 속에 있는 두 개의 금속을 접속하면 전류가 흘러 Anode로 되는 금속이 부식한다. [표 15.3]의 전위는 포화 황산동용액중의 동의 전위를 기준(±0V)으로 하며 측정한 값이다.

전지작용의 2번째의 타입은 [그림 15.2]에 표시한 것과 같이 동족의 금속을 다른 전해질에 넣는 경우이다. 두 개의 전극을 전선으로 연결한 경우, 먼저 진술한 두 개의 이중금속을 연결한 경우와 같도록 전류가 발생한다.

표 15.3 해수중의 금속의 자연전위(포화황산동전극기준)

금 속	자 연 전 위
백금(Pt)	+0.25V
은(Ag)	−0.14V
동(Cu)	−0.25V
납(Pb)	−0.58V
철(Fe)	−0.53 ~ −0.73V
알미늄(Al)	−0.86V
아연(Zn)	−1.15V
마그네슘(Mg)	−1.68V

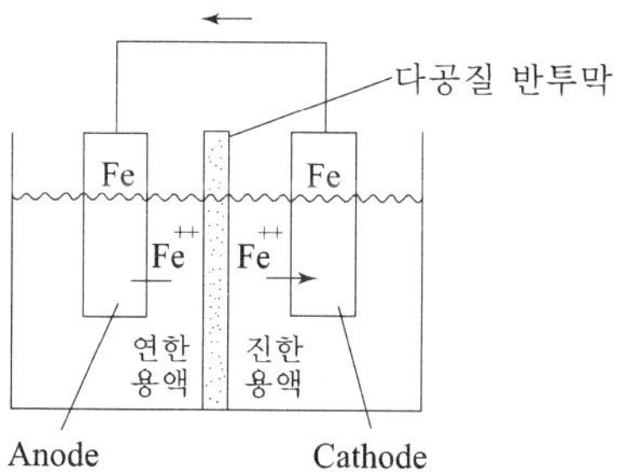

그림 15.2 전지의 작용(농도차에 의한 부식)

[그림 15.1] 및 [그림 15.2]에 제시한 부식은 금속과 그 환경과 반응하여 전지를 형성한 결과 발생한 것이고, 양극과 음극의 부위가 정해져 있어 양극부가 부식을 계속한다. 이와 같은 타입의 부식을 마크로셀 부식이라 하고 구성하는 전지를 마크로셀이라 한다. 마크로셀 부식에 대하여 마크로셀 부식이란 금속표면에 있어 양극과 음극 부위가 각각으로 변화하는 형태의 부식이고, 양극과 음극의 위치를 특정할 수가 없어 전면부식이 된다.

토중의 부식에 대표적인 것으로 마크로셀 부식과 전식이 있다. 전식에는 [그림 15.3]에 보인 바와 같이, 전해질(±) 용액에 전류가 흐르는 경우에 전해질액 중의 금속에 전류의 일부가 유입하여 금속이 유출하는 부위에서 부식이 발생한다.

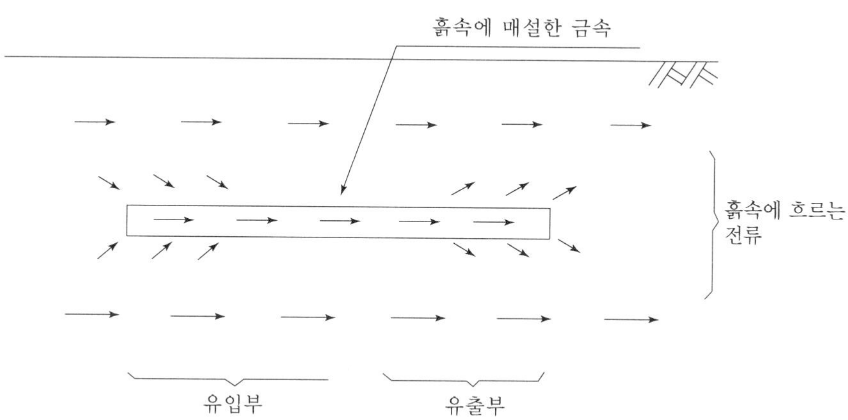

그림 15.3 전식

15.2 부식의 실태와 방식법의 개요

15.2.1 시험편에 의한 시험

토양 중의 부식시험으로서는 미국의 NBS(National Bureau of Standard)의 시험이 유명하다. 이 시험은 330종류의 시험편약 37,000개를 최고 17년간 매설하여 실시되고 다음과 같은 것을 알게 되었다.

① 전기저항의 낮은 토양종의 부식속도는 크다.
② 통기 · 배수가 나쁜 점토중의 부식속도가 크다.
③ 혐기성세균의 번식하는 토양중의 부식속도는 매우 크다.
④ 통기성의 좋은 토양에서는 부식속도는 점차로 저하한다.

또, 강의 매설시험의 결과, 부식속도는 평균 0.2 mm/년(점토중에서 0.6 mm/년, 사중에서 0.005 mm/년)이고 주철에 대하여도 강과 차가 없는 것을 알고 있다.

이상의 시험은 깨끗이 연마한 시험편에서의 결과이고, 매설관 등의 현실의 구조물과는 상당히 차가 있다.

15.2.2 부식의 사례

(1) 토질의 차에 의한 부식

배관이 점토와 모래에 걸쳐서 배관되고 있는 경우 점토중의 관이 부식하는 경향이 있다. 같은 모양의 건습의 차, 포장의 유무 등에 의한 통기성 차 등에 의한 부식도 보고되어 있다.

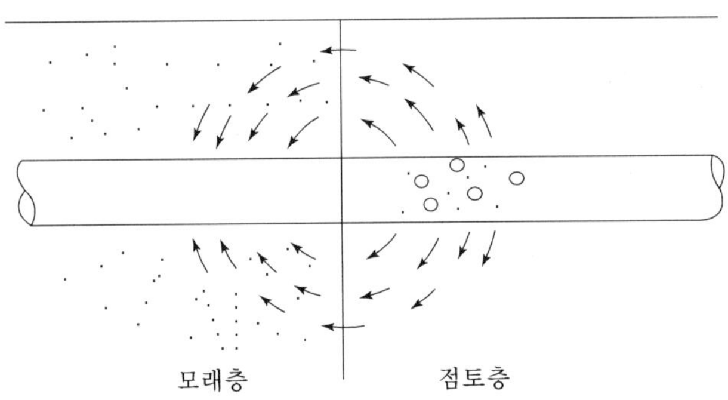

그림 15.4 토질의 차에 의한 부식 (모래와 점토)

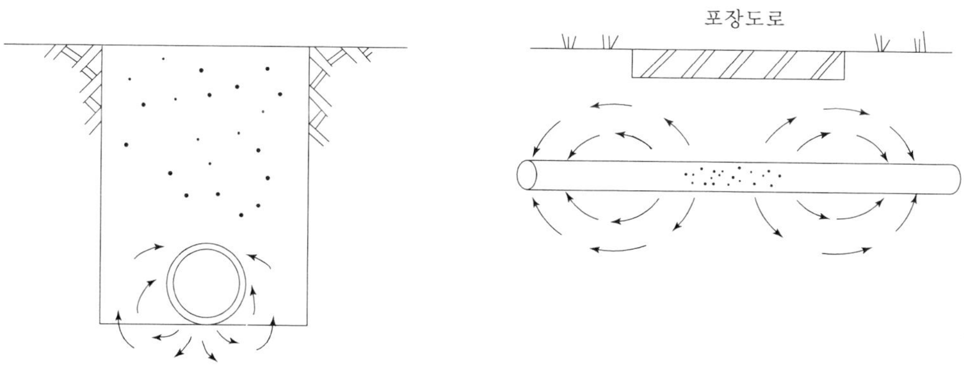

그림 15.5 통기차(산소농도차)에 의한 부식

이들은 어느 것도 용액(토양의 수분) 중의 산소농도의 차에 기인하는 것이고, 통기차 전지부식 또는 산소농담전지부식이라 불리고, 통기성이 좋지 않은 산소농도의 작은 쪽이 부식한다.

(2) 콘크리트의 영향

콘크리트 중의 철은 중성환경 중의 철에 비해서 높은 전위를 보인다. 따라서 콘크리트와 흙에 걸친 토관의 토양 중에서 부식을 일으킨다. 이 경우 배관이 콘크리트에 잠겨 들어 있지 않는 경우라도 타의 금속체를 통하여 철근과 전기적으로 접속되어 있을 때에는 같은 모양의 일이 일어나므로 주의해야 한다.

(3) 관재질, 신구관에 의한 부식

주철관과 강관에서 조금이지만, 전위차가 있고 주철이 흑연화한 경우에는 0.7 ~ 0.8V의 전위차가 생긴다. 강관이 아노드로 되어 부식한다. 같은 강관일지라도 표면에 녹아 있는 강과 녹이 없는 강으로 전위차가 있어, 신관과 녹이 있는 기설관에서는 신관이 부식한다.

흑관에 대하여는 파이프랜지 등으로 흑치에 흠을 낸 부분이 심하게 부식하지만 이것은 특피의 주성분인 자성산화철(Fe_3O_4)의 전위가 강에 대하여 높기 때문이다.

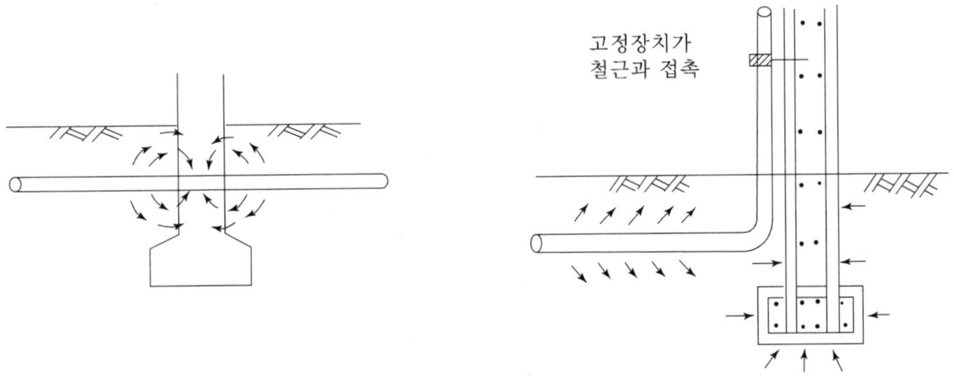

그림 15.6 콘크리트와 토양에 의한 부식

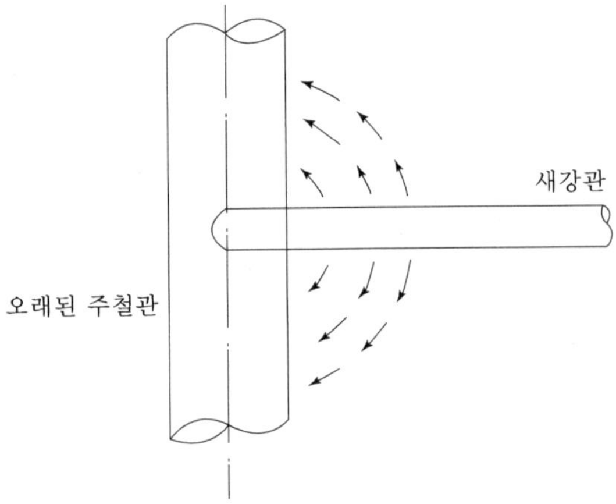

그림 15.7 주철관과 강관에 의한 부식

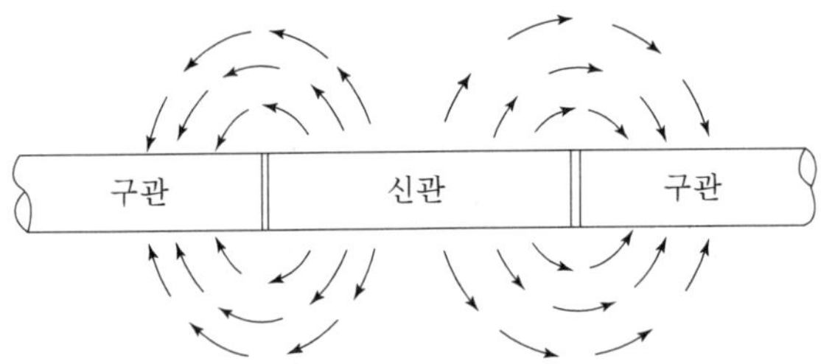

그림 15.8 신구관에 의한 부식

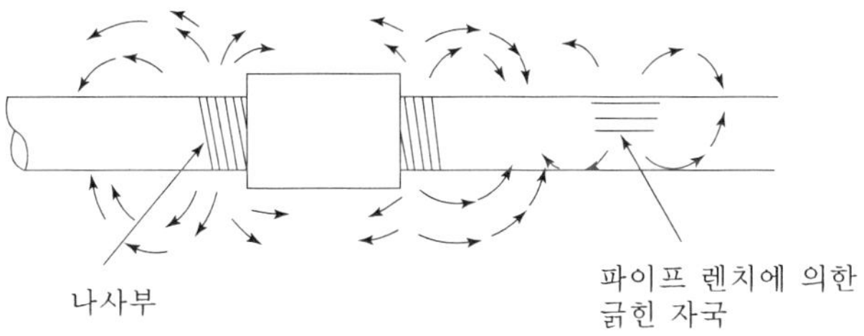

그림 15.9 표면상태의 차에 의한 부식

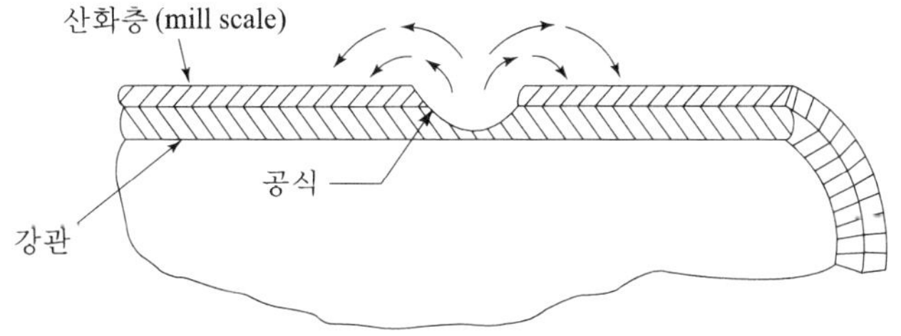

그림 15.10 표면의 홈에 의한 부식

(4) 이종금속과의 접촉

중성환경하에서 철은 스텐레스강, 황동, 동에 대한 아노드가 된다. 예를 들어, 토중의 강관라인에 합금의 밸브를 설치하면 그 접합부근의 철의 부분에 부식을 일으킨다.

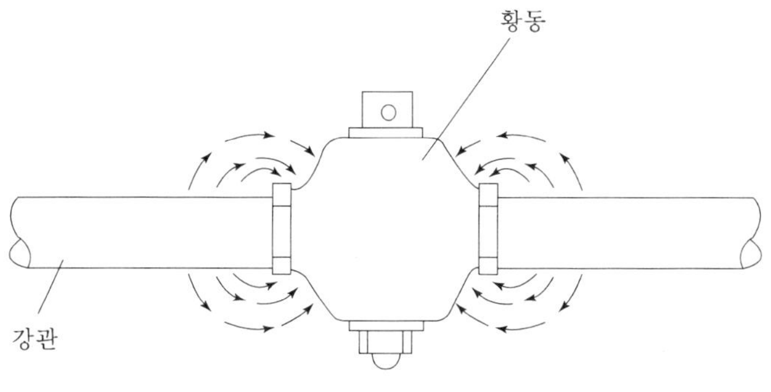

그림 15.11 이종금속에 의한 부식

(5) 전식

주로 전철에 기인하는 미주전류에 의한 부식으로 지중(지표면)에 전위차가 큰 경우에 그 정도가 크다. 전위구배가 작아도 배관의 연장이 클 경우에는 문제가 된다.

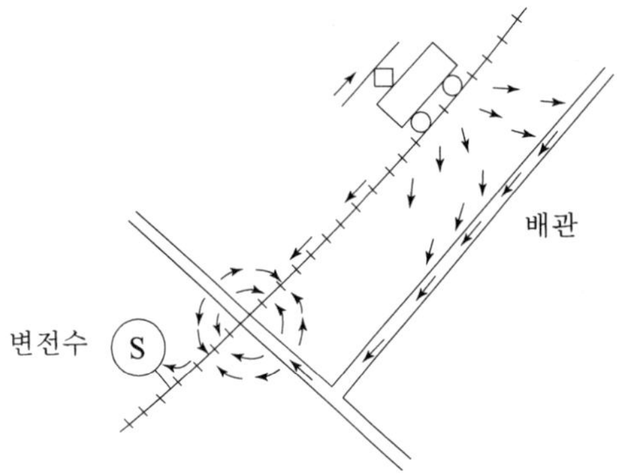

그림 15.12 a. 직류전기철도(지하철)에 의한 부식

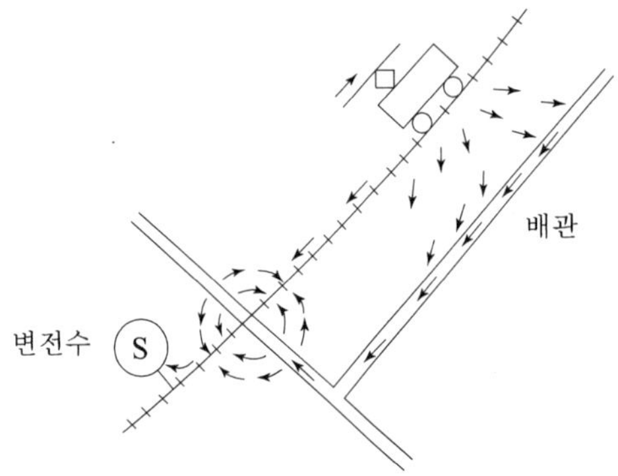

그림 15.12 b. 직류전기철도(지하철)에 의한 부식(건식)

15.2.3 방식법의 개요

방식이란 부식을 예방하는 것이지만 광의로 생각해 보면 「구조물의 기대하는 수명기간중의 부식에 의한 손실과 방식에 필요한 비용의 화를 최소한으로 관리하는 것」이라 말할 수 있다. 손실에는 사회손실 및 부식으로 인한 보수비용을 포함하고 또 방식비용에는 초기투자외에 running cost를 통합한다.

방식을 이와 같은 넓은 뜻으로 생각할 때 과연 좁은 뜻의 방식을 하는 것이 유익한 것인가 아닌가도 고려하지 않으면 안된다. 그것을 결정하는 요인은 구조물의 수명, 중요성, 부식이 일어났을 경우의 손실이나 영향의 크기, 방식에 요하는 비용, 경제성, 방식기술의 수준 등이다.

방식법을 넓은 뜻으로 하는 경우 그 주요한 것을 [표 15.4]에 표시한다. 방식의 설계에 있어서 [표 15.4]의 방식법 중 적합한 것을 선택한다.

표 15.4 방식법의 개요

방식법의 개요	재료의 선택
	재료의 조합의 음미
	촌법 · 형성
	환경의 제어
	금속피복
	비금속피복(페인트 · 피복)
	전지회로의 저항의 증가
	진기 방식

15.3 피복에 의한 방식

15.3.1 피복에 의한 방식법

금속의 부식을 금속의 환경과의 전기화학적인 반응이기 때문에 그 표면을 덜어줌으로써 부식의 진행을 끝칠 수가 있다. [표 15.5]에 피복의 종류를 나타내었다.

표 중 이온화경향이 큰 금속에 의한 피복으로써 아연(Zn)도금이 잘 사용된다. 아연에 의한 방식의 원리는 이미 진술한 바와 같이 전해용액 중에서 아연이 철보다도 이온화경향이 크기 때문에 아연이 용출하고 철이 방식되는 것에 있다.

피복재에는 지금까지 여러 가지의 재료가 사용되었지만, 크게 나누어 피치와 합성수지가 있다. 피치에는 아스팔트가, 합성수지에서는 염화비닐 또는 폴리에칠렌이 사용된다. 현장접합부에는 Putty 모양, Tube 모양 또는 Sheet 모양의 것이 사용되어 재료도 아스팔트계, 염화비닐, 폴리에칠렌, 합성고무 등 다양한 것이 사용된다.

표 15.5 피복에 의한 방식법

- 피복에 의한 방식법
  - 금속피복 (도금)
    - 이온화경향이 적은금속에 의한 피복
    - 이온화경향에 큰금속에 의한 피복
    - 부동태 피막(과산화)
  - 비금속피복
    - 페인트
    - 피복재 (코팅, 라이닝)
      - 유리질
      - 고무질
      - 염화비닐, 폴리에칠렌

표 15.6 피복재의 전기저항측정값(5년 매설시)

	피복재	절 연 저 항 ($\Omega \cdot m^2$)						
		1	10	10^2	10^3	10^4	10^5	10^6
1	Asphalt		△		○			
2	비닐론			△	○			
3	Tar epoxy				△	○		
4	폴리에칠렌 테이프				△		○	
5	비닐 Tape				△			○
6	폴리에칠렌							○ △

주) △는 해저매설, ○는 모래에 의한 매설

배관피복의 재료에는 그 목적이 흙과의 접촉을 끊고 금속표면의 전기화학적 반응을 저지하려고 하는 것이기 때문에 절연성의 높은 재료를 구하고 있다. [표 15.6] 피복재료의 절연저항측정 결과를 제시한다. 단, 피복의 재료는 절연성만이라 평가할 수는 없고, 밀착성, 시공의 용이성, 운반, 취급시의 내손상성, 시공관리의 정도, 전기방식의 유무 등도 포함하여 종합적으로 평가해야 한다. 최근 개발된 폴리에칠렌의 피복은 관과 피복과의 사이에 점착재의 층이 있어 적은 핀홀이면 이것을 방지하는 효과가 있으므로 높은 방식성능을 갖고 있다.

피복재에 의한 방식은 방식하고자 하는 금속표면에 되도록 균일하게 빠짐없이 시공하는 일이 바람직하다. 전술한 방식의 원리에서 이해한 바와 같이 피복재를 음극(전류가 유입하는 부분)에 시공하는 것이 이상적이다(전류의 입력이 없으면 마크로셀이나 전류에 의한 부식은 없어진다). 이것과는 반대로 양극부(전류의 유출부)에 피복재를 시공한 경우의 여기에 핀홀 등의 결함이 있으면 부식은 거기에 집중하여 공식을 일으킨 결과가 된다. 부식을 발견한 경우에 부식부위의 피복재의 레벨을 올리는 조치를 흔히 취하지만 이것은 도리어 역효과이기도 하고, 부식부위의 조금만을 이동시킨 결과가 되기도 하는 수가 있다.

흙중의 배관의 경우, 예를 들면 콘크리트와 흙과의 마크로셀 등과 같이 아노드도 음극의 위치가 명백한 경우에는, 부식하기 쉬운 흙중의 배관이 아니고 전류의 유입하는 캐소드가 되는 콘크리트 중의 도관의 피복의 레벨을 우선 올려야 한다. 그러나 콘크리트 중의 도관이 양호한 피복을 한 결과, 커다란 문제는 해결하지만 흙의 성분이나 흙중 수분에 포함된 산소농도법에 의한 새로운 마크로셀이 다음의 문제가 된다. 이상의 일에서 피복재는 될 수 있는데로 균일하게 시공하는 것이 양호한 결과를 낳게 된다.

15.3.2 저접지물과의 절연

지중의 금속을 피복재로 방식하려고 할 때, 뜻밖의 곳에서 타의 금속체와 접촉하여 있어 마크로셀을 형성하는 경우가 있다. 또 지지금구나 기기 등을 섞어서 타의 금속과 접촉하는 것도 있다. 이러한 가능성이 있는 장소에서는 테이프로 감던지 절연피복한 재료를 사용하던지 해서 다른 금속과의 접촉을 되도록 피하는 것이 바람직하다. 특히 콘크리트의 철근은 흙중의 강에 비해서 꽤 높은 전위를 보이므로 주의해야 한다. 이러한 것은 피복재를 사용한 방식의 제때뿐만 아니라 다음에 진술한 전기방식에 있어서도 중요한 일이다.

피복재를 사용한 방식을 할 때 유효한 수단의 하나로서 마크로셀을 구성하는 회로의 절연－배관의 경우 관로의 절연이 있다. 마크로셀은 주로 환경의 차에의해서 일어나는 것이기 때문에 긴 관로의 경우 전위차도 커지기 쉽다. 따라서 관로를 적당하게(이상적으로는 환경의 차가 있는 곳에서) 절연함으로써 마크로셀의 형성을 방지하여 방식효과를 올릴 수가 있다.

15.4 전기방식

15.4.1 전기방식의 원리

지중의 금속의 전기방식은 방식하고자 하는 금속을 음극으로 함으로써 달성된다. 이러기 위해서는 음극에 한 양극이 필요하고 양극은 전류를 방출하여 부식(소모)한다. 양극은 [그림 15.13(a)]에서는 강(철)보다 낮은 전극전위를 갖는 금속(예를 들면, 마그네슘)을 접속함으로써, (b)에서는 전위차 강제적으로 부가함으로써 얻어진다.

지중의 금속이 전식을 받는 경우, 전철의 rail과 배관과를 접촉하면 전류는 전선을 통하여 rail로 돌아오므로 방식을 달성할 수 있다(그림 15.14). 단, 이 경우 레일의 전위가 지중의 도관과 동일할 경우에는 안되고, 레일의 전위가 높을 경우에는 거꾸로 전선을 통하여 도관에 전류가 유입하여 부식의 촉진되기 때문에 도중에 정류기를 넣어서 역류를 저지하지 않으면 안된다.

이와 같은 배류법도 넓은 의미로 전기방식법이라 하고 있다.

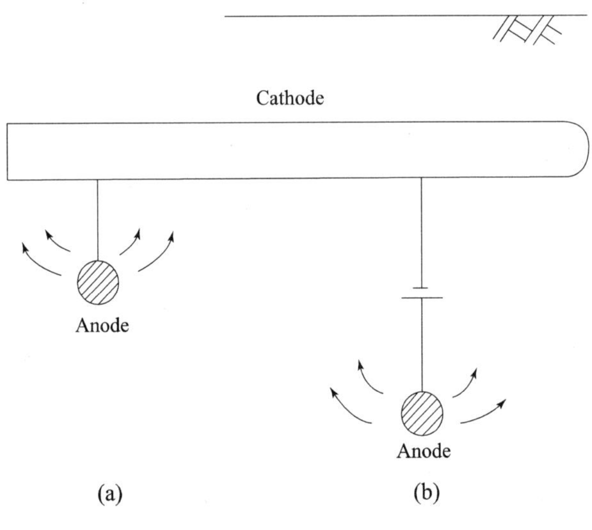

그림 15.13 전기방식의 원리

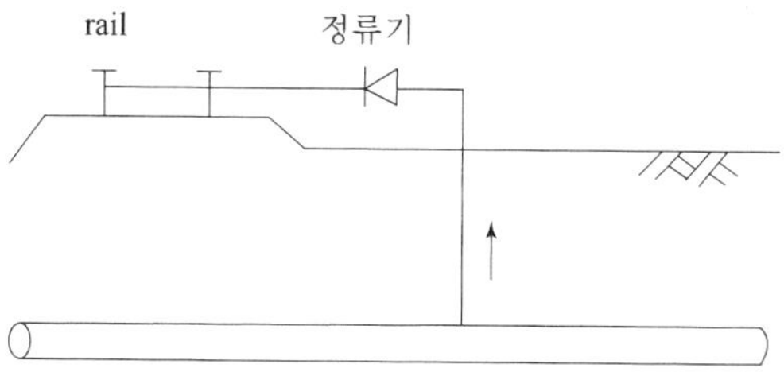

그림 15.14 선택배류법

15.4.2 전기방식법의 개요

[표 15.7]에 각종의 전기방식법과 그 특징을 제시한다. [표 15.7]에서 알 수 있음과 같이 선태배류기와 강제배류기는 전식의 피해가 고려되는 경우에 낭해전절의 rail과 도관과의 사이에 설치하는 것이고, rail과 배관의 위치관계에 의해서는 실시가 곤란해진다.

표 15.7 전기방식법의 개요

전기방식법	개 요
희생양극법	• [표 15.13(a)]에 제시한 바 이온화경향이 큰 금속(흙중에는 Mg가 흔히 사용된다)을 접속하는 것에 의해 방식하고자 한 것인데, 양극(희생양극)은 부식되는 한편, 귀한 금속은 음극로 되어서 방식된다. • 비교적 간단하고 안정 • 전위차가 일정([표 15.3] 참고)하여 비교적 작기 때문에 전위구배의 작은 장소에 적당하다. • 발생하는 전류가 작기 때문에 피복재의 저항이 큰 재료에 알맞다.
외부 전원법	• 흙 중에 매설한 양극에 강제전압을 가하여 피방식금속체를 캐소드로 하고 방식한다([그림 15.13(b)]). 전원은 일반의 교류를 정류(직류에 변환)하여 사용한다. • 고가(전원장치와 비교적 깊이 매설하는 양극이 필요) • 전압이 임의로 선정되고(단, 60V 이하), 대전류의 방출이 가능하므로 전위구배의 커다란 장소, 도복장의 저항의 낮은 구조물 및 방식대상 면적의 큰 구조물에 적용이 가능하다. • 전류, 전압이 클 경우 타 금속구조물에 대한 간섭을 고려할 필요가 있다.

전기방식법	개 요
선택 배류법	• [그림 15.14]에 제시한 지중의 금속과 전철의 rail을 전선으로 접속한 것으로 정류기가 연결되어 있다. • 전식을 방지하는데 사용한다. Rail의 전위는 각각으로 변화하므로 방식효과가 상시 얻어지리라고는 할 수 없다. • 전류의 제어가 곤란하고, 간섭 및 과방식 배려가 필요하다. • 싼 가격
강제 배류법	• 외부전원법과 선택배류법을 조합한 방식법으로 외부전원법의 아노드를 rail로 바꾸어 놓은 방법이라 하겠다. 선택배류법에는 rail의 전위가 높으면 방식전류는 흐름이 없지만, 강제배류법에 따른 전원을 갖고 있기 때문에 강제적으로 전류를 흐르게 할 수가 있다. • 선택배류법에서는 전식의 피해를 방지하지 않을 경우에 채용한다. • 간섭 및 과방식에 대한 배려가 필요하다. • 비교적 고가(선택배류기 보다는 고가이지만, 대용량의 외부전원법 보다는 싼 가격)

참 고

1. 희생양극 종류와 성능비교

항 목	양 극 종 류		
	Mg	Zn	Al
양극개로전위 (V)	1.60	1.1	1.10
유효전위 (V)	0.75	0.25	0.25
이론전기발생량 (AH/g)	2.2	0.82	2.88
효 율 (%)	50	95	90
유효전기량 (AH/g)	1.1	0.78	2.59
소 모 율 (kg/A.Yr)	7.96	11.23	3.38
가 격 (원/A.Yr)	43.780	14.599	7.098
가 격 비 (%)	617	206	100
사용장소	토 종	해 수 (해수와 담수 사이)	해 수

2. 희생양극(Mg-Ande) 모형

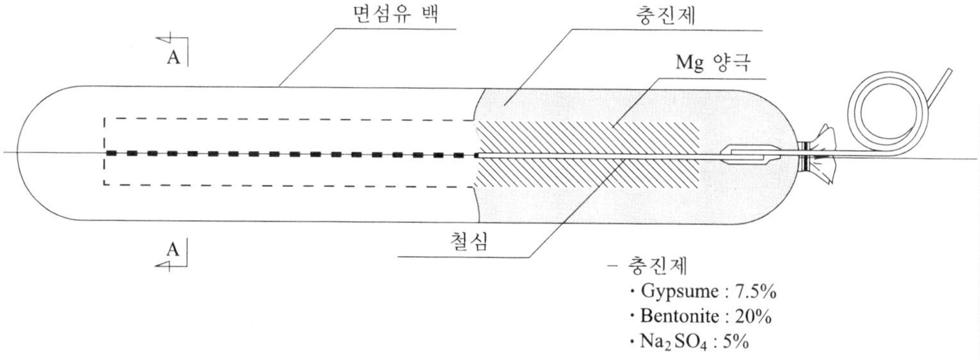

3. 포화황산동($Cu/CuSO_4$) 전극

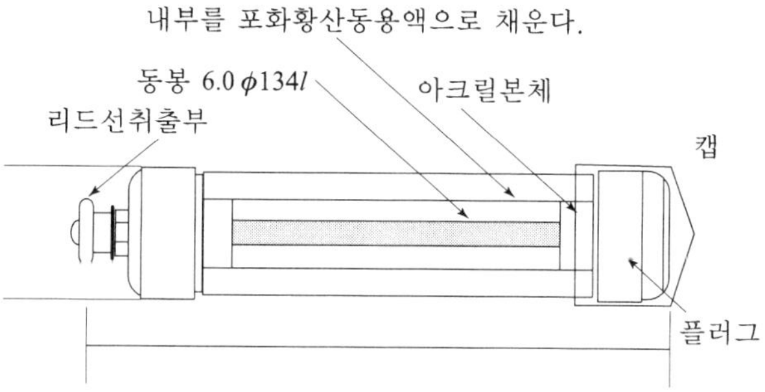

15.4.3 전기방식의 설계

(1) 전기방식의 기준

전기방식의 효과의 기준으로서는 대상물의 주위의 환경에 대한 전위는 전위의 변화가 그 척도로서 사용된다. [표 15.8]에 그 예를 제시한다.

표 15.8 전기방식의 기준

구조물		환경에 대한 전위
철	통상의 경우	포화황산동전극을 사용하여 −850mV 이하일 것
	통기성이 나쁘거나 박테리아 부식이 가능한 경우	포화황산동전극을 사용하여 −950mV 이하일 것

(2) 흙과 절연 - 피복재의 저항

흙 중에 구조물을 전기방식 하고자 할 때, 전기방식의 대상이 되는 부분은 피복재가 없는 부분 또는 피복의 결합부분이 적을수록 효과적인 방식을 할 수 있다. 또 피복이 양호해도 접지저항의 낮은 다른 구조물과 전기적 접촉이 있을 경우에는 모처럼의 방식전류가 그들 타 구조물에 유입하여 대상물의 방식이 불완전하게 되는 경우가 있다.

전기방식을 효과적으로 하기 위하여는 피복이 양호할 것, 다른 구조물과 전기적으로 절연되어 있을 것이 필요하다.

(3) 관로의 절연

긴 구조물, 예를 들면 관을 전기방식 하고자 할 경우에 대상물 이외의 다른 구조물과 전기적으로 절연하는 것과는 따로, 관로를 적당한 간격으로 절연하는 쪽이 유리한 경우가 있다. 즉, 배관을 전기방식하는 경우에 원거리 라인을 크게 방식시설로 하든가, 단거리 라인에 구별해서 소용량의 방식시설로 각기의 구간마다에 방식하든가의 선택의 문제이지만, 이것은 전식의 유무, 피복의 정도에 의해서 달라진다. 예를 들면, 전식의 영향이 고려되는 경우 관로를 적당히 절연하는 것으로 유입하는 전류량은 적게 되고, 구간의 전위차도 작게 된다. 따라서 필요한 방식전류를 줄이는 것이 가능하게 되고, 경제적인 방식설계가 가능하게 될 수가 있다.

(4) 전기방식의 설계

전기방식의 설계는 통상현지에서 통전시험을 하고, 그 결과에 의해서 하는 것이 일반적이고 또 적당하다. 가통전시험은 지중(또는 수중)에 가전극을 설치하여 전원의 플러스극을 대상물에 마이너스 극을 접속하여 스위치를 입절하고, 전류의 크기와 방식대상

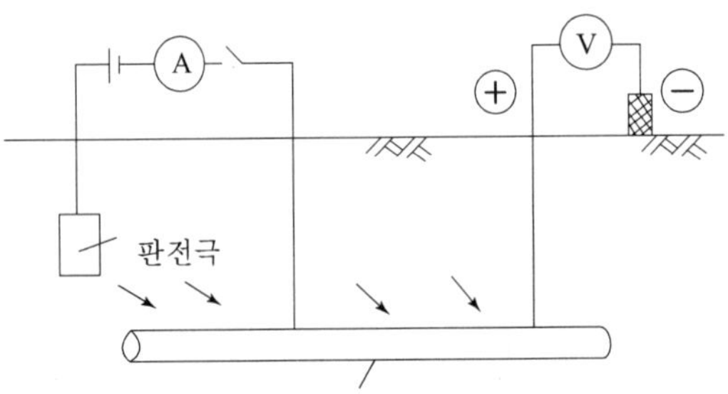

그림 15.15 가통전 시험

물의 대지전위의 변화량을 조사한다(그림 15.15). 이때의 전류와 대지전위의 변화량에서 피복의 정도, 전기방식의 가능성, 전기방식하는 경우의 필요한 전류량과 방식효과를 예측한다.

여기에 예제에 의하여 구체적인 설계방법을 제시한다.

예제 1 [그림 15.15]에 보인 시험법에 의해서 다음의 데이터를 얻었다. 마그네슘에 의한 전기방식설계를 하라. 단, 마그네슘 양극의 접지저항은 지금까지의 경험에서 50Ω로 한다.

- 구조물(철)의 자연전위 −550 mV
- 가전극으로 방식했을 때의 전위 −600 mV
- 가전극에서 흐른 전류 20 mV

풀이 완전방식전위를 −850 mV로 한다(표 15.8).

완전방식을 위한 전위변화는 850 − 550 = 300 mV, 시험에 있어 20 mA의 전류이고, 50 mV의 전위변화를 가지므로 방식에 필요한 전류는

$$20(\text{mA})\times\frac{300(\text{mV})}{50(\text{mV})}=120(\text{mA})$$

또, 이 구조물의 접지저항(피복의 저항)은

$$R=\frac{E}{i}=\frac{50(\text{mV})}{20(\text{mA})}=2.5(\Omega)$$

1본의 마그네슘을 발생시키는 전류는 철과 마그네슘의 전위차를 0.8V로 하고,

$$i=\frac{E}{R}=\frac{0.8(\text{V})}{2.5+50(\Omega)}=0.0512(\text{A})=15.2(\text{mA})$$

여기에서 필요한 마그네슘의 본수는

$$n=\frac{120(\text{mA})}{15.2(\text{mA})}\fallingdotseq 8(\text{본})$$

이상의 예는 마그네슘을 사용한 설계이지만, 외부전원법에도 같은 설계로 할 수가 있다. 단, 외부전원의 경우에는 전극의 접지저항을 수 Ω로 할 수가 있고(예 1 ~ 2Ω), 또 전압을 6.0V까지 자유로이 변경할 수가 있기 때문에 30 ~ 60A의 전류를 흐르게 할 수 있다.

전식의 경우에 있어 도관과 전철의 rail가 근접하여 있을 경우에는 선택배류법이 고려되지만, 도관과 rail의 전위차를 계측하면 배류(방직)되는 시간의 비율은 곧 알 수 있고, 도관과 rail외를 가접속하여 대지전위를 계측하면 그 방식효과를 판정할 수가 있다.

(5) 간섭(타 매설물에로의 영향)

전기방식법은 인위적으로 아노드를 만들어 거기에서 전류를 유출시켜서 대상물을 방식하고자 하는 것이기에 부근에 있는 다른 매설물에 전기적인 영향(간섭)을 준다. [그림 15.16]에 그 대표적인 예를 보인다.

간섭은 전류량의 작은 유전양극법에서는 무시할 수가 있지만, 다른 전기방식법을 유출하는 경우에는 고려할 필요가 있다. 간섭에 의한 영향은 타매설물에 유입, 유출하는 전류량(부식량)에 의해서 판단하는 것이 적당하지만, 계측이 곤란하기 때문에 타매설물의 대지전위의 변화량(방식전류을 입체했을 때의 대지전위의 차)을 구해서 판단할 때가 많다. 이와 같이 간섭의 판정은 곤란하고, 또 피할 수 없는 성질을 갖고 있기 때문에 당사자에 의한 협의에 의해서 해결할 필요가 있고, 통상 50~100mV 정도의 간섭(전위변화)까지는 부득이한 일로서 처리되는 경우가 많다.

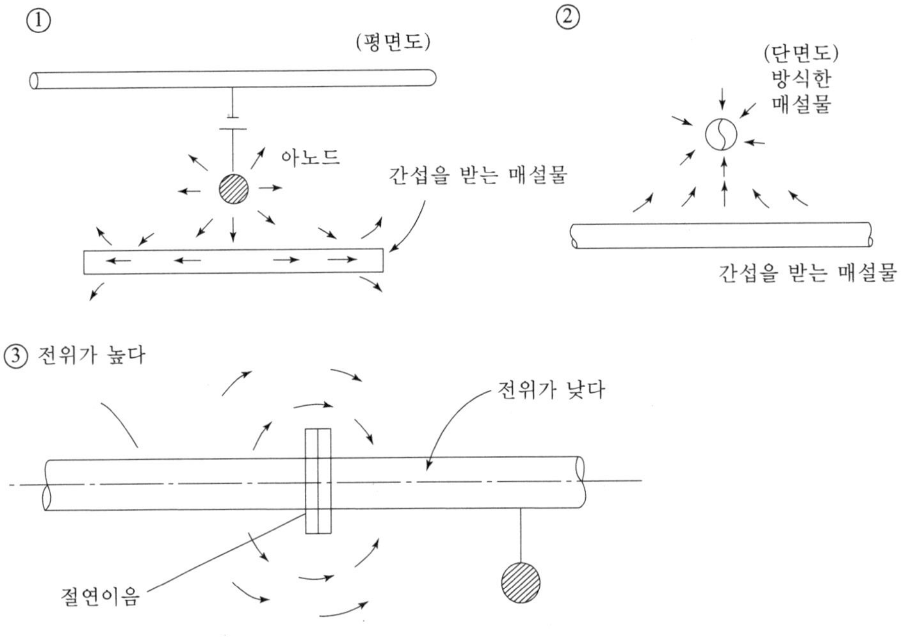

그림 15.16 간섭

(6) 과방식

방식전위를 너무 내리면 강의 표면에 수소가스가 발생하여 강의 조직 중에 확산침투 및 도복장의 박리가 문제로 된다. 강의 경우, 전위가 2,500 mV 이하로 되면 상기의 일이 문제가 되므로 −2,500 mV 이하로 되지 않도록 전위를 조정하는 것이 바람직하고, 이 이하의 전위로 내리는 것을 과방식이라 한다.

15.5 방식관리

15.5.1 부식·방식측정

부식의 방식측정, 방식설계를 위한 예비조사 및 방식효과의 확인을 위한 조사에는 전기적으로 측정이 많다. 그것들의 주요한 것에 대하여 그 의의 등에 대하여 진술한다.

(1) 부식상태의 조사

현재 부식이 일어나고 있는 구조물에 대해서 부식의 부위, 크기(넓이, 깊이), 형상, 회복의 상태 등에 대해서 조사한다.

(2) 토양(수질) 조사

부식이 발생한 환경에 대한 조사이고, 주요한 항목으로서는 다음과 같은 것을 들 수 있다.

- 저항율
- 성분(SO_4, Cl^{++} 등)
- pH
- 토양의 입도 분포
- 토양의 함수율
- Redox 전위(환원염 박테리아의 활동을 촉진시키는 환경인가, 아닌가를 평가하는 전위)

(3) 구조물의 대지전위(P/S Pipe VS Soil)

구조물의 환경에 대한 전위로 가장 중요한 의의를 갖는다. 흙에 접하는 전극이 무엇을 사용했는가에 따라 그 값이 달라지므로 주의를 해야 한다. 현장에서는 포화황산동전극(기준 전극)이 사용된다.

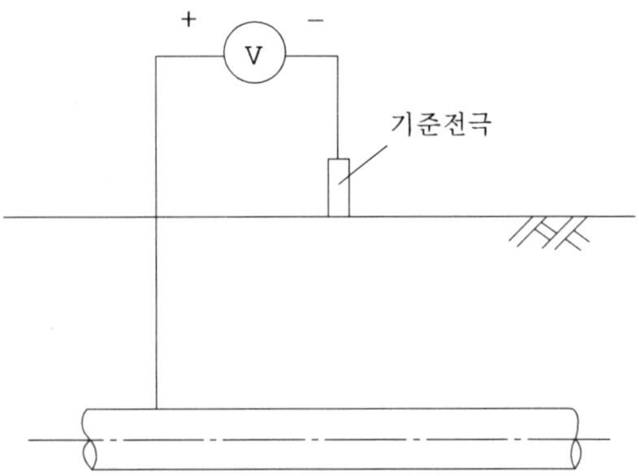

그림 15.17 전위측정

측정은 [그림 15.17]과 같이 전압계의 +극은 배관에, −극은 측정전극에 연결해서 흙에 접속한다. 포화황산동전극을 사용한 경우의 철의 자연전위는 −530 ~ −730 mV이다.

구조물의 대지전위는 전철의 영향을 받고 있을 때에는 그 이해가 시간적으로 변화하므로 알 수 있으며, 그 진동폭의 크기가 영향의 크기로 간주해도 좋다. 다른 방식시설(외부전원 등)의 영향(간섭)은 그 방식시설의 전원을 On−Off 하여, 전위의 변화를 측정한다.

관로에 따라서 P/S을 측정하고, 그 분포를 알고 있으므로

① 전기방식이 되고 있는 경우에는 그 효과가 만족할만한 것인가 또는 불만족이면 그 부위를 알 수가 있고,

② 전기방식이 되지 않고 있으면 커다란 마크로셀이 형성되어 있는가 어떤가, 마크로셀이 존재한다면 Cathode와 Anode의 위치를 알 수가 있다.

①의 경우 측정한 관로의 전선에 걸쳐 −850 mV 이하의 전위가 계측된다면 만족할 수가 있지만, −850 mV 이상의 전위가 계측되는 부분에 대하여는 방식상의 검토가 필요하다. ②의 경우에는 P/S의 낮은 곳이 부식경향이 있다. 금속의 전해질용액 중의 전위는 [표 15.3]과 같이 부식하기 쉬운 이온화경향이론 금속의 쪽이 낮다. 2종의 금속을 도선으로 접속하면 마크로셀을 형성하여 전류가 흐른다. 이때, 2종의 금속의 전위는 전류가 흐르는 것에 의하여 변화하지만 그 대소관계는 변화하지 않고, 양극 전위가 낮고 음극은 전위가 높다.

예를 들면, [그림 15.18]과 같이 A점에서 −600 mV, B점에서 −850 mV의 전위를 계측한다. 도관 AB간에 절연불, 주철관과 같은 것은 없고, AB간의 저항은 작고, 전철이나 다른 방식시설에 의한 간섭도 없는 것으로 한다. 이 경우, 도관 AB간의 저항은 작기 때

문에 도관의 전위는 AB점에서 거의 같다. 따라서, P/S의 A, B점의 차는 지표면의 전위차를 가리키고 있어, 도에서 아는 바와 같이 지중에서는 B점에서 A점으로 향하여 전류가 흐르고 있다. 곧, 도관은 B점이 양극, A점이 음극으로 된 마크로셀을 형성하고 있다. 이와 같이 관로에 따라 많은 점에서 P/S를 측량하면 그 분포를 얻을 수 있지만 P/S의 낮은 부분(값이 부의 경우는 절대치의 큰 부분)이 양극으로 되고 부식되고 있다는 것이 추측된다. 단, 관의 상면과 하면의 마크로셀이나 극히 국부적인 마크로셀을 이 방법으로 파악하기에는 곤란하다.

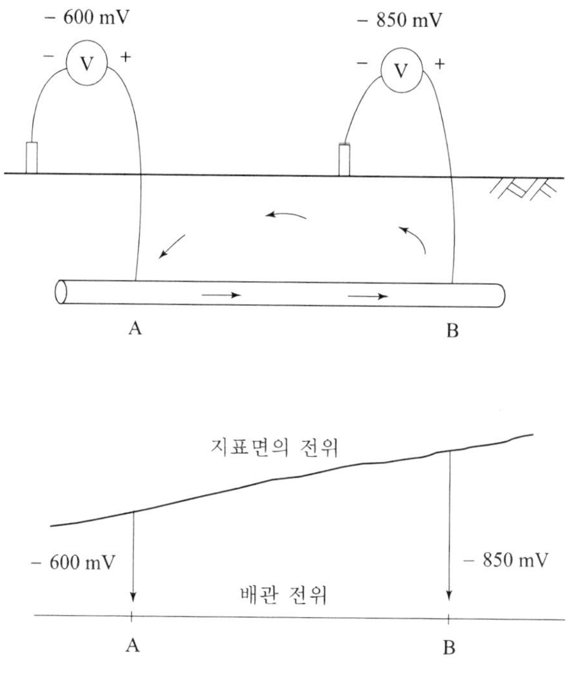

그림 15.18 P/S에 의한 마크로셀의 영향

(4) 지표면 전위차(S/S Soil VS Soil)

문자대로 지표면의 임의의 2점간의 전위의 차이다. 2점간의 전위구배 및 지중의 전류의 방향을 알고 있으므로

① 전철의 레일부근에서 전류의 유출입을 조사하는 목적
② 전기방식을 행한 경우, 양극 부근의 전위의 상승을 조사하는 목적

으로 측정되는 경우가 많다.

(5) 레일 전위(R/S, R/P)

R/S는 레일의 흙에 대한 R/P는 레일의 관로에 대한 전위를 각기 표시한다. 전식의 영향조사, 선택배류기를 설치한 경우의 효과의 추정을 행하는 경우의 측정이다.

(6) 전류 측정

부식량은 전류량에 비례하므로 부식량이나 간섭의 정도를 일기 때문에 가장 중요한 치이지만, 통상은 전기회로에 직열로 전류계를 삽입할 필요가 있으므로 계측이 곤란하다. 케이블이나 소구경의 관로에 대해서는 Creep형의 전류계가 편리하다.

방식시설의 관리를 위해 방식전류의 측정이 행해진다.

16 폭발과 방호

CHAPTER

CHAPTER 16 폭발과 방호

16.1 폭발개론

16.1.1 폭발의 정의

어떤 공간에서 화학변화를 수반하면서 압력이 급상승되는 현상

16.1.2 폭발의 본질

폭발현상에는 급격한 압력 발생으로 인하여 용기가 파열된다든지 기체가 급격하게 팽창하여 폭발음과 압력파가 발생되고 때때로 발광도 나지만, 이들은 단지 폭발에 수반되는 현상에 지나지 않고, 폭발의 본질은 "급격한 압력상승"이다.

16.1.3 폭발반응

① 정의 : 빛, 소리 및 충격 압력을 수반하는 순간적으로 완료되는 화학변화

② 원인 : 기상의 엔탈피 변화가 폭발반응의 원인이고, 엔탈피 변화의 원인은 다음 3 가지이다.

- 발열화학반응
- 급속가열
- 상변화(증발, 승화)

16.1.4 폭발의 성립 조건

① 밀폐된 공간이 존재하여야 된다.

② 가연성 가스, 증기 또는 분진이 폭발범위내에 있어야 한다.

③ 점화원(에너지)이 있어야 한다.

16.1.5 폭발재해의 분류

폭발물질의 폭발전의 상태에 따라서 기상폭발과 응상폭발로 구분하며, 일반적으로 응상이란 고상 및 액상의 것을 말하고, 응상은 기상에 비하여 밀도가 2~3자리 크므로 그 폭발의 양상이 다르다.

기상폭발은 혼합가스폭발, 가스의 분해폭발 및 분진폭발로 응상폭발은 혼합위험성 물질에 의한 폭발, 폭발성 화합물의 폭발, 증기폭발 등 6가지로 분류한다.

(1) 혼합가스폭발

① 가연성 가스와 조연성 가스가 일정비율로 혼합된 가연성 혼합기는 발화원에 의해 착화되면 가스폭발을 일으킨다. 이것을 폭발성 혼합기(폭발성 혼합가스)라 부른다.

② 가연성 가스에는 수소, 천연가스, 아세틸렌 가스, LPG이에 휘발유, 벤젠, 톨루엔, 알코올, 에테르 등의 가연성 액체로부터 나오는 증기도 포함된다.

③ 조연성 가스(지연성 가스)에는 공기, 산소 외에 아산화질소, 산화질소, 이산화질소, 염소, 불소 등도 포함된다.

④ 보통 밀폐용기에서의 폭발 생성가스의 압력은 초기압력의 7~10배에 달한다.

⑤ 지금까지 유안(황산아모늄)공장, 폴리에틸렌 공장, LPG 플랜트, 탱커(유조선) 등에서 일어난 사고는 혼합가스폭발에 의한 것이 많다.

(2) 가스의 분해폭발

① 기체 분자가 분해할 때 발열하는 가스는 단일성분의 가스라고 해도 발화원에 의해 착화되면 혼합가스와 같이 가스폭발을 일으킨다.

② 분해폭발성 가스는 아세틸렌, 산화에틸렌, 에틸렌, 프로파디엔, 메틸아세틸렌, 모노비닐아세틸렌, 이산화염소, 히드라진, 아질화수소 등이 있다.

③ 아세틸렌 충전공장과 같은 곳에서는 때때로 고압 아세틸렌이 분해 폭발에 의한 사고가 일어난다. 또한, 폴리에틸렌 공장에서 1000기압 이상의 고압 에틸렌이 분해폭발을 일으켜 누설되고, 공기 중에서 다시 혼합가스폭발을 일으킨 경우도 있었다.

(3) 가스의 화학폭발

① 기체 분자가 분해할 때 발열하는 가스는 단일성분의 가스라고 해도 발화원에 의해 착화되면 혼합가스와 같이 가스폭발을 일으킨다. 이것을 가스의 분해폭발이라고 한다.

② 분해폭발성 가스는 아세틸렌, 산화에틸렌, 에틸렌, 프로파디엔, 메틸아세틸렌, 모노비닐아세틸렌, 이산화염소, 히드라진, 아진화수소 등이 있다.

③ 아세틸렌 충전공장과 같은 곳에서는 때때로 고압 아세틸렌이 분해 폭발에 의한 사고가 일어난다. 또한, 폴리에틸렌 공장에서 1000기압 이상의 고압 에틸렌이 분해폭발을 일으켜 누설되고, 공기 중에서 다시 혼합가스폭발을 일으킨 경우도 있었다.

(4) 가스의 화합폭발

① 아세칠렌(C_2H_2)과 같은 가스는 동(Cu), 은(Ag), 수은(Hg) 또는 그 화합물과 화합하여 폭발하며, 착화원으로 폭발요인이 된다.

$$C_2H_2 + 2Cu \rightarrow Cu_2C_2 + H_2$$

16.2 가스폭발

16.2.1 가스폭발

(1) 혼합가스폭발

① 가연성 가스와 조연성 가스가 일정비율로 혼합된 가연성 혼합기는 발화원에 의해 착화되면 가스폭발을 일으킨다. 이것을 폭발성 혼합기(폭발성 혼합가스)라 부른다.

② 보통 밀폐용기에서의 폭발 생성가스의 압력은 초기압력의 7 ~ 10배에 달한다.

③ 지금까지의 유안(황산암모늄)공장, 폴리에틸렌 공장, LPG 플랜트, 탱커(유조선) 등에서 일어난 사고는 혼합가스폭발에 의한 것이 많다.

16.2.2 분해폭발

(1) 분해폭발 개요

① 산회에틸렌, 아세틸렌 같은 분해성 가스와 디아조화합물 같은 자기 분해성 고체류는 분해하면서 폭발한다.

② 아세틸렌은 분해성 가스의 대표적인 것으로 반응시 발열량이 크고, 산소와 반응하여 연소시 3,000°C의 고온이 얻어지는 물질로서 금속의 용융절단, 용접에 사용된다.

③ 고압으로 압축된 아세틸렌 기체에 충격을 가하면 직접 분해반응을 일으키므로 고압으로 저장할 때는 불활성 다공물질을 용기내에 주입하고, 여기에 아세톤액을 스며들게 하여 아세틸렌을 고압으로 용해 충전하는 방법을 사용한다.

④ 용해 아세틸렌을 저장할 때는 용기내에 가스층 간의 공간이 없도록 하고, 아세틸렌의 충진시 용기에 발열되는 경우에 냉각시키고, 충진 후에도 온도가 안정될 때까지 냉각하여야 한다.

⑤ 일반적으로 널리 사용되는 용해 아세틸렌 용기는 고열이 국부적으로 발생되고, 다공물질이 변질 혹은 공간이 생성되는 이상이 발생될 때 분해증발이 일어나 국부적인 과열로 인한 용기가 폭발하는 경우가 있으므로 신중하게 취급해야 한다.

(2) 분해폭발 물질

① 아세틸렌

㉠ 아세틸렌의 분해반응

$$C_2H_2 \rightarrow 2C + H_2 \qquad -\Delta H=54Kcal/mol$$

㉡ 발열량이 기시 열손실이 없으면 화염온도는 3,100°C가 되며 밀폐용기 내에서 분해폭발이 발생되면 초기압력의 9 ~ 10배가 된다.

㉢ 배관중에서 아세틸렌의 분해반응이 발생되면 화염은 가속되어 폭굉이 되기 쉽다. 폭굉의 경우 초기압력의 20 ~ 50배가 되고 파괴력도 크다.

㉣ 분해폭발은 화염, 스파크, 가열 등의 열원에 의하여 발생되는 경우도 많지만 밸브의 개폐에 의한 단열압축열의 발화에 의한 경우도 있다.

㉤ 아세틸렌은 구리, 은 등의 금속과 반응하여 폭발성 아세틸리드를 생성하며 이것은 조그만 충격에도 폭발하여 아세틸렌을 발화시키므로 아세틸렌을 취급하는 장치에는 구리나 구리함유량(Cu 62% 이상)이나 많은 금속(합금)을 사용해서는 않된다.

㉥ 아세틸렌이 분해폭발을 하기 위해서 낮은 압력에서는 큰 에너지가 필요하지만 압력이 높게 되면 적은 에너지로도 발화된다. 따라서 아세틸렌이 25 kg/cm²이 넘는 압력에 있을 때는 질소 등의 불활성 가스 등을 첨가하여 분해폭발을 방지해야 한다.

㉦ 아세틸렌의 공기중의 폭발한계는 2.5 ~ 100 vol%이다.

② 산화에틸렌(에틸렌옥사이드)

㉠ 산화에틸렌(에틸렌옥사이드)

$$C_2H_4O \rightarrow CH_4 + CO \quad -\Delta H = 32.11 kcal/mole \qquad (1)$$

$$2C_2H_4O \rightarrow C_2H_4 + 2CO + 2H_2 \quad -\Delta H == 7.89\ kcal/mole \qquad (2)$$

㉡ 산화에틸렌의 공기 중의 폭발한계는 3.0 ~ 100 vol%이다.

㉢ 산화에틸렌의 한계압력(이 압력 이하에서는 화염전파가 일어나지 않음)이 300 mg 정도로 낮으므로 안전상의 주의가 필요하다.

㉣ 상온 상압하에서 분해폭발은 69 %가 식 (1)에 의해 31%가 식 (2)에 의해 분해하므로, 초기압력 증가는 전체 발열량을 증가시키고 폭발시 압력도 높아진다.

㉤ 산화에틸렌의 분해폭발시 폭굉이 발생한 사례는 없다.

(3) 폭발의 방지

① 불활성 가스에 의한 폭발 방지

가연성 가스의 저장소나 배관에는 질소나 이산화탄소 등에 불활성 가스로 장치내의 가스를 치환하여 장치내에 폭발성 혼합가스가 생성되지 않도록 한다.

② 불활성 가스 첨가에 의한 분해폭발의 방지

㉠ 분해폭발성 가스를 취급하는 경우, 분해폭발을 방지하는 가장 확실한 방법은 불활성 가스의 첨가이다. 이때의 첨가효과는 첨가가스가 화재온도를 저하하기 때문이다.

㉡ 산화에틸렌이 기체상태로 존재하는 장치에는 폭발방지를 위하여 질소 및 탄산가스를 첨가하여 희석하고 있다.

㉢ 액체상태의 산화에틸렌을 저장하고 있는 용기는 질소에 의해 희석하여야 한다.

16.3 폭발범위(폭발한계, 연소한계)

16.3.1 이론산소량과 이론혼합비(화학양론비)

(1) 이론산소량

가연성 가스가 완전히 연소하는데 필요한 산소량을 말한다. 이 때 완전연소란 탄화수소의 경우 분자중의 탄소는 산소와 반응하여 이산화탄소가 되고, 수소는 물이 되는 것을 말한다.

예 : 수소의 연소 반응

$$2H_2 + O_2 \rightarrow 2H_2O \quad (1)$$

수소 2몰당 산소 1몰이 필요하다. 질량으로 말하면 수소 1 kg당 산소 7.49 kg이다. 지연성 가스가 공기인 경우 산소의 농도를 21 vol%, 나머지를 질소라 하면 수소 1 kg을 완전히 연소시키는데는 34.22 kg의 공기가 필요하다.

(2) 이론혼합비(화학양론비, 완전연소조성)

가연성 가스－공기계의 연소에 대해 완전연소에 필요한 농도비율을 상온상압의 공기중의 가연성 가스의 농도로 나타낸 것으로 화학양론비, 완전연소조성이라고도 한다.

가연성 가스의 분자식이 $C_nH_xO_y$라 할 때 이때의 연소 반응은

$$C_nH_xO_y - (n - x/4 - y/2)O_2 \rightarrow nCO_2 + x/2H_2O \quad (2)$$

이며 여기서 n, x, y는 각각 가연성 물질중의 탄소, 수소, 산소의 수이다.

이론혼합비(C)는 다음과 같다.

$$C_{st} = \frac{\text{유기물의 몰수}}{\text{공기의 몰수} - \text{유기물의 몰수}} \times 100\% \quad (3)$$

$$C_{st} = \frac{1}{4.77N - 1.19X - 2.38Y + 1} \times 100\% \quad (4)$$

① 공기중의 가연성 농도를 이론혼합비보다 낮게 하면 생성물은 동일하지만 연소속도는 늦어지고, 어떤 농도 이하가 되면 화염이 전파되지 않는다.

② 농도가 이론혼합비보다 적게 되면 탄소는 CO_2까지 산화되지 않고 CO가 생성되며 이 경우를 불완전 연소라 한다. 이 때 연소속도는 늦어지며 어떤 농도 이상이 되면 화염이 전파되지 않게 된다.

③ 이처럼 화염이 전파되지 않는 한계농도를 폭발한계 또는 연소한계라 한다.

16.3.2 폭발한계

(1) 폭발한계의 정의

가연성 가스와 공기(또는 산소)의 혼합물에서 가연성 가스의 농도가 낮을 대나 높을 때 화염의 전파가 일어나지 않는 농도가 있다. 농도가 낮을 경우를 폭발하한계, 높을 경우를 폭발상한계라 하고 그 사이를 폭발 범위라고 한다. 그리고 연소한계, 가연한계라고도 한다.

(2) 폭발하한($L_{하한}$)과 폭발상한($L_{상한}$)

발화원이 있을 때 불꽃이 전파되는 증기 혹은 가스의 최소 농도를 폭발하한이라 하고, 최고 농도를 폭발상한이라 하며, 공기나 산소중의 농도로 나타낸다. 단위는 부피 %이다.

16.4 발화원(자연발화)

발화원은 일반적으로 나화, 고온표면, 열복사, 충격마찰, 전기기기에 대한 불꽃, 정전기 불꽃, 단열압축, 자연발화 등 8가지 종류로 분류된다. 화재 또는 폭발재해의 원인조사 또는 예방대책을 실시할 때는 항상 이 8가지의 발화원에 대해서 생각해 두면 충분하다.

1. 일반불꽃(나화)
2. 고온표면
3. 복사열
4. 충격마찰
5. 전기불꽃
6. 정전기불꽃
7. 단열압축
8. 자연발화

① 기체를 높은 압력으로 압축하면 온도가 상승한다. 그러므로 압축기 등으로 기체를 고압으로 압축하는 경우는 단열상태로 압력이 상승되고, 압력상승에 의해 온도도 상승되므로 충분한 냉각시설이 없으면 압축기, 오일 및 윤활유가 열분해되어 저온 발화물이 생성되어 발화, 폭발하게 된다.

② 단열압축에 의한 발화현상은 디젤기관의 착화원리이며 이때 압축비는 13 ~ 14 정도이고, 압축압력은 40 kg/cm^2 까지 상승되므로 기관내의 온도는 500°C 정도가 되어 증유의 발화온도보다 훨씬 높다. 따라서 기과내에 분사된 증유방울이 착화, 폭발하게 된다.

③ 체적 V_1의 이상기체를 V_2까지 안열압축시킬 때, 압축비는 V_1 / V_2가 되고, 압력은 $P_1 \rightarrow P_2$로 온도는 $T_1 \rightarrow T_2$로 상승된다면

$$P_2 / P_1 = (V_1/V_2)^r \tag{1}$$

$$T_2 / T_1 = (V_1/V_2)^r - 1 \tag{2}$$

여기서 r은 기체의 비열이 $(C\rho/Cv)$이고, 공기의 경우 $r = 1.40$이다.

④ 장치고장과 피손 등에 의하여 급격하게 공기 및 가스를 입축하는 경우에 발화현상이 발생되어 이때 과산화물 등 반응이 용이한 물질이 존재하면, 작은 압축비에도 분해폭발이 가능하다.

16.5 폭발압력

16.5.1 폐쇄공간 폭연(연소파)

① 폭연은 폭발적인 현상이지만 폭발속도가 음속 이하의 것을 말하며 일반적으로 30 cm ~ 10m/s이다.

② 최대폭발압력

- 폐쇄공간에서의 최대폭발압력은 최초압력, 가스의 몰변화, 및 온도변화에 비례한다.

즉, $P_m = \dfrac{P_i \cdot N_f \cdot T_f}{N_i T_i}$

따라서, P_m : 최대폭발압력

P_i : 초기압력

$N_i \cdot N_f$: 초기 및 최종몰수

$T_i \cdot T_f$: 초기 및 최종온도

- 완전연소되어 몰수의 변화가 거의 없는 경우는 최대압력폭발은 온도변화에 비례한다.
- 일반적으로 최대폭발 압력은 화학양론조성(C)보다 약간 진한 농도에서 일어나며 초기압력의 8배이다.

16.5.2 폭발압력상승속도

① 방폭에 의한 폭발방출과 폭발압력 상승속도 $\left(r = \dfrac{dp}{dt}\right)$간에는 밀접한 관계가 있다.

② 공기중에서 메탄이 화학양론조성, (C_{st})에서 폭발한 경우 최대폭발압력의 상승속도는 폭발이 끝날 때쯤이다.

③ 최대폭발압력상승속도는 화학양론조성(C)보다 약간 농도가 진할 때 최대값을 갖는다.

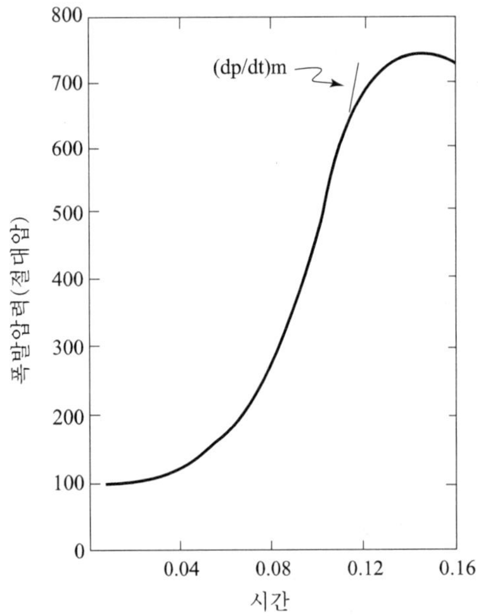

그림 16.1 28L의 밀페된 용기에 들어있는 9.4% 메탄과 90.6% 공기 혼합물의 층류에 의한 폭발압력

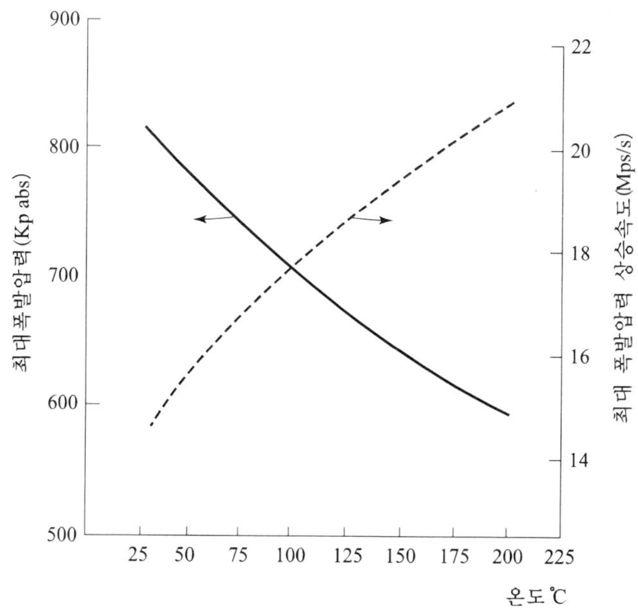

그림 16.2 초기압력 약 100 Kp abs하에서 밀폐된 10L 챔버에 들어있는 95% 공기와 5% 프로판에 대한 최대 폭발압력과 최대 폭발압력상승속도에 미치는 온도의 영향

16.5.3 환경의 영향

(1) 온도의 영향

온도가 고온일수록 최대폭발압력 P_m은 감소하고 최대폭발압력 상승속도 γ_t은 상승한다.

(2) 압력의 영향

① 최대폭발압력은 초기압력에 정비례한다.

즉, $\frac{P_m}{P} = 8$

② 최대폭발압력 상승속도는 초기압력에 정비례한다.
예 : C_3H_8(프로판)의 경우

$$\gamma_t \ C_3H_8 = 0.63P_t + 17.2(P_1 = 0 \text{ to } 310)$$

③ 용기의 기하학적인 특성

㉠ 부피의 형태

- 최대폭발압력은 부피와 형태에 무관하다.
- 최대폭발 상승속도는 부피가 증가할수록 크게 감소한다.
- 용기의 크기가 같을 경우 점화점이 용기의 중심에 있을 때 최대폭발압력이 가장 크고, 발화점이 여러 군데일 때 최대폭발압력은 증가한다.

㉡ 압력누적

장치가 여러 부분으로 나누어졌을 때 압력누적현상으로 최대폭발압력이 상승된다.

④ 난류

㉠ 화학양론조성(C)일 때 최대폭발압력은 난류가 있을 때가 없을 때보다 약간 크나 별 차이가 없다.

㉡ 폭발상한/하한농도에서는 난류현상에 의해 최대폭발압력은 많이 증가한다.

㉢ 폭발하한농도에서 약 30% 증가한다.

㉣ 난류현상이 있을 때 최대폭발압력 상승속도는 크게 증가한다.

⑤ 발화원

㉠ 발화원의 강도가 클수록 최대폭발압력은 증가한다.

㉡ 발화원의 강도가 클수록 최대폭발압력 상승속도도 증가한다.

16.5.3 폭굉파

(1) 폭굉(detonation)

① 폭발범위내의 어떤 농도상태에서 반응속도가 급격히 증대하여 음속을 초과하는 경우를 폭굉이라 하는 이 과정에서 발생하는 충격 파동이 큰 파괴력을 갖는 압축파를 형성한다.

② 폭굉은 음속의 4 ~ 8배(1,000 ~ 2,700 m/s) 정도의 고속 충격파가 형성된다.

③ 폭굉일 때의 폭발한계범위는 폭연일 때보다 좁다.

예 : 공기중의 수소가 폭발할 때

폭발범위 : 4 ~ 75 vol%

폭굉범위 : 18 ~ 59 vol%

④ 폭굉은 가연성가스와 공기가 혼합된 경우 넓은 공간에서는 좀처럼 발생되지 않지만 파이프와 같이 길고 좁은 공간에서 발생한다.

(2) 폭굉파의 형성과정

① 다음 [그림 16.10]으로 설명할 수 있다.

② 폭굉으로부터의 압력발달은 [그림 16.15]로부터 알 수 있다.

㉠ 초기의 폭굉파는 불안정하여 피크압력 P_{so}을 나타내며 초기압력의 약 100배 정도된다.

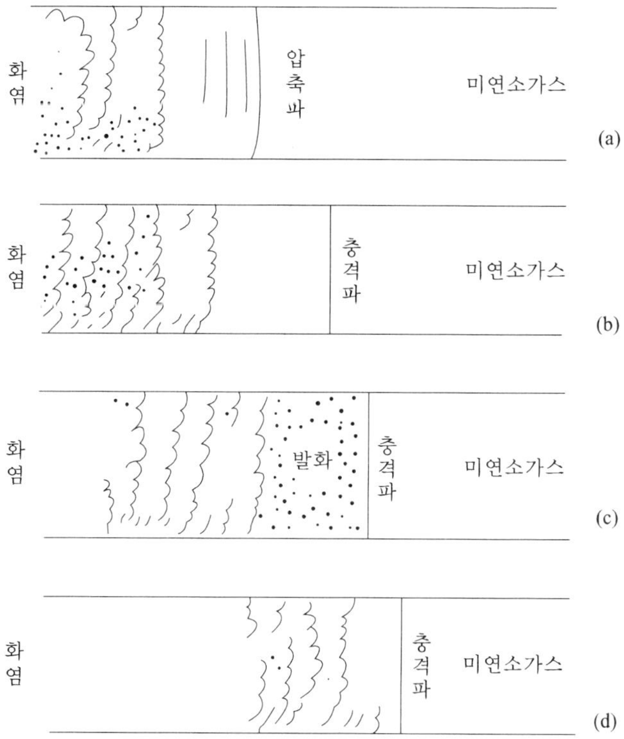

그림 16.3 폭굉파의 형성과정

(a) 화염전파에 의한 화염전방에 약한 압축파가 빌생한다.
(b) 약한 압축파가 겹쳐서 강한 압축파, 즉 충격파가 발생한다.
(c) 충격파 뒤에 기상의 온도가 단열압축에 의하여 상승하고 그 곳의 온도 자기발화온도보다 높아져 발화한다.
(d) 충격파가 그 배후에 연소를 수반하면서 전파한다. 즉 폭굉파가 형성한다.

ⓛ 이후 점차적으로 안정되는데 이를 챔프만－주게파(champman－jouguet wave)라 하며, 이것도 초음속으로 움직인다.

ⓒ 안정된 폭굉파는 초기압력의 30배이다.

ⓔ 피크압력 P_{so}가 파이프 강도 이상일 때도 유지시간이 짧아서 파이프에 피해를 주지 않는다. 그러나 안정된 챔프만－주게압력이 오랫동안 지속되므로 파이프나 장치에 피해를 준다.

ⓜ 파이프에 틈이나 균열이 있으면 폭굉파의 속도를 느리게 하나, 긴 파이프를 따라 흘러가면서 속도와 압력이 원상으로 복귀한다.

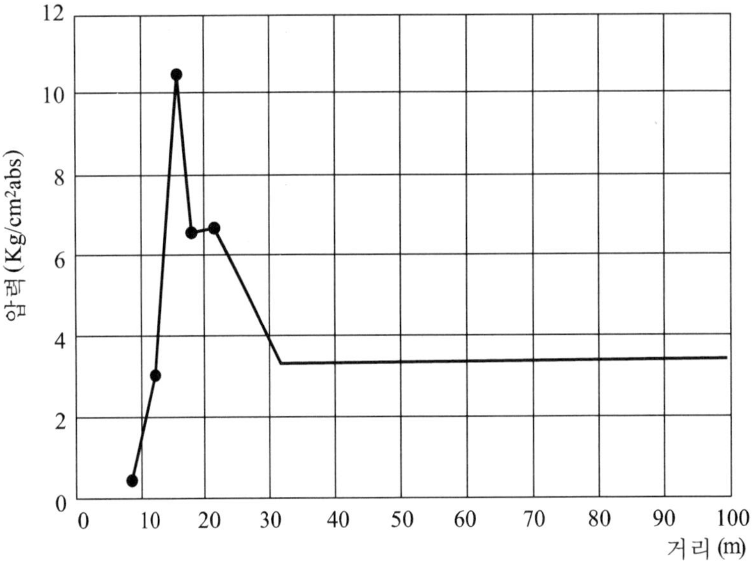

그림 16.4 폭굉이 형성될 때의 압력

16.6 폭발의 방호

1. 폭발방지

물리적 폭발을 제외한 화학적 폭발을 가연성 물질이 지연성 물질과 혼합된 상태에서 착화원이 존재하는 경우가 발생한다.

우선 제1차적으로 두 물질이 혼합하지 않는 상태에 있도록 하고, 또한 비록 혼합된 상태에 있어도 폭발과 연소가 발생하지 않는 범위의 농도에서 관리하도록 한다. 2차적으로는 착화원이 되는 요소는 제거하는 일이다.

① 혼합가스의 폭발 범위 외의 농도 상태에서 작업

혼합가스는 폭굉 및 폭발 범위 밖에서 작업하도록 해야 하는데, 그 대책은 다음과 같다.

- 공기중의 누설, 누출방지
- 밀폐용기 내의 공기 혼입 방지
- 공기주입 등의 의한 환기를 실시하여 폭발하한계 이하로 희석하는 방법

② 불활성 물질에 의한 폭발방지

㉠ 불활성 가스 주입

- 가연성 가스가 존재하는 분위기 중의 산소농도를 불활성 가스 첨가에 의하여 감소시켜 폭발을 방지한다.
- 불활성 가스는 질소, 수증기, 이산화탄소 외에 소화제로 이용되고 있는 할로겐화 탄화수소 등이 있다.
- 연소폐가스도 산소농도가 감소되어 있으므로 불활성 가스로 사용될 수 있으나 불순물을 수반하고 있어 사용조건에 맞는 세정 등을 하여 기준에 적합하도록 하여야 한다.
- 대상이 되는 가스의 안정상 반드시 산소농도를 0으로 하는 것이 아니고 한계 산소농도 이하로 하면 폭발을 방지할 수 있다.

㉡ 불활성 분진 첨가에 의한 가연성 분진 등의 폭발 방지

- 각종 가연성 분진이 폭발할 우려가 있는 공정장치에서 공정상 장애가 되지 않는 경우와 분진 폐기물이 있는 경우에 여러 곳에서 불활성 분진을 혼입하여 분포시킴으로써 화재폭발을 방지할 수 있다.
- 불활성 분진에는 타아크(탄산 칼륨), 모래, 석분(규산칼륨) 혹은 석고분말 등이 있다.
- 대체적으로 불활성 분진을 60% 이상 혼입하며 안전하다.

㉢ 불활성 가스첨가에 의한 분해폭발 방지

- 아세틸렌 또는 산화에틸렌과 같이 자신이 스스로 분해폭발하는 가스에 질소와 같은 불화성 가스를 첨가하여 분해폭발을 방지할 수 있다.

- 불활성 가스로 N_2, He 등이 분해 폭발을 방지할 수 있다.

③ 착화원 관리

㉠ 착화 관리

착화는 용접기, 토치램프 및 화로와 같은 작업용 화기는 물론, 흡연 등에 사용하는 성냥, 라이타 같은 화염원 등을 위험한 가스와 액체, 분말 등이 존재하여 위험이 발생할 수 있는 장소에서는 이들의 사용을 금지하고 사용시에는 철저한 관리가 필요하다.

㉡ 고열 및 고열 표면 관리

- 로와 같은 적열이 되고 있는 물체 기타 적열상태에 있는 물체는 착화원이 확인되므로 직화와 같이 철저한 관리가 필요하다.
- 온스팀 배관, 고온 가스 배관, 열교환기의 금속표면 등의 고온 물체는 변색할 정도로 고온이 아니어도 낮은 발화온도를 갖는 물질이 접촉할 때에는 착화된다.
- 단열을 위해 배관위에 감은 보온재 등에 액상물질이 스며들어 장시간 가열하여 착화되는 경우가 있다.

㉢ 충격, 마찰에 의한 착화원 발생방지

- 기계적인 에너지 동력에 이용하여 운전하는 장치류의 구동구분, 기어, 베어링 등의 동력전달부는 물론 원동기가 작동하면서 분쇄, 혼합, 교반, 운전에 관계되는 가동부분이 파손, 변형, 탈락 등의 고장으로 정지되고 이물질에 의한 경화로 사고가 발생하고, 큰 동력에 의한 마찰충격 등이 국부적으로 발생될 때 고온, 화염이 발생되어 착화원이 된다.
- 분체, 고체물질의 과잉공급, 누적으로 과량이 되면 과열이 발생되어 높은 온도까지 상승된다.
- 동력에 의한 운전장치는 마찰, 충격의 발생을 방지하도록 하고 적열부분은 이상온도상상을 조기검지하고 자동적으로 동력이 정지되도록 안전대책이 필요하다.

④ 전기설비와 방폭호의 기본적인 방법

㉠ 위험한 가스와 증기, 분진이 발생되어 체류하는 장소에서 조명, 동력, 기타 전기설비를 사용하는 경우에는 이들에 의한 착화원 관리에 주의해야 하고 안전한 설비를 사용해야 한다.

㉡ 전기설비 사용시 위험성 문제는 위험장소와 준위험 장소로 구분되고, 위험장소는 위험도 등급에 의하여 분류하며, 각각의 장소에 적합한 전기설비를 사용하도록 한다.

㉢ 방폭구조의 분류

- 내압방폭구조

  화염, 고온이 발생되는 주위의 폭발성 가스에 착화되지 않도록 화염, 고온이 발생되는 부분을 용기에 저장하여 용기내에서 폭발되어도 파손하여 용기접속부에서 용기외부로 유출되어 폭발성 가스에 인화되지 않는 구조

- 내부압력 방폭구조

  대형 전기 기계 장치류에서 화염 및 고열부에 착화 위험성이 있을 경우 이들의 전용실을 갖추어서 실내압력을 외기보다 높게 유지하고, 신선한 공기를 환기되도록 하여 위험한 가스가 유입되지 않도록 하는 구조

- 안전증 방폭구조

  보통 때는 위험한 분위기가 되지 않지만 공정상 필요에 의하여 위험한 상태가 될 수 있는 장소에 설치되는 전기설비도 화염이 발생되거나 고온이 되지 않도록 안전화를 강화한 구조로서 전기설비에 가장 많이 사용된다.

- 본질 방폭구조

  계측기. 약전 회로 기구 등에서 화염 및 고열부에서 발생할 수 있는 착화원도 위험성이 있으므로 이들 자체를 안전한 구조로 하여 가스, 증기의 최소 착화에너지 이하가 되도록 하는 구조

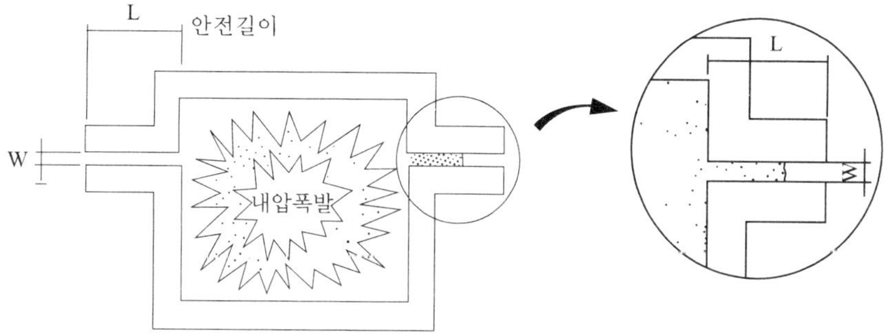

그림 16.5 내압 방폭구조의 원리

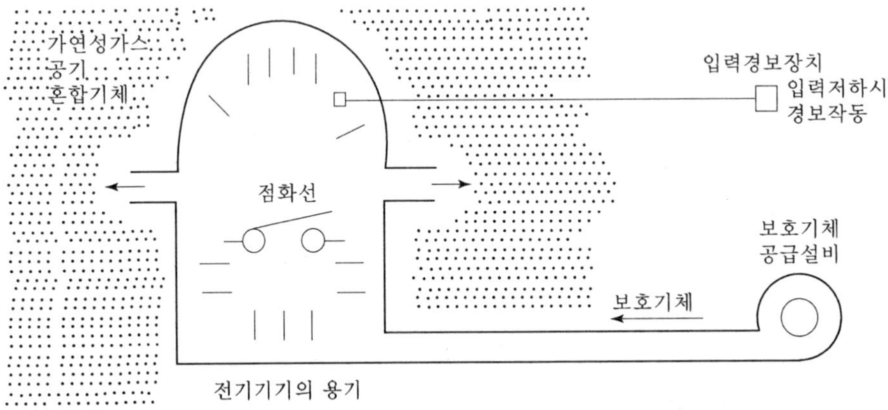

그림 16.6 내부압력 방폭구조의 원리

⑤ 정전기의 대전량 경감

㉠ 정전기의 발생제어

- 다량의 정전기가 누적되지 않도록 용제류를 배관을 통하여 이송할 때에는 유속을 적게 한다.
- 배관을 동전성이 큰 재질로 변경하든지 액체에 대전 방지제를 첨가한다.

㉡ 정전기의 누적방지

- 발생된 정전기를 제거하기 위하여 접지를 해야 하며 금속체 구조물을 각 부분 전체를 접지하여 정전기가 누적되지 않도록 아스선을 확실히 설치해야 한다.
- 발생된 정전기가 접지선을 통하여 제거할 수 없고 절연성이 높은 물질을 취급할 때에는 정전기 제거기를 사용토록 하여야 한다. 정전기 제거기는 전압인가식의 제전기, 자기방전식 제전기, 동위원소식 제전기가 있다.
- 주변이 습도를 적정 습도인 60% 이상 유지하여 정전기 제거가 용이한 상태가 되도록 한다.

⑥ 가스농도 검지

㉠ 배관부나 접촉부 등에 비눗물을 도포하여 기포가 발생되는가를 눈으로 확인하여 누설부를 검지한다.

㉡ 가스농도 측정기와 분석기를 이용한다. 또한 가스누설시 경보를 하도록 하는데 자동식과 수동식이 있다.

㉢ 검지관식 농도측정은 비교적 저농도 가스농도를 측정하는데 사용된다.

(2) 폭발 피해의 국한화 대책

① 폭발의 전파확대와 압력상승방지

장치내부에 폭발이 발생되거나 이상압력이 발생될 때 초기에 압력을 안전하게 외부로 방출하도록 하여 장치파손을 방지하고, 주변에 영향을 최소한으로 감소시키도록 하여 직접 폭풍에 영향을 받지 않도록 해야 한다.

이와 같은 목적에 필요한 근본적인 안전대책은 다음과 같다.

㉠ 내압설계적용
㉡ 내부압력의 방출, 경감(안전밸트, 파열판, 폭압방신구 등)
㉢ 화염전파방지 대책(화염방지기, 폭굉억제기)
㉣ 폭발초기 제어장치(폭발제어장치, 이상반응제어설비)
㉤ 설비 및 장치의 차단(격리밸브, 차단밸브)
㉥ 옥내 설비를 피하고 가능한 한 개방상태로 한다. 옥내설비의 경우 위험 물질 누설 에 의한 체류를 막기 위하여 긴급배기설비를 설치하거나 건물을 방폭구조로 한다.

② 폭발에 의한 재해의 확내 방지

㉠ 입지조건 고려
지형, 지반, 자연현상 및 주변의 환경을 고려한다.

㉡ 장치 등의 배치고려
안전거리와 공한지의 확보, 소화, 피난 등의 활동에 대비한 통로확보, 비상사태에 필요한 안전설비 확보를 고려한다.

㉢ 위험한 작업공정 설비의 자동화
설비의 자동화와 원격조정방식을 적용하고 위험성이 판명되지 않는 설비와 현장에 있어서는 작업이 접근할 수 없는 연동설비를 설치한다.

㉣ 방호벽 설치
방호벽은 폭발에 대비하여 안전하도록 설계하여 설치한다. 방호벽은 충격파가 안선한 방향으로 방산할 수 있는 구조로 해야 한다.

㉤ 긴급배출(Blow Down)설비 설치
긴급시에도 용기내에 있는 가스와 안전밸브로부터 방출되는 가스를 인위적으로 안전한 장소에서 처리할 수 있는 긴급배출설비를 설치해야 하고, 수시로 사전에 기능을 점검해야 한다.

㉥ 위험물 저장물량 감소 및 화재대책
- 위험물 누출시 다량의 위험물에 착화하는 경우 소화가 곤란하므로 불필요한 위험물을 다량 보관하는 것을 제한하여야 한다.
- 위험한 로와 설비 주변에 위험물이 누출되는 경우 이들 가스와 증기를 차단할 수 있는 스팀 커텐(steam curtain)설비, 수막발생설비 등을 설치한다.
- 액체 위험물의 유출방지를 위하여 저장설비주변 방액제와 도랑 등을 설치하도록 하는 동시에 대규모 자동화설비를 설치하도록 한다.

(3) 폭발 방호장치

① 안전밸브

㉠ 고압기체가 발생 또는 저장하는 용기, 장치류 및 배관 등이 높은 압력에 의하여 파괴되는 것을 방지하기 위한 안전설비로 설비가 운전압력보다 약간 높은 경우에 압력을 제거하기 위하여 자동적으로 밸브가 열려 압력을 방출시키는 밸브를 말한다.

㉡ 이 밸브는 단시간에 큰 압력 상승 발생시에 효과가 없다.

② 파열판

㉠ 고압용기 등에 설치하는 안전장치로 공기에 이상압력이 발생될 경우 용기의 내압보다 적은 압력에서 막판(Disc)이 파열되어 내부압력이 급격히 방출되도록 하는 장치이다.

㉡ 안전밸브와의 차이는 파열판이 파열되어 내용물이 방출될 때 용기내부의 압력이 대기압까지 떨어질 때 단시간에 가연물이 방출되므로 환기가 불량한 장소, 협소한 장소에서는 폭발성 혼합기가 생성되어 2차적인 폭발화재가 발생될 위험이 있으므로 이에 대비한 적절한 대책이 필요하다.

③ 용융안전블럭(Safety Fuse Plug)

㉠ 일반적으로 200˚C 이하의 용점을 갖는 금속을 고압가스용기 등에 부착하여 용기가 화재 등에 의한 내부에 이상반응이 발생되어 고온이 될 때, 용융안전플럭이 용융되므로 내용물이 분출되게 하는 장치이다.

㉡ 분출가스가 2차적으로 착화되어 화재, 폭발의 위험성이 없도록 입지조건을 사전에 충분히 검토하여 적용해야 한다.

㉢ 이 방법은 급격한 압력상승이 될 때에는 효과가 없고, 이 부분이 피복상태로 보온되거나 냉각됨으로써 용기가 폭발할 수도 있다.

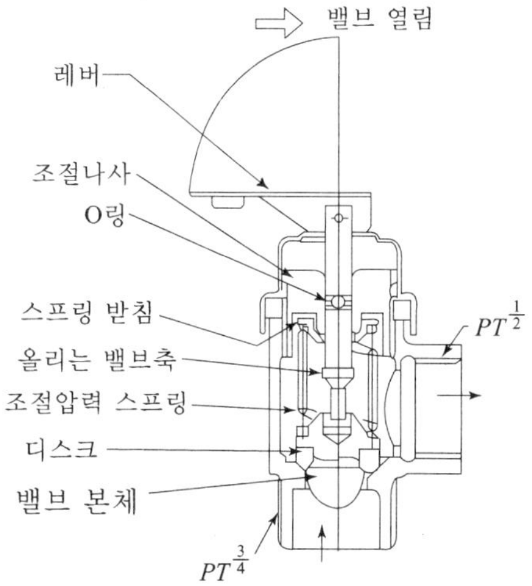

그림 16.7 안전밸브

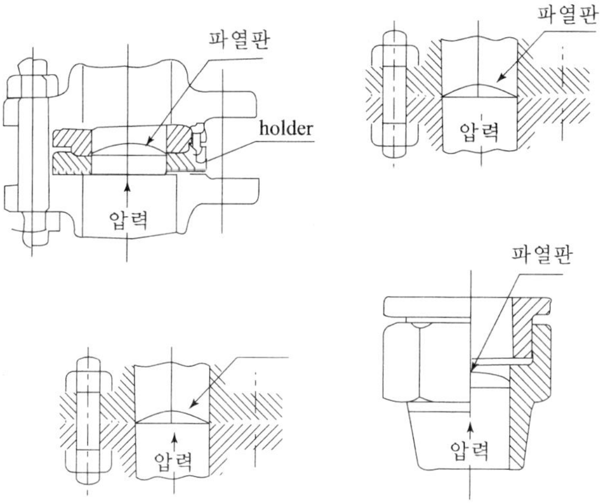

그림 16.8 파열판

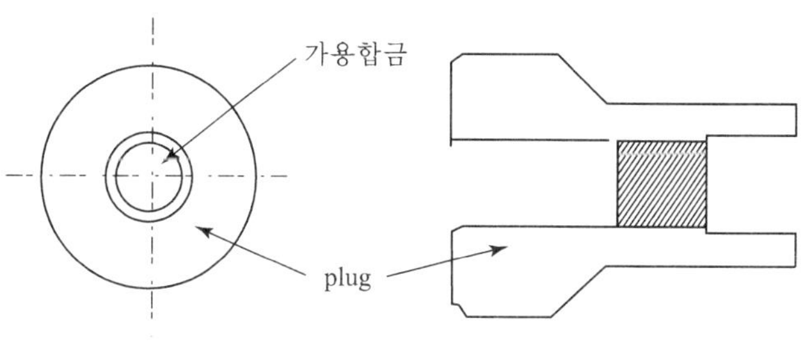

그림 16.9 용융안전 플럭

④ 폭발 방산구

㉠ 폭발 위험성이 있는 장치, 용기, 건물내에서 폭발이 될 때 설비가 파괴되지 않도록 강도가 약한 부분을 별도로 설치해야 한다. 즉, 내부에서 폭발이 발생될 때 분체가 파괴되지 않도록 사전에 약한 부분을 설치하여 폭발압력이 외부로 배출되게 하는 장치이다.

㉡ 폭발방산구의 면적, 형태, 강도, 설치, 위치 등의 설계사양은 장치, 종류, 용기류의 형태, 체적, 강도 등 관련물질의 폭발특성에 의하여 결정되어야 한다.

⑤ 화염방지기

㉠ 폭발성 채워진 배관의 내부에서 연소가 개시될 때 가연성 가스가 있는 다른 장소로 유입 전파되는 것을 방지하는 목적으로 사용되는 안전장치를 말한다.

㉡ 화학장치 등은 배관으로 연결되어 있어 한 설비에서 폭발이 발생된 경우 다른 설비로 폭발이 확대 전파되는 것을 차단하기 위한 설비이다.

㉢ 특히 같은 배관의 경우 화염이 전파되는 과정에서 폭굉으로 전이되어 실제로 대형화재가 발생되는 사례가 있으므로 배관의 일정 길이마다 화염방지기와 폭발억제기를 설치해야 한다.

㉣ 화염방지기의 원리

- 연소가스의 유통부분에 금속망 혹은 소결금속과 같은 작은 미세한 통로를 만들어 고온의 화염이 이곳을 통과할 때 열전도에 의하여 급속히 열을 제거한다.
- 따라서 연소반응의 계속에 필요한 열 혹은 활성분자를 빼앗기게 되며, 벽면에서 열이나 활성분자의 손실속도가 생성속도보다 클 때 결국 화염이 소멸한다.

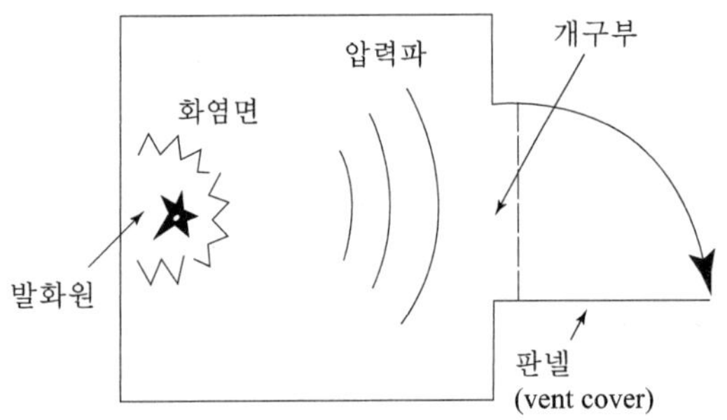

그림 16.10 방산구의 model

⑥ 폭발억제장치

㉠ 밀폐된 설비, 탱크내에서 폭발이 발생되는 경우 화염이 폭발성 혼합기 전체로 전파되어 급격한 온도상승과 압력이 발생된다. 이 경우 압력상승현상을 신속히 감지할 수 있도록 하여 전자기기를 이용 소화제를 자동적으로 착화된 수면에 분사하여 폭발확대를 제거하는 장치를 폭발억제장치라고 한다.

㉡ 폭발억제장치는 [그림 16.12]에 나타나 있으며 폭발검출기구, 소화용약제 및 추진제, 방출기구, 제어기구 등으로 구성되어 있다. [그림 16.13]에 폭발억제장치의 작동원리가 나타나 있다.

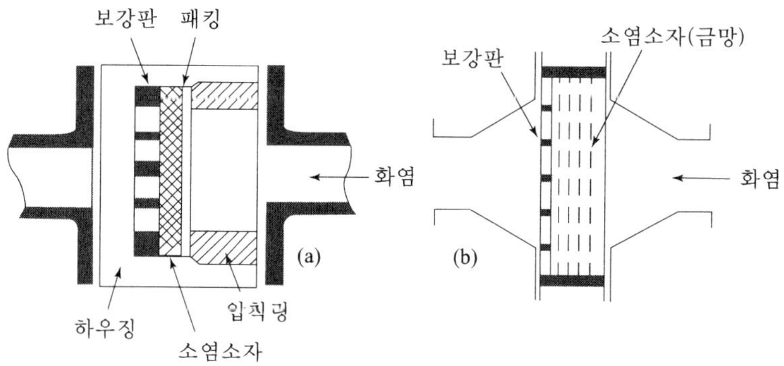

그림 16.11 화염방지기의 기본구조 단면

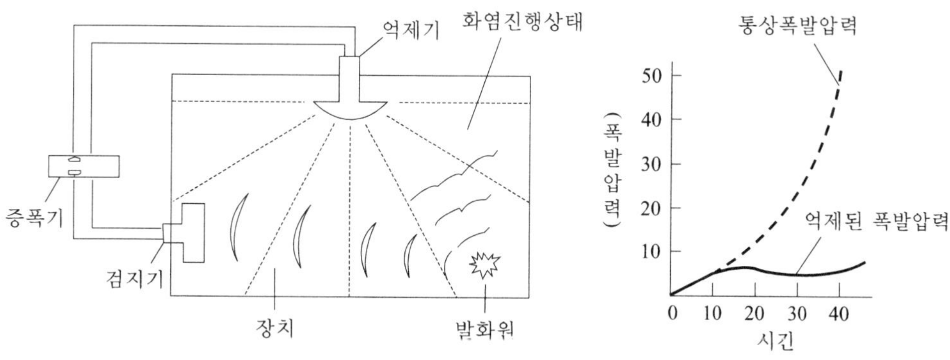

그림 16.12 폭발억제장치의 구조

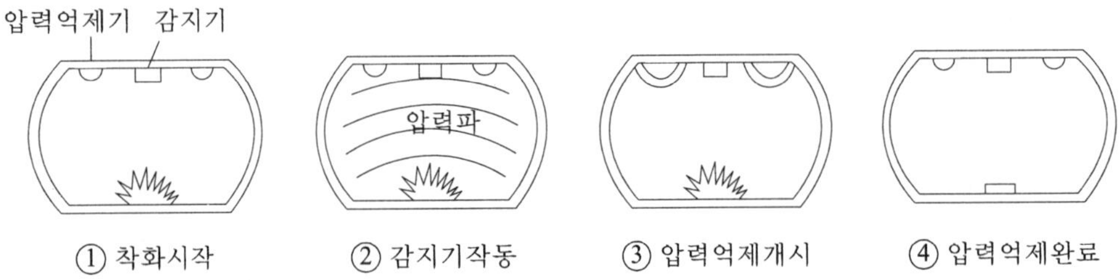

그림 16.13 폭발억제장치의 원리

16.7 폭발영향평가

16.7.1 폭발의 영향

① 폭발방지대책은 폭발의 발생에 의하여 가져오는 영향을 물리적, 경제적, 사회적 영향으로 구분한다.

② 물리적 영향은 폭발에 의한 직접적인 손실, 즉 사상 등의 인적 손실과 설비, 기계류, 원재료, 제품, 건물 등의 물적 손실을 가져온다.

③ 경제적 영향과 사회적 영향은 작업원의 취업거부, 지역사회에 대한 영향, 동종산업에의 영향 등의 복잡한 문제가 포함되어 폭발을 일으켰던 기업이나 공장의 존속 등이 위태로워지기 때문에 물리적 영향보다도 더 큰 심각한 영향을 준다.

16.7.2 폭풍에 의한 피해

① 폭발피해는 견고한 구조물, 즉 철골, 고압용 철강용기가 파괴되어 산산조각이 나고 먼거리까지 파편이 날아가 창, 유리 등이 파손된다.

② 이것은 폭발에 의한 급격히 팽창된 기체가 압축되어 고압이 되면서 폭풍이 생성되기 때문이다.

③ 폭풍은 [그림 16.14]와 같이 (a) 최초의 압축파가 되어 주위에 전달되지만, 압축파 내부에는 대기가 단열압축 되어 온도가 상승되어 압축파 후반부에는 전반부보다 전파속도가 크게 된다. (b) 같은 후단부 내부의 후방의 압축파가 전방으로 추격되어 파형이 우뚝 솟아오르고 (c) 불연속 파두를 갖는 충격파가 생성되어 전파된다.

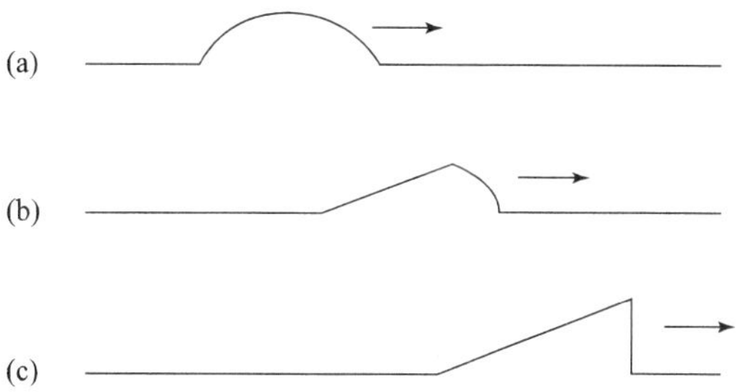

그림 16.14 폭풍 성장과정

④ 폭풍의 세기는 폭풍의 최대압력과 급격한 압력상승과 관계가 있으며, 폭발의 세기는 폭발에 관련된 물질의 양의 3승에 비례한다.

⑤ 폭풍의 최대압 p_{max}와 피해정도와 관계를 [표 16.1]에 나타내었다.

표 16.1 폭굉발생시 폭풍의 최고압력(p_{max})과 피해정도 관계

P_{max} (kg/cm^2)	피 해 상 황
14	지표면이 크게 파임
4 ~ 7	사람이 사망
4	개가 죽는다.
2.6	LPG TANK 파괴
1.5	목조가옥 붕괴
0.6	목조가옥 반파, 철골탑 붕괴
	LPG탱크 약간 파손
0.37	석유탱크 크게 파손
0.25	목조가옥 약간 파손
0.21	고막이 파열
0.15 ~ 0.3	창문파손
0.080	창문 유리 파손
0.021	비산파편에 의한 피해
0.0034	50% 유리창 파손
0.004	창문유리가 일부 파손

16.7.3 비산물에 의한 피해

① 고체벽에 충격파가 충돌할 때 고체의 항복치 이상의 초고속파가 충돌하면 고체는 유동성을 갖는 것 같이 되고, 고체내에 충격파가 발생되어 고체는 파괴된다. 이 파편은 충격중심에서 폭풍에 의하여 비산된다.

② 폭발에 의하여 파괴된 구조물의 비산물의 비산범위를 산정하는 방법에 있어서 TNT당량치를 사용한다.
폭발로 날아간 비산물의 최대거리를 L(ft)이라 하면, TNT폭약의 양 W(lb)와의 관계는 다음과 같다.

$$L = 8.0 \times 100\ \mathrm{W}^{236} \tag{1}$$

거리를 m로 무게단위를 kg로 하면

$$L = 294\ \mathrm{W}^{236} \tag{2}$$

16.7.4 화재, 복사열에 의한 피해

① 가연성 가스, 증기가 밀폐용기 내에서 가열되어 증기압이 발생 용기가 파열되고, 내용물이 일시에 분출되어 연소함으로써 용기위에 큰 불꽃이 발생되고 불꽃 표면에서 큰 복사열이 주변에 발산된다.

② 불꽃의 폭을 D(m), 연소량(연료와 이론산소량의 합)을 W(kg), 화구(Fier Ball) 지속시간을 t(sec)라 한 경우 다음과 같은 관계식이 성립된다.

$$D = 3.77\mathrm{W}^{0.325} \tag{3}$$

$$t = 0.258\mathrm{W}^{0.349} \tag{4}$$

③ 가연성 액체의 표면화재의 복사 강도는

$$E = \Phi\varepsilon\delta T^4 = Rf \tag{5}$$

로 표시한다.

Φ : 형상계수(0 − 1)
ε : 방사율(0 − 1)
T : 화재면의 온도(k)

δ : 스테판 볼쯔만 상수(= 4.96×10^{-8} kcal/m^2)
E : 에너지량
Rf : $\varepsilon \delta T^4$(복사 발산도)

한편 석유제품 연료류의 방사 발산도는 [표 16.2]과 같다.

④ 사람에 대한 복사열의 영향은 [표 16.3]과 같으며, 사람의 피부가 장시간의 노출에 견디는 최대방사발산속도는 1,080 kcal/m^{2}hr이다

표 16.2 연료류의 방사 발산도

연 료	방사발산도(kcal/cm^2 hr)	비 교
가 솔 린	50,000	실측치
원 유	35,000	실측치
등 유	43,000	계산치
경 유	36,000	계산치
중 유	20,000	계산치
L P G	79,300	계산치

표 16.3 인간의 피부에 대한 방사열 영향

시 간 (초)	강한 통증이 일어나는 한계(kcal/cm^{2}hr)
2	13,200
3	9,600
4	8,400
5	7,500
10	4,200
20	3,000
30	2,700
50	2,400
100	2,400
200	2,400

17 CHAPTER 계측기기

17 계측기기

17.1 온도의 측정

17.1.1 압력 온도계

수은, 기체 등을 봉입한 측온 검출기로 측정범위는 200 ~ 500°C이고, 각종 plant의 온도 게이지로 사용한다.

(1) 액체압력 온도계(liquid – filled thermometer)

감온부 모세관, Bourdon관의 내부에 kerosene, ethylalcohol 등의 액체를 완전히 봉입시킨 것으로 t_0°C에서 감온부내의 부피를 V_0, 감온액의 겉보기 부피팽창계수를 β라 하면, 감온부의 온도가 t_0°C로 될 때 감온액의 팽창량 ΔV은

$$\Delta V = V_0 \beta (t - t_0)$$

로 표시되고 이 ΔV 때문에 Bourdon관이 변형하여 온도를 표시한다.

그림 17.1 액체압력 온도계

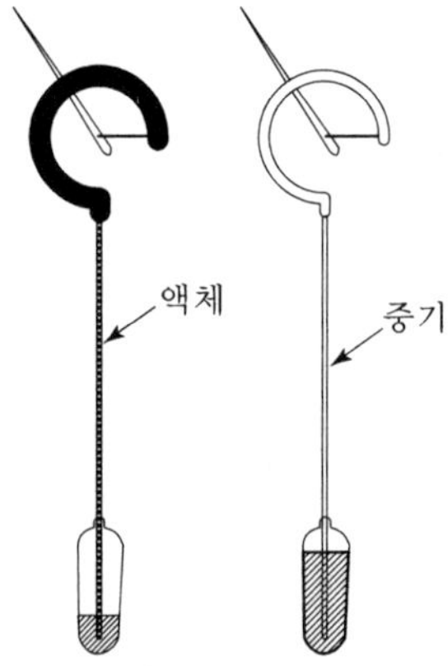

그림 17.2 증기압력 온도계

(2) 수은압력 온도계(mercury - filled thermometer)

온도계내에 수은을 채운 것으로 원리는 액체압력 온도계와 같다.

(3) 기체압력 온도계(gas - filled thermometer)

온도계 내에 helium, 질소 등의 불활성 gas를 채운 것으로 감온부 내에서 gas의 절대압력이 Charles의 법칙에 따라 변화하는 것을 이용하여 온도를 측정한다.

T_1°K 및 T_2°K인 때에 gas의 절대압력을 P_1 및 P_2라 하면

$$\frac{T_1}{T_2} = \frac{P_1}{P_2}$$

17.1.2 저항 온도계(resistance thermometer)

금속의 전기저항은 온도에 따라 변화하고 온도가 상승하면 전기저항이 증가한다. 이 저항변화를 검출하여 온도를 측정하는 것이다.

감온부(이것을 측온 저항체라 한다)에 이용한 금속선의 온도 0_0°C에서의 저항 R_t는 0_0°C에시의 저항치를 R_0, $t - t_0 = \Delta t$라 하년 온도범위가 솝은 경우

$$R_t = R_0(1 + \alpha\,\Delta t)$$

로 표시된다. 여기서 α는 t_0°C에서의 온도계수이다.

넓은 온도범위에서는 다음 식이 이용되고 있다.

$$R_t = R_0(1 + \alpha\,\Delta t + \beta\,\Delta t^2)$$

(1) 백금온도 저항체

측온 저항체로서 이용되는 금속으로는 백금, 니켈, 동이 있으나 백금이 널리 이용되고 있다. 0 ~ 630.5°C에서의 백금의 전기전항과 온도와의 관계를 표시하는 식으로 Calender의 식이 있다.

$$t = \frac{1}{\alpha}\left(\frac{R_t}{R_0} - 1\right) + \delta\left(\frac{t}{100} - 1\right)\frac{t}{100}$$

여기서 R_t, R_0는 각각 t_0°C, 0°C 에서의 저항치, α는 0 °C와 100°C와의 사이의 평균온도 계수로 순도가 좋은 백금에서는 $\alpha = 0.00392/\text{deg}$ 정수 δ는 1.49와 1.50 사이의 값을

취한다. 또 100°C에서 저항치를 R_{100}이라 하면

$$\alpha = \frac{R_{100} - R_0}{R_0} \times \frac{1}{10}$$

이므로,

$$t = \frac{100R_0}{R_{100} - R_0}\left(\frac{R_t}{R_0} - 1\right) + \delta\left(\frac{t}{100} - 1\right)\frac{t}{100}$$

$$t = \frac{R_t - R_0}{R_{100} - R_0} \times 100 + d\left(\frac{t}{100} - 1\right)\frac{t}{100}$$

(2) 반도체 측온 저항기

Mn, Ni, Co, Fe, Cu 등의 산화물 분말을 소결하여 bead형, rod형, disc형 등으로 소결한, thermistor라 부르는 고체 반도체는 큰 부의 온도계수(금속의 10배 정도)를 갖고 있기 때문에 −100~300°C 범위의 온도측정에 이용된다. 전기저항과 온도와의 관계는 다음의 실험식으로 주어진다.

$$R_t = R_0 e^{B(1/T - 1/To)}$$

여기서 R_t, R_0는 절대온도 T, T_0 °K에서의 저항치, B는 재료에 따라 정하는 정수로 3000~3500 정도가 많다.

(3) 측정회로

전기저항 측정회로의 대표적인 것으로는 Wheatstone bridge로 [그림 17.3]과 같은 2선식 저항 온도계 회로나 3선식 저항온도계 회로 등이 있다.

- 2선식 저항 온도계 회로 : 도선의 저항을 γ라 하면
  평형조건이

$$(R_t + 2\gamma)\{R_2 + (1-f)R_3\}$$
$$= R_1(R_3 + fR_s)$$

이므로

$$R_t = R_1 \frac{R_3 / R_s + f}{R_2 / R_2 + 1 - f} - 2\gamma$$

에 의해 R_t가 구하여진다.

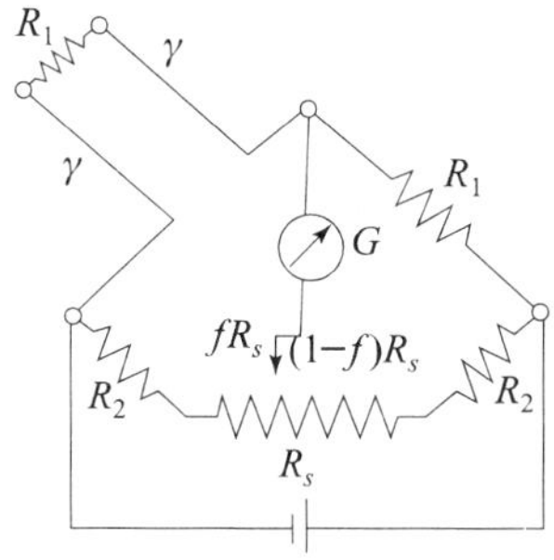

그림 17.3 2선식 저항 온도계 회로

17.1.3 열전 온도계(thermoelectric thermometer)

(1) 열전내(thermocouple)

2종의 다른 금속 A와 B로 폐회로를 만들고 둘의 접합점 P_0과 P를 각각 기준온도 t_0, 측정온도 t로 하면, 온도차에 대응한 열기전력이 발생하여 회로에 전류가 흐른다.

이 2종의 금속을 조합한 것을 열전대, 접합점 P_0를 기준접점(냉접점), 접합점 P를 측량접점(열접점)이라 한다. [그림 17.4] 열선대 2종의 금속이 조합된 것에는 ① 백금 · 로듐－백금(기호PR) ② Chromel－Alumel(기호CA) ③ 철－Constantan(기호IC) ④ 동－Constantan(기호CC) 등이 있다.

측온접점의 온도변화$(t-t_0)$와 열기전력 V_e 사이에는 좁은 온도범위에서 다음의 관계식이 성립된다. α, β를 조합한 금속에 의한 정수(열기전력 계수)라 하면

$$V_e = \alpha(t-t_0)+\frac{1}{2}\beta(t-t_0)^2$$

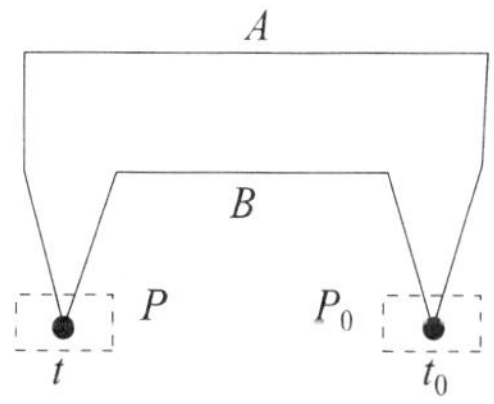

그림 17.4 열전대

(2) 측정회로

열기전력을 지시하고 온도를 측정하는데는 millivolt계 또는 전위차계가 이용된다.

전위차계의 원리는 [그림 17.5]와 같은 측정회로로 평형조건이 ($V_s/R_a = V_e/fR_s$)이므로

$$V_e = V_s \frac{R_a}{R_a} f$$

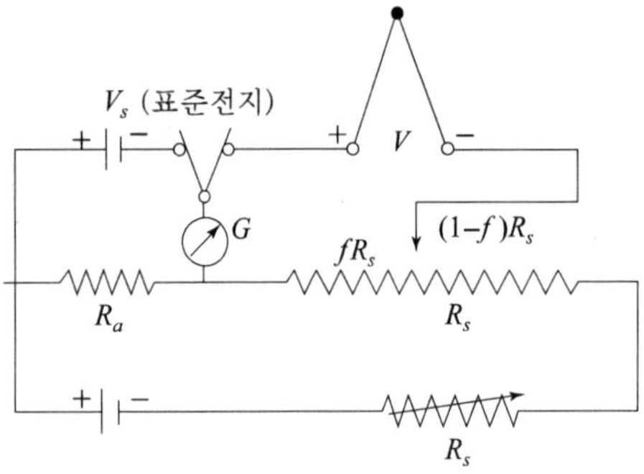

그림 17.5 전위차계의 원리

17.2 압력의 측정

17.2.1 액주 압력계(liquid column pressure gauge)

(1) U자관 압력계(U tube manometer)

물이나 수은 등의 액체를 넣은 U자관에 측정하려고 하는 압력을 도입하여 액주의 중량과 균형시키면 2개의 액면의 높이의 차로부터 압력을 구할 수가 있다.

[그림 17.6(a)]와 같이 U자관의 좌우의 관에 압력 p_1 kg_f/cm^2 및 p_2 kg_f/cm^2을 걸어주면 좌우의 액면의 높이의 차 h cm를 측정하여 압력차 $(p_1-p_2)kg_f/cm^2$을 다음 식으로부터 구할 수 있다.

즉, 봉입액의 비중량을 γ kg_f/cm^3, 도입한 액체의 비중량을 γ' kg_f/cm^3이라 하면

$$p_1 - p_2 = (\gamma - \gamma')h$$

[그림 17.6(b)]와 같이 U자관의 일단을 대기에 개방하면 gauge압 p kg_f/cm^2이 구해진

다. 압력의 측정압력을 가하는 봉입액면과의 수직거리를 h' cm라 하면

$$p = \gamma h - \gamma' h'$$

도입되는 유체가 기체인 경우에는 기체의 비중량은 봉입액의 비중량과 비교하여 무시될 수 있다.

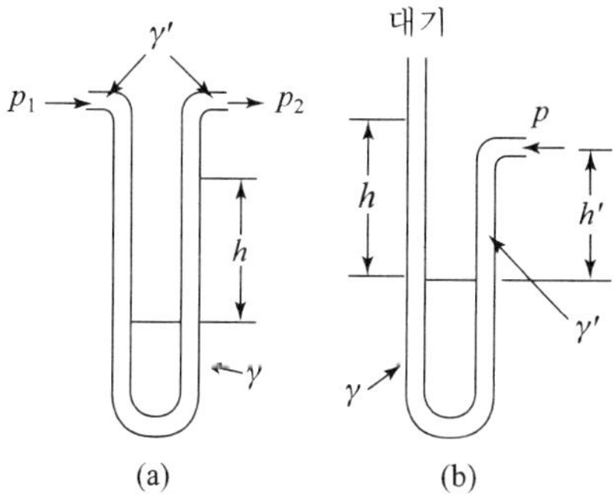

그림 17.6 U자관 압력계

(2) 단관 압력계(well type manometer)

[그림 17.7]과 같이 U자관의 한쪽 단면적을 크게 하여 액조로 만들면 다른 쪽의 가는 관(단관)내의 액면 높이만을 측정하여 압력을 구할 수 있다.

액조의 단면적을 A_1, 단관의 단면적을 A_2라 할 때 압력 p_1 및 p_2가 2개의 액면에 가해질 때의 액조 및 단관 내의 액면에 대한 기준액면(압력차 $p_1 - p_2$가 0인 [그림 17.7] 단관 압력계 때의 액면)으로부터의 변위를 h_1, h_2로 하고 2개의 액면차를 h로 하면

$$P_1 - P_2 = (\gamma - \gamma')h = (\gamma - \gamma')(h_2 + h_1)$$

여기서 γ 및 γ'은 봉입액 및 도입유체의 비중량이다.

그러므로 $A_2, h_2 = A_1, h_1$, 따라서, $h_1 = h_2(A_2/A_1)$이므로 이것을 윗 식에 대입하면

$$P_1 - P_2 = (\gamma - \gamma')h_2\left(1 + \frac{A_2}{A_1}\right)$$

$A_2/A_1 \ll 1$이 되도록 단관과 액조를 선택하면

$$P_1 - P_2 = (\gamma - \gamma')h_2$$

로 나타낼 수 있다.

(3) 경사관 압력계(inclined tube manometer)

[그림 17.8]과 같이 단관을 수평에 대하여 각도 α 만큼 경사시키면 액면의 높이가 차 h가 경사관에 따라 액면간의 거리 l로 확대하여 읽을 수 있다.

액조의 단면적을 A_1, 경사관의 단면적을 A_2로 하고, 압력 p_1 및 p_2가 2개의 액면에 가해질 때의 액조 및 경사관내의 액면에 대한 기준액면으로부터의 수직 변위를 h_1 및 h_2, 경사관내의 액면이 기준액면부터 경사관을 따라 이동한 거리를 l_2라 하면 $A_1 h_1 = A_2 l_2$ 따라서 $h_1 = (A_2/A_1)l_2$ 및 $h_2 = l_2 \sin\alpha$이므로 봉입액 및 도입유체의 비중량을 γ 및 γ' 라 하면 압력차는

$$P_1 - P_2 = (\gamma - \gamma')(h_2 + h_1) = (\gamma - \gamma')l_1\left(\frac{A_2}{A_1} + \sin\alpha\right)$$

가 된다. A_2/A_1이 $\sin\alpha$에 비하여 무시될 수 있는 경우에는

$$P_1 - P_2 = (\gamma - \gamma')l_2 \sin\alpha$$

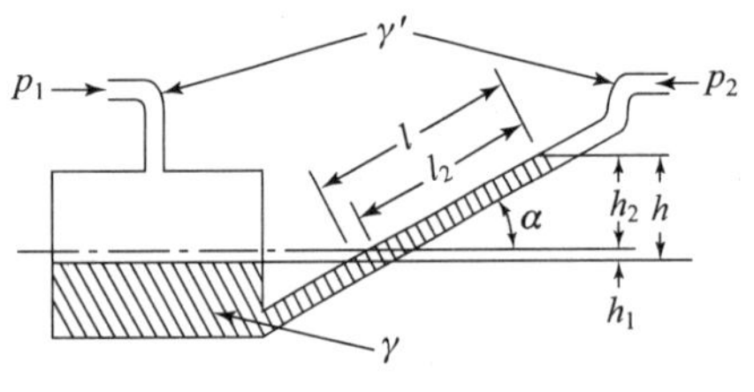

그림 17.8 경사관 압력계

(4) U자관 부자형 압력계

[그림 17.9]와 같이 U자관의 한쪽 액면에 부자를 띄워 그 변위를 기계적 또는 전기적으로 확대, 변환하는 것이 공업용으로 이용되고 있다. 그림에서 고압관의 단면적을 A_1, 저압관의 단면적을 A_2, 압력차 $p_1 - p_2$가 작용할 때의 고압관내의 액면의 변위를 h_1, 저압관내의 액면의 변위를 h_2, 관내의 봉입액의 비중량을 γ, 차압을 측정하는 유체의 비중량을 γ'라 하면

$$h_1 A_1 = h_2 A_2, \quad p_1 - p_2 = (\gamma - \gamma')(h_1 + h_2)$$

따라서 압력차는

$$P_1 - P_2 = (\gamma - \gamma')h_1\left(1 + \frac{A_1}{A_2}\right)$$

으로 계산되고 부자의 승강에 의해서 구한다.

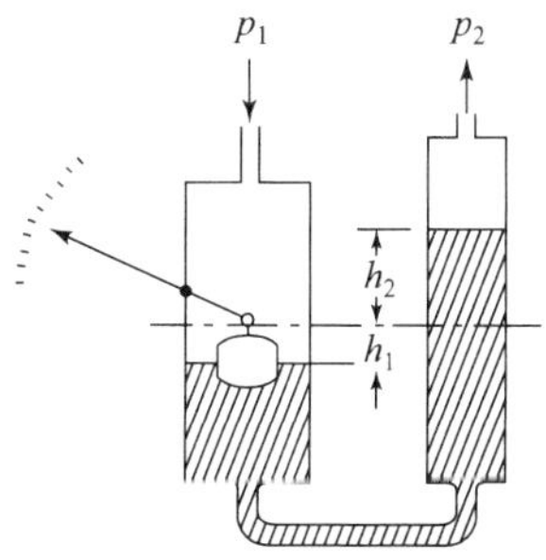

그림 17.9 U자관식 부자형 압력계

17.2.2 piston형 압력계

[그림 17.10]과 같이 piston의 상부에 추를 올려놓았을 때 유체의 압력과 평형을 이루면

$$p = \frac{W}{A}$$

로 하여 압력을 측정할 수 있다. 단, W는 piston과 추의 중량, A는 piston의 단면적이며 압력계의 검정에 이용되고 있다.

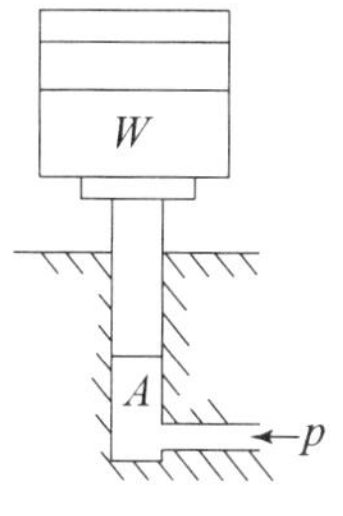

그림 17.10 분동식 압력계

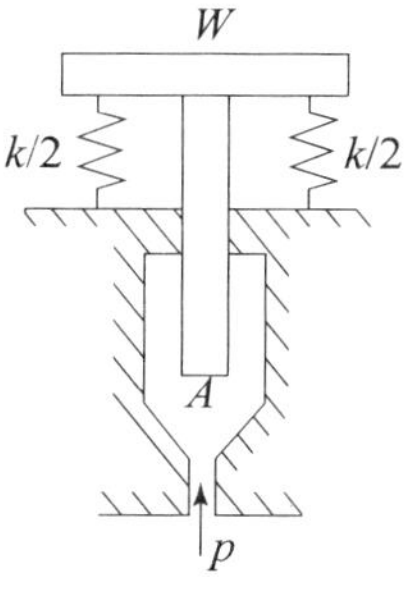

그림 17.11 piston형 압력계

[그림 17.11]은 piston과 추의 중량과 spring의 신장에 의한 힘이 유체의 압력과 평형을 이룬다. Spring의 탄성정수를 k, 신장을 s라 하면

$$pA = W + ks$$

로 되고, 압력 W/A를 기준으로 하여 그보다 큰 압력 p가 piston의 운동 s에 비례하여 측정된다. 즉,

$$p = p_0 + \frac{k}{A}s$$

단, $p_0 = \dfrac{W}{A}$

17.2.3 탄성 압력계

(1) Bourdon관 압력계

Bourdon관은 타원형 또는 편평형의 관을 반원형의 곡관으로 구부린 것으로 한쪽 끝은 밀폐되어 있고 개방구를 고정하고 있다. 개방구로부터 압력을 가하면 밀폐시킨 선단부가 자유단으로 되어 변위하게 되면 이 변위량을 확대 지시한다. [그림 17.12]에서 자유단의 직선변위 s는 압력 p에 비례하므로

$$p = k_B s$$

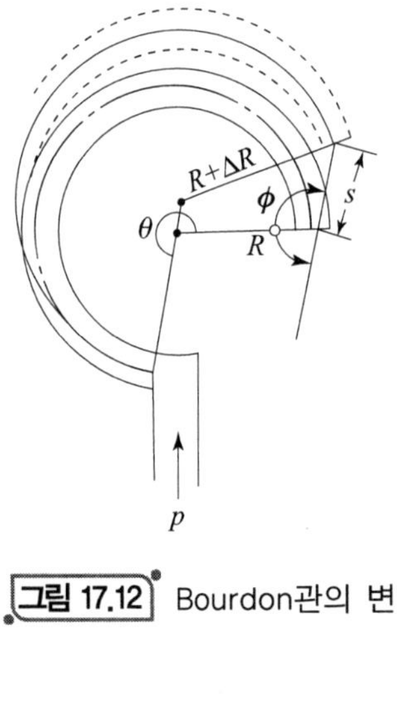

그림 17.12 Bourdon관의 변형

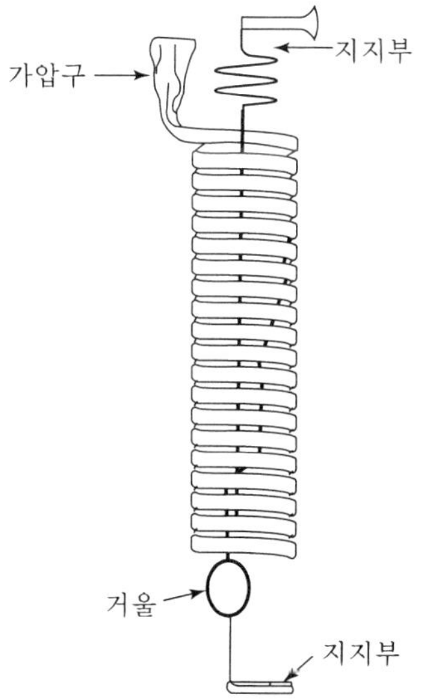

그림 17.13 석영 Bourdon 관체

로 나타낼 수 있으며 자유단의 변위방향 ϕ는 일정하다. 여기서 k_B는 Bourdon 관의 곡률 반경 R, 단면형상과 그 크기, 재료의 탄성계수, 자유단의 위치를 나타내는 각도 등에 의해서 정해지는 정수이다.

탄성재료로는 인청동, beryllium동, Ni−Span C 등이 쓰이며 내식성 재료로는 stainless강이 사용된다. 또 고압용으로는 특수강의 인발관, 저압의 정밀계측용으로는 용융석영(fused quartz)이 있으며 [그림 17.13]에 석영 Bourdon관을 나타내었다.

(2) bellows 압력계

두께가 얇은 원통의 바깥 둘레에 깊은 파도 모양의 주름을 잡은 수압체를 bellows라 한다. [그림 17.14]는 보조 용수철을 내부에 장치한 bellows 압력계로, bellows 아래쪽에서 압력을 도입하면 bellows는 변위하여 용수철의 반발력과 평형을 이루는 위치에 정지하게 되는데, 그 신축량에 따라 압력을 측정한다.

Bellows의 단싱계수를 K, 압력이 삭용하는 유효면적을 A_e, 직선변위를 s라고 하면

$$pA_e = ks$$

따라서 $p = \frac{k}{A_e} s$

로 된다. 여기서 k는 bellows의 크기, 두께, 주름의 수 및 재료의 탄성계수 등에 의해 정

해지며 유효면적 A_e는 bellows의 중심축 방향으로 집중하중 W를 가했을 때의 [그림 17.14] bellows압력계 변위와 같은 변위가 되도록 압력 p가 작용할 때 $pA_e = W$, 즉 $A_e = W/p$로 정의되고 있다. Bellows의 탄성계수는 극히 작은 하중범위에서만 일정하기 때문에 보조 spring을 사용하는데 spring의 탄성을 k_s라 하면

$$pA_e = ks + k_s s = (k + k_s)s$$

$$p = \frac{k + k_s}{A_e} s$$

가 된다. bellows 압력계의 측정범위는 10 mmH_2O ~ 10 kg_f/cm^2 정도이나 압력계보다도 공기식 자동제어에 있어서 압력을 변위나 힘으로 변환하는 요소로 쓰이는 경우가 많다.

(3) 격막식압력계(diaphram manometer)

수압면에 수직방향으로 수축하는 얇은 판 또는 막을 격막이라고 하며 형상 및 기능에 따라 파상, 평판상 등으로 나눈다. 격막의 아래쪽에서 압력을 도입하면 격막이 휘게 되며, 차압과 탄성변형에 의한 응력이 평형을 이루는 위치에 정지한다. 이때의 변위로부터 압력을 측정할 수 있으며 유효면적의 정의는 bellows의 경우와 같으므로 bellows식 적용이 가능하다. 격막의 재료로는 인청동, stainless강 등이 사용되며 비금속으로는 고무, 가죽 등이 사용된다. 금속성에서는 10 mmH_2O ~ 2 kg_f/cm^2, 비금속성에서는 1 ~ 200 mmH_2O 범위의 압력을 측정할 수 있다.

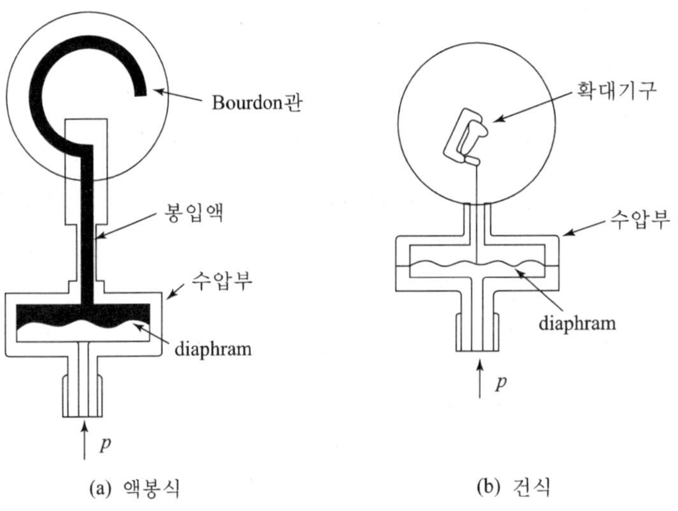

그림 17.15 격막 압력계

17.3 열량의 측정

17.3.1 열량 측정의 기초

온도 변화에 대한 열량은 중량 G kg_w, 비열 C $kcal/kg_w$, $-$deg인 물체의 온도가 t_1 °C에서 t_2°C로 상승된다고 할 때 흡수된 열량 Q kcal는

$$Q = GC(t_1 - t_2)$$

로 표시된다. 물체의 열용량 $G \cdot C$ kcal/deg와 같은 열용량의 물 $G_w kg_w$을 생각하면 물의 비열은 1kcal/kg_w · deg이므로 $G_w \times 1 = GC$ kcal/deg 즉,

$$G_w = GC\ kg_w$$

이다. 이 G_w를 물체의 수당량이라 하며 열의 흡수에 대해서는 물체 대신에 이용된다.

$$Q = G_w(t_2 - t_1)$$

열은 에너지의 한 형태이며 단위로는 cal, J, W · s, kg_f · m 등으로 이용된다.

17.3.2 단열식 bomb 열량계

고체 및 액체의 발열량 측정에 이용되며 [그림 17.16]과 같은 기구에서 전열점화에 의해 시료를 연소시킬 때의 내통수의 온도상승을 측정하여 총 발열량을 계산한다. 내통수에 대한 외부로부터의 열이동을 차단하기 위해 내통수의 온도상승시 외조수의 온도를 조절하여 그 온도차를 ±0.3°C 이내로 유지되게 한다. 총발열량(H)은 내통수량을 Gg_w, 열량계의 수당량을 $G_w g_w$, 온도상승을 t deg, 시료의 중량을 $G_0 g_w$라 하면

$$H = \frac{(G + G_w)t - h}{G_0}$$

와 같이 표시된다. 여기서 h cal는 생성산, 황함유량, 포장지, 점화선 등에 대한 보정열량으로 필요에 따라 사용한다.

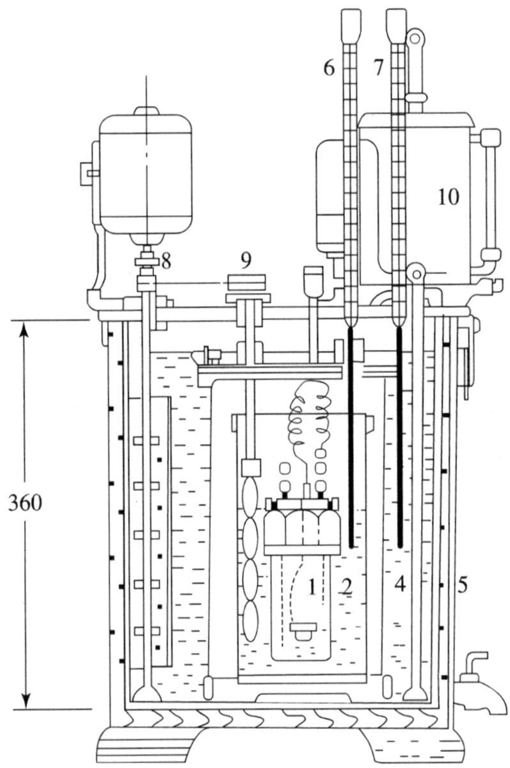

그림 17.16 단열식 bomb 열량계

17.3.3 유수형 열량계

기체연료의 발열량 측정에 이용되며 [그림 17.17]과 같은 Junkers형 열량계가 대표적이다. 열량계 내에서 공기와 함께 연료 gas를 완전 연소시킨 다음, 연소된 gas를 최초의 gas온도까지 냉각하여 생성된 수증기를 응축시켰을 때 발생한 열량을 유수에 흡수시킨다. 이 유수의 온도상승과 수량으로부터 열량을 구하고 보정을 하여 표준상태에 있는 건조 gas $1\mathrm{Nm}^3$의 총발열량을 산출한다. 즉, 온도 t_g ℃, 절대압 H_g mmHg에 있는 기체연료의 유량을 V_l, 냉각수의 유량을 Gg_w, 냉각수 입구와 출구의 온도차를 t deg라 하면 표준상태의 기체연료의 $1\,\mathrm{m}^3$에 대한 총발열량 H Kcal/Nm³은 다음 식으로 계산된다.

$$H = \frac{Gt}{V} \times \frac{273.2 + t_g}{273.2} \times \frac{760}{H_g}$$

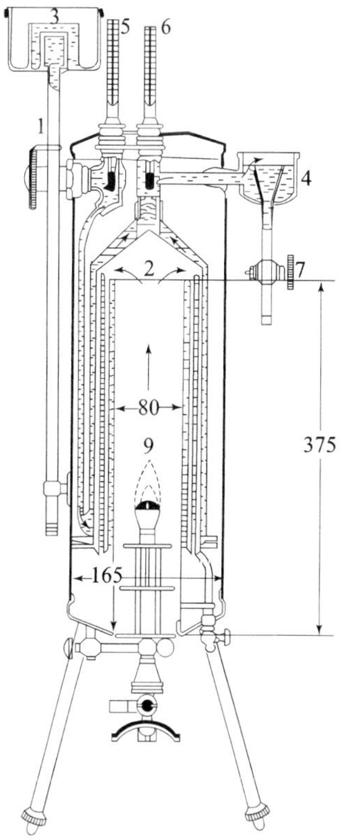

그림 17.17 Junkers형 열량계

17.3.4 냉각수 적산열량계

최근에는 집중냉난방 및 지역냉난방이 보급되어 냉온수의 열공급량을 적산 계측하는 것이 열관리적인 측면에서 필요하게 되었다. [그림 17.18]은 적산열량계의 일례이며 측정원리는 유슈형 열량계와 같다. 넁수 또는 온수의 공급입구온도, 출구 온도 및 유량을 측정하여 공급열량을 전자회로로 연산하며, 시간적 산치가 숫자로 표시되게 된다.

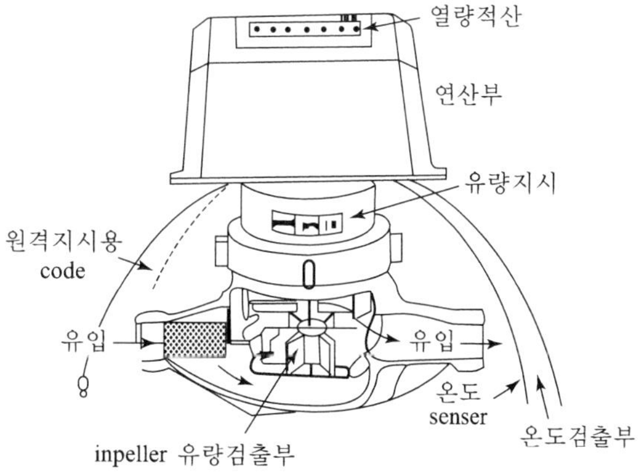

그림 17.18 냉각수 적산열량계

17.4 유량의 측정

17.4.1 차압식 유량계(flow constriction head meter)

교축유량계라고도 하며 [그림 17.19]와 같이 관로에 orifice, nozzle 또는 venturi관을 설치하여 유로교축 전후의 유체에 대한 압력차를 측정하여 유량을 계산한다.

유량계산 실용식

$$Q = 0.01252\,\alpha\varepsilon\beta^2 D_t^2 \sqrt{\frac{P_1 - P_2}{\gamma_1}}$$

$$Q = 0.01252\,\alpha\varepsilon\beta^2 D_t^2 \sqrt{\gamma_1(P_1 - P_2)}$$

단, Q : 체적유량, m^3/h, G : 중량유량, kg_f/h, α : 유량계수
ε : 기체의 팽창계수(비압축성 유체에서는 $\varepsilon = 1$)
β^2 : 개구비
D_t : 측정온도 t°C에서 관의 내경, mm
γ_1 : 교축 상류에서의 유체의 비중량, kg_f/m^3
$p_1 - p_2$: 압력차, kg_f/m^2

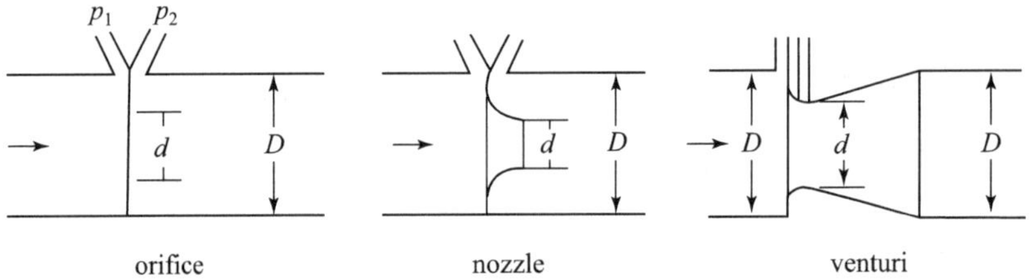

그림 17.19 차압식 유량계

17.4.2 면적 유량계(variable－areameter)

차압식 유량계가 조리개의 교축전후에 대한 압력차를 측정하는데 반해, 면적식 유량계는 압력차가 일정하게 되도록 교축면적을 변화시켜 유량을 구한다.

(1) float형 rotameter

[그림 17.20]과 같은 taper관 내를 유체가 흐를 때 부자가 정지한 위치에서 부자 전후의 압력을 p_1 및 p_2, 유체의 비중량을 λ, 부자의 비중량을 γ_f, 부자의 체적을 V_f라 하면 부자에는 γV_f의 부력이 작용하므로 유체 중에서 부자중량 W_f는

$$W_f = (\gamma_f - \gamma)V_f$$

이것과 부자 전후의 압력차 $p_1 - p_2$와는 평형상태에 있으므로 부자의 단면적을 $a\,\mathrm{m}^2$이라 하면

$$(p_1 - p_2)a = W_f$$

즉, $p_1 - p_2 = W_f/a$가 성립한다.

Taper 관의 부자가 있는 부분의 난년석을 $A\mathrm{m}^2$라 하면 유체의 농로 단면적이 $A-a$이므로 유량계수를 C라 하면 부피유량 $Q\,\mathrm{m}^3/\mathrm{s}$ 및 중량유량 $G\,\mathrm{kg_f/s}$은

$$Q = C(A-a)\sqrt{2gW_f/(\lambda a)}$$

$$G = C(A-a)\sqrt{2g\lambda W_f/a}$$

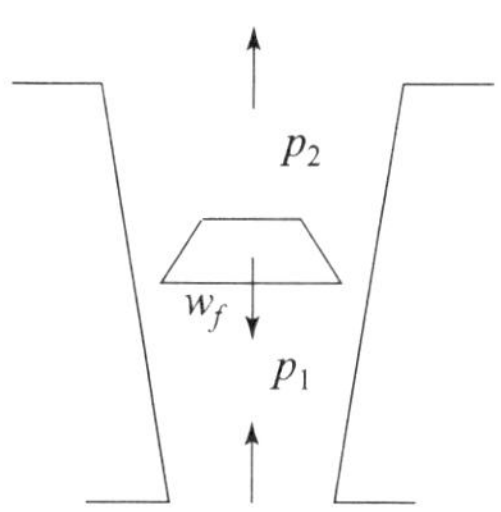

그림 17.20 rotameter

(2) piston형 면적 유량계

[그림 8.21]과 같이 유량에 따라 piston이 상하고 cylinder 벽의 유출구 면적이 증감하는 것인데 piston의 단면적을 $a\,\mathrm{m}^2$, 유체중에서의 piston 중량을 W_f, 유출구 전후의 압력을 p_1 및 $p_2 = \mathrm{kg_f/m^3}$라 하면 압력차가

$$p_1 - p_2 = W_f/a$$

일 때 piston이 정지하게 된다. 이때 유출구 면적을 A m², 유량계수를 C, 유체의 비중량을 γ kg$_f$/m³이라 하면 부피 유량 Q m³/s 및 중량유량 G kg$_f$/s는

$$Q = CA\sqrt{2gW_f/(\gamma a)}$$

$$G = CA\sqrt{2g\gamma W_f / a}$$

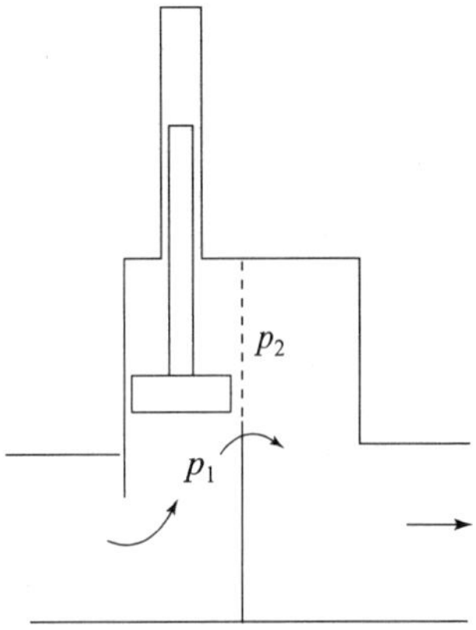

그림 17.21 piston 면적유량계

17.4.3 피토관(pitot tube)

(1) 피토관의 원리

[그림 17.22]와 같이 비압축성 유체인 경우 그 유속을 v, 압력을 p, 비중량을 γ라 하면, 피토관 두부의 개구부로부터 총압력

$$p_t = p + \gamma\frac{V^2}{2g}$$

이 얻어지고, 피토관 주위의 개구부에서는 정압 $p_s = p$가 도입된다.

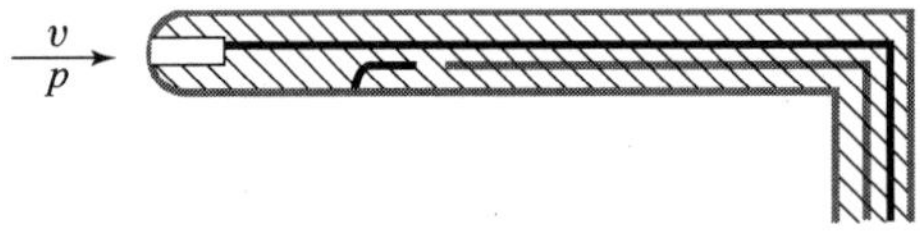

그림 17.22 pitot관

이 압력차 $p_t - p_s$를 읽으면 그것이 동압 p_d이고

$$P_d = \lambda \frac{V^2}{2g}$$

이다. 그러나 일반적으로는

$$P_d = \varsigma\lambda \frac{V^2}{2g}$$

이 성립하고, 따라서

$$v = \sqrt{\frac{1}{\varsigma} 2g \frac{p_d}{\gamma}}$$

로 된다. 이 ζ는 피토관 계수라고 부르며, 실험에 의해 구하는 값으로 $\zeta = 1.02 \sim 1.04$이다. 표준 피토관은 $\zeta = 1$이 되도록 만들어지고 있다.

(2) 피토관에 의한 유량측정

관로의 유량 Q를 구하는데는 관로의 단면적 A를 동심원으로 n등분하고, 각각의 환의 면적 중심에서 유속 v_1, v_2 ……v_n를 측정하면 평균유속 v는

$$\mathrm{v} = \frac{1}{\mathrm{n}}\left(\mathrm{v}_1,\ \mathrm{v}_2 \cdots\cdots + \mathrm{v}_n\right)$$

이므로

$$Q = Av$$

로 된다. 또 중심에서 i번째($i = 1,\ 2,\ \cdots,\ \mathrm{n}$) 측정점의 γ_i은

관로의 반경을 R이라 하면

$$\lambda_i = \sqrt{\frac{2_i - i}{2n}} \cdot R$$

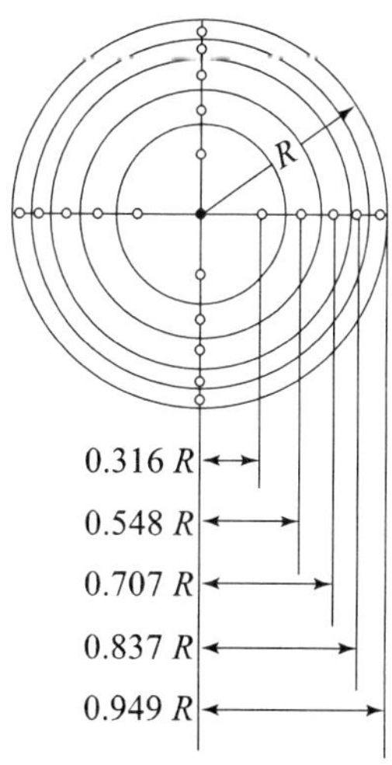

그림 17.23 5점접법인 경우의 측정점

이다. [그림 17.23]은 $n = 5$인 경우의 측정점으로 이 경우는 5점법이라 부르고 있다.

17.4.4 용적식 유량계

회전하는 회전체 또는 왕복하는 운동체와 이 회전체나 수납하는 casing과의 사이에 생기는 공간을 계량실로 이용하는 것으로 연속적으로 유입되는 유체는 이 계량실이 갖는 용적을 1단위로 하여 운동자(회전체, 운동체)의 운동회수로부터 유량을 구할 수 있다.

(1) 회전자형

[그림 17.24]와 같은 oval 치차식, lobe식 등이 있으며 oval 치차식은 타원형인 2개의 치차가 운동자로 사용되며 유입측과 유출측의 압력차에 의해 회전하도록 되어 있다. Lobe식은 oval치차 대신 호리병형의 회전자를 사용하는 것으로 계량원리는 같다. 이 형식의 용적식 유량계는 고정도의 공작과 조립을 통해 회전자와 casing 사이가 새는 것을 줄일 수 있기 때문에 넓은 유량범위에서도 고정도의 측정이 가능하다.

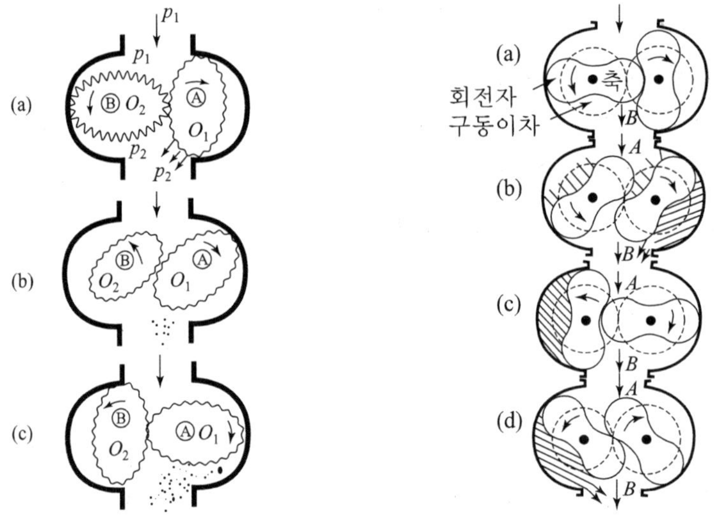

oval 식 lobe 식

그림 17.24 회전자형 유량계

(2) turbine 유량계

[그림 17.25]와 같이 유체의 흐름 중간에 turbine을 설치하여 그 회전수로부터 유체의 유량을 측정하는 것으로 유속을 v, turbine의 회전속도를 n이라 하면 일반적으로 다음 식이 성립한다.

$$v = kn + a$$

여기서 k와 a는 실험에 의해 정해지는 정수이다. 이 type은 간편하게 사용할 수 있는 반면 정도는 낮다.

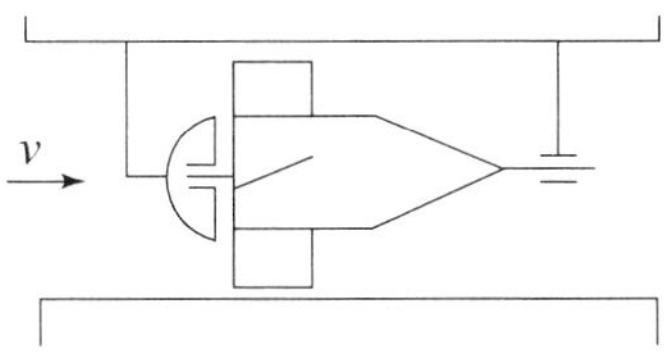

그림 17.25 turbine 유량계

17.4.5 저항체 유량계(target-type flowmeter, drag-body flowmeter)

흐름의 중간에 놓인 물체의 주는 힘 f_D는 흐름에 수직인 물체의 투영면적을 A, 유체의 비중량을 γ, 유속을 v, 저항계수를 C_D라 하면 이 힘을 strain gauge 등으로 측정하여 유속 또는 유량을 구한다.

$\frac{f_D}{A} = C_D r \frac{V^2}{2g}$ 의 식에서 유속 V를 구한다.

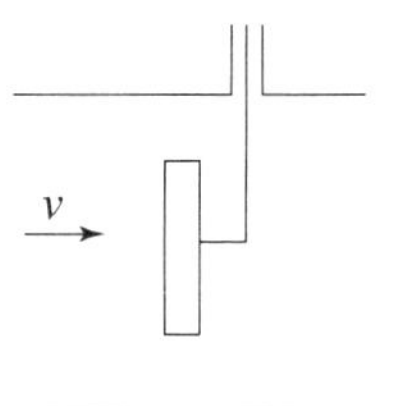

그림 17.26 저항체 유량계

17.4.6 전자 유량계(magnetic flowmeter)

내경 d(m)의 절연관에 유체를 흐르게 한 후, 그 관을 자속밀도 B(Wb/m^2)의 자계중에 놓고 관에 2개의 전극을 꽂아서 관의 내면과 전극의 면이 평탄하게 되도록 한다. 액체의 평균유속을 v(m/s)라 하면 이 두 전극 사이에는 다음 식으로 표시되는 전위차 V(v)가 발생한다.

$$V = Bdv$$

따라서 유량을 Q m³/s라 하면

$$v = 4Q/(\pi d^2)$$

이므로

$$Q = \frac{\pi dV}{4B}$$

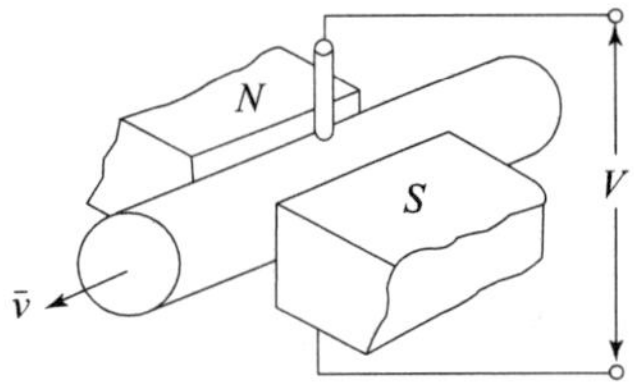

그림 17.27 전자 유량계

17.4.7 초음파 유량계(ultrasonic flowmeter)

(1) 전파시간법

X_1으로부터 흐름의 방향으로 송신된 음파가 X_2에 수신될 때까지의 시간 t_1은 정지유체 중의 음속을 c, 유속을 v라 하고 X_1과 X_2의 거리를 l이라 하면

$$t_1 = l/(c+v)$$

스위치를 S를 돌려서 흐름과 반대의 방향인 X_2부터 X_1까지 전파하는데 필요한 시간 t_2는

$$t_2 = l/(c-v)$$

이다. 이 차를 취하면

$$t_2 - t_1 = \frac{l}{c-v} - \frac{l}{c+v} = l\frac{2v}{c^2 - v^2}$$

$$= l\frac{2v}{c^2(1-(v/c)^2)}$$

일반적으로 v는 c에 비하여 극히 작으므로, 1에 비하여 $(v/c)^2$가 무시될 수 있다.

$$\therefore \; t_2 - t_1 = \frac{2lv}{c^2}$$

$$v = \frac{c^2}{2l}(t_2 - t_1)$$

(2) **위상차법**

음파가 주파수 f의 정현파이면 흐름과 같은 방향에는

$$Q = \frac{C_1 - C_2}{C_2 - C_0} q$$

17.4.8 열식 유량계(thermal flowmeter)

(1) **열선 풍속계**(hot－wire anemometer)

저항선(열선이라 부른다)에 전류를 흘려 가열하고 이것에 직각으로 기체를 흘리면 열선은 냉각되어서 온도가 내려가고, 따라서 열선의 전기저항이 감소한다.

① **정전압법** : 가열전압을 일정하게 유지하고 열선의 저항변화 R을 측정하면 유속 v는

$$R = f(v)$$

의 관계로부터 구할 수 있다.

② **정온도법** : 열선의 저항, 따라서 그 온도가 일정하게 되도록 가열전류 I을 변화시키면 유속 v은 다음의 실험식으로부터 구하여진다.

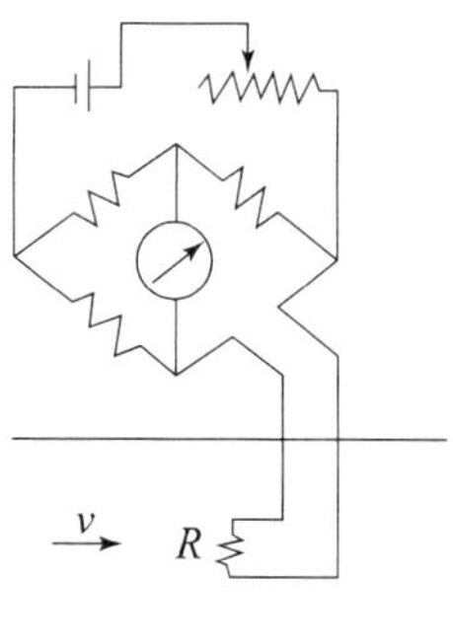

그림 17.28 정전압법

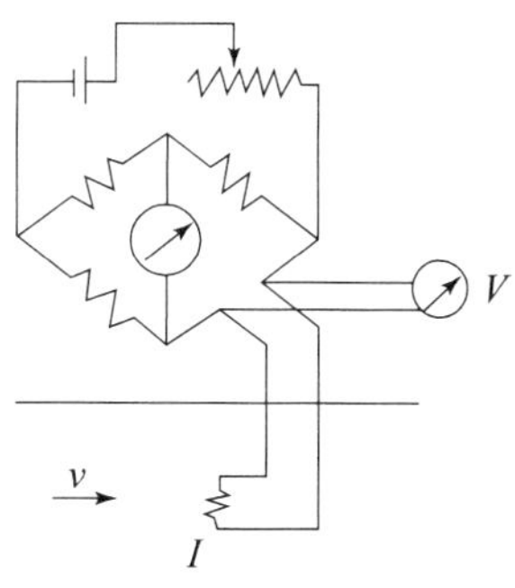

그림 17.29 정온도법

$$I^2 = B\sqrt{v} + C$$

단, B, C는 실험정수이다.

(2) Thomas법(Thomas method)

유체의 흐름 중에 전열선을 넣고 유체의 온도를 t_1°C에서 t_2°C로 높이는데 필요한 energy E(J/s)를 측정하면 유체의 질량유량 M(kg/s)는

$$M = \frac{E}{JC_p(t_2 - t_1)}$$

로 된다. 여기서, J를 열의 일당량 J/kcal, C_p는 기체의 정압비열 또는 액체의 비열 kcal/kg · deg이다.

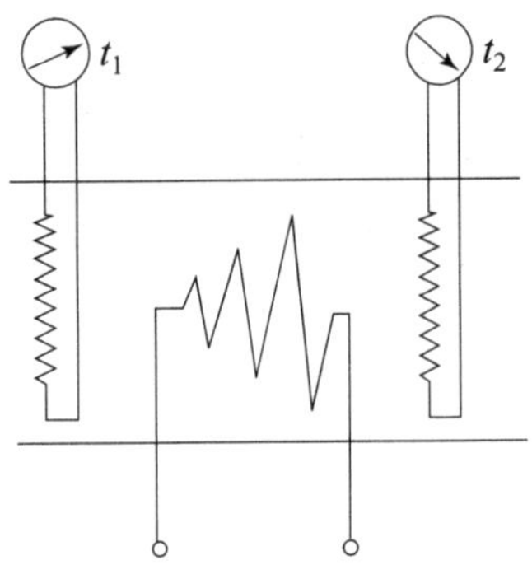

그림 17.30 Thomas법

17.5 액면높이 측정

17.5.1 부자식 액면계(float type liquid level gauge)

(1) 부자의 변위를 이용하는 액면계(그림 17.31)

액면의 변화에 따라 상하 운동하는 액면상의 부자의 움직임으로부터 측정한 액면의 변위를 활차의 회전각으로 바꿔 지시하게 된다.

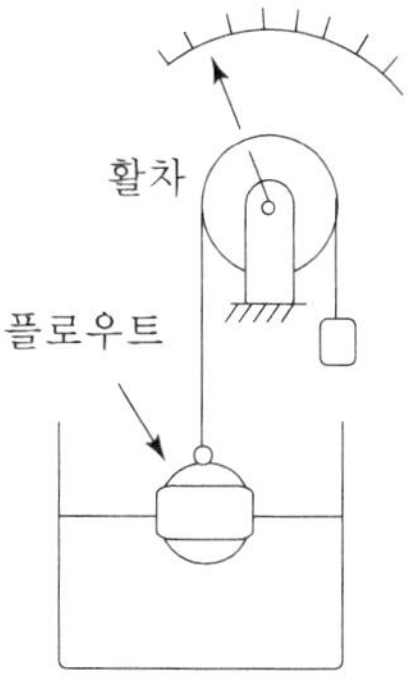

그림 17.31 활차식 부자액면계

(2) 부자의 부력을 이용하는 액면계(그림 17.32)

부자에 주는 부력을 spring과 균형시켜 놓으면 액면이 변화함에 따라 부력이 변화하고, spring의 힘과 일치하는 곳까지 부자가 상하로 운동하여 액면을 지시하게 된다.

액면의 변위를 ΔH, 부자의 변위를 h, 부자의 단면적을 A, 액의 비중량을 γ, spring의 탄성정수를 k라 하면

$$\gamma A(\Delta A - h) = kh$$

$$\therefore\ \Delta H = \left(1 + \frac{k}{\gamma A}\right)h$$

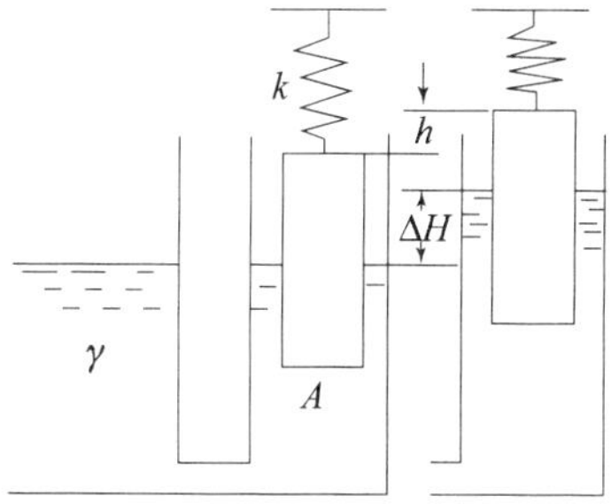

그림 17.32 부자식 액면계

17.5.2 압력식 액면계(pressure liquid level gauge)

(1) 압력계를 이용하는 액면계(그림 17.33)

[그림 17.33]과 같은 경우 액면과 압력계와의 높이차를 h라 하고 액의 비중량을 γ라 하면, 측정압력 p는

$$p = \lambda h$$

로 되며 액면은

$$H = \frac{p}{\gamma} + H_1$$

로서 구해진다.

[그림 17.33(b)]와 같이 비중량 γ_0의 액체를 담은 액주 압력계를 이용하는 경우에는

$$\gamma_0 h = \gamma(H - H_1 + H_2)$$

(2) 차압계를 이용하는 액면계(그림 17.34)

[그림 17.34(a)]의 경우 기준면을 상부의 압력취출구로 취하여 액면을 측정하면

$$p_1 = p_0 + \gamma H_1,\ \ p_2 = p_0 + \gamma H_2,$$

$$\therefore\ \ p_1 - p_2 = \gamma(H_1 - H_2) = \gamma H$$

따라서

$$H = \frac{p_1 - p_2}{\gamma}$$

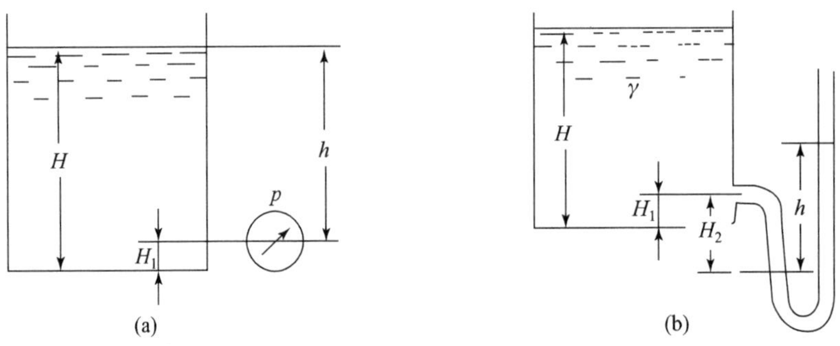

그림 17.33 압력식 액면계

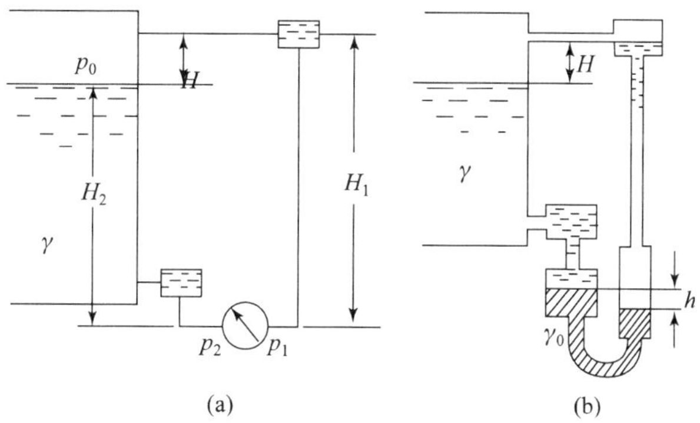

그림 17.34 차압계 액면계

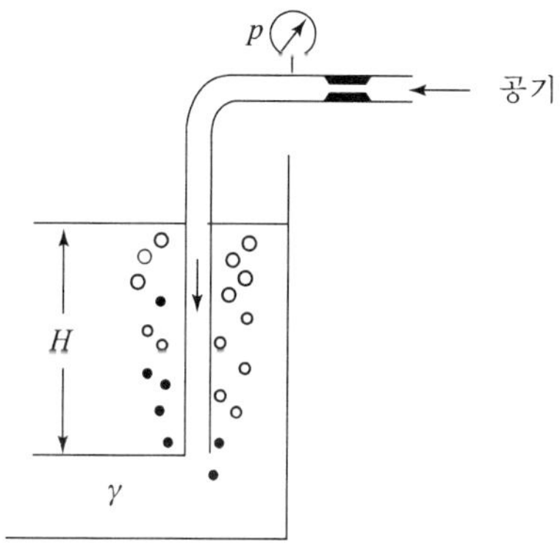

그림 17.35 기포식 액면계

[그림 17.34(b)]와 같이 액주 압력계를 이용하는 경우에는

$$\gamma_0 h = \gamma(h + H)$$

$$\therefore\ H = \left(\frac{\gamma_0}{\gamma} - 1\right)h$$

(3) 기포식 액면계(air purge or bubbler type liquid level gauge)

액중에 집어넣은 관의 선단에서 공기를 액중에 불어 넣으면 관내의 공기압과 액압이 같게 되므로 이 압력을 압력계로 측정하여 액면의 높이를 구한다. 즉, [그림 17.35]에서

$$H = \frac{p}{\gamma}$$

17.5.3 전극식 액면계(probe type liquid level gauge)

전도성 액체의 액면을 측정 또는 제어하는 데에 이용되는 것으로 [그림 17.36]과 같이 액면이 극의 선단에 도달했을 때 경보 또는 제어회로에 전류가 흐르도록 하고 있다.

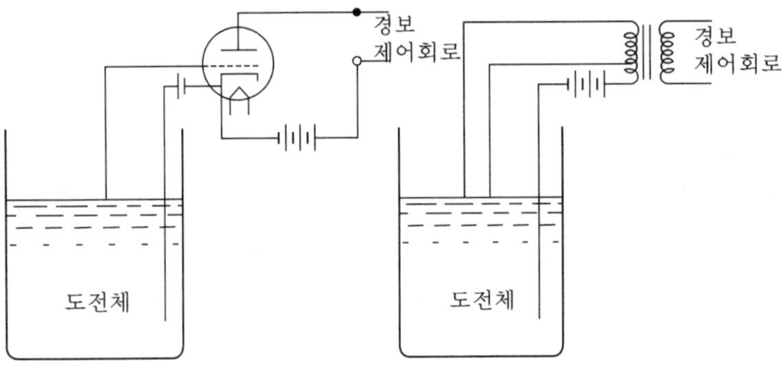

그림 17.36 전극식 액면계

17.5.4 정전용량식 액면계(capacitance type liquid level gauge)

[그림 17.37]와 같이 동심원통형의 전극을 비도전성의 액체중에 넣은 경우 두 원통간의 정전용량 C는

$$C = \frac{2\pi(\varepsilon_1 H_1 + \varepsilon_2 H_2)}{In(R/\gamma)}$$

이 되며, C를 측정하여 액면의 높이를 알 수가 있다. 여기서 ε_1는 액체의 유전률, ε_2는 액체의 상부에 있는 기체의 유전율(보통 1)이다. H_1은 액면 밑에 있는 전극의 길이, H_2는 액면 위에 있는 전극의 길이, R은 외부 전극의 내면 반경, γ은 내부전극의 외면반경이다.

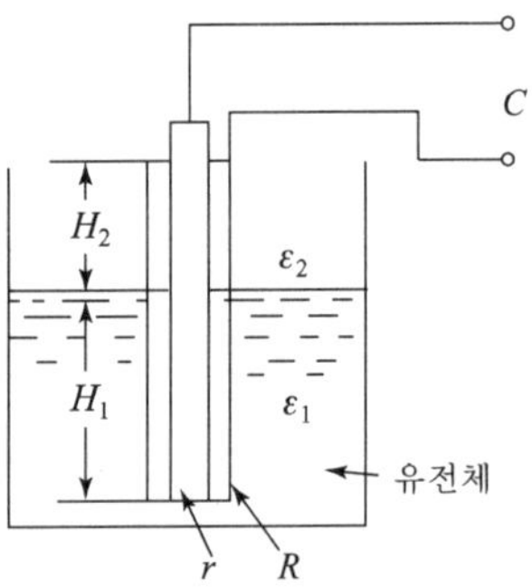

그림 17.37 정전용량식 액면계

17.5.5 초음파 액면계(ultrasonic liquid level gauge)

[그림 17.38]과 같이 초음파의 송수파기에서 액면까지의 거리를 H, 초음파의 매질중의 전파속도를 c, 송신된 초음파가 수신될 때까지 요하는 시간을 t라 하면

$$H = \frac{ct}{2}$$

이므로, 액면의 높이를 알 수가 있다.

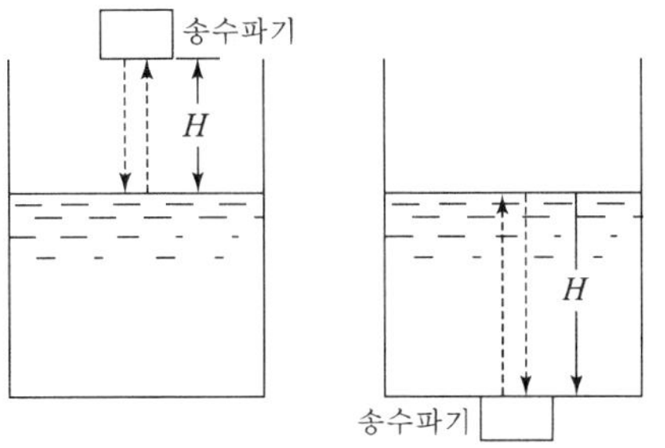

그림 17.38 초음파 액면계

17.6 화염의 측정

17.6.1 Flame rod형 화염감시기

① 원리 : 화염은 전류를 발생할 뿐만 아니라, 흐르는 전기를 정류하는 역할이 있으므로, 화염중에 넣는 전극에 교류를 흘러 보내면 화염이 있는 사이만 정류된 전류가 검출된다. 작동이 순간적일 뿐만 아니라 로내의 복사열 등에 반응하지 않고 불꽃의 유무만이 검출되므로 공업용 대형에 버너 등에 적합한 방식인 것이다.

② 특징 : Pilot burner에 많이 사용되며 값이 싸다. 고온불꽃에는 부적당하다.

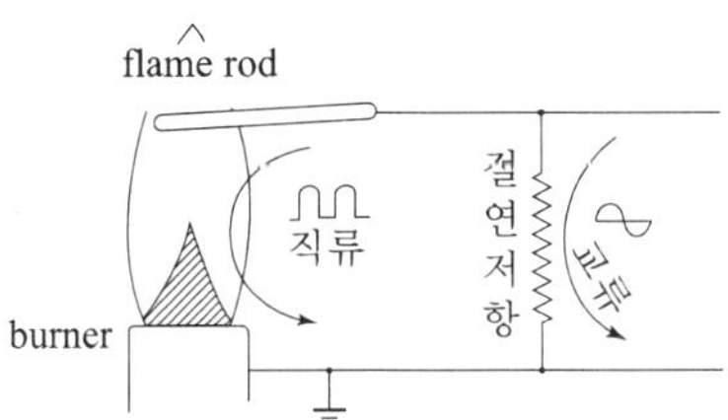

그림 17.39

17.6.2 적외선 화염 감시기

(1) 원리

염소염으로부터 발생하는 적외선, 가시광선, 자외선 중 자외선(1,950 ~ 2,600A)만을 검출하는 특수한 광전관(자외선 광전관)을 이용하여 불꽃을 검지하는 것이다. 작동이 순간적이지만, 점화용 ignitor의 전기스파크에 의해 발생하는 자외선에 의해서 오동작할 가능성이 있다.

(2) 특징

- 원격검지가 되기 때문에 고온 flame에도 적당하다.
- 수증기에 방해되어 불꽃을 검지할 수 없는 경우가 있다.

17.7 산소(O_2) 측정

17.7.1 Zirconia식

(1) 원리

치르코니아 자기는 고온도에서 산소이온에 의한 도전성을 보이기 때문에, 치르코니아 자기관의 내외면에 전극을 달고 일정온도(600 ~ 800°C)에 가열하여 관내의 측정가스를 통하여 관외면에 공기를 접촉시키면 산소농도의 비의 대수에 비례하는 기전력이 발생함으로써 산소농도를 알 수 있다.

(2) 특징

- 구조가 간단하고 조작이 용이
- 응답속도가 빠르다.
- 가스온도의 영향이 없다.
- 측정가스중에 가연물이 있으면 오차가 생긴다.

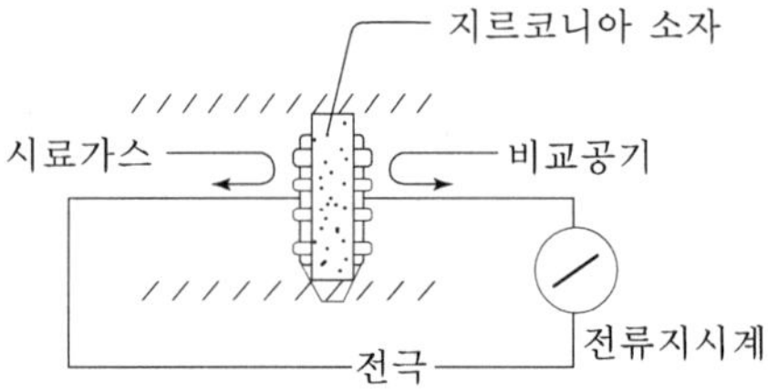

그림 17.40 zirconia식

17.7.2 자기식

(1) 원리

각종 가스는 + 또는 －의 대전성이 있다. 산소는 상자성체이고 자계의 강한 쪽으로 끌리는 성질이 있어, 타가스에 비하여 매우 크다. 이 성질을 이용하여 농도를 알 수 있다. 검출방법에는 덤밸형과 자속형이 있다.

① Dumb bell형

자기장중에 백금으로 달아 맨 덤벨구가 자속에 의한 힘을 받아, 회전 토르크를 발생한다. 그 회전 토르크를 측정함으로써 산소농도를 알 수 있다.

• 특징

－ 보수가 용이하다.

응답속도가 늦다.

－ 공존가스의 영향이 거의 없다.

② 자속형

링 모양의 측정실이 있어 중앙의 바이패스관에는 휘스톤브리지에 끼워진 가열저항선에 감기어 그 외측에서 영구자석에 의해서 강한 자계가 주어져 있다. 측정가스를 흘리면, 강력한 자극에 의해서 측정가스 중에 산소는 바이패스관의 좌측부터 인입되어 가열선으로 가열되어 대자성이 약해지기 때문에 우측으로 밀려 나온다. 이렇게 산소함유량에 대응한 자속이 일어난다. 그 결과가열선이 냉각되어 저항이 변화하여, 이것을 브릿지에서 검출하는 것에 의해 산소농도를 안다.

• 특징 : 기계적으로 약해서 가단형에는 부적당하다.

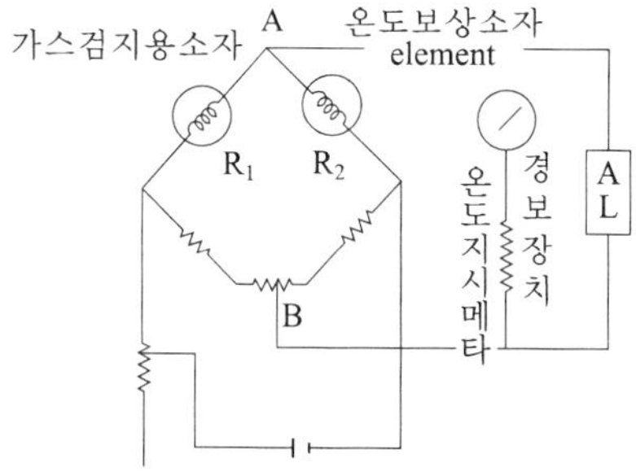

그림 17.41 자속형

17.8 가스검지장치

17.8.1 접촉연소식

(1) 원리

가스검출소자는 순도가 높은 백금선 코일에 촉매가 도포되어 있어, 이에 가연성 가스가 두터울 경우, 연소하한 범위 이하의 농도에서도 촉매의 활동에 의해 접촉연소를 일으켜 이때 발생하는 열로 백금선 코일의 온도가 상승하여 전기저항이 증가한다.

이 저항변화를 검출소자와, 그것과 동일구조의 온도보상소자(가스는 필요없다)를 휘스톤브리지로 비교하여 출력신호를 낸다.

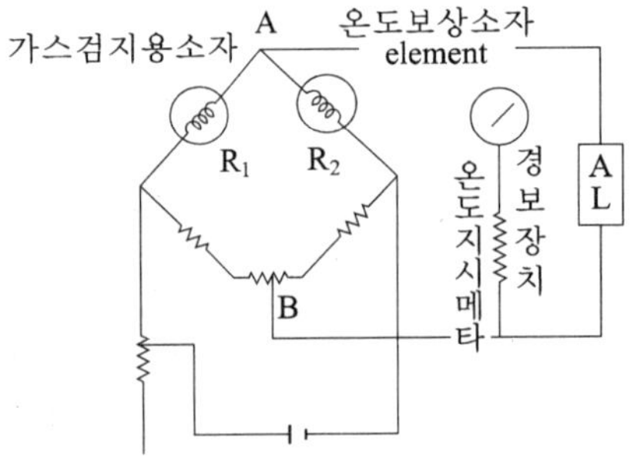

그림 17.42 접촉 연소식

(2) 특징

① 가스농도에 대한 전압출력은 작고, 저농도의 검출에는 일반적으로 부적당하다.
② 안전성이 좋다.
③ 일반공업용에 널리 사용되고 있다.
④ 할로겐, 유황계 가스는 촉매를 손상한다.

(3) 측정대상

가연성 가스의 거의 모든 것에 대해 측정가능

17.8.2 반도체식

(1) 원리

금속산화물의 n형 반도체인 흡착효과 트랜지스터를 사용하여 검출한다. 일정 온도에 가열된 흡착효과 트랜지스터의 표면가연성 가스를 접근시키면, 반도체표면에서의 흡탈착 또는 연소를 발생하여 그에 따라 반도체중의 자유전자수가 증대한다.

즉, n형 반도체의 전기저항치는 가연성가스의 농도에 응하여 감소한다는 성질이 있기 때문에 이 전기저항변화를 휘스톤브리지를 사용하여 측정한다.

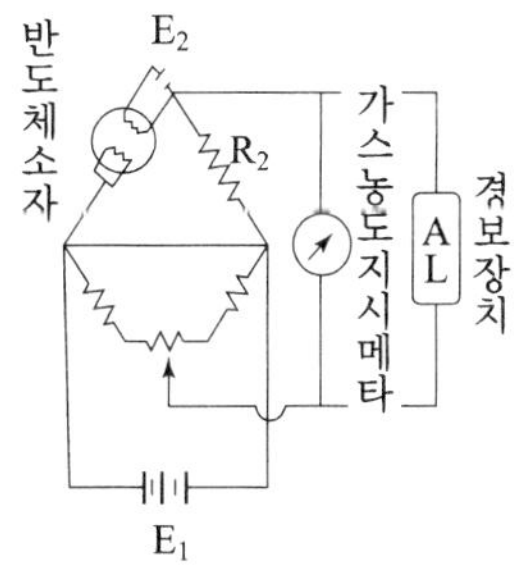

그림 17.43 반도체식

(2) 특징

① 가스농도에 대한 전압출력은 크고, 저농도의 검출에 향하고 있다.
② 공기중의 수분, 대기오염물질 등 가연성 가스 이외의 것에도 반응한다.
③ 일반공업용과 가정용의 간이형 가스 검지기에도 사용되고 있다.

(3) 측정대상가스

가연성, 독성 가스의 거의 전부에 대하여 측정가능

CHAPTER 18 안전관리

CHAPTER

18 안전관리

18.1 고압가스 안전관리법(법, 시행령, 시행규칙, 고시)

(1) 저장능력 산정 기준

① 압축가스 : $Q=(P+1)V_1$

② 액화가스 용기 : $W=\frac{V_2}{C}$

③ 액화가스 탱크 : $W=0.9\,dV_2$

Q : 저장능력(m^3)	P : 35℃ 최고 충전압력(MPa)
V_1 : 내용적(m^3)	W : 저장능력(kg)
V_2 : 내용적(L)	C : 충전정수
d : 액 비중(kg/L)	

④ 냉동능력의 산정기준

㉮ 원심식 : 압축기의 원동기 정격출력 1.2 kw를 1일의 냉동능력 1 ton

㉯ 흡수식 : 발생기의 가열량이 시간당 6640 kcal를 1일의 냉동능력 1 ton

$$R(t)=\frac{V}{C}R$$: 1일의 냉동능력(단위 : 톤)

C : NH_3 5000 cm^3 초과시 7.9, 이하시 8.4

(2) 고압가스 특정제조의 시설기준 및 기술기준

① 시설의 위치

가. 안전거리 : 고압가스의 처리설비 및 저장설비는 그 외면으로부터 보호시설까지 다음의 기준에 의한 안전거리를 유지할 것

나. 설비사이의 거리

㉠ 안전구역내의 고압가스 설비는 다른 안전구역 내의 고압가스 설비의 외면까지 30 m 이상 유지

② 제조설비는 제조소의 경계까지 20 m 이상 유지

③ 가연성 탱크는 처리능력이 20만 m^3 이상인 압축기와 30 m 이상 유지

④ 가연성 탱크와 가연성 탱크(산소탱크)는 1 m나 두 직경의 합의 1/4중 큰 거리 유지

가 스	처리 및 저장능력 (kg) or (m^3)	1종 보호시설	2종 보호시설	
산 소	1만 이하 1만 초과 2만 이하 2만 초과 3만 이하 3만 초과 4만 이하 4만 초과	12 m 14 m 16 m 18 m 20 m	8 m 9 m 11 m 13 m 14 m	제1종 보호시설 • 학교, 유치원, 유아원, 학원, 병원, 도서관, 시장, 목욕탕, 호텔, 여관 • 사람을 수용하는 건축물(1000 m^2 이상) • 극장, 교회 등 300명 이상 수용시설 • 각종 복지시설 20명 이상 수용시설 • 법에 의한 지정 문화재로 지정된 건축물
독 성 가연성	1만 이하 1만 초과 2만 이하 2만 초과 3만 이하 3만 초과 4만 이하 4만 초과	17 m 21 m 24 m 27 m 30 m	12 m 14 m 16 m 18 m 20 m	제2종 보호시설 • 제1종 보호시설 이외의 주택 • 수용시설 100 ~ 1000 m^2 미만 • 제1종 보호시설 이외의 수용시설 및 문화재
기 타	1만 이하 1만 초과 2만 이하 2만 초과 3만 이하 3만 초과 4만 이하 4만 초과	8 m 9 m 11 m 13 m 14 m	5 m 7 m 8 m 9 m 10 m	

② 제조시설의 구조 및 설비

가. 내부 반응감시장치 : 내부에서의 반응상황을 계측할 수 있도록 온도, 압력, 유량 등의 감시장치를 설치한다.

나. 인터록 기구 : 안전확보를 위한 주요 부문에 설비가 잘못 조작되거나 정상적인 제조를 할 수 없는 경우에 자동으로 원재료의 공급을 차단한다.

다. 가스 누출검지경보장치 설치

㉠ 체류할 우려가 있는 장소에 설치

㉡ 설치수는 신속하게 감지하고 경보하기에 충분한 숫자

㉢ 가스의 종류에 적합한 기능을 가진 것 일 것

라. 긴급차단장치 : 고압가스 설비에서 발생한 사고가 다른 제조설비에 파급될 우려가 있는 곳에 설치

바. 긴급이송설비 : 고압가스설비에 이상사태 발생시 긴급하고도 안전하게 이송할 수 있는 설비

사. 밴트스택(Vent Stack) : 폐기가스를 그대로 방출, 긴급 가스 방출 설비

자. 저장탱크

㉠ 저장탱크 주위에는 액상의 가스가 누출된 경우에 그 유출을 방지할 수 있는 방류둑 설치

㉡ 방류둑의 내측 및 그 외면으로부터 10 m 이내에는 부속설비와 시설로서 안전상 지장이 없는 것 외에는 이를 설치하지 아니한다.

㉢ 5천L 이상의 것에 설치한 배관에는 10 m 이상 떨어진 위치에서 조작할 수 있도록 긴급차단장치(ESV)를 설치한다.

③ **배 관**

가. 신축흡수조치와 용접

㉠ 배관에 나쁜 영향을 미칠 정도의 신축이 생길 우려가 있는 부분에는 그 신축을 흡수하는 조치를 할 것

㉡ 배관 등의 접합부분은 용접을 할 것(플랜지 이음가능)

나. 배관의 설치

㉠ 지하매설 배관을 지하에 매설하는 경우

- 배관은 건물과는 1.5 m, 지하터널과는 10 m 이상 유지
- 독성배관은 수도시설과는 300 m 이상 유지
- 다른 시설물과 0.3 m 이상 유지
- 매설깊이는 산이나 들 1 m, 그 밖의 지역에서는 1.2 m(방호 구조물 안에 설치 0.6 m)

㉡ 도로 밑 매설

- 도로의 경계까지 1 m 이상의 수평거리 유지
- 시가지 도로 밑 매설시 1.5 m 유지(방호구조물 1.2 m)
- 시가지 외는 1.2 m, 포장차도 0.5 m

㉢ 철도부지는 궤도중심과 4 m 이상, 부지경계와 1 m 이상, 지하의 매설깊이 1.2 m

㉣ 지상 설치시 공지의 폭(공업전용지역은 1/3)

0.2 MPa 미만 : 5 m

0.2 MPa 이상 1 MPa 미만 : 9 m

1MPa 이상 : 15 m

㉤ 해저 설치시 다른 배관과 30 m 이상 유지, 다른 배관과 교차하지 않도록 한다.

(3) 고압가스 일반제조의 시설 기준 및 기술기준

① 시설기준

가. 안전거리 : 고압가스의 처리설비 및 저장설비는 그 외면으로부터 보호시설까지 안전거리 유지(다만, 지하에 설치하는 저장설비는 안전거리의 2분의 1유지)

나. 가연성가스 제조시설의 고압가스 설비는 다른 가연성 가스 제조시설의 고압가스 설비와 5 m 이상, 산소제조시설의 고압가스 설비와 10 m 이상의 거리 유지

다. 가스설비 및 저장설비는 그 외면으로부터 화기와 2 m
(가연성가스 및 산소의 가스설비 또는 저장설비는 8 m 이상의 우회거리 유지)

라. 시설 등의 표지

- 사업소 및 저장설비에는 경계표지와 경계책을 설치할 것
- 독성 가스 제조 시설에는 다른 제조시설과 구분하여 쉽게 식별할 수 있는 조치를 할 것

마. 저장탱크 지하 설치시 : 천장, 바닥과 벽 두께는 30 cm 이상, 주위에 마른모래를 채울 것. 탱크 정상부와 지면과는 60 cm 이상, 탱크간 1 m 이상, 안전밸브는 5 m 이상의 높이에 방출구(Vent pipe) 설치 지상에 경계표시

- 액면계 : 유리제일 때에는 그 파손을 방지하는 장치를 설치하고 저장탱크와 유리 게이지를 접속하는 상하배관에는 자동식 및 수동식의 스톱밸브를 설치한다.
- 과충전 방지 장치 : 내용적이 90%를 초과하는 것을 방지
- 지상에 설치하는 저장탱크는 은백색으로 하고, 가스의 명칭은 적색으로 표시할 것
- 5 m^3 이상 탱크는 가스방출장치를 설치
- 긴급차단장치(5000L 이상) : 5 m 이상에서 조작, 작동 레버 3곳 이상
(작동원 : 전기식, 유압식, 공기압식, 스프링식)

바. 고압가스 설비의 기초 : 지반 침하방지 100 m^3, 액화가스 1톤 이상

사. 가스설비의 재료 구조

- 아세틸렌용 재료 : 동함유량이 62%를 초과하지 않도록 하고, 충전용지관에는 탄소의 함유량이 0.1 % 이하의 강
- 방폭구조 : 가연성가스의 제조설비 또는 저장설비 중 전기설비는 방폭성능을 가지는 구조
- 설비의 내압시험은 상용압력의 1.5배 이상, 기밀시험은 상용압력 이상으로 한다.
- 설비와 화기는 8 m 이상 유지

아. 설비 두께는 상용압력의 2배에서 항복을 일으키지 않는 두께일 것

자. 안전장치

- 압력계의 눈금의 범위는 최고눈금이 상용압력의 1.5 ~ 2배로 한다.
- 가스 방출구의 높이는 지상에서 5 m나 탱크 정상부에서 2 m중 높은 위치로 한다.
- 독성가스의 설비는 중화장치나 흡수장치를 설치
- 안전밸브 : 내압시험압력의 10분의 8 이하에서 작동
- 역류방지밸브 : 가연성 가스를 압축하는 압축기와 충전용주관사이, 유분리기와 고압건조기 사이, 암모니아 또는 메탄올의 합성탑 및 정제탑과 압축기 사이배관
- 역화방지밸브 : 가연성 가스를 압축하는 압축기와 오토크레이브와의 사이, 아세틸렌의 고압 건조기와 충전용교체밸브사이의 배관 및 아세틸렌 충전용 지관 사이

차. 방호벽 : 아세틸렌가스 또는 압력이 9.8 MPa 이상인 압축가스를 용기에 충전하는 경우에는 압축기와 그 충전장소 사이, 압축기와 그 가스충전용기보관장소, 충전장소와 그 가스충전, 용기보관장소 사이 및 충전장소와 그 충전 용주관밸브 조작밸브 사이

카. 용기 보관장소 : 보관실은 불연재료를 사용하고 가스가 누출시 체류하지 아니하도록 통풍구를 설치하고 통풍이 잘 되지 아니하는 곳에는 강제 통풍시설을 설치한다.

타. 기타시설

- 정전기 제거조치(가연성 설비)
- 살수장치 : 화재 등으로 용기가 파열되는 것을 방지하기 위해 설치

• 긴급사태 발생시 대비하여 통신시설

• 에어로졸 누설시험 온도 : 46°C 이상 50°C 미만

• 액화공기 탱크와 액화산소 증발기 사이에는 석유류나 유지를 제거하는 여과기를 설치(1000 m^3/h 이하는 제외)

② 기술기준

가. 가연성 가스나 산소 제조시 1일1회 이상 분석

나. 압축금지사항

산소 중 가연성 가스가 4 % 이상시(상대적)

산소 중 아세틸렌, 에틸렌, 수소의 각각이나 합이 2% 이상시(상대적)

다. 공기액화분리기의 불순물 유입금지 : 액화산소 5L당 아세틸렌 5 mg 초과시 탄화수소 중 탄소가 500 mg 초과시 압축이 금지된다.

라. 공기 압축기의 윤활유

C의 질량이 1% 이하시	인화점 200°C 이상	170°C에서 8시간 교반시 분해되지 않아야 함
C의 질량이 1 ~ 1.5%	인화점 230°C 이상	170°C에서 12시간 교반시 분해되지 않아야 함

마. 스톱밸브 : 안전밸브 또는 방출밸브에 설치된 스톱밸브는 항상 완전히 열어 놓을 것

바. 제조설비의 점검

• 1일 1회 이상 제조설비의 작동상황에 대하여 점검 확인을 한다.

• 충전용 주관의 압력계는 매월 1회 이상, 그 밖의 압력계는 3개월에 1회 이상 검사

• 안전밸브는 압축기 최종단에 설치한 것은 1년에 1회 이상, 그 밖의 안전밸브는 2년에 1회 이상 점검을 한다.

사. HCN(시안화수소)의 충전

순도 98% 이상, 아황산가스, 황산 등의 안정제를 첨가, 용기 충전 후 24시간 정치하고 그 후 1일 1회 이상 질산구리벤젠 등의 시험지로 가스의 누출 검사고, 충전한 후 60일이 지나기 전에 다른 용기에 옮겨 충전(순도 98 % 이상으로 착색되지 않은 것은 예외)

아. C_2H_4O(산화에틸렌)의 충전

탱크의 내부를 45°C에서 0.4 MPa 이상으로 질소, 이산화탄소 등으로 치환한 후 5°C 이하 유지

자. 산소의 충전 : 석유류와 유지류 제거, 압축기와 충전용지관 사이에 수취기를 설치한다.

차. 아세틸렌의 충전

- 2.5MPa 압력으로 압축하는 때에는 희석재를 첨가한다.
- 표면온도는 70˚C 이하 온도로 유지, 다공도가 75% 이상 ~ 92% 미만
- 충전 중 압력은 2.5 MPa 이하로 하고, 충전후에는 압력이 15˚C에서 1.5 MPa 이하로 될 때까지 정치하여 둘 것

카. 산소, 아세틸렌 및 수소의 품질검사(1일 1회 이상)

구 분	시 약	순 도	충전압력, 질량
산소(O_2)	동암모니아시약(올잣드법)	99.5 % 이상	35˚C, 11.8 MPa
아세틸렌(C_2H_2)	발연황상(올잣드법) 브롬시약(뷰렛법) 질산은시약(정성시험)	98 % 이상	3 kg 이상
수소(H_2)	피롤카롤 또는 하이드로 썰파이드시약	98.5 % 이상	35˚C, 11.8 MPa

타. 용기보관 : 40˚C 이하로 유지, 주위 2 m 이내에 화기금지, 프로텍터 및 캡 설치(5L 이상) 휴대용 손전등 외의 등화를 휴대하고 들어가지 아니할 것

파. 차량 정지목 설치 : 내용적 2000L 이상시 (LPG로리는 5000L 이상시)

하. 에어로졸의 제조기준

- 내용적 1L 이하이어야 한다. 100 cm^3 초과 용기는 강이나 경금속 사용
- 금속제 용기의 두께 0.125 mm 이상
- 1.3 MPa에서 변형되거나, 1.5 MPa에서 파열되면 불합격
- 100 cm^3 초과 용기는 제조자의 명칭이나 기호를 표시할 것
- 30 cm^3 이상의 용기는 재 사용된 일이 없을 것
- 50˚C에서 용기 내 압력의 1.5배에서 변형 아니하고 1.8배에서 파열되지 않을 것
- 인화성이나 발화성 물질과는 8 m 이상 우회거리
- 용기 내압은 35˚C에서 0.8 MPa 이하, 90 % 이하
- 온수 시험시 탱크의 수온은 46 ~ 50˚C일 것

(4) 냉동제조시설 및 기술기준

① 가연성, 독성냉매인 경우 지상에서 5 m 이상 높이로 방출구를 설치
② 가연성, 독성 냉매의 설비 중 수액기는 환형 유리관 액면계 이외의 것을 사용
③ 방류둑 설치 : 독성인 냉매 수액기의 내용적이 10000L 이상시
④ 내압시험압력은 설계압력의 1.5배, 기밀시험은 설계압력 이상

(5) 판매시설

① 안전거리 : 300 m^3, 3 ton 이상일 때 유지
② 충전용기의 보관실은 불연재료를 사용하고 가벼운 지붕을 설치할 것
③ 용기보관실의 주위는 화기와 2 m 이상 유지

(6) 용기 제조의 시설 기준 및 기술기준

① 노내의 용기를 가열할 때 각부의 온도차가 25°C 이하가 되도록 유지
② 내용적이 250L 미만의 용접용기는 자동용접 설비
③ 내용적 125L 미만의 LPG용기는 자동부식 방지도장 설비
④ 용기의 재료는 스테인레스강, 알루미늄 합금 사용, 탄소, 인, 황의 함유량이 각각 0.33%(이음매없는 용기는 0.55 %) 이하 0.04 % 이하 및 0.05 % 이하인 강을 사용
⑤ 용기동판의 두께 차는 평균 두께의 ± 20 % 이내로 할 것
⑥ 초저온 용기는 오오스테나이트계 스테인레스강이나 알루미늄 합금으로 할 것
⑦ 이음매 없는 용기는 최고충전압력에 1.7배에서 항복을 일으키지 아니하는 두께
⑧ 용접용기 동판 두께는 3.2 ~ 3.6 mm철판을 사용(20 ~ 125L)
⑨ LPG 20L 이상 125L 미만 용기는 스커트 부착
⑩ 납붙임 접합용기는 1L 이하에만 사용

(7) 특정설비제조의 시설기준 및 기술기준

가. 도체 또 관에 생기는 인장응력을 초과할 우려가 있는 특정설비는 동관에 신축 이음을 한다.

나. 절단 성형 및 다듬질

- 두께 8 mm 이상의 관은 펀칭가공으로 하지 아니할 것
  (펀칭 가공시 가장자리를 1.5 mm 깎을 것)
- 가스로 구멍을 뚫는 경우에는 그 가장자리를 3 mm 이상 깎아낼 것

다. 용접부는 용입이 충분하고 균열이나 언더컷, 오버랩, 슬래그 혼입, 블로우 등의 유해한 결함이 없을 것

(8) 용기의 검사기준

① 용기 내압을 시험할 때 영구증가율은 10% 이하가 합격

② 내용적 500L 이상의 초저온 용기는 용기마다 방사선검사

③ 초저온 용기 단열성능 시험 합격기준

1000L 초과 : 0.002 kcal/h˚CL

1000L 이하 : 0.0005 kcal/h˚CL

④ 인장시험은 인장강도 313.6 N/mm^2 이상이고 연신율은 15% 이상인 것을 합격으로 한다.

⑤ 충격시험은 충격치가 50 J/cm^2 이상인 것을 합격으로 한다.

⑥ 용기재검사시 질량은 최초질량의 95% 이상이 합격 다만 영구증가율 6% 이하시 90% 이상도 합격

⑦ 아세틸렌 용기의 다공물질 충전시 용기지름의 1/200 또는 3 mm의 틈을 초과하지 않을 것

⑧ 비열처리 재료 : 오스테나이트계 스테인레스강, 내식성 알루미늄 합금판, 내식성 알루미늄 합금단조품외 유사한 것

⑨ 각종 용기의 압력시험

구 분	내압시험(TP)	기밀시험(AP)
압축/액화가스	최고충전압력(FP)×5/3	최고충전압력(FP)
(초)저온가스	최고충전압력(FP)×5/3	최고충전압력(FP)×1.1
아세틸렌	최고충전압력(FP)×3	최고충전압력(FP)×1.8

⑩ 비파괴검사 : 방사선 투과시험, 초음파 탐상시험, 자분 탐상시험, 침투 탐상시험 등에 합격할 것

(9) 특정고압가스 사용시설의 시설기준 및 기술기준

① 액화염소 500 kg 이상의 시설은 안전거리를 유지

② 액화가스 300 kg(압축가스의 경우에는 1 m^{3}를 5 kg으로 본다) 이상인 용기보관실의 벽은 방호벽으로 설치

③ 액화가스 저장능력이 300 kg 이상 안전밸브 설치

④ 가연성 가스의 사용시설 중 저장설비 기회장치 및 이들 사이의 배관의 외면으로부터 화기와 8 m의 우회거리 유지, 산소의 저장설비 주위 5 m 이내에서는 화기를 취급하지 않는다.

⑤ 지하에 매몰하는 배관은 전기적 부식을 방지하기 위한 조치를 하고 독성가스 중 2중관 등 보호시설을 설치한다.

(10) 고압가스 운반등의 기준

① 차량적재 운반시 "위험고압가스"라는 경계표지를 차량 전후에 설치

② 자전거나 오토바이로 이동시 20 kg 이하이고 2개를 초과하지 아니할 것

③ 염소와 암모니아, 아세틸렌, 수소는 동일한 차량에 운반하지 않는다.

④ 운반책임자 동승기준

독 성	100 m^3	1,000 kg
가연성	300 m^3	3,000 kg
기 타	600 m^3	6,000 kg

⑤ 차량에 고정된 탱크는 내용적 가연성(액화석유가스를 제외한다) 및 산소탱크의 내용적은 1만8천L, 독성가스(액화암모니아제외) 1만2천L를 초과하지 아니할 것

⑥ 액화가스를 충전하는 탱크는 그 내부에 액면요동을 방지하기 위한 방파판 설치

⑦ 탱크 주밸브 설치

㉠ 후부취출식 : 뒷범버와 수평거리 40 cm 이상

㉡ 후부취출식 이외 : 뒷범버와 수평거리 30 cm 이상

㉢ 조작상자설치시 : 후범버와 수평거리 20 cm 이상

⑧ 가연성 가스 또는 산소를 운반하는 탱크에는 소화설비 및 재해발생방지(독성가스는 방독마스크 장갑 보호구 및 재해발생방지를 위한 제독제 및 공구 등을 휴대할 것)

18.2 액화석유가스 사업법(법, 시행령, 시행규칙, 고시)

(1) 충전 사업의 시설기준 및 기술기준

① 시설기준

가. 충전설비(탱크로리 이입 충전장소에서 정차위치)사업소 경계까지 24 m 이상 유지

나. 저장설비 및 가스설비는 그 외면으로부터 화기를 취급하는 장소까지 8 m 이상 유지

다. 저장탱크

- 외면으로부터 5 m 이상 떨어진 위치에서 조작할 수 있는 냉각살수장치를 설치. 다만 소형저장탱크는 그러하지 아니하다.
- 폭발방지장치 : 주거지역 또는 상업지역에 설치하는 저장능력 10 ton 이상의 저 장탱크는 폭발방지 조치를 할 것
- 지상에 설치하는 저장탱크의 외면에는 은백색도료를 바르고 주위에서 보기 쉽도록 액화석유가스 또는 LPG를 붉은 글씨로 표시할 것

라. 가스설비등의 기초 : 저장설비 및 가스설비의 기초는 지반침하로 그 설비에 유해한 영향을 끼치지 아니하도록 할 것(3 ton 미만의 설비는 제외)

마. 가스설비의 내압시험, 기밀시험

상용압력의 1.5배(공기, 질소 등의 기체에 의한 경우 1.25배)으로 내압시험을 실시하고 상용압력 이상에서 기밀시험을 실시

바. 배관

- 상용압력이 2배 이상의 압력에 항복을 일으키지 아니할 것
- 설치방법

㉠ 건축물의 내부 또는 기초의 밑에 설치하지 아니할 것

㉡ 지상에 설치하는 경우에는 지면으로부터 떨어져 설치하고, 그 보기 쉬운 장소에 액화석유가스의 배관임을 표시할 것

㉢ 지하에 매설하는 경우 부식방지조치 및 전기부식방지조치를 한 후 지면으로부터 1 m 이상의 깊이에 매설하고 그 보기 쉬운 장소에 액화석유가스임을 표시

㉣ 지상에 설치한 배관에는 온도의 변화에 의한 길이의 변화에 따른 신축을 흡수하는 조치를 할 것

㉤ 배관에는 그 온도를 항상 40°C 이하로 유지

㉥ 배관의 접합은 원칙적으로 용접시공에 의할 것. 이 경우 배관의 용접부는 비파괴 시험을 실시

사. 충전호스

㉠ 충전호스의 길이는 5 m 이내로 하고, 그 끝에 정전기 제거장치를 설치할 것

㉡ 충전호스에 과도한 인장력이 가해졌을 때 충전기와 가스주입기가 분리될 수 있는 안전장치를 설치할 것

㉢ 가스주입기는 원터치형으로 할 것

② 기술기준

가. 저장설비

① 저장탱크 내용적의 약 90%를 넘지 아니할 것

② 자동차에 고정된 탱크는 저장탱크의 외면으로부터 3 m 이상 떨어져 정지할 것

나. 가스충전

① 공기 중 비율이 1/1000 상태에서 감지할 수 있도록 냄새가 나는 물질을 첨가

② 자동차에 고정된 탱크에 가스를 충전하거나 그로부터 가스를 이입받을 때에는 자동차가 고정되도록 자동차 정지목을 설치한다.

③ 충전설비는 1일 1회 이상 충전설비의 작동상황에 대하여 점검 확인을 한다.

④ 납붙임 또는 접합용기에 액화석유가스를 충전시에는 에어졸에 충전하고 가스의 압력은 35°C에서 0.5 MPa 미만이 되도록 한다.

다. 저장기준 및 용기보관장소

① 용기보관장소 주위 8 m 이내에는 화기 또는 인화성 물질이나 발화성 물질을 두지 않는다.

② 충전용기(내용적 5L 이하의 것을 제외)에는 넘어짐 등에 의한 충격이나 밸브의 손상을 방지하는 조치를 할 것

③ 용기보관장소에는 방폭형 휴대용손전등 외의 등화를 휴대하고 들어가지 아니할 것

④ 충전용기와 잔가스용기를 각각 구분하여 놓을 것

라. 충전용 주관의 압력계는 매월 1회 이상 그 밖의 압력계는 3개월에 1회 이상 기능 검사

마. 안전밸브는 1년에 1회 이상 당해 설비의 설계압력 이상 내압시험압력의 10분의 8 이하에서 작동하도록 조정한다.

바. 저장설비 및 가스설비의 외면으로부터 8 m 이내의 곳에서 화기를 취급하지 아니하도록 설치

(2) 집단 공급사업의 시설기준 및 기술기준

① 시설기준

가. 배관

- 지하에 매몰하는 배관의 재료는 폴리에틸렌 피복강관 또는 가스용 폴리에틸렌관을 사용
- 지상배관은 황색, 지하 매몰배관은 황색 또는 적색
- 매설깊이 : 공동주택의 부지내에서는 0.6 m, 차량이 통행하는 도로에서는 1.2 m 이상, 이외 다른 지역은 1 m 이상, 특수한 사정으로 매설깊이를 확보할 수 없을 곳은 보호관 또는 보호판(폭이 배관직경의 1.5배 이상이 고 두께가 4 mm 이상인 철판)으로 지면 사이는 0.3 m 이상의 거리를 유지
- 배관을 지하에 매설하는 경우에는 전기부식 방지조치를 할 것
- 배관의 고정 – 지름 13 mm 미만 : 1 m마다, 지름 13 mm 이상 33 mm 미만 : 2 m마다 지름 33 mm 이상 : 3m마다
- 용기보관실의 안전유지 : 주위 2 m 이내에는 화기를 두지 아니할 것. 휴대용 손전등은 방폭형일 것, 용기는 2단으로 쌓지 아니할 것

(2) 용기 판매사업 및 영업소 용기 저장소의 시설기준 및 기술기준

가. 가스누출경보기는 용기 보관실에 설치하되 분리형으로 설치할 것

나. 용기 보관실의 전기설비는 방폭구조의 것이어야 하며, 전기스위치는 용기 보관실의 외부에 설치할 것

다. 용기 보관실 주위의 2 m 이내에는 화기 취급을 하거나 인화성 물질 및 가연성 물질을 두지 아니할 것

(3) 가스용품 제조시설 기준 및 기술기준

① 조정기에는 다음 사항을 표시한다.
Q : 조정기의 용량(kg/hr), P : 입구압력(MPa), R : 조정압력(kPa 또는 MPa),가스 흐름방향

② 가스 누출 자동차단기 : 표시유량의 1.1배에서 차단
- 내압시험은 고압부는 3 MPa 이상, 저압부는 0.3 MPa 이상
- 기밀시험은 고압부는 1.8 MPa, 저압부 8.4 kPa 이상

③ 고압고무 호스는 3 MPa 이상으로 내압시험, 1.8 MPa 이상으로 기밀시험, 100 kg 이상의 힘을 가하였을 때 이음쇠의 이탈 및 파손 등이 없고 기밀시험에서 누출이 없을 것

④ 염화비닐 호스
- 안지름 6.3 mm(1종), 안지름 9.5 mm(2종), 안지름 12.7 mm(3종)
  - 허용차는 ±0.7 mm, 내압시험 : 3 MPa, 기밀시험 : 0.2 MPa
- 3 MPa 이상으로 내압시험에서 이상이 없고, 4 MPa 이상의 압력에서 파열되지 아니할 것
- 0.2 MPa 이상의 압력에서 실시하는 기밀시험에서 누출이 없을 것

⑤ 배관용 밸브
- 볼밸브는 핸들 끝에서 30 kg 이하의 힘을 가하여 90도 회전할 때에 완전히 개폐되는 구조일 것
- 밸브를 열고 상용압력 1.5배의 압력 또는 3 MPa 중 높은 압력 이상으로 수압을 가하였을 때 이상이 없고 밸브의 내부에 물을 채운 후 밸브를 닫고 1.1배의 수 압을 가하였을 때 이상이 없을 것
- 밸브의 시트는 0.6 MPa 이상의 공기 또는 질소로 1분 이상 가압하였을 때 누출이 없을 것

⑥ 콕의 핸들은 90도 또는 180도 회전하여 개폐되는 구조이고, 0.035 MPa 이상의 공기압을 1분간 가했을 때 누출이 없을 것

⑦ 연소기 : 용기와 직결되지 아니한 구조, 상용압력 1.5배 이상 기밀시험

(5) 저장소의 시설기준 및 기술기준

① 실외 저장소 주위에는 경계책을 설치하고, 경계책과 용기 보관장소 사이에는 20 m 이상의 거리를 유지

② 충전용기와 잔기스 용기의 보관장소는 1.5 m 간격유지

③ 용기군 사이의 통로

- 용기의 단위 집적량은 30톤을 초과하지 아니할 것
- 파렛트에 넣어 집적된 용기군 사이의 통로는 그 넓이가 2.5 m 이상일 것
- 파렛트에 넣지 아니한 용기군 사이의 통로는 그 넓이가 1.5 m 이상일 것

(6) 사용시설의 시설기준 및 기술기준

① 저장설비의 설치방법

- 용기에 의해 가스를 사용하는 경우 용기 집합설비를 설치하되, 그 저장능력이 100 kg을 초과하는 경우에는 용기보관실을 설치
- 저장능력이 500 kg 이상인 경우에는 저장탱크 또는 소형 저장탱크를 설치할 것

② 저장설비 감압설비 및 배관은 화기 취급장소와 8 m(주거용시설은 2 m) 이상의 우회거리를 유지할 것

③ 배관의 설치방법

- 저장능력이 250 kg 이상인 경우에는 용기 또는 소형저장탱크에서 압력조정기 입구까지의 배관에 이상압력 상승시 압력을 방출할 수 있는 안전장치를 설치할 것
- 지상배관은 부식방지도장 후 표면을 황색, 지하매몰 배관은 적색 또는 황색으로 표시할 것. 다만 지상배관의 경우 건축물의 내 외벽에 노출된 것으로서 바닥(2층 이상 건축물의 경우에는 각 층의 바닥을 말한다)에서 1 m 높이에 3 cm의 황색띠를 2중으로 표시한 경우에는 표면을 황색으로 표시하지 아니할 수 있다.
- 배관이음부와 전기계량기 및 전기 개폐기와의 거리는 60 cm 이상(단열조치를 하지 아니한 경우에 한한다), 전기점멸기 및 전기 접속기와의 거리는 30 cm 이상, 절연조치를 하지 아니한 전선과의 거리는 15 cm 이상의 거리를 유지할 것

④ 호스

- 호스의 길이는 연소기까지 3 m 이내로 하고 호스는 T형으로 연결하지 아니할 것
- 내압시험 : 고압배관은 연결된 용기 또는 소형저장탱크의 내압 시험압력 이상의 압력, 저압 배관은 0.8 MPa 이상의 압력으로 실시
- 기밀시험 : 고압배관은 사용압력 이상의 압력으로 기밀시험을 실시하고 압력조정기 출구에서 연소기입구까지의 배관 및 호스는 8.4 kPa 이내로 한다.

⑤ 가스계량기 : 가스시설에 적합한 가스계량기를 설치, 화기와 2 m 이상 유지, 높이는 바닥으로부터 1.6~2 m 이내에 수직 수평으로 설치

※ 자동차용기 충전시설에는 황색 바탕에 흑색글씨로 "충전중 엔진정지"라는 표지판과 백색 바탕에 적색 글씨로 "화기엄금"이라고 쓴 게시판 설치

18.3 도시가스사업법(법, 시행령, 시행규칙, 고시)

18.3.1 가스도매사업의 가스공급시설의 시설기준 및 기술기준

(1) 제조소의 위치

① 안전거리 : 액화천연가스의 저장설비 및 처리설비는 그 외면으로부터 사업소 경계까지 다음의 산식에 의하여 얻은 거리 이상을 유지할 것

$$L = C\sqrt[3]{143000W}$$

L : 유지하여야 하는 거리(단위 : m)
C : 저압 지하식 저장탱크는 0.240, 그 밖의 설비 및 처리설비는 0.576
W : 저장탱크는 저장능력의 제곱근, 그 밖의 것은 그 시설내의 액화천연 가스의 질량(단위 : 톤)

② 설비사이의 거리

- 안전구역 안의 고압인 가스공급시설은 그 외면으로부터 다른 안전구역 안에 있는 고압인 가스 공급시설의 외면까지 30 m 이상의 거리를 유지할 것
- 2개 이상의 제조소가 인접하여 있는 경우의 가스공급시설은 그 외면으로부터 그 제조소와 다른 제조소의 경계까지 20 m 이상의 거리를 유지할 것
- 2개 이상의 제조소가 인접하여 있는 경우의 가스공급시설은 그 외면으로부터 그 제조소와 다른 제조소의 경계가지 20 m 이상의 거리를 유지할 것
- 액화천연가스의 저장탱크는 그 외면으로부터 처리능력이 20만m^3 이상인 압축기까지 30 m 이상의 거리를 유지할 것

(2) 제조소의 구조 및 설비

① 안전시설

- 인터록 기구 : 가스공급시설 또는 그 시설에 속하는 계기를 장치하는 회로에는 온도 및 압력과 그 시설의 상황에 따라 안전확보를 위한 주요부분에 설비가 잘못 조작하거나 이상이 발생하는 경우에 자동으로 원료의 공급을 차단시키는 등의 장치를 설치할 것
- 벤트스택
  ㉠ 밴트스택에서 방출되는 가스량과 주위 상황에 따라 안전한 높이 및 위치에 설치할 것
  ㉡ 밴트스택에서 방출된 가스가 지상에서 폭발한계에 도달하지 아니하도록 한 것일 것
- 플레어스택
  ㉠ 연소능력은 긴급이송설비에 의하여 이송되는 가스를 안전하게 연소시킬 수 있는 것일 것
  ㉡ 플레어스택에서 발생하는 복사열이 다른 가스공급 시설에 나쁜 영향을 미치지 아니하도록 안전한 높이 및 위치에 설치할 것
  ㉢ 플레어스택에서 발생하는 최대열량에 장시간 견딜 수 있는 재료 및 구조로 되어 있을 것
  ㉣ 파이롯트버너를 항상 점화하여 두는 등 폭발에 방지하기 위한 조치가 되어 있을 것

② 저장탱크

- 액화가스저장탱크의 저장능력이 500톤 이상인 것의 주위에는 방류둑 설치
- 방류둑의 내측 및 그 외면으로부터 10 m(저장능력이 1천톤 미만인 경우에는 8 m) 이내에는 부속설비 및 배관외의 것을 설치하지 아니할 것
- 내용적 5천L 이상인 것에 설치한 배관에는 그 저장탱크의 외면으로부터 10 m 이상 떨어진 위치에서 조작할 수 있는 긴급차단장치를 설치할 것

18.3.2 일반 도시가스사업의 가스공급시설의 시설기준 및 기술기준

(1) 제조소 및 공급소의 안전설비

① 안전거리

- 가스 발생기 및 가스홀더는 그 외면으로부터 사업장의 경계까지의 거리가 최고 사용압력, 고압은 20 m, 중압 10 m, 저압 5 m 이상이 되도록 한다.
- 가스 혼합기, 가스정제설비, 배송기, 압송기는 사업장 경계까지의 거리 3 m 이상(고압인 경우 20 m), 제1종 보호시설까지의 거리 30 m 이상
- 제조소 및 공급소에서 화기와 8 m 이상 유지

② 고압가스설비의 시험

- 내압시험 : 최고사용 압력의 1.5배
- 기밀시험 : 최고사용 압력의 1.1배

③ 최고 사용압력이 고압 또는 중압인 가스홀더에 설치된 배관에는 가스홀더의 외면으로부터 5 m 이상 떨어진 위치에서 조작할 수 있는 긴급차단장치를 설치

④ 저장탱크의 설치방법 : 저장탱크를 지하에 매설하는 경우, 저장탱크의 천장 벽 바닥의 두께가 30 cm 이상, 저장탱크 주위에 마른 모래를 채울 것. 지면으로부터 저장탱크의 정상부가지의 깊이는 60 cm 이상, 저장 탱크를 2개 이상 인접하여 설치하는 경우에는 상호간 1m 이상의 거리 유지. 저장탱크에 설치된 안전밸브에는 지면으로부터 5 m 이상의 높이에 방출구가 있는 가스 방출관을 설치할 것

⑤ 폭발 방지장치 : 주거지역 또는 상업지역에 설치된 저장능력 10톤 이상의 저장탱크에는 폭발방지 장치를 설치

⑥ 액면계 : 저장탱크에는 액면계(환형 유리제 액면계를 제외한다)를 설치하여야 하며, 그 액면계가 유리제일 때는 파손을 방지하는 장치를 설치하고 저장탱크와 유리게이지를 접속하는 상하배관에는 자동식 및 수동식 스톱 밸브를 설치할 것

⑦ 물분무장치 : 5 m 이상에서 조작할 수 있는 냉각 살수장치를 설치

⑧ 냄새첨가(부취) 장치 : 공기 중의 혼합비율의 용량이 1천분의 1의 상태에서 감지할 수 있는 냄새가 나는 물질을 혼합한다(매월 1회 이상 점검한다).

⑨ 배관

- 지하매설관의 재료는 폴리에틸렌 피복강관 사용한다. 다만, 최고사용 압력이 40 kg/cm^2 이하인 배관으로서 지하에 매설하는 경우에는 가스용 폴리에틸렌관을 사용

- 지하매설배관의 설치 : 공동 주택단지 등의 부지 내에서는 0.6 m 이상, 폭 8 m 이상의 도로에서는 1.2 m, 폭 4 m 이상 8 m 미만인 도로에서는 1 m 이상, 이외 다른 지역 0.8 m
- 물이 체류할 우려가 있는 배관에는 수취기를 콘크리트 등의 박스내에 설치할 것
- 배관의 이음매와 전기계량기 및 전기개폐기와의 거리는 60 cm 이상, 굴뚝 전기 점멸기 및 전기접속기와의 거리는 30 cm 이상, 절연전선과의 거리는 10 cm 이상 절연조치를 하지 아니한 전선과의 거리는 30 cm 이상의 거리를 유지할 것

⑩ 정압기

- 정압기실의 구조 및 재료
  - ㉠ 정압기실은 철근콘크리트 등 불연재료를 사용하여 설치하고, 내부에는 그 조작을 하는데 필요한 공간을 확보할 것
  - ㉡ 정압기실에는 가스공급시설외의 시설물을 설치하지 아니할 것
  - ㉢ 침수위험이 있는 지하에 설치하는 정압기에는 침수방지조치를 할 것
  - ㉣ 통풍이 잘 되지 아니하는 정압기실의 경우에는 통풍시설을 갖추되 공기보다 무거운 가스의 경우에는 강제통풍시설을 갖출 것
  - ㉤ 조명도 150룩스를 확보할 것
- 가스차단장치 : 정압기의 입구 및 출구에는 가스차단장치를 설치할 것
- 감시장치 : 경보장치, 가스누출검지 통보설비, 출입문 개폐 통보장치 등
- 동결방지장치 : 가스 중 수분의 동결에 의하여 정압기능을 저해할 우려가 있는 곳
- 압력기록장치 : 정압기 출구에는 가스의 압력을 측정 기록할 수 있는 장치
- 불순물제거 : 정압기 입구에는 수분 및 불순물 제거장치를 설치
- 예비 정압기 : 분해점검 및 고장에 대비하여 설치하고 이상압력 발생시에는 전환되는 구조일 것
- 안전밸브 : 안전밸브 및 가스 방출관을 설치하고 가스 방출관의 방출구는 지면으로부터 5 m 이상의 높이에 설치. 다만 전기시설물과의 접촉 등의 우려가 있는 장소는 3 m
- 기밀시험 : 입구측은 최고 사용압력의 1.1배 출구측은 최고사용압력의 1.1배 또는 840 mmH_2O 중 높은 압력 이상으로 기밀시험을 실시
- 분해점검 : 2년에 1회 이상 분해점검을 실시하고, 1주일에 1회 이상 작동상황 점검

18.3.3 가스사용시설의 시설기준 및 기술기준

(1) 가스계량기

① 가스계량기는 당해 도시가스 사용에 적합한 것일 것

② 화기와 2 m 이상 유지 직사광선 또는 빗물을 받을 우려가 있는 것은 격납 상자에 설치

③ 바닥으로부터 1.6 m 이상 2 m 이내 수평수직으로 설치하고 밴드 보호가대 등 고정장치로 고정시킬 것

④ 가스계량기와 전기계량기 및 전기개폐기와의 거리는 60 cm 이상, 굴뚝 전기점멸기 및 전기접속기와의 거리는 30 cm 이상, 절연조치를 하지 아니한 전선과의 거리는 15 cm 이상의 거리를 유지

(2) 내압시험 및 기밀시험

① 최고사용 압력이 중압 이상인 배관은 최고사용 압력의 1.5배 이상의 압력으로 내압시험을 실시하여 이상이 없을 것

② 최고사용 압력의 1.1배 또는 840 mmH_2O 중 높은 압력 이상의 압력으로 기밀시험을 실시

18.3.4 도시가스의 유해성분 열량 압력 및 연소성 측정

① **열량측정** : 매일 6시 30분부터 9시 사이와 17시부터 20시 30분 사이에 각각 제조소의 출구나 배송기 또는 압송기의 출구에서 자동열량 측정기로 측정한다.

② **압력측정** : 가스홀더의 출구 정압기 출구 및 가스공급 시설의 끝부분의 배관에 자기 압력계를 사용하여 측정한다. 압력은 100 mmH_2O 이상 250 mmH_2O 이내 유지

③ **연소성 측정** : 매일 6시 30분부터 9시 사이와 17시부터 20시 30분 사이에 각각 1회씩 가스홀더 또는 압송기 출구에서 연소속도 및 웨버지수를 측정한다.

㉠ 연소속도 :

$$Cp = K\frac{H_2 + 0.6(CO + C_mH_n) + 0.3CH_4}{\sqrt{d}}$$

K : 도시가스 중 산소 함유율에 따라 정하는 정수

H_2 : 도시가스 중의 수소 함유율(단위 : 용량 %)

CO : 도시가스중의 일산화탄소 함유율(단위 : 용량 %)

$CmHn$: 도시 가스 중의 메탄외의 탄화수소 함유율(단위 : 용량 %)

CH_4 : 도시가스중의 메탄 함유율(단위 : 용량 %)

d : 도시가스의 공기에 대한 비중

㉡ 웨버지수

WI : $(Hg/\sqrt{d})$

WI : 웨버지수

Hg : 도시가스의 총발열량(Kcal/N · m^3)

d : 도시가스의 공기에 대한 비중

④ 유해성분 측정

매주 1회씩 가스홀더의 출구에서 분석, 0°C, 1.01325 Bar의 압력에서 건조한 도시가스 1 m^3당 황 0.5 g, 황화수소는 0.02 g, 암모니아는 0.2 g을 초과하지 못한다.

18.3 도시가스사업법(법, 시행령, 시행규칙, 고시)

(1) 용어의 정의

① 전기설비, 방폭전기설비

전기설비란 전기기기와 전기배선이 필요한 기능을 행할 수 있도록 접속된 설비 전체를 말하며 또한 방폭 전기설비란 폭발성 분위기 내에서의 사용에 적합하도록 기술적 조치를 강구한 전기설비를 말한다.

② 폭발성 가스

폭발성 가스란 가연성 가스 및 가연성 액체의 증기를 말한다.

③ 폭발성 분위기

폭발성 분위기란 폭발성 가스와 공기가 혼합하여 폭발한계내에 있는 상태의 분위기를 말한다.

④ 점화원

점화원이란 폭발성 분위기에 대해 폭발을 일으킬 수 있는 에너지를 가지는 전기불꽃(아크, 스파크)이나 통전에 의해 고온이 발생되는 부분을 말한다.

⑤ 위험장소

위험장소란 전기설비의 구조나 사용에 있어서 특별히 고려할 필요가 있는 만큼의 폭발성 분위기가 존재 또는 존재할 위험이 있는 장소를 말한다.

⑥ 비위험 장소

비위험 장소란 전기 설비의 구조 및 사용에 있어서 특별히 고려할 필요가 있는 만큼의 폭발성 분위기가 존재하지 않는 장소를 말한다.

⑦ 방폭구조

방폭구조란 전기기기가 점화원이 되어 주위에 있는 폭발성 분위기에 점화하는 일이 없도록 전기기기에 적용하는 기술적인 수법이다.

⑧ 정상상태

정상상태란 사양에 정해진 범위내에서 방폭전기설비가 사용되고 있는 상태를 의미 한다.

⑨ 이상상태

이상상태란 정상상태의 범위를 초과해 있는 상태를 말한다.

⑩ 전기적 보호

전기적 보호란 방폭전기설비에 있어서 이상상태가 발생했을 경우에 그것이 점화원이 되지 않도록 하기 위해서 취해지는 기술적인 조치를 말한다.

(2) 전기설비의 점화원과 방폭구조

① 점화원에 따른 전기설비의 구분

전기 설비는 점화원의 발생조건에 따라 다음의 4가지로 구분한다.

㉠ 정상상태에서 점화원이 될 수 있는 전기불꽃을 발생하거나 고온부를 가지는 전기설비(현재적 점화원을 가진 전기설비)

㉡ 이상상태에 있어서만 점화원이 될 수 있는 전기불꽃을 발생하거나 고온부를 가지는 전기설비(잠재적 점화원을 가진 전기설비)

㉢ 정상상태는 물론 이상상태에 있어서도 전기불꽃이나 고온부가 점화원이 되지 않도록 억제할 수 있는 가능성을 가진 전기설비

㉣ 정상상태 및 이상상태에 있어서 전기불꽃이나 고온부가 점화원이 되지 않는 전기설비

(3) 방폭구조의 종류와 정의

폭발송 가스가 존재하는 장소에서 사용하는 전기기기는 사용중에 발생할 수 있는 전기불꽃, 아아크 또는 과열에 의해 폭발성 가스가 폭발하는 것을 방지할 수 있는 구조로 특별히 설계 제작된 기기를 방폭기기라 하며 방폭구조의 종류는 다음과 같다.

① 내압 방폭구조

방폭전기기기의 용기(이하 "용기"라 한다)내부에서 가연성 가스의 폭발이 발생할 경우 그 용기가 폭발압력에 견디고, 접합면, 개구부 등을 통하여 외부의 가연성 가스에 인화되지 아니하도록 한 구조를 말한다.

② 유입 방폭구조

용기 내부에 기름을 주입하여 불꽃 · 아아크 또는 고온발생 부분이 기름속에 잠기게 함으로써 기름면 위에 존재하는 가연성 가스에 인화되지 아니하도록 한 구조를 말 한다.

③ 압력 방폭구조

용기 내부에 보호가스(신선한 공기 또는 불활성 가스)를 압입하여 내부 압력을 유지함으로써 가연성 가스가 용기 내부로 유입되지 아니하도록 한 구조를 말한다.

④ 안전중 방폭구조

정상운전중에 가연성가스의 점화원이 될 전기불꽃 · 아아크 또는 고온부분 등의 발생을 방지하기 위하여 기계적 · 전기적 구조상 또는 온도상승에 대하여 특히 안전도를 증가시킨 구조를 말한다.

⑤ 본질안전 방폭구조

정상시 및 사고(단선, 단락, 지락 등)시에 발생하는 전기불꽃 · 아아크 또는 고온부에 의하여 가연성 가스가 점화되지 아니하는 것이 점화시험, 기타방법에 의하여 확인된 구조를 말한다.

⑥ 특수 방폭구조

"①" 내지 "⑤"에서 규정한 구조 이외의 방폭구조로서 가연성 가스에 점화를 방지할 수 있다는 것이 시험, 기타방법에 의하여 확인된 구조를 말한다.

표 18.1 방폭전기기기의 구조별 표시방법

방폭전기기기의 구조별 표시방법	표 시 방 법
내압방폭구조	d
유입방폭구조	o
압력방폭구조	p
안전증가방폭구조	e
본질안전방폭구조	a 또는 b
특수방폭구조	s

Appendix

1. 일반가스 /물성정수

항목 \ 성분	헬륨	수소	산소	질소	일산화탄소	암모니아	이산화탄소	황화수소
분자식	He	H_2	O_2	N_2	CO	NH_3	CO_2	H_2S
분자량	4.003	2.016	32.000	28.016	2.010	17.032	44.010	34.076
융점 °C (1 atm)	−272.0	−259.3	−218.8	−210.0	−20.0	−77.7	−56.6	−82.9
비점 °C (1 atm)	−269.0	−252.8	−183.0	−195.8	−192.0	−33.4	−78.5	−60.4
가스밀도 (kg/m^3)	0.1785	0.0899	1.4290	1.2505	1.250	0.7714	−	−
가스비중 (공기=1)	0.138	0.0696	1.105	0.9672	0.9670	0.588	1.519	1.176
임계온도 [°C]	−267.9	−239.9	−118.4	−146.9	−140.0	+132.4	+31.1	+100.4
임계압력 [atm]	2.3	12.8	50.1	33.5	34.5	111.3	72.9	88.9
증발잠열 [kcal/kg]	5	107.7	50.9	48.8	51.5	326.2	132.3	130.9
연소범위 하한 %	−	4.0	−	−	12.5	15.5	−	4.3
(공기) 상한 %	−	74.2	−	−	74.2	27.0	−	45.5
총발열량 [$kcal/Nm^3$]	−	3.047	−	−	3.019	4.082	−	5.991
〃 [kcal/kg]	−	33.980	−	−	2.414	5.388	−	−
진발열량 [$kcal/Nm^3$]	−	2.577	−	−	3.019	3.377	−	5.531
〃 [kcal/kg]	−	28.650	−	−	2.414	4.440	−	−
비열 Cp [kcal/kg · °C]		3.408	0.2188	0.2482	0.2484	0.5002	0.1991	0.238
액밀도 [kcal/kg · ℓ]	0.147	0.0709	1.14	0.808	0.814	0.817	−	−
	d_4 −270.8°C	d_4 −252.7°C	d_4 −183°C	d_4 −195.8°C	d_4 −195°C	d_4 −79°C	−	−
증기압 (37.8 °C)	−	−	−	−	−	31.6	−	−
연소필요공기량 [m^3/m^3]	−	2.38	−	−	2.38	3.57	−	−

2. 탄화수소가스 물성정수

성분명	분자식	분자량	융점 (°C)	비점 (°C)	임계온도 (°C)	임계압력 (kg/cm²)	액체비중 (60/60)	증발잠열 (kcal/kg)	GAS비중 (공기=1)	비 열	
										(액체 60°F)	(기체)
METHANE	CH_4	16.04	−182.6	−161.4	190.7	47.3	0.3000	121.9	0.5544		0.5435
ETHANE	C_2H_6	30.07	−172.0	− 88.6	305.5	49.8	0.378	116.9	1.049	0.78	0.410
PROPANE	C_3H_8	44.09	−187.1	− 42.2	370.0	43.4	0.512	101.8	1.550	0.6	0.473
i-BUANE	iC_4H_{10}	58.12	−145.0	− 10.0	407.2	37.2	0.562	87.56	2.074	0.56	0.462
n-BUTANE	nC_4H_{10}	58.12	−135.0	0.6	425.2	38.7	0.581	92.09	2.067	0.55	0.459
i-PENTANE	iC_5H_{12}	72.15	−160.0	27.95	461.0	33.9	0.625	81.0	2.626	0.53	0.471
n-PENTANE	nC_5H_{12}	72.15	−129.7	36.3	470.4	34.4	0.632	85.4	2.620	0.54	0.409
n-HEXANE	C_6H_{14}	86.17	− 94.0	69.0	508.0	30.5	0.663	80.5	2.975	0.531	0.339
n-HEPTANE	C_7H_{16}	100.20	− 90.6	98.4	540.0	27.7	0.637	76.5	3.459	0.53	0.335
n-OCTANE	C_8H_{18}	114.22	− 56.5	125.7	569.2	24.45	0.709	73.2	3.944	0.517	0.330

성분명	폭발범위 (공기)	총발열량		진발열량		분자용	비용적	비밀도	GAS항수	기화량	액화량
		(kcal/Nm³)	(kcal/kg)	(kcal/Nm³)	(kcal/kg)	Nm³/kmol	Nm³/kg	kg/Nm³	kgm/k	Nm³/kl	kl/1000Nm³
METHANE	5.3−13.9	9,520	13,270	8,550	11,950	22.35	1.394	0.7174	52.85	418.4	2.387
ETHANE	3.12−15.0	16,850	12,400	15,370	11,350	22.16	0.7369	1.356	28.19	281.0	3.559
PROPANE	2.37−9.50	24,160	12,030	22,350	11,080	21.82	0.4948	2.020	19.22	258.4	3.870
i-BUANE	1.6−8.50	31,790	11,810	29,050	10,900	21.77	0.3745	2.669	14.58	218.7	4.576
n-BUANE	1.86−8.41	31,590	11,840	29,510	10,930	21.49	0.3697	2.704	14.60	223.7	4.463
i-PENTANE	1.32−	39,770	11,690	37,300	10,810	−	−	−	11.75	181.0	5.524
n-PENTANE	1.4−8.0	39,560	11,710	37,500	10,840	20.87	0.2829	3.457	11.76	194.7	5.141
n-HEXANE	1.25−6.90	44,730	11,630	41,460	10,780	−	0.2600	3.846	9.84	172.0	5.805
n-HEPTANE	1 −6	51,640	11,580	47,890	10,740	−	0.2243	4.459	8.461	154.1	6.489
n-OCTANE	0.84−3.0	57,980	11,530	53,860	10,710	−	0.1901	5.029	7.42	152.9	6.554

3. 탄화수소가스의 연소 특성 정수

항 목 ＼ 종 류		파라핀(Paraffin)계탄화수소						오레핀(Orefine)계탄화수소		
		(메탄)	에탄	프로판	n-부탄	i-부탄	n-펜탄	(에틸렌)	프로필렌	브틸렌
착화온도 [°C] (1)		632	472	481	441	544	275	490	458	443
연료범위	상한(공기중 vol%)	15.0	13.0	9.5		8.4	8.3	34.0	10.0	9.3
	하한(〃)	5.0	2.9	2.1		1.8	1.4	2.7	2.0	1.6
최고화염온도 [°C]		1,880	1,895	1,925	1,892	1,900		1,975	1,935	1,930
최고화염속도로 되는 가스부피[vol%]		9.8	5.8	4.2		3.3		6.9	4.7	
최고화염속도(1인치관)[m/sec]		0.670	0.855	0.81	3.2	1.825		1.650	1.007	
최고화염속도로 되는 가스농도[m/sec]		9.9	6.3	1.8	0.825	3.8		7.1		
완전연소소요산소량	[m^3/m^3-가스]	2.00	3.50	5.00		6.50	8.00	3.00	4.50	6.00
	[kg/kg-가스]	3.99	3.72	3.63		3.58	3.55	3.42	3.42	28.64
완전연소소요공기량	[m^3/m^3-가스]	9.55	16.70	23.86		31.02	38.18	14.32	21.48	14.79
	[kg/kg-가스]	17.24	16.10	15.68		15.47	15.34	2.00	14.79	4.00
(2) 완전연소생성물	탄산가스(CO_2)	1.00	2.00	3.00		4.00	5.00	11.32	3.00	4.00
	수증기(H_2O)	2.00	3.00	4.00		5.00	6.00	15.42	3.00	22.64
	질소(N_2)	7.55	13.20	18.86		24.52	30.18		16.98	30.64
	합계	10.55	18.20	25.86		33.52	41.18		22.98	
	탄산가스(CO_2)	2.74	2.93	2.99		3.03	3.05		3.14	
	수증기(H_2O)	2.25	1.80	1.63		1.55	1.50		1.28	
	질소(N_2)	13.25	12.38	12.05		11.89	11.79		11.37	
	합계	18.24	17.11	16.67		16.47	16.34		15.79	
최고탄산가스농도[vol%] (3)		11.70	13.16	13.72		14.03	14.21		15.02	
상온 (20°C)에 있어서의 상태		가스	가스	가스	가스	가스	액체	가스	가스	가스

주 : 1. ASTM법에 의한 측정값

2. 이론공기량에 의한 완전연소생성물

3. 건성연소가스(CO_2+N_2)에 대한 탄산가스(CO_2)의 부피 % 또 ( )내의 탄화수소는 LPG중에는 거의 포함되지 않는다.

3. LPG와 메탄가스의 물리화학적 성질

성질 \ 종류		프로판	부 탄(n)	메 탄
분 자 식		C_3H_6	C_4H_{10}	CH_4
분 자 량		44.09	58.12	0.377
액체비중 15°C/물 4°C		0.507	0.584	0.377
기체비중 0°C latm 공기 = 1		1.52	2.01	0.5
비 점 1 atm°C		−42.07	−0.50	0.55
증발잠열 kcal/kg		101.8	92.09	121.9
액 비 열 15°C		0.59	0.55	−
발 열 량	kcal/kg	12,042	11,845	13,274
	kcal/m³	23,673	30,695	9,494
완전연소이론공기량 m³/m³		23.87	31.03	9.55
착화온도 °C		493	441	632
연소한계 대공기혼합량 %		2.2~9.5	1.9~8.5	5.3~14.0

4. LPG 환산표

LPG \ 단위	중 량 (kg)	액 체(15 ° C)			기체(15 ° C) (m^3)
		gal	bbl	kl	
프 로 판	1	0.520	0.0124	0.00197	0.529
	1.92	1	0.0238	0.00379	1.02
	80.7	42	1	0.159	42.7
	508	264	6.29	1	269
	1.89	0.984	0.984	0.00373	1
n-부 탄	1	0.452	0.0108	0.00171	0.395
	2.21	1	0.0238	0.00379	0.874
	92.9	42	1	0.159	36.7
	584	264	62.9	1	231
	2.53	1.41	0.0273	0.00435	1
i-부 탄	1	0.469	0.0112	0.00178	0.396
	2.13	1	0.0238	0.00379	0.843
	89.5	42	1	0.159	35.4
	563	264	6.29	1	223
	2.53	1.19	0.0282	0.00449	1

5. LPG의 증기압

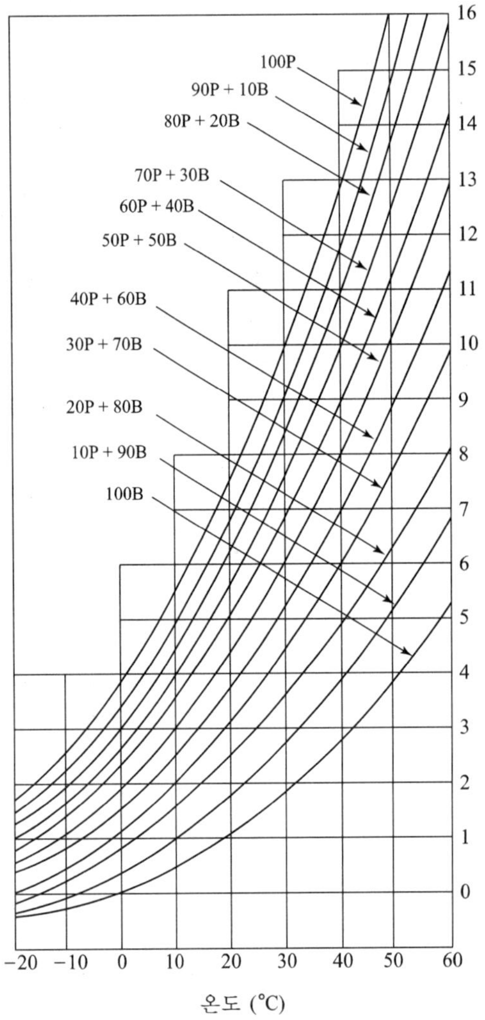

온도 / 가스명	−30	−20	−10	0	10	20	30	40	50	60
액화프로판	0.6	1.5	2.5	3.9	5.5	7.4	9.9	13.2	16.6	28.4
액화부탄	−	−	−	0.1	0.7	1.4	2.3	3.3	4.6	6.2

6. LP가스 연속사용의 경우 50kg 용기 1통당 가스발생능력

(1) 수동절체식의 경우 (단위 : kg/h)

조 성	외기온도 / 사용상태		5°C	0°C	-5°C	-10°C	-15°C	-205°C
p.p 95% 이상	연속사용의 피크시간	1시간	3.9	3.3	2.6	1.9	1.3	0.6
		2시간	2.5	2.1	1.7	1.3	0.9	0.5
		3시간	2.1	1.7	1.4	1.1	0.8	0.5
		4시간	1.8	1.5	1.3	1.0	0.7	0.4
	연 속 사 용		1.7	1.4	1.2	0.9	0.7	0.4
p.p 80% 이상	연속사용의 피크시간	1시간	2.8	2.1	1.4	0.7	0.2	–
		2시간	1.8	1.4	1.0	0.6	0.2	–
		3시간	1.5	1.1	0.8	0.5	0.2	–
		4시간	1.3	1.0	0.8	0.5	0.2	–
	연 속 사 용		1.2	1.0	0.7	0.5	0.2	–

(2) 자동절체식 조정기사용의 경우

조 성	외기온도 / 사용상태		5°C	0°C	-5°C	-10°C	-15°C	-205°C
p.p 95% 이상	연속사용의 피크시간	1시간	5.5	4.4	3.4	2.9	1.4	0.4
		2시간	3.6	2.9	2.3	1.9	1.0	0.4
		3시간	3.0	2.4	1.9	1.5	0.9	0.4
		4시간	2.6	2.2	1.8	1.3	0.8	0.4
	연 속 사 용		2.5	2.0	1.6	1.2	0.8	0.4
p.p 80% 이상	연속사용의 피크기간	1시간	4.2	3.2	2.0	1.0	0.3	–
		2시간	2.7	2.1	1.4	0.8	0.3	–
		3시간	2.2	1.7	1.2	0.7	0.3	–
		4시간	2.0	1.5	1.1	0.7	0.3	–
	연 속 사 용		1.9	1.5	1.1	0.6	0.3	–

Index

가스공학개론 정가 20,000원

인 쇄 2008년 3월 2일 초판 1쇄
발 행 2010년 1월 15일 초판 3쇄
저 자 김철영 · 이충영
발행인 정우용
발행처 도서출판 동화기술
경기도 파주시 교하읍 문발리 파주출판도시 500-13
Tel (031)955-4211~6 donghwae@kornet.net
Fax (031)955-4217 www.donghwapub.co.kr
(등록) 1977년 12월 19일/9-16호

Printed in Korea
ISBN 978-89-425-1243-0